FORTSCHRITTE
DER MATHEMATISCHEN WISSENSCHAFTEN
IN MONOGRAPHIEN
HERAUSGEGEBEN VON OTTO BLUMENTHAL
HEFT 4

ATOMTHEORIE DES FESTEN ZUSTANDES

(DYNAMIK DER KRISTALLGITTER)

VON

MAX BORN

IN GÖTTINGEN

ZWEITE AUFLAGE

Springer Fachmedien Wiesbaden GmbH 1923

ISBN 978-3-663-15652-9   ISBN 978-3-663-16228-5 (eBook)
DOI 10.1007/978-3-663-16228-5

Vorwort.

Als im Jahre 1915 meine Monographie „Dynamik der Kristallgitter" erschien, wurde ich von dem Redaktor des 5. Bandes „Physik" der Encyklopädie der mathematischen Wissenschaften, Prof. *Sommerfeld*, aufgefordert, in Anlehnung an diese Schrift einen Encyklopädieartikel über molekulare Kristallphysik zu schreiben. Die Ausführung dieses Planes wurde zunächst durch äußere Umstände — Kriegsdienst, Ortswechsel, neues Lehramt — verhindert. Später kamen innere Schwierigkeiten hinzu; das in dem Buche behandelte Kapitel der theoretischen Physik begann an Umfang und Bedeutung zu wachsen, und je mehr die Forschung fortschritt, um so weniger „encyklopädie-reif" deuchten mir die Ergebnisse. So sind noch mehrere Jahre nach dem Kriegsende verflossen, bis ich mich zur Niederschrift des Artikels entschließen konnte. In dieser Zeit sind von vielen Forschern wichtige Beiträge zur Gitterdynamik geliefert worden, und ich habe mich sehr bemüht, aus diesem Mosaik ein einigermaßen geschlossenes Bild zu gestalten. Bei der Fülle des Stoffes wäre es wohl das richtigste gewesen, eine neue Auflage der Monographie zu schreiben und daraus dann ein Referat für die Encyklopädie zu machen; aber für diese Doppelarbeit fehlte mir die Zeit. Daher habe ich den Encyklopädieartikel etwas breiter angelegt, als es sonst üblich ist, so daß er zur Not als Ersatz der Monographie gelten kann. Der Herausgeber der Monographiensammlung, Prof. *Blumenthal*, die Encyklopädiekommission und der Verleger sind meinen Wünschen in liebenswürdiger Weise entgegengekommen und haben die Doppelausgabe der Schrift als Encyklopädieartikel und als zweite Auflage der Monographie möglich gemacht. Zur leichteren Handhabung habe ich der letzteren ein Sach- und Namenverzeichnis angefügt, bei dessen Herstellung mir Herr *K. Rolan* geholfen hat; ferner habe ich eine Tabelle des „Grundpotentials" nach Berechnungen von *O. Emersleben* zugegeben, die für die Anwendungen der Theorie, besonders auf chemische Probleme, nützlich ist.

Die wertvollste Hilfe bei der Arbeit fand ich durch Herrn Prof. *F. Brody*; er hat nicht nur zur Sammlung der Literatur beigetragen und manche Abschnitte ausgearbeitet, sondern vor allem durch scharfsinnige Bemerkungen die Klärung vieler Zusammenhänge herbeigeführt und neue Methoden entwickelt. Ihm gebührt an erster Stelle mein Dank. Auch einige meiner Schüler haben mir bei der Ausarbeitung des Textes und dem Lesen der Korrekturen in freundlicher Weise geholfen, vor allem Herr *P. Jordan*, dem ich viele wertvolle Winke verdanke, und die Herren *K. Hermann*, *G. Heckmann* und *H. Kornfeld*.

Ferner haben die Kollegen Prof. *Ornstein* in Utrecht, Prof. *Schrödinger* in Zürich und Prof. *Smekal* in Wien sich der Mühe unterzogen, die Korrekturen durchzusehen und mich auf Lücken und Mängel aufmerksam zu machen. Allen diesen Helfern spreche ich meinen herzlichsten Dank aus.

Göttingen, 20. Februar 1923.   **M. Born.**

Inhaltsübersicht.

V. Elektromagnetische Gitterpotentiale.

Literatur.

Monographien und Lehrbücher.

W. Voigt, Lehrbuch der Kristallphysik (Leipzig u. Berlin 1910).

F. Pockels, Lehrbuch der Kristalloptik (Leipzig u. Berlin 1906).

Lord Kelvin, Vorles. über Moleculardynamik und die Theorie des Lichts (deutsch von *B. Weinstein* nach den englischen Baltimore-Lectures 1904) (Leipzig u. Berlin 1909).

M. Born, Dynamik der Kristallgitter (Leipzig u. Berlin 1915).

F. Reiche, Die Quantentheorie (Berlin 1921).

Die Theorie der Strahlung und der Quanten (*Solvay*-Kongreß, Brüssel 1911), deutsch von *A. Eucken* (Halle 1914).

Vorträge über die kinetische Theorie der Materie und der Elektrizität; *Wolfskehl*-Kongreß, Göttingen 1914 (Leipzig u. Berlin 1914).

1. Einleitung. Abgrenzung des Stoffes. Die festen Körper sind entweder *Kristalle* oder *Gemenge kleinster Kristallsplitter* (quasiamorph, kristallinisch) oder *wahrhaft amorph* (glasig). Letztere faßt man als (unterkühlte) Flüssigkeiten von hoher Zähigkeit auf; tatsächlich fließen solche Substanzen (Gläser, Siegellack usw.) bei dauernder Belastung, während sie bei rasch wechselnden Kräften wie elastische Festkörper reagieren.[1]) Die eigentlichen festen Körper sind also Kristalle oder aus solchen zusammengesetzt; die Kristalle aber sind aus Atomen aufgebaute *Raumgitter*.[2]) Daher ist die moderne Atomtheorie des festen Zustandes eine „*Dynamik der Kristallgitter*". Der vorliegende Artikel soll einen systematischen Aufbau dieser Theorie enthalten; die historische Entwicklung soll nur soweit berücksichtigt werden, als sie nicht schon in anderen Artikeln[2]) behandelt ist. Dabei sollen die Probleme k u r z dargestellt werden, welche sich auf die atomistische Begründung solcher Gesetze beziehen, die auch auf phänomenologischem Wege gewonnen werden können; a u s f ü h r l i c h e r aber die der Atomistik eigen-

---

1) Vgl. *G. Tammann*, Kristallisieren und Schmelzen (Leipzig 1903), p. 4, 5.

2) Die *Gittertheorie der Kristalle* wird in folgenden Encyklopädie-Artikeln behandelt, auf die wir hier ein für allemal verweisen:

V 7. *Kristallographie (Th. Liebisch, A. Schönflies, O. Mügge)* enthält die Lehre von den Symmetrieeigenschaften und die Strukturtheorie, insbesondere die Ableitung der 230 möglichen Raumgruppen (Gittertypen).

V 24. *Wellenoptik (M. v. Laue)* enthält unter *V. Interferenzerscheinungen an Röntgenstrahlen* die theoretischen und experimentellen Methoden zum Nachweis und zur Bestimmung der Gitterstruktur durch Röntgenstrahlen.

Die Eigenschaften der festen Körper werden vom Standpunkt der einzelnen physikalischen Theorien in vielen Artikeln behandelt; wir nennen hier die wichtigsten:

IV 23. *Die Grundgleichungen der mathematischen Elastizitätstheorie (C. H. Müller und A. Timpe)* gibt eine historische Übersicht über die Molekulartheorie der Elastizität.

V 10. *Die Zustandsgleichung (H. Kamerlingh Onnes und W. H. Keesom)* enthält in Nr. **74**, p. 879, eine Übersicht über die Thermodynamik und die kinetische Theorie der festen Körper.

V 16. *Beziehungen zwischen elektrostatischen und magnetostatischen Zustandsänderungen einerseits und elastischen und thermischen andererseits (F. Pockels)* behandelt Piezo- und Pyroelektrizität, Elektro- und Magnetostriktion sowie verwandte Erscheinungen vom Standpunkte der Kontinuumstheorie.

V 22. *Elektromagnetische Lichttheorie (W. Wien)* enthält in Nr. **24**, p. 169 eine Skizze der Kristalloptik.

Die besonderen Eigenschaften der Metalle, die auf ihrer elektrischen Leitfähigkeit beruhen, sind in dem Artikel

V 20. *Elektronentheorie der Metalle (R. Seeliger)*

dargestellt und werden hier daher nicht berücksichtigt.

tümlichen Vorstellungen und Ergebnisse, vor allem die Möglichkeit der Zurückführung aller meßbaren Größen auf Eigenschaften der Elementargebilde (Atome, Kerne, Elektronen).

I. Statik.

2. Geometrie und Kinematik des Kristallgitters. Die in Art. V 7 *Kristallographie, B. Symmetrie und Struktur der Kristalle (A. Schönflies)* mitgeteilten Ergebnisse der Strukturforschung bilden die Grundlage, auf der die molekulare Mechanik der Kristalle sich aufbaut.

Im folgenden soll der Kürze halber ein reguläres Punktsystem „*Gitter*" genannt werden; die von der Strukturtheorie „Raumgitter" genannten Punktsysteme sollen „*einfache Gitter*" heißen.

Die Deckoperationen eines einfachen Gitters[3]) ohne Symmetrieeigenschaften sind die Translationen nach drei Vektoren

$$a_1, \quad a_2, \quad a_3.$$

Jedes Gitter (reguläre Punktsystem) enthält unter seinen Deckoperationen diese Translationen als Untergruppe. In der allgemeinen mechanischen Theorie wird man, um alle Gitter von beliebiger Symmetrie zu umfassen, nur von diesen Translationen als Deckoperationen Gebrauch machen; die Einführung weiterer Deckoperationen und die Spezialisierung auf die 230 Gruppen[3]) erfolgt am besten nachträglich an den fertigen Formeln (vgl. z. B. Nr. **13, 33**). Die Vektoren a_1, a_2, a_3 von einem Punkte O aus gezogen, bestimmen das elementare Parallelepipedon des Gitters; wir wollen dieses, um ein kurzes Wort zu haben, „*Zelle*" nennen. Den Rauminhalt der Zelle bezeichnen wir mit Δ oder δ^3; er ist durch die Determinante

$$(1) \qquad \begin{vmatrix} a_{1x} & a_{1y} & a_{1z} \\ a_{2x} & a_{2y} & a_{2z} \\ a_{3x} & a_{3y} & a_{3z} \end{vmatrix} = \delta^3 = \Delta$$

bestimmt. δ bedeutet dann ein Maß für die absolute Lineardimension der Zelle; wir nennen δ kurz die *Gitterkonstante.*

Jede Zelle enthält eine kongruente Anordnung von Atomen. Ob diese die letzten Bausteine der Strukturtheorie, welche von jeder Symmetrie frei sein können[4]), darstellen, bleibe dahingestellt. Dagegen muß hinsichtlich des *kinematischen* Charakters der Atome zur Durchführung der Gittermechanik eine Festsetzung getroffen werden. Für manche Zwecke wird es genügen, die Atome als *starre Körper*

---

3) Vgl. den zit. Art. V 7, Nr. **42**, p. 462.
4) Vgl. den zit. Art. V 7, Nr. **40**, p. 461 oben.

zu behandeln, wie es die älteren Molekulartheorien der Elastizität[5]) von *Poisson*[6]) und *W. Voigt*[7]) tun. Nach den heutigen Vorstellungen vom Aufbau der Atome bestehen diese aus einem positiv geladenen Kerne, um den eine Anzahl (negativer) Elektronen Bahnen beschreiben, deren Größenverhältnisse durch die Quantentheorie[8]) festgelegt werden. In der Gitterdynamik ist ein Eingehen auf diese, zum Teil noch recht hypothetischen Vorstellungen nur da geboten, wo es sich um das Problem der Natur der Molekularkräfte, um die absolute Berechnung der Dimensionen und dynamischen Konstanten des Gitters handelt (s. Nr. **38**); bei allen formalen Betrachtungen genügt ein rohes Bild, das die Hauptzüge des Atommodelles wiedergibt, nämlich als eines Systems elektrisch geladener Partikel (von der Gesamtladung Null), die im Gitterverbande bestimmte Gleichgewichtslagen haben.[9]) Ein solches Atom wird deformierbar sein, indem die einzelnen Partikel (Kerne und Elektronen) gegeneinander verschoben werden können. Kinematisch sind daher diese Partikel als elektrisch geladene Massenpunkte die Bausteine des Gitters; es zeigt sich nachträglich, daß sie es auch dynamisch sind, indem die zwischen den Partikeln eines Atoms wirkenden Kräfte von derselben Größenordnung sind, wie die zwischen den Atomen und Molekeln als Ganze (s. Nr. **23, 24**). Die Vorstellung der Atome als starrer Körper erhält man offenbar als den Grenzfall unendlich fester Bindungen der zu einem Atom gehörigen Partikel (s. Nr. **9**).

Die Anzahl der innerhalb einer Zelle befindlichen Partikel, die

---

5) Vgl. den in der Einleitung zit. Art. IV 23, Nr. **4c**, p. 38. — Die weitere Entwicklung der Vorstellungen über die elementaren Bausteine der Kristalle, insbesondere über ihre Anisotropie s. *M. Brillouin*, La structure des cristaux, 2. Cons. de Phys. Solvay 1913 (Brüssel 1913).

6) *S. D. Poisson*, J. Éc. Polyt. 20 (1831), p. 8 und Mémoire sur l'équilibre et le mouvement des corps cristallisés (28. Okt. 1839), Paris, Mém. del' Acad. 18 (1842), p. 3 ff.

7) *W. Voigt*, Theoretische Studien über die Elastizitätsverhältnisse der Kristalle, Gött. Abh. 34 (1887), p. 1. Vgl. auch *W. Voigt*, Lehrbuch der Kristallphysik, Leipzig 1910, B. G. Teubner, VII. Kap., II. Abschn. § 292 ff., p. 596 ff.

8) S. diese Encykl. V 26, *Die Quantentheorie* (*A. Smekal*). — Die Anwendung der Quantentheorie auf die Kristallgitter wird in diesem Art. Nr. **26—35** behandelt, wo ausführliche Literaturangaben zu finden sind.

9) Von den Bewegungen der Elektronen um die Kerne wird also abgesehen. Auch in den Fällen, wo bestimmte dynamische Atommodelle nach *Bohr* (s. Nr. **36**) als Bausteine des Gitters verwendet werden, spielen die Bewegungen der Elektronen für die Gitterstruktur keine Rolle; die Fernwirkung von Elektronenringen (s. Nr. **36**, Anm. 245) wird mit genügender Annäherung so berechnet, als wenn die Ladungen auf einem Kreisring kontinuierlich verteilt sind.

teils gleicher Art, teils verschieden sein können, sei s. Ihre Lage bestimmen wir durch die s von O aus gezogenen Vektoren $\mathfrak{r}_1$, $\mathfrak{r}_2$, ..., $\mathfrak{r}_k$, ..., $\mathfrak{r}_s$; die Konfiguration dieser s Punkte bzw. Vektoren möge die *Basis* des Gitters heißen und k der *Basisindex*.

Jeder Gitterpunkt ist der Endpunkt eines von O gezogenen Vektors

$$(2) \qquad \mathfrak{r}_k^l = \mathfrak{r}_k + \mathfrak{r}^l, \quad \mathfrak{r}^l = l_1\mathfrak{a}_1 + l_2\mathfrak{a}_2 + l_3\mathfrak{a}_3,$$

wo l_1, l_2, l_3 drei ganze Zahlen sind, die die Zelle kennzeichnen, in der der Punkt liegt; l, als Abkürzung von l_1, l_2, l_3, heiße der *Zellenindex*. Für ein festes Wertsystem l_1, l_2, l_3 erhält man eine der Basis kongruente Konfiguration, wenn k die Werte 1, 2, ... s annimmt. Für einen festen Wert k erhält man ein einfaches Gitter, wenn l_1, l_2, l_3 alle ganzen Zahlen durchlaufen.

In einem rechtwinkligen Koordinatensystem mit dem Nullpunkt O haben die Gitterpunkte die Koordinaten:

$$(2') \qquad \begin{cases} x_k^l = x_k + l_1\mathfrak{a}_{1\,x} + l_2\mathfrak{a}_{2\,x} + l_3\mathfrak{a}_{3\,x}, \\ y_k^l = y_k + l_1\mathfrak{a}_{1\,y} + l_2\mathfrak{a}_{2\,y} + l_3\mathfrak{a}_{3\,y}, \\ z_k^l = z_k + l_1\mathfrak{a}_{1\,z} + l_2\mathfrak{a}_{2\,z} + l_3\mathfrak{a}_{3\,z}. \end{cases}$$

Für den Vektor, der von irgendeiner Partikel k' der Basis zu einer beliebigen Partikel k in der Zelle l gezogen wird, führen wir ein besonderes Zeichen ein, indem wir setzen:

$$(3) \qquad \mathfrak{r}_{k\,k'}^l = \mathfrak{r}_k^l - \mathfrak{r}_{k'} = \mathfrak{r}_k - \mathfrak{r}_{k'} + \mathfrak{r}^l;$$

die Komponenten bezeichnen wir entsprechend mit

$$(3') \qquad x_{k\,k'}^l, \quad y_{k\,k'}^l, \quad z_{k\,k'}^l.$$

Der von irgendeinem Gitterpunkte $\mathfrak{r}_{k'}^{l'}$ zu irgendeinem andern $\mathfrak{r}_k^l$ gezogene Vektor läßt sich mit Hilfe der Bezeichnungen (3) in der Form

$$(4) \qquad \mathfrak{r}_{k\,k'}^{l-l'} = \mathfrak{r}_k^l - \mathfrak{r}_{k'}^{l'}$$

schreiben. Ferner gilt die Relation

$$(5) \qquad \mathfrak{r}_{k'\,k}^{-l} = -\,\mathfrak{r}_{k\,k'}^l.$$

Die Massen der Partikel der Basis seien

$$(6) \qquad m_1, \; m_2, \; ..., \; m_s,$$

wovon auch einige einander gleich sein können; die Gesamtmasse der Basis sei

$$(6') \qquad m = m_1 + m_2 + \cdots + m_s.$$

Die Dichte ϱ erhält man hieraus durch Division mit dem Volumen der Zelle:

$$(7) \qquad \varrho = \frac{m}{\varDelta}.$$

Im folgenden werden drei verschiedene Arten von Summationen vorkommen:

1. Summationen über den Basisindex k bezeichnen wir mit $\sum_k$; dabei durchläuft k die Werte $1, 2, \ldots, s$.

2. Summen über Glieder, die durch zyklische Vertauschung der rechtwinkligen Koordinaten auseinander hervorgehen, bezeichnen wir mit $\sum_x$ bzw. $\sum_{xy}$ usw. Dabei sollen im Falle der Doppelsumme x, y als Indizes behandelt werden, die unabhängig voneinander die Koordinaten x, y, z durchlaufen. So schreiben wir z. B. das skalare Produkt zweier Vektoren $\mathfrak{A}$ und $\mathfrak{B}$

$$\mathfrak{A}\mathfrak{B} = \mathfrak{A}_x\mathfrak{B}_x + \mathfrak{A}_y\mathfrak{B}_y + \mathfrak{A}_z\mathfrak{B}_z,$$

auch kurz

$$\mathfrak{A}\mathfrak{B} = \sum_x \mathfrak{A}_x\mathfrak{B}_x;$$

oder die quadratische Form

$$a_{xx}x^2 + a_{yy}y^2 + a_{zz}z^2 + 2a_{yz}yz + 2a_{zx}zx + 2a_{xy}xy = \sum_{xy} a_{xy}xy.$$

Treten mehr als drei Indizes auf, von denen jeder eine der Koordinaten bedeuten kann, so schreiben wir etwa $\bar{x}, \bar{y}$; z. B. für eine biquadratische Form der Koordinaten

$$a_{xxxx}x^4 + \cdots + 4a_{xxxy}x^3y + \cdots + 6a_{xxyy}x^2y^2 + \cdots$$

schreiben wir

$$\sum_{xy\bar{x}\bar{y}} a_{xy\bar{x}\bar{y}}\, xy\bar{x}\bar{y},$$

unter Hinzufügung der nötigen Symmetrieeigenschaften der Koeffizienten $a_{xy\bar{x}\bar{y}}$.

3. Summationen über den Zellenindex werden vorteilhafter Weise mit einem besonderen Summenzeichen angedeutet. Wenn die Summe über das unendliche Gitter erstreckt wird, also l_1, l_2, l_3 alle ganzen Zahlen von $-\infty$ bis $+\infty$ durchlaufen, schreiben wir

$$\mathop{S}_{l} \quad \text{bzw.} \quad \mathop{S}_{ll'} \quad \text{usw.}$$

Beschränkungen für den Laufbereich der Indizes schreiben wir als Ungleichungen an, z. B.

$$\mathop{S}_{l_1 \geqq 0}.$$

Soll die Summe nur über ein endliches, aus N Zellen bestehendes Gitter erstreckt werden, schreiben wir

$$\mathop{S}_{(l)}.$$

3. Die potentielle Energie und die Kräfte. Für die Statik und für die Dynamik hinreichend langsamer Vorgänge kann man davon absehen, daß die zwischen den Partikeln wirkenden Kräfte, jedenfalls soweit sie elektrischen Ursprungs sind, Zeit zur Übertragung brauchen. Man wird die Begriffe der klassischen Mechanik auf das Gitter anwenden (Berücksichtigung der endlichen Fortpflanzungsgeschwindigkeit der elektromagnetischen Kräfte in V, Nr. **36—44**).

Wie in den älteren Molekulartheorien der festen Körper[10]) nehmen wir an, daß zwischen den Partikeln *konservative Zentralkräfte* wirken.

Die potentielle Energie zwischen zwei Partikeln (k, l) und (k', l') ist demnach eine Funktion ihrer Entfernung r, deren Verlauf nur von der Natur der beiden Partikel, also nur von den Basisindizes (nicht von den Zellenindizes) abhängt; wir bezeichnen sie mit $\varphi_{kk'}(r)$.

Die gesamte potentielle Energie $\varPhi$ des Gitters wächst unbegrenzt mit wachsender Anzahl der Zellen des Gitters, und zwar auch dann, wenn sämtliche Partikel in ihren Gleichgewichtslagen sind. Wir untersuchen zunächst das Verhalten der Gleichgewichtsenergie $\varPhi_0$.

Die potentielle Energie zwischen einer Partikel der Basis und einer andern, beide in ihren Gleichgewichtslagen, hat den Wert

$$(8) \qquad \varphi_{kk'}\big(\,|\,\mathfrak{r}^{l}_{kk'}\,|\,\big) = \varphi^{l}_{kk'};$$

bei beliebiger Lage beider Partikel ist die potentielle Energie offenbar $\varphi^{l-l'}_{kk'}$ zu schreiben.

Die potentielle Energie eines endlichen, aus N Zellen bestehenden Teils des Gitters im Gleichgewichte ist

$$(9) \qquad \varPhi_{(0)} = \frac{1}{2}\underset{(l)\,(l')}{\mathrm{S}}\ \sum_{\varkappa\,k'}\ \varphi^{l-l'}_{k\,k'}$$

und wird mit N unendlich.

Über die Abnahme der $\varphi_{kk'}(r)$ mit wachsendem r machen wir die Voraussetzung, daß die Wirkung einer Zelle, etwa der Basis, auf eine

---

10) Vgl. den in Anm. 2 genannten Art. IV 23, Nr. **2**. — Der Unterschied der älteren Theorien von *Navier* (1821), *Cauchy* (1827) u. a. von der hier entwickelten besteht nicht im Ansatze für die Kräfte zwischen den Partikeln, sondern in der mathematischen Durchführung; bei den älteren Autoren wird nämlich sogleich der Übergang zur Kontinuumstheorie gemacht; bei der Bildung von resultierenden Kräften werden die Summen durch Integrale ersetzt, statt der Differenzengleichungen der Gittertheorie treten Differentialgleichungen auf usw. Auch beschränken sich diese Forscher auf die mechanischen (elastischen) Eigenschaften der Körper, worin aber die optischen dazumal unter der Herrschaft der *elastischen* Lichttheorie einbegriffen waren. Die heutige Dynamik der Kristallgitter hat das Ziel, aus ein und demselben Ansatze für die Kräfte zwischen den Gitterpartikeln *alle* Eigenschaften der Kristalle abzuleiten.

Partikel:

$$\sum_{k'} \varphi_{k k'}^{l}$$

sehr rasch mit der Entfernung der Partikel von der Zelle, d. h. mit wachsendem Zellenindex l abnimmt, so daß die Reihe $\underset{l}{S}\sum_{k'} \varphi_{k k'}^{l}$, die die Wirkung aller Partikel auf eine Basispartikel im Gleichgewichte darstellt, sehr rasch konvergiert.[11])

Dann wird die potentielle Energie des endlichen Gitters auf die Partikel einer Zelle l'

$$\underset{(l)}{S}\sum_{k k'} \varphi_{k k'}^{l-l'}$$

für alle im Innern gelegenen Zellen näherungsweise gleich demselben Ausdruck für das unendliche Gitter

$$\underset{l}{S}\sum_{k k'} \varphi_{k k'}^{l\,l'}$$

sein; dabei ist nur die Besonderheit einer Oberflächenschicht (die zu den Erscheinungen der Oberflächenspannung (Kapillarität) Anlaß gibt (vgl. Nr. 4)), vernachlässigt, deren Einfluß mit wachsendem N relativ immer mehr zurücktritt. Der letzte Ausdruck ist aber von der Lage der Zelle l' unabhängig, gleich

$$(10) \qquad \varphi_0 = \underset{l}{S}\sum_{k k'} \varphi_{k k'}^{l}.$$

Daher wird

$$(9') \qquad \Phi_{(0)} = \frac{N}{2}(\varphi_0 + \psi_N),$$

wo ψ_N die Oberflächenwirkung darstellt und mit wachsendem N verschwindet:

$$(9'') \qquad \lim_{N=\infty} \psi_N = 0.$$

Folglich existiert der Grenzwert

$$(11) \qquad U_0 = \lim_{N=\infty} \frac{\Phi_{(0)}}{N\varDelta} = \frac{\varphi_0}{2\varDelta} = \frac{1}{2\varDelta}\underset{l}{S}\sum_{k k'} \varphi_{k k'}^{l}$$

und stellt die *Energiedichte im Gleichgewichte* dar.

Näherungsweise gilt also für die Gitterenergie:

$$(11') \qquad \Phi_0 = \frac{N}{2}\,\varphi_0.$$

Wir betrachten nun *Störungen des Gleichgewichtes*, bei denen jede

---

11) Diese Formulierung für die Größe der „Wirkungssphäre" ist notwendig, wenn man die elektrischen Kräfte mit umfassen will, deren Potential nur wie die reziproke Entfernung abnimmt; die rasche Abnahme der Gesamtwirkung einer Zelle mit der Entfernung beruht hier darauf, daß die Gesamtladung einer Zelle Null ist.

Partikel eine kleine Verrückung u_k^l erfährt. Die Differenz der Verrückungen zweier Punkte bezeichnen wir mit

$$(12) \qquad u_{kk'}^{ll'} = u_k^l - u_{k'}^{l'}.$$

Der Abstand zweier verschobener Partikel wird dann

$$r = |\mathfrak{r}_{kk'}^{l-l'} + u_{kk'}^{ll'}|.$$

Wir nehmen an, daß die Funktion $\varphi_{kk'}(r)$ in eine Potenzreihe nach den Verrückungskomponenten entwickelbar sei; wir schreiben diese vorläufig bis auf Glieder von höherer als 2. Ordnung an (die Berücksichtigung höherer Glieder erfolgt in Nr. **31**):

$$(13) \quad \varphi_{kk'}(r) = \varphi_{kk'}^{l-l'} + \sum_x (\varphi_{kk'}^{l-l'})_x\, u_{kk'x}^{ll'} + \frac{1}{2} \sum_{xy} (\varphi_{kk'}^{l-l'})_{xy}\, u_{kk'x}^{ll'}\, u_{kk'y}^{ll'} + \cdots$$

Dabei ist gesetzt:

$$(14) \quad \begin{cases} (\varphi_{kk'}^l)_x = \left(\dfrac{\partial \varphi_{kk'}}{\partial x}\right)_{\mathfrak{r}_{kk'}^l} = x_{kk'}^l P_{kk'}^l, \\[2ex] (\varphi_{kk'}^l)_{xy} = \left(\dfrac{\partial^2 \varphi_{kk'}}{\partial x\,\partial y}\right)_{\mathfrak{r}_{kk'}^l} = \delta_{xy} P_{kk'}^l + x_{kk'}^l y_{kk'}^l Q_{kk'}^l, \\[2ex] \cdots \cdots \cdots \cdots \cdots \cdots \cdots \cdots \end{cases}$$

wo

$$(15) \qquad \delta_{xy} = \begin{cases} 1 \;\; \text{für} \;\; x = y \\ 0 \;\; \text{,,} \;\; x \neq y, \end{cases}$$

und

$$(16) \qquad \begin{cases} P_{kk'}^l = \left(\dfrac{1}{r}\dfrac{d\varphi_{kk'}}{dr}\right)_{\mathfrak{r}_{kk'}^l}, \\[2ex] Q_{kk'}^l = \left(\dfrac{1}{r}\dfrac{d}{dr}\left[\dfrac{1}{r}\dfrac{d\varphi_{kk'}}{dr}\right]\right)_{\mathfrak{r}_{kk'}^l}. \end{cases}$$

Diese Größen sind *die atomistischen dynamischen Konstanten des Gitters*, von denen seine sämtlichen Eigenschaften abhängen.

Die Definitionen (14), (15) und (16) haben offenbar nur für solche Indizes k, k', l einen Sinn, für die nicht $k = k'$ und $l = 0$ ist; wir werden sie nachträglich für $k = k'$, $l = 0$ ergänzen. Nach (16) ist

$$(16') \qquad P_{k'k}^{-l} = P_{kk'}^l, \quad Q_{k'k}^{-l} = Q_{kk'}^l,$$

also nach (14) mit Rücksicht auf (5):

$$(14') \qquad \begin{cases} (\varphi_{k'k}^{-l})_x = -\,(\varphi_{kk'}^l)_x, \\ (\varphi_{k'k}^{-l})_{xy} = (\varphi_{kk'}^l)_{xy}. \end{cases}$$

Daher werden wir

$$(17) \qquad (\varphi_{kk}^0)_x = 0$$

zu setzen haben, während $(\varphi_{kk}^0)_{xy}$ durch die Forderung

$$(17') \qquad \sum_k \underset{l}{S}\, (\varphi_{kk'}^l)_{xy} = 0$$

bestimmt sein soll.

§ 3. Die potentielle Energie und die Kräfte 537

Die potentielle Energie des unendlichen, verzerrten Gitters entwickeln
wir nach Potenzen der Verrückungen $\mathfrak{u}_k^l$:

(18) $$\Phi = \Phi_0 + \Phi_1 + \Phi_2 + \cdots,$$

wo

(18′) $$\begin{cases} \Phi_1 = \dfrac{1}{2} \sum_{kk'} \mathop{S}_{ll'} \sum_x (\varphi_{kk'}^{l-l'})_x \, \mathfrak{u}_{kk'x}^{ll'} \\[2ex] \Phi_2 = \dfrac{1}{4} \sum_{kk'} \mathop{S}_{ll'} \sum_{xy} (\varphi_{kk'}^{l-l'})'_{xy} \mathfrak{u}_{kk'x}^{ll'} \mathfrak{u}_{kk'y}^{ll'}, \\[2ex] \ \cdot \quad \cdot \quad \cdot \quad \cdot \quad \cdot \quad \cdot \quad \cdot \quad \cdot \end{cases}$$

Die Reihe (18) konvergiert (abgesehen von Φ_0), wenn die $\mathfrak{u}_k^l$ mit der
Entfernung vom Nullpunkt ($l \to \infty$) hinreichend schnell abnehmen,
z. B. außerhalb eines endlichen Bereichs sämtlich verschwinden.

Auf Grund von (14′), (17), (17′) kann man Φ_1 und Φ_2 folgendermaßen umformen:

(18″) $$\begin{cases} \Phi_1 = \sum_k \mathop{S}_l \sum_x \left\{ \sum_{k'} \mathop{S}_{l'} (\varphi_{kk'}^{l-l'})_x \right\} \mathfrak{u}_{kx}^l \\[2ex] \Phi_2 = -\dfrac{1}{2} \sum_{kk'} \mathop{S}_{ll'} \sum_{xy} (\varphi_{kk'}^{l-l'})_{xy} \, \mathfrak{u}_{kx}^l \, \mathfrak{u}_{k'y}^{l'}. \end{cases}$$

Die *Kraft*, die alle Partikel auf eine ausüben, ist

(19) $$\mathfrak{K}_k^l = -\frac{\partial \Phi}{\partial \mathfrak{u}_k^l}.$$

Im Gleichgewicht wird sie durch die Koeffizienten der linearen Glieder
gegeben; diese sind offenbar von l unabhängig, es gibt also nur
$3\,s$ voneinander verschiedene, die wir, auf die Volumeneinheit bezogen, mit $\mathfrak{K}_k^{(0)}$ bezeichnen:

(20) $$\mathfrak{K}_{kx}^{(0)} = -\frac{1}{\varDelta} \sum_{k'} \mathop{S}_l (\varphi_{kk'}^l)_x.$$

Nach (14) läßt sich das vektoriell schreiben:

(20′) $$\mathfrak{K}_k^{(0)} = -\frac{1}{\varDelta} \sum_{k'} \mathop{S}_l P_{kk'}^l \, \mathfrak{r}_{kk'}^l.$$

Die Gleichgewichtsbedingungen lauten also

(21) $$\mathfrak{K}_k^{(0)} = 0.$$

Von diesen s Vektorgleichungen sind aber nur $s-1$ unabhängig;
denn auf Grund von (5), (16′) ergibt sich die Identität

(21′) $$\sum_k \mathfrak{K}_k^{(0)} = -\frac{1}{\varDelta} \sum_{kk'} \mathop{S}_l P_{kk'}^l \, \mathfrak{r}_{kk'}^l = 0.$$

Nunmehr wird die auf eine Partikel von den übrigen ausgeübte Kraft:

(19′) $$\mathfrak{K}_{kx}^l = \sum_{k'} \mathop{S}_{l'} \sum_y (\varphi_{kk'}^{l-l'})_{xy} \, \mathfrak{u}_{k'y}^{l'} + \cdots$$

4. Die Oberflächenenergie. Die bisher vernachlässigte Besonderheit der Oberflächenschicht und ihr Einfluß auf die Energie läßt sich berücksichtigen, wenn man die Grenzfläche als Netzebene annimmt. Das trifft für alle natürlich (durch Wachstum oder Abbau im Lösungsmittel, durch Spaltung) entstandenen Grenzflächen mit großer Annäherung[12]) zu.

Man denke sich das Gitter längs einer Netzebene geteilt und die Teile unendlich langsam voneinander entfernt, bis sie keine Wirkung mehr aufeinander ausüben; die dabei pro Flächeneinheit der Grenzfläche geleistete Arbeit sei 2σ, also σ die *„spezifische Oberflächenenergie"* für eine der beiden neu entstandenen Grenzflächen.

Um σ zu berechnen, werde die Energie des unzerlegten Kristalls in drei Teile gespalten:

$$\Phi = \Phi_{11} + \Phi_{22} + \Phi_{12},$$

von denen die beiden ersten die Eigenenergien der beiden, von der betrachteten Netzebene getrennten Gitterstücke, der dritte die wechselseitige Energie dieser Stücke sind. Für den zerlegten Kristall besteht die Energie aus zwei Teilen

$$\Phi^* = \Phi_{11}^* + \Phi_{22}^*,$$

und zwar ist Φ_{11}^* von Φ_{11}, Φ_{22}^* von Φ_{22} verschieden, weil beim Auseinanderbringen der beiden Teile die der Grenzfläche benachbarten Zellen sich etwas deformieren werden. Nach der gegebenen Definition ist nun

$$\sigma = \frac{1}{2F}(\Phi^* - \Phi),$$

wenn F die Größe der neuen Grenzfläche ist.

Die in $\Phi^* - \Phi$ auftretenden Differenzen $\Phi_{11}^* - \Phi_{11}$ und $\Phi_{22}^* - \Phi_{22}$ sind äußerst klein, und zwar um so kleiner, je beschränkter der Wirkungsbereich der Molekularkräfte ist. Man erkennt das am besten aus einem eindimensionalen Modell[13]), bestehend aus einer Reihe gleicher, in einer geraden Linie in gleichen Abständen angeordneter Massenpunkte. Die Koordinaten der n Punkte seien $x_1, x_2, \ldots, x_n$. Nimmt man nun an, daß jeder Punkt nur auf seine beiden unmittelbaren Nachbarn merklich wirkt, und bezeichnet man mit $\varphi(r)$ die potentielle Energie zweier im Abstande r befindlicher Punkte, so ist die gesamte Energie des Systems

$$U = \varphi(x_2 - x_1) + \varphi(x_3 - x_2) + \cdots + \varphi(x_n - x_{n-1}).$$

---

12) Über den Grad dieser Annäherung (Auftreten von Unebenheiten) scheint nichts Genaues bekannt zu sein.

13) *M. Born*, Über die Berechnung der absoluten Kristalldimensionen, Verh. d. Deutsch. Phys. Ges. 20 (1918), p. 224.

Gleichgewicht besteht, wenn die n Gleichungen

$$\frac{\partial U}{\partial x_1} = - \; \varphi'(x_2 - x_1) = 0,$$

$$\frac{\partial U}{\partial x_2} = \varphi'(x_2 - x_1) - \varphi'(x_3 - x_2) = 0,$$

$$\cdot \quad \cdot \quad \cdot \quad \cdot \quad \cdot \quad \cdot \quad \cdot \quad \cdot \quad \cdot \quad \cdot \quad \cdot \quad \cdot$$

$$\frac{\partial U}{\partial x_n} = \varphi'(x_n - x_{n-1}) = 0$$

erfüllt sind. Man bemerkt, daß diese mit der Forderung äquivalent sind, daß für irgend zwei Nachbarpunkte

$$\varphi'(x_{k+1} - x_k) = 0$$

ist. Die Gleichgewichtsabstände sind also sämtlich gleich, und ihr gemeinsamer Wert δ ist als Wurzel der Gleichung $\psi'(\delta) = 0$ bestimmt. Die Randelemente zeigen also *keine* Deformation, wenn nur die unmittelbaren Nachbarn aufeinander wirken. Ist das nicht streng der Fall, so wird die Randdeformation von der Größenordnung sein wie das Übergreifen der Kräfte über die nächsten Nachbarn.

Bei räumlichen Gittern muß die Sachlage ähnlich sein. *E. Madelung*[14]) hat die Rechnung für ein spezielles, zweiatomiges Gitter (vom Typus des NaCl) durchgeführt unter der Annahme, daß die Wirkung der unmittelbaren Nachbarn verschiedener Art (Na auf Cl) und die der nächstbenachbarten Paare gleicher Art (Na auf Na, Cl auf Cl) in Betracht kommt. Er findet eine Verschiebung der Atome senkrecht zur Grenzfläche, die für beide Arten etwas verschieden ist und gegen das Innere nach einem Exponentialgesetz rasch abnimmt. Zu einer numerischen Berechnung reichen die vorhandenen Daten nicht aus. Doch kann man aus einer von *Madelung* angestellten Überlegung schließen, daß die Oberflächenverzerrung sehr gering sein muß. Da die Atome der Elektrolyte (wie NaCl) elektrische Ladungen tragen, muß infolge der Verschiebungen eine elektrische Doppelschicht in der Oberfläche auftreten. *Madelung* hat versucht, die von den Begrenzungslinien solcher Doppelschichten ausgehenden elektrischen Kräfte an frischen Bruchflächen von Steinsalzstäbchen durch Aufstreuen von Schwefel-Mennige-Pulver nachzuweisen, jedoch ohne Erfolg. Daher muß die Stärke der Doppelschicht sehr gering sein.

Vernachlässigt man die Differenzen $\Phi_{11}^* - \Phi_{11}$ und $\Phi_{22}^* - \Phi_{22}$, so wird

$$(22) \qquad\qquad \sigma = - \frac{\Phi_{12}}{2\,F}.$$

---

14) *E. Madelung*, Die atomistische Konstitution einer Kristalloberfläche, Phys. Ztschr. 20 (1919), p. 494.

Hier kann man nun zur Grenze $F \to \infty$ übergehen; enthält F n primitive Parallelogramme der Grenz-Netzebene, so wird mit wachsendem n die wechselseitige Energie Φ_{12} sich immer mehr dem n-fachen des Wertes annähern, der die Energie eines unendlichen Halbgitters auf die parallelepipedische Säule angibt, die im andern Halbgitter über *einem* Parallelogramm errichtet ist.[15]) Sind $\mathfrak{a}_1$, $\mathfrak{a}_2$ die primitiven Translationen der Netzebene, so ist $F = n\,|\mathfrak{a}_1\mathfrak{a}_2|$, wo $|\mathfrak{a}_1\mathfrak{a}_2|$ kurz für den Betrag des Vektorprodukts $[\mathfrak{a}_1\mathfrak{a}_2]$ geschrieben ist; daher erhält man

$$\sigma = -\frac{1}{2\,|\mathfrak{a}_1\,\mathfrak{a}_2|}\sum_{k\,k'}\mathop{S}_{l_3 \geqq 0}\sum_{p=1}^{\infty}\varphi_{k\,k'}^{l_1,\,l_2,\,l_3+p},$$

wo der Index p die Zellen der parallelepipedischen Säule durchläuft. Die Summation nach p läßt sich ausführen; denn jedes Glied $\varphi_{k\,k'}^{l_1,\,l_2,\,l_3+p}$ kommt $l_3 + p$ mal in der Summe vor (s. Fig. 2). Es wird also

$$(23) \qquad \sigma = -\frac{1}{2\,|\mathfrak{a}_1\,\mathfrak{a}_2|}\sum_{k\,k'}\mathop{S}_{l_3>0} l_3\,\varphi_{k\,k'}^{l}.$$

Die so berechnete Oberflächenenergie ist mit beobachtbaren Größen

---

15) Bildet man den entsprechenden Ausdruck für ein kontinuierliches, isotropes Medium, so erhält man die bekannte *Laplace*sche Formel für die Kapillaritätskonstante; vgl. Art. V 9, Kapillarität (*H. Minkowski*). Sind nämlich P_1, P_2 zwei Punkte, die durch die ebene Oberfläche getrennt sind, im Abstande r, und ist x die Entfernung des Punktes P_1 von der Grenzebene, so ist die Energie des einen Halbraums auf den andern (s. Fig. 1)

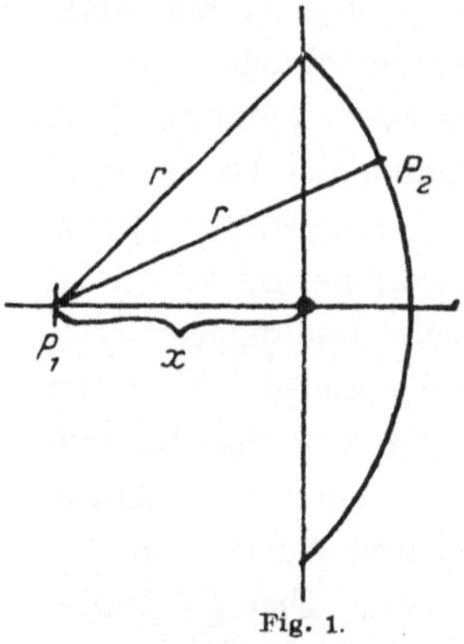

$$'\Phi_{12} = 2\pi F \int_0^\infty dx \int_x^\infty \left(1 - \frac{x}{r}\right) r^2\varphi(r)\,dr\,.$$

Nun ist aber, wenn $\varphi(r)$ für $r = \infty$ hinreichend stark verschwindet:

$$\int_0^\infty dx \int_x^\infty r^2\varphi(r)\,dr = 2\int_0^\infty x\,dx \int_x^\infty \varphi(r)r\,dr,$$

also

$$\sigma = -\frac{\Phi_{12}}{2F} = -\frac{\pi}{2}\int_0^\infty dx \int_x^\infty r^2\varphi(r)\,dr.$$

Fig. 1.

Das stimmt mit dem in dem zit. Art. Nr. **14**, (23), angegebenen Ausdruck für die Kapillaritätskonstante, die dort mit H bezeichnet ist, überein. (Die potentielle Energie $\varphi(r)$ ist dort mit $-\varrho\psi(r)$ bezeichnet, wo ϱ die Dichte ist; sodann ist $\vartheta(r) = \int_r^\infty \chi(r)\,dr$, $\chi(r) = \int_r^\infty r^2 \cdot \psi(r)\,dr$ gesetzt. Der Ausdruck (23) $H = \pi\varrho^2\vartheta(0)$ ist also mit obigem σ identisch.)

nicht ohne weiteres vergleichbar, da sie für das Gitter im Gleichgewicht, also für den absoluten Nullpunkt der Temperatur gilt. Eine strenge Theorie der Temperaturabhängigkeit der Oberflächenenergie von Kristallen ist nicht vorhanden.[16]) Gleichwohl hat die Berechnung von σ nach Formel (23) an Stelle der thermodynamisch richtigen „freien Oberflächenenergie" einigen Wert für die Beurteilung der Größenordnung und für den Vergleich der σ-Werte

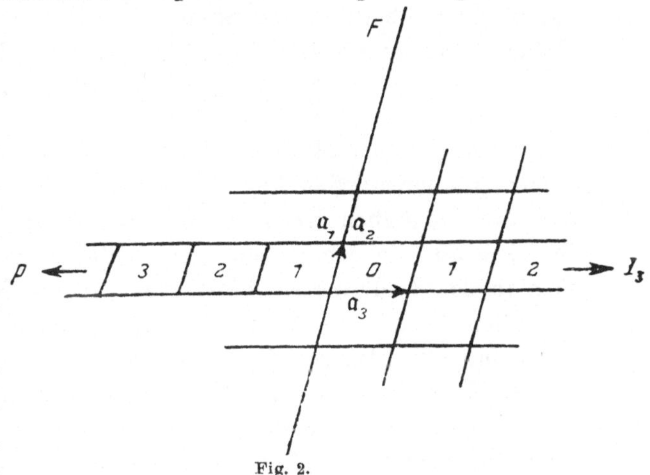

Fig. 2.

verschiedener Kristallflächen, deren Reihenfolge durch den Temperatureinfluß wohl schwerlich geändert werden wird.

Es gibt hauptsächlich zwei Vorgänge, bei denen die (freie) Oberflächenenergie der Kristalle in Erscheinung tritt. Erstens verändert sie die Dampfspannung und die Löslichkeit; dieser Einfluß ermöglicht eine absolute Messung von σ.[17]) Zweitens wird durch die (freie) spezifische Oberflächenenergie die Gestalt des Kristalles im thermodynamischen Gleichgewicht mit seinem Dampfe (bzw. mit seiner gesättigten Lösung) bestimmt; denn die freie Energie zweier Kristallstücke aus der gleichen Substanz unterscheidet sich bei gleicher Volumenenergie nur durch die Oberflächenenergie, und da im Gleichgewichte die freie Energie ein Minimum haben muß, so wird man mit *W. Gibbs*[18]) und *P. Curie*[19]) folgern[20]), daß der Kristall diejenige

---

16) Es ist auch nicht bekannt, ob das *Eötvös*sche Gesetz, das diese Temperaturabhängigkeit für Flüssigkeiten darstellt, für Kristallflächen gilt. Die theoretische Begründung dieses Gesetzes durch *E. Madelung* [Phys. Ztschr. 14 (1913), p. 729] und *M. Born* u. *R. Courant* [Phys. Ztschr. 14 (1913), p. 731] ist unzulänglich.

17) *G. Hulett*, Ztschr. f. phys. Chem. 37 (1901), p. 385, hat Experimente mit Kristallstaub von Gips und Bariumsulfat ausgeführt. Vgl. auch *J. J. P. Valeton*, Kristallform u. Löslichkeit, Diss. Amsterdam 1915 u. Ber. d. Sächs. Ges. d. Wiss. 67 (1915), p. 1.

18) *J. W. Gibbs*, Equilibrium of Heterogeneous substances, Connecticut Acad. III, New Haven 1876 und 1878. Abgedruckt in Scient. Pap. I, p. 55; vgl. insbes. p. 314. Deutsch in: Thermodyn. Studien, übersetzt von *W. Ostwald,* Leipzig 1892, p. 60; vgl. insbes. p. 320.

Form annehmen muß, bei der seine (freie) Oberflächenenergie möglichst klein ist. Sind F_1, F_2, ... die Flächeninhalte, σ_1, σ_2, ... die spezifischen Oberflächenenergien verschiedener Kristallflächen, V das Volumen, so ist die Gleichgewichtsform charakterisiert durch

$$\sum_p \sigma_p F_p = \text{Min.}, \quad V = \text{konst.}$$

Die Lösung dieser Minimalaufgabe wird nach *G. Wulff*[21]) folgendermaßen gewonnen: Man konstruiere von einem Punkt O die Normalen auf alle möglichen Kristallflächen und trage auf ihnen von O aus Strecken ab, die den zugehörigen σ-Werten proportional sind; bringt man in den Endpunkten dieser Strecken die Normalebenen an, dann umhüllen diese einen O umgebenden Raum, der die gesuchte Kristallform darstellt. Daraus folgt, daß nur Flächen mit relativ kleinen σ an der Begrenzung des Kristalls teilnehmen können.[22])

Numerische Berechnungen von σ sind von *Born* und *Stern*[23]) für reguläre Kristalle binärer Salze ausgeführt worden auf Grund der Hypothese, daß die Kohäsion dieser Substanzen wesentlich auf der elektrostatischen Anziehung der geladenen Atome (Ionen) beruht. (S. Nr. **38**.)

Die tatsächliche Form oder „Tracht" der Kristalle wird aber gar nicht durch den Satz von *Gibbs* und *Curie* geregelt[24]), weil diese

---

19) *P. Curie*, Bull. de la Soc. Min. de France 8 (1885), p. 145 u. Oeuvres, p. 153.

20) S. auch Encykl. V 9, Kapillarität (*H. Minkowski*), Nr. 18, p. 611. Ferner *P. Ehrenfest*, Ann. d. Phys. (4) 48 (1915), p. 360; dort ist ältere mineralogische Literatur über dieses Thema zitiert.

21) *G. Wulff*, Ztschr. f. Kristallogr. 34 (1901), p. 449. — Der Beweis von *Wulff* war noch unvollständig und wurde später von *Hilton* verbessert. *H. Hilton*, Zentralbl. f. Mineral. (1901), p. 753 u. Math. Crystallogr. Oxford (1903), p. 106. Vgl. auch *H. Liebmann*, Ztschr. f. Kristallogr. 53 (1914), p. 171.

22) Über den Zusammenhang der Oberflächenenergie mit der *Zerreißfestigkeit* der festen Körper s. *A. A. Griffith*, Phil. Trans. Roy. Soc. London, A. 221 (1920), p. 163; *M. Polanyi*, Ztschr. f. Phys. 7 (1921), p. 323; *A. Smekal*, Die Naturwissenschaften 10 (1922), p. 799.

23) *M. Born* u. *O. Stern*, Sitzungsber. d. preuß. Akad. d. Wiss. 1919, p. 901.

24) *A. Berthoud*, J. de Chim. phys. 10 (1912), p. 624; *G. Friedel*, J. de Chim. phys. 11 (1913), p. 478. — Vgl. auch *J. J. P. Valeton*, l. c. Anm. 17 u. Phys. Ztschr. 21 (1920), p. 606. *Valeton* führt hier die verschiedene Wachstumsgeschwindigkeit verschiedener Kristallflächen im Anschluß an die elektrochemische Valenztheorie von *W. Kossel* (Ann. d. Phys. 49 (1916), p. 229) auf die verschiedene Dichte und Verteilung der Ionen in den Netzebenen und die dadurch erzeugte Verschiedenheit der Anziehung auf die gelösten Ionen zurück. S. ferner *M. Volmer*, Ztschr. f. phys. Chem. 102 (1922), p. 267 und *G. Masing*, Die Naturwissenschaften 10 (1922), p. 899.

niemals im Gleichgewicht mit ihrer (gasförmigen) Umgebung entstehen. Vielmehr kommt es auf die Wachstums- bzw. Auflösungsgeschwindigkeit an, die von Fläche zu Fläche verschieden sein wird.

Analog zur Oberflächenenergie kann man auch eine *Kanten- und Eckenenergie* einführen.[25]) Um die Kantenenergie zu berechnen, denkt man sich das unendliche Gitter längs zweier Netzebenen F_1, F_2 in vier Teile zerlegt (s. Fig. 3), die Energie entsprechend in

$$\Phi = \Phi_{11} + \Phi_{12} + \Phi_{13} + \Phi_{14}$$
$$+ \Phi_{22} + \Phi_{23} + \Phi_{24}$$
$$+ \Phi_{33} + \Phi_{34}$$
$$+ \Phi_{44}.$$

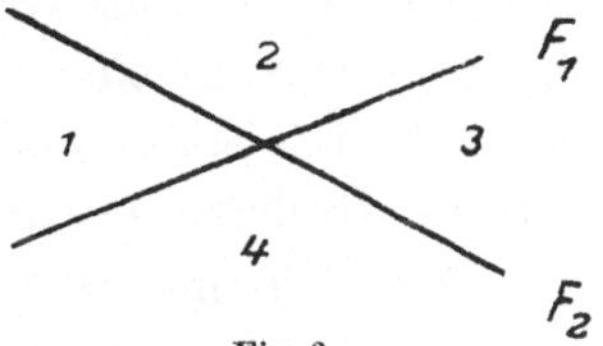

Fig. 3.

Vernachlässigt man nun wieder die Deformationen an den Grenzflächen und Kanten, so ist die Energie im zerlegten Zustande

$$\Phi^* = \Phi_{11} + \Phi_{22} + \Phi_{33} + \Phi_{44}.$$

Die zur Zerlegung gebrauchte Arbeit

$$\Phi^* - \Phi = -(\Phi_{12} + \Phi_{13} + \Phi_{14} + \Phi_{23} + \Phi_{24} + \Phi_{34})$$

wird verwandt zur Erzeugung von zwei Flächen von den Inhalten F_1, F_2 und von vier Kanten von der Länge L; also ist

$$\Phi^* - \Phi = 2\sigma_1 F_1 + 2\sigma_2 F_2 + 4\varkappa L,$$

wo $\varkappa$ die spezifische Kantenenergie ist. Andrerseits ist nach (22)

$$2\sigma_1 F_1 = -(\Phi_{13} + \Phi_{14} + \Phi_{23} + \Phi_{24}),$$
$$2\sigma_2 F_2 = -(\Phi_{12} + \Phi_{13} + \Phi_{24} + \Phi_{34}).$$

Setzt man das ein, so kommt[26])

$$(24) \qquad \varkappa = \frac{\Phi_{13} + \Phi_{24}}{4L}.$$

Durch ähnliche Überlegungen wie bei der Oberflächenenergie findet man hierfür den Ausdruck:

$$(25) \qquad \varkappa = \frac{1}{4\,|\mathfrak{a}_3|} \sum_{kk'} \mathsf{S}_{l_1,\,l_2 \geqq 0} l_1 l_2 \varphi_{kk'}^l,$$

wo $\mathfrak{a}_3$ zur Kante parallel ist, während $\mathfrak{a}_1$, $\mathfrak{a}_2$ je in einer der Flächen F_1, F_2 liegen.

---

25) *L. Brillouin*, Ann. Chim. phys. (7) 6 (1895), p. 540; *B. Vernadsky*, Bull. de la Soc. Imp. de Natur. de Moscou (1902), p. 495; *P. Parlow*, Ztschr. f. Kristallogr. 40 (1905), p. 189; 42 (1906), p. 120; Ztschr. f. phys. Chem. 72 (1910), p. 385.

26) **Man beachte die Verschiedenheit des Vorzeichens in den Formeln für die Flächenenergie (22) und die Kantenenergie (24).**

Die *Eckenenergie* kann man in analoger Weise behandeln, doch wollen wir die Formeln nicht angeben, da sie nur bei Kristallen, die aus wenigen Atomen bestehen, merklich werden könnte.

Man kann nämlich die relative Größenordnung der Volumen-, Flächen-, Kanten-, Ecken-Energie übersehen, wenn man bedenkt, daß in den Formeln (11) für U_0, (23) für σ, (25) für $\varkappa$ und der entsprechenden Formel für die Eckenenergie η die darin auftretenden Summen von gleicher Größenordnung sind. Nach (1) verhalten sich daher die Größenordnungen von U_0, σ, $\varkappa$, η wie $1 : \delta : \delta^2 : \delta^3$, wobei δ von der Größenordnung 10^{-8} cm ist.

M. Born und *O. Stern*[23]) haben ebenso wie die Flächenenergie (s. oben p. 542) auch die Kantenenergie für die regulären Kristalle binärer Elektrolyte aus der Hypothese der elektrostatischen Kohäsion numerisch berechnet. (Vgl. Nr. **38**.)

5. Gleichgewichtsbedingungen und Flächenkräfte. Wie bei jedem mechanischen System, muß bei dem *endlichen* Gitter das Gleichgewicht durch die Forderung bestimmt sein, daß in jedem Punkte die von den übrigen ausgeübte resultierende Kraft verschwindet. Für das *unendliche* Gitter aber genügen diese Gleichgewichtsbedingungen, die in diesem Falle durch (21) gegeben sind, keineswegs. Denn die Formel (20) zeigt, daß sie z. B. immer erfüllt sind, wenn jede Partikel Symmetriezentrum des Gitters ist (wie bei den bekannten Gittern der binären Elektrolyte vom Typus des NaCl usw.); daher kann man ohne Verletzung der Bedingungen (21) das Gitter gleichmäßig dilatieren oder kontrahieren. Durch diese Gleichungen (21) werden also die absoluten Dimensionen der Zelle keineswegs festgelegt.

Der Grund des Unterschieds zwischen endlichem und unendlichem Gitter ist offenbar der, daß beim endlichen Gitter die Partikel in der Nähe der Oberfläche nicht mehr Symmetriezentren sein können, selbst wenn man nur die in einer endlichen Wirkungssphäre gelegenen Nachbarpartikel in Betracht zieht. Die Oberflächenschicht steht unter einseitiger Wirkung, und diese Besonderheit pflanzt sich gewissermaßen ins Innere fort.

Man sieht das gut an dem oben (Nr. **4**, p. 538) angeführten, eindimensionalen Beispiel; dabei lauten die Gleichgewichtsbedingungen für innere Partikel

$$\varphi'(x_n - x_{n-1}) - \varphi'(x_{n+1} - x_n) = 0,$$

und diese würden, nach beiden Seiten ($-\infty < n < +\infty$) fortgesetzt, nur zu dem Schlusse führen, daß alle Abstände $x_n - x_{n-1}$ einander gleich sind. Daß diese gleichen Abstände δ aber der Gleichung

$\varphi'(\delta) = 0$ genügen, folgt erst aus den Randgleichungen. Ganz analog liegt es im allgemeinen Falle.

Man muß also zur eindeutigen Festlegung der absoluten Dimensionen des Gitters die Existenz von Grenzflächen berücksichtigen. Das geschieht am besten durch Einführung des Begriffs der *Spannungen*.

Um diese zu definieren, fasse man eine beliebige Netzebene ins Auge und betrachte die resultierende Kraft, die die „linke" Hälfte des Gitters auf die „rechte" pro Flächeneinheit ausübt. Die von links nach rechts weisende Normale der Netzebene sei mit v bezeichnet, die Kraft entsprechend mit $K_v^{(0)}$; diese ist also positiv, wenn die „linke" Hälfte auf die „rechte" einen *Druck* ausübt.

Ferner seien $\mathfrak{a}_1$, $\mathfrak{a}_2$ die Kanten eines primitiven Parallelogramms der begrenzenden Netzebene, während die dritte Kante $\mathfrak{a}_3$ der Zelle in den einen Halbkristall hineinweist. Dann führt eine ähnliche Überlegung wie bei der Oberflächenenergie für die x-Komponente der resultierenden, von der betrachteten („linken") Gitterhälfte ausgeübten Kraft $K_v^{(0)}$ zu dem Ausdruck:[27)]

$$K_{vx}^{(0)} = - \frac{1}{\mid \mathfrak{a}_1\, \mathfrak{a}_2 \mid} \sum_{k\,k'} \mathop{S}_{l_3 \geqq 0} \sum_{p=1}^{\infty} (\varphi_{k\,k'}^{l_1, l_2, l_3 + p})_x .$$

Hier kann man wieder die Summation nach p ausführen und erhält

$$K_{vx}^{(0)} = - \frac{1}{\mid \mathfrak{a}_1\, \mathfrak{a}_2 \mid} \sum_{k\,k} \mathop{S}_{p\,l_3 > 0} l_3 (\varphi_{k\,k'}^{l})_x .$$

Da nun $\mathfrak{a}_{1\,v} = \mathfrak{a}_{2\,v} = 0$ sind, so ist

$$\mathfrak{r}_{k\,k'\,v}^{l} = \mathfrak{r}_{k\,v} - \mathfrak{r}_{k'\,v} + l_3\,\mathfrak{a}_{3\,v} .$$

Entnimmt man hieraus l_3 und beachtet, daß $\mathfrak{a}_{3\,v} \mid \mathfrak{a}_1\,\mathfrak{a}_2 \mid = \varDelta$ ist, so wird

$$K_{vx}^{(0)} = - \frac{1}{\varDelta} \sum_{k\,k'} \mathop{S}_{l_3 > 0} (\varphi_{k\,k'}^{l})_x (\mathfrak{r}_{k\,k'\,v}^{l} - \mathfrak{r}_{k\,v} + \mathfrak{r}_{k'\,v}) .$$

Wegen (14') kann man l_3 statt aller positiven alle negativen Werte durchlaufen lassen und daher schreiben:

$$K_{vx}^{(0)} = - \frac{1}{2\varDelta} \sum_{k\,k'} \mathop{S}_{l} (\varphi_{k\,k'}^{l})_x (\mathfrak{r}_{k\,k'\,v}^{l} - \mathfrak{r}_{k\,v} + \mathfrak{r}_{k'\,v}) .$$

Wegen (21) fallen die Glieder mit $\mathfrak{r}_k$ und $\mathfrak{r}_{k'}$ fort. Setzt man sodann

$$\mathfrak{r}_{k\,k'\,v}^{l} = \sum_{y} y_{k\,k'}^{l} \cos (v\,y)$$

---

27) Die folgende Umformung verdankt Ref. einer mündlichen Mitteilung von *W. Pauli jr.*

2*

und mit Rücksicht auf (14)

$$(26) \quad \begin{cases} K_{yx}^{(0)} = -\frac{1}{2\varDelta} \sum_{kk'} \mathop{S}_{l} (\varphi_{kk'}^{l})_{x}\, y_{kk'}^{l} \\[2mm] \qquad = -\frac{1}{2\varDelta} \sum_{kk'} \mathop{S}_{l} P_{kk'}^{l}\, x_{kk'}^{l}\, y_{kk'}^{l} = K_{xy}^{(0)} \end{cases}$$

so erhält man

$$(26') \qquad K_{\nu x}^{(0)} = \sum_{y} K_{xy}^{(0)} \cos (\nu y).$$

Die Flächenkraft wird daher durch den symmetrischen Tensor (26), den *Spannungstensor*, dargestellt.

Soll nun das Gitter im Gleichgewicht sein, so muß der Spannungstensor verschwinden; denn dann kann man eine Gitterhälfte wegnehmen, ohne das Gleichgewicht zu stören (abgesehen von kleinen Deformationen der Oberflächenschicht, vgl. Nr. **4**, p. 539). Damit sind *sechs neue Gleichgewichtsbedingungen*

$$(27) \qquad\qquad\qquad K_{xy}^{(0)} = 0$$

gewonnen, die zu den $3(s-1)$ Bedingungen (21) hinzutreten. Im ganzen hat man also $3s + 3$ Gleichgewichtsbedingungen, und diese genügen zur vollständigen Festlegung des Gitters; denn dieses hat $3s + 3$ Bestimmungsstücke, nämlich die $3(s-1)$ relativen Koordinaten der Basispartikel sowie drei Kanten und drei Winkel der Zelle.

Man kann zu den Bedingungen (27) auch auf einem andern, mehr formalen Wege kommen, mit Hilfe des Begriffs der *homogenen Verzerrung*. Eine solche besteht aus zwei Arten von Verrückungen: Erstens erfahren alle Partikel desselben einfachen Gitters dieselbe Verrückung $\mathfrak{u}_{k}$, zweitens erfahren alle einfachen Gitter ein und dieselbe gleichmäßige Dilatation. In Formeln:

$$(28) \qquad\qquad \mathfrak{u}_{k\,x}^{l} = \mathfrak{u}_{kx} + \sum_{y} u_{xy}\, y_{k}^{l}.$$

Die $3s$ Komponenten der Vektoren $\mathfrak{u}_{k}$ und die neun Komponenten des (asymmetrischen) Tensors u_{xy} sind die Bestimmungsstücke der homogenen Verzerrung.

Diese fällt nicht unter die bisher (in Nr. **3**) betrachtete Klasse von Verrückungen, bei denen die gesamte Energie Φ des Gitters endlich ist; denn die Größe der Verschiebung nimmt nach (28) mit wachsendem Abstande vom Nullpunkt ($l \to \infty$) unbegrenzt zu. Man kann aber zeigen, daß die *Energiedichte* existiert; darunter verstehen wir hier und im folgenden stets die Energie pro Volumeneinheit des *undeformierten* Kristalls. Hier berechnen wir diese zunächst für die in den Verrückungen linearen Glieder Φ_{1}. Setzen wir in den Ausdruck

(18') von $\boldsymbol{\Phi}_1$ die Werte (28) ein, so kommt

$$\Phi_1 = \tfrac{1}{2} \underset{l'}{S} \left\{ 2 \sum_k \sum_x \mathfrak{u}_{kx} \sum_{k'} \underset{l}{S} (\varphi_{kk'}^{l-l'})_x + \sum_{xy} u_{xy} \sum_{kk'} \underset{l}{S} (\varphi_{kk'}^{l-l'})_x y_{kk'}^{l-l'} \right\}.$$

Die Summation nach l' läßt sich ausführen und liefert in ähnlicher Weise wie bei $\boldsymbol{\Phi}_{(0)}$ (Nr. **3**, Formel (11), p. 535) mit Rücksicht auf (20) und (26):

$$(29) \qquad U_1 = \lim_{N=\infty} \frac{\Phi_1}{N\varDelta} = - \sum_k \mathfrak{K}_k^{(0)} \mathfrak{u}_k - \sum_{xy} K_{xy}^{(0)} u_{xy}.$$

Demnach stellen die Gleichungen (21) und (27) die notwendigen und hinreichenden Bedingungen dar dafür, daß die linearen Glieder in der Entwicklung der Energiedichte bei homogener Verzerrung

$$(30) \qquad U = U_0 + U_1 + U_2 + \cdots$$

verschwinden.[28]

6. Energie und Spannungen bei homogener Verzerrung und die Beziehungen zur Kontinuumstheorie. Die soeben eingeführten homogenen Verzerrungen spielen in der Dynamik der Gitter eine besondere Rolle. Da nämlich die Gitterkonstante δ von der Größenordnung 10^{-8} cm ist, so sind in vielen Fällen die physikalisch herstellbaren Deformationen von Kristallen als homogen zu betrachten innerhalb von Bereichen, deren lineare Dimensionen groß gegen δ sind.

Es soll daher die Energie des Gitters für homogene Verzerrungen berechnet werden. Durch Einsetzen von (28) in den Ausdruck (18') von $\boldsymbol{\Phi}_2$ ergibt sich:

$$\Phi_2 = \tfrac{1}{4} \sum_{kk'} \underset{ll'}{S} \left\{ \sum_{xy} (\varphi_{kk'}^{l-l'})_{xy} \mathfrak{u}_{kk'x} \mathfrak{u}_{kk'y} + 2 \sum_{xy\bar{x}} (\varphi_{kk'}^{l-l'})_{xy} \bar{x}_{kk'}^{l-l'} \mathfrak{u}_{kk'x} u_{y\bar{x}} \right.$$

$$\left. + \sum_{xy\bar{x}\bar{y}} (\varphi_{kk'}^{l-l'})_{xy} \bar{x}_{kk'}^{l-l'} \bar{y}_{kk'}^{l-l'} u_{x\bar{x}} u_{y\bar{y}} \right\}.$$

Man erkennt die Existenz der Energiedichte

$$(31) \qquad U_2 = \lim_{N=\infty} \frac{\Phi_2}{N\varDelta} = \frac{1}{4} \sum_{kk'} \sum_{xy} \begin{bmatrix} kk' \\ xy \end{bmatrix} \mathfrak{u}_{kk'x} \mathfrak{u}_{kk'y}$$

$$+ \sum_k \sum_{xyz} \begin{bmatrix} k \\ xyz \end{bmatrix} \mathfrak{u}_{kx} u_{yz} + \frac{1}{2} \sum_{xy\bar{x}\bar{y}} [xy\bar{x}\bar{y}] u_{x\bar{x}} u_{y\bar{y}};$$

---

28) Man kann die Erscheinungen der thermischen Ausdehnung und der Pyroelektrizität in formaler Weise berücksichtigen, indem man die Größen $\mathfrak{K}_k^{(0)}$ und $K_{xy}^{(0)}$ *nicht* gleich Null setzt, sondern als Temperaturfunktionen betrachtet, die (nach dem *Nernst*schen Wärmesatze, vgl. Nr. **26**) beim absoluten Nullpunkt verschwinden. Dabei verzichtet man aber auf die wahre Bedeutung der Größen $\mathfrak{K}_k^{(0)}$ und $K_{xy}^{(0)}$ als Gittersumme gemäß den Formeln (20) und (26); bei tatsächlichen Berechnungen bestimmter Gitter mit bestimmten (z. B. elektrostatischen) Kräften müssen immer die Relationen (21) und (27) berücksichtigt werden (Nr. **33**, **38, 39**). Die kinetische Theorie der thermischen Ausdehnung und der Pyroelektrizität, die formal die Glieder 1. Ordnung U_1 in der Form (29) wiederherstellt, wird später gegeben werden (Nr. **31, 32**).

dabei haben die Klammersymbole folgende Bedeutung:

$$(32)\quad\begin{cases} \text{a)}\ \begin{bmatrix} k\,k' \\ x\,y \end{bmatrix} = \frac{1}{\varDelta}\,\underset{l}{S}\,(\varphi^l_{kk'})_{xy} = \frac{1}{\varDelta}\Big\{\delta_{xy}\,\underset{l}{S}\,P^l_{kk'} + \underset{l}{S}\,Q^l_{kk'}\,x^l_{kk'}\,y^l_{kk'}\Big\}, \\[2ex] \text{b)}\ \begin{bmatrix} k \\ x\,y\,z \end{bmatrix} = \frac{1}{\varDelta}\sum_{k'}\underset{l}{S}\,(\varphi^l_{kk'})_{xy}\,z^l_{kk'} = \frac{1}{\varDelta}\sum_{k'}\underset{l}{S}\,Q^l_{kk'}\,x^l_{kk'}\,y^l_{kk'}\,z^l_{kk'}, \\[2ex] \text{c)}\ [x\,y\,\bar{x}\,\bar{y}] = \frac{1}{2\varDelta}\sum_{k\,k'}\underset{l}{S}\,(\varphi^l_{kk'})_{xy}\,\bar{x}^l_{kk'}\,\bar{y}^l_{kk'} \\[2ex] \qquad\qquad\quad = \frac{1}{2\varDelta}\sum_{k\,k'}\underset{l}{S}\,Q^l_{kk'}\,x^l_{kk'}\,y^l_{kk'}\,\bar{x}^l_{kk'}\,\bar{y}^l_{kk'}. \end{cases}$$

Offenbar ist $\begin{bmatrix} k\,k' \\ x\,y \end{bmatrix}$ nur für $k \neq k'$ definiert; man kann mit Vorteil den

Koeffizienten $\begin{bmatrix} k\,k \\ x\,y \end{bmatrix}$ durch die Forderung einführen, daß

$$(33)\qquad\qquad \sum_{k'} \begin{bmatrix} k\,k' \\ x\,y \end{bmatrix} = 0$$

sein soll. Ferner gilt, wie leicht zu sehen,

$$(34)\qquad\qquad \sum_{k} \begin{bmatrix} k \\ x\,y\,z \end{bmatrix} = 0.$$

Alle Koeffizienten (32) bleiben bei Vertauschungen der x, y, z ungeändert, $\begin{bmatrix} k\,k' \\ x\,y \end{bmatrix}$ auch bei der Vertauschung von k und k'.

Mit Rücksicht auf diese Symmetrierelationen und die Identitäten
(33), (34) ist die Höchstzahl unabhängiger Konstanten jeder Art die
folgende:

Es gibt höchstens $3\,s\,(s-1)$ Größen $\begin{bmatrix} k\,k' \\ x\,y \end{bmatrix}$,

" " " $10\,(s-1)$ " $\begin{bmatrix} k \\ x\,y\,z \end{bmatrix}$,

" " " 15 " $[x\,y\,\bar{x}\,\bar{y}]$.

Aus den Symmetrierelationen folgt ferner, daß U_2 nur von den 6 Verbindungen

$$(35)\quad\begin{cases} x_x = u_{xx}, & y_z = z_y = u_{yz} + u_{zy}, \\[1ex] y_y = u_{yy}, & z_x = x_z = u_{zx} + u_{xz}, \\[1ex] z_z = u_{zz}, & x_y = y_x = u_{xy} + u_{yx} \end{cases}$$

abhängt, den „*Deformationskomponenten*" der Elastizitätstheorie.

Wegen (33) kann man die erste Summe in U_2 auch so schreiben

$$(31')\quad \frac{1}{4}\sum_{k\,k'}\sum_{x\,y} \begin{bmatrix} k\,k' \\ x\,y \end{bmatrix} u_{kk'x}\,u_{kk'y} = -\frac{1}{2}\sum_{k\,k'}\sum_{x\,y} \begin{bmatrix} k\,k' \\ x\,y \end{bmatrix} u_{kx}\,u_{k'y}.$$

Damit das Gleichgewicht stabil ist, muß die quadratische Form U_2
(31) *positiv definit* sein; und zwar darf sie höchstens für solche Verrückungen verschwinden, bei denen das Gitter als ganzes verrückt

wird, also bei den Translationen $u_{xy} = 0$ und $\mathfrak{u}_k = \mathfrak{u}$, wo $\mathfrak{u}$ ein beliebiger Vektor ist. Die bei einer Verrückung $\mathfrak{u}_k$ eines einfachen Gitters zu überwindende *Kraft pro Volumeneinheit* ist

$$(36) \qquad \mathfrak{K}_k = - \frac{\partial U}{\partial \mathfrak{u}_k};$$

ferner werden die Größen

$$(36') \qquad K_{xy} = - \frac{\partial U}{\partial u_{xy}}$$

die *Komponenten des Spannungstensors* bei der homogenen Deformation u_{xy} bedeuten.

Beschränkt man sich auf die Glieder 2. Ordnung von U, so werden die Kräfte und Spannungen lineare Funktionen der $\mathfrak{u}_k$ und u_{xy} (*Hookesches Gesetz*), und zwar erhält man aus (31)

$$(37) \quad \begin{cases} \text{a)} \quad \mathfrak{K}_{kx} = - \dfrac{\partial U_2}{\partial \mathfrak{u}_{kx}} = \displaystyle\sum_{k'} \sum_y \begin{bmatrix} k\,k' \\ xy \end{bmatrix} \mathfrak{u}_{k'y} - \sum_{yz} \begin{bmatrix} k \\ x\,y\,z \end{bmatrix} u_{yz}, \\[4ex] \text{b)} \quad K_{xy} = - \dfrac{\partial U_2}{\partial u_{xy}} = - \displaystyle\sum_k \sum_z \begin{bmatrix} k \\ x\,y\,z \end{bmatrix} \mathfrak{u}_{kz} - \sum_{\bar{x}\bar{y}} \begin{bmatrix} x\,y\,\bar{x}\,\bar{y} \end{bmatrix} u_{\bar{x}\bar{y}}. \end{cases}$$

Die Bedeutung dieser Größen als „innere Kraft" $\mathfrak{K}_k$ und „Flächenkraft" K_{xy} kann man auch durch direkte Einführung der homogenen Deformation in dem Ausdruck (19) der Einzelkraft mit Hilfe von Überlegungen analog zu den in Nr. 5 durchgeführten bestätigen.

Aus (33) folgt, daß $\mathfrak{K}_{kx}$ und K_{xy} nur von den Differenzen der $\mathfrak{u}_{kx}$ abhängen; ferner folgt aus den Symmetrierelationen der Koeffizienten, daß $\mathfrak{K}_{kx}$ und K_{xy} nur von den Verbindungen (35) der u_{xy}, den Deformationskomponenten, abhängen, sowie daß K_{xy} in x, y symmetrisch ist. Endlich ergibt sich aus (33) und (34), daß

$$(38) \qquad \sum_k \mathfrak{K}_{kx} = 0$$

ist. Ein äußeres Kraftsystem kann daher nur dann eine homogene Verzerrung erzeugen, wenn die Resultante der an der Basis angreifenden Kräfte verschwindet.

Das ist der Fall, wenn diese Kräfte von homogenen elektrostatischen oder magnetostatischen Feldern stammen; denn wenn die Partikel die Ladungen $e_1, e_2, e_3, \ldots, e_s$ tragen, so besteht in einem elektrischen Felde $\mathfrak{E}$ die Gleichgewichtsbedingung

$$(39) \qquad \mathfrak{K}_k + \frac{e_k}{\varDelta} \mathfrak{E} = 0,$$

und daraus folgt (38), weil die Zelle elektrisch neutral ist:

$$(40) \qquad \sum_k e_k = 0.$$

Dagegen tritt im Felde der Schwerkraft keine homogene Verzerrung des Gitters ein.

Für alle die Fälle, wo die Verzerrung zwar nicht homogen ist, aber innerhalb von Bereichen, die eine große Anzahl von Zellen umfassen, als nahezu homogen betrachtet werden kann, gewinnt man angenäherte Gesetze durch einen geeigneten Übergang zur Kontinuumstheorie.

7. Übergang zur Kontinuumstheorie. Elastizität. Man denke sich für das Gitter einen kontinuierlichen Körper substituiert; dessen Punkte können sichtbare Verrückungen $\mathfrak{u}$ erfahren, die Funktionen der Koordinaten x, y, z sind, außerdem aber sollen in jedem Volumenelement $3s$ „innere", „unsichtbare" Verrückungen $\mathfrak{u}_k$ vor sich gehen können.[29]

Wir nehmen nun an, daß die $\mathfrak{u}$ und $\mathfrak{u}_k$ „langsam" veränderliche Funktionen von x, y, z sind, d. h. erst in Bereichen, die eine sehr große Zahl von Zellen umfassen, sich merklich ändern.

In einem kleinen Bereich, der aber noch eine beträchtliche Zahl von Zellen umfaßt, kann die Deformation als homogen gelten, und es ist in erster Näherung

$$\mathfrak{u} = \frac{\partial \mathfrak{u}}{\partial x} x + \frac{\partial \mathfrak{u}}{\partial y} y + \frac{\partial \mathfrak{u}}{\partial z} z$$

oder in unserer Schreibweise

$$\mathfrak{u}_x = \sum_y \frac{\partial \mathfrak{u}_x}{\partial y} y.$$

Man wird nun die Koeffizienten $\dfrac{\partial \mathfrak{u}_x}{\partial y}$ der homogenen Deformation des Kontinuums mit den Koeffizienten u_{xy} der homogenen Deformation des Gitters (28) identifizieren, ebenso die „inneren" Verrückungen $\mathfrak{u}_k$ mit den entsprechenden Größen beim Gitter. Sodann wird man annehmen, daß die Energiedichte U, die der Erzeugung der „inneren" Verrückungen widerstehenden Kräfte $\mathfrak{K}_k$ und die Spannungen K_{xy} durch die Formeln (31), (37) dargestellt werden, wobei die $\mathfrak{u}_k$ und $u_{xy} = \dfrac{\partial \mathfrak{u}_x}{\partial y}$ als „langsam" veränderliche Funktionen von x, y, z anzusehen sind.

Auf das so mechanisch definierte Kontinuum wird man sodann die Prinzipien der Mechanik der Kontinua anwenden. Wir nehmen an,

---

29) In dem Artikel IV 30, *Die allgemeinen Ansätze der Mechanik der Kontinua* (*E. Hellinger*) sind die Grundlagen einer Mechanik der Kontinua, bei der die Volumenelemente innere Zustandsänderungen erleiden können, kurz skizziert; die Betrachtungen sind allerdings wesentlich nur für den Fall „orientierter Teilchen" durchgeführt, bei denen die adjungierten Parameter die Winkel sind, welche die Stellung der Teilchen im Raume bestimmen (s. dort Nr. **2b**, **4b**, **7b**). S. auch *W. Koster*, Theorie van elastische media met orienteerbare Deeltjes, Diss. Utr. 1921.

daß die äußeren Kräfte $\mathfrak{F}_k$ im erörterten Sinne „langsam" mit dem Orte veränderlich sind und daß ihre Resultante an der Basis nicht verschwindet; es sei vielmehr die *Kraft pro Volumeneinheit*

$$(41) \qquad \sum_k \mathfrak{F}_k = \mathfrak{F}.$$

Dann erhält man *die elastischen Gleichgewichtsbedingungen*

$$(42) \qquad \sum_y \frac{\partial K_{xy}}{\partial y} - \mathfrak{F}_x = 0,$$

wo für die Spannungskomponenten K_{xy} die Ausdrücke (37b) einzusetzen sind; zugleich hat man in (37a) die Werte

$$(43) \qquad \mathfrak{K}_k = \frac{1}{\varrho}\,\mathfrak{F} - \mathfrak{F}_k$$

einzusetzen, die der Bedingung (38) genügen.

Zu den Differentialgleichungen (42) müssen noch Randbedingungen an der Oberfläche des Kristalls treten, z. B. die Forderungen, daß die Oberflächenspannungen $\overline{K}_\nu$ gegeben sind:

$$(42') \qquad \sum_y K_{xy} \cos(\nu y) = \overline{K}_{\nu x}.$$

Um Bewegungsvorgänge darzustellen, hat man in (42) zu der Kraft $\mathfrak{F}$ die *d'Alembert*sche Trägheitskraft $-\varrho\,\ddot{\mathrm{u}}$ hinzuzufügen, wo ϱ die durch (7) definierte Dichte ist. Und zwar ist das solange erlaubt, als die Energie der relativen Bewegung der einzelnen einfachen Gitter klein ist gegen die Energie der Gesamtbewegung der makroskopischen Volumenelemente. Die Relativbewegung der einfachen Gitter hat, wie wir sehen werden (Nr. **21, 22**) Resonanzbereiche, deren langsamste Perioden ultraroten Lichtwellen entsprechen. Für alle Bewegungen, die sich nur aus langsameren Frequenzen zusammensetzen lassen, genügt die gewöhnliche Elastizitätstheorie. In der Nähe der Resonanzbereiche muß man auch zu den Einzelkräften $\mathfrak{F}_k$ Trägheitskräfte $-\frac{m_k}{\varDelta}\ddot{\mathrm{u}}_k$ hinzufügen; diese Frage wird später (Nr. **14** ff.) hauptsächlich vom Standpunkt der Optik diskutiert.

Die gewöhnliche Schreibweise[30]) der Gleichungen (42) und (42')

---

30) Wir rechnen die Spannungen als die von dem betrachteten Kristallstück nach außen ausgeübten Flächenkräfte, also positiv bei Druck, negativ bei Zug (s. Nr. 5, p. 545 ff.). Unsere Bezeichnung stimmt mit der von *W. Voigt*, Lehrbuch der Kristallphysik, VII. Kap. § 277, p. 562, überein. Dagegen weichen die in den verschiedenen Artikeln dieser Encyklopädie über Elastizitätstheorie (Bd. IV, Tbd. 4) gebrauchten Bezeichnungen von der unseren und untereinander ab. In IV 23 (*C. H. Müller* und *A. Timpe*), Nr. **8b** sowie in IV 30 (*E. Hellinger*), Nr. **3c** werden die Flächenkräfte als äußere Drucke, also mit umgekehrtem Vorzeichen

erhält man, wenn man für die *Spannungskomponenten*

$$K_{xx} \quad K_{yy} \quad K_{zz} \quad K_{yz} \quad K_{zx} \quad K_{xy}$$

die Zeichen

$$X_x \quad Y_y \quad Z_z \quad Y_z = Z_y \quad Z_x = X_z \quad X_y = Y_x$$

einführt und die Komponenten der Kraft $\mathfrak{F}$ mit X, Y, Z bezeichnet:

$$(42^*) \qquad \left\{ \frac{\partial X_x}{\partial x} + \frac{\partial X_y}{\partial y} + \frac{\partial X_z}{\partial z} = X, \right.$$
$$\cdots\cdots\cdots\cdots$$

$$(42^{**}) \qquad \left\{ X_x \cos(\nu x) + X_y \cos(\nu y) + X_z \cos(\nu z) = \overline{X}_\nu, \right.$$
$$\cdots\cdots\cdots\cdots\cdots\cdots$$

Die Spannungsgleichungen (42) nebst Grenzbedingungen (42′) und die Kraftgleichungen (43) müssen nun, wenn man darin für $\mathfrak{K}_k$ und K_{xy} die Ausdrücke (37) einführt, gerade zur Bestimmung der Deformation ausreichen. Diese wird gegeben durch den Vektor $\mathfrak{u}$ und die $(s-1)$ Differenzen der Vektoren $\mathfrak{u}_k$, also durch $3 + 3(s-1) = 3s$ Komponenten. Die Anzahl der unabhängigen Gleichungen ist ebenso groß, nämlich 3 Differentialgleichungen (42) nebst $3s$ gewöhnliche Gleichungen (43), von denen aber wegen (38) nur $(3s-1)$ unabhängig sind.

8. Elimination der inneren Verrückungen. Das Hookesche Gesetz. Die inneren Verrückungen $\mathfrak{u}_k$ sind nicht direkt wahrnehmbar (höchstens durch Röntgenstrahl-Analyse nachweisbar); daher wird man sie aus den Gleichungen zu eliminieren suchen.

Die Gleichungen (37a) haben die Form

$$(44) \qquad \sum_{k'} \sum_{y} \begin{bmatrix} k\,k' \\ x\,y \end{bmatrix} \mathfrak{u}_{k'y} = \mathfrak{U}_{kx},$$

wo zur Abkürzung

$$(45) \qquad \mathfrak{U}_{kx} = \mathfrak{K}_{kx} + \sum_{yz} \begin{bmatrix} & k & \\ x & y & z \end{bmatrix} u_{yz}$$

gesetzt ist.

Bei der Auflösung der linearen Gleichungen (44) ist zu beachten, daß wegen (33) die Determinante verschwindet; die zugehörigen homogenen Gleichungen ($\mathfrak{U}_k = 0$) haben die 3 Translationen parallel zu den Koordinatenachsen

$$\mathfrak{u}_k = \mathfrak{i}_1, \text{ bzw. } \mathfrak{i}_2, \text{ bzw. } \mathfrak{i}_3$$

als unabhängige Lösungen. Trotzdem sind die Gleichungen (44) auf-

---

gebraucht. In IV 24 (*O. Tedone*), Nr. **2 a** sind sie ebenso gewählt wie hier, aber die Elastizitätskonstanten der Kristalle sind mit negativem Vorzeichen eingeführt; bei isotropen Körpern wird das Vorzeichen wieder umgekehrt, indem die *Lamé*-schen Konstanten als $\lambda = -2\,c_{12}$, $\mu = -(c_{11} - c_{12})$ definiert werden.

lösbar, weil die rechten Seiten nach (34) und (38) die Relation

$$\sum_k \mathfrak{U}_k = 0$$

erfüllen, welche gerade die 3 Lösbarkeitsbedingungen repräsentiert. Die allgemeine Lösung von (44) erhält man aus einer beliebigen durch Addition der allgemeinen Lösung der homogenen Gleichungen, d. h. eines willkürlichen Vektors; sie hat also die Form

$$(46) \qquad u_{kx} = \sum_{k'} \sum_{y} \left\{ \begin{matrix} k\,k' \\ x\,y \end{matrix} \right\} \mathfrak{U}_{k'y} + \mathfrak{A}_x.$$

Dabei kann man stets die Klammersymbole $\left\{ \begin{matrix} k\,k' \\ x\,y \end{matrix} \right\}$ so bestimmen, daß sie sowohl in k, k' als auch in x, y symmetrisch sind, und daß

$$(46') \qquad \sum_{k'} \left\{ \begin{matrix} k\,k' \\ x\,y \end{matrix} \right\} = 0$$

ist für alle k, x, y.

In (46) setze man den Wert (45) für $\mathfrak{U}_k$ ein und eliminiere dann u_k aus (37b); dabei fällt wegen (34) der willkürliche Vektor $\mathfrak{A}$ heraus und es kommt:

$$(47) \qquad u_{kx} = \sum_{k'} \sum_{y} \left\{ \begin{matrix} k\,k' \\ x\,y \end{matrix} \right\} \mathfrak{K}_{k'y} + \sum_{yz} \left[\begin{matrix} k \\ x \mid y\,z \end{matrix} \right] u_{yz} + \mathfrak{A}_x,$$

$$(48) \qquad K_{xy} = -\sum_{k} \sum_{z} \left[\begin{matrix} k \\ z \mid x\,y \end{matrix} \right] \mathfrak{K}_{kz} - \sum_{\bar{x}\,\bar{y}} \left[\, x\,y \mid \bar{x}\,\bar{y} \, \right] u_{\bar{x}\,\bar{y}},$$

wobei

$$(49) \quad \begin{cases} \text{a)} \; \left[\begin{matrix} k \\ x \mid y\,z \end{matrix} \right] = \sum_{k'} \sum_{\bar{x}} \left\{ \begin{matrix} k\,k' \\ x\,\bar{x} \end{matrix} \right\} \left[\begin{matrix} k' \\ \bar{x}\,y\,z \end{matrix} \right], \\[2ex] \text{b)} \; \left[\, x\,y \mid \bar{x}\,\bar{y} \, \right] = \left[\, x\,y\,\bar{x}\,\bar{y} \, \right] + \sum_{k\,k'} \sum_{z\,\bar{z}} \left[\begin{matrix} k \\ x\,y\,z \end{matrix} \right] \left\{ \begin{matrix} k\,k' \\ z\,\bar{z} \end{matrix} \right\} \left[\begin{matrix} k' \\ \bar{x}\,\bar{y}\,\bar{z} \end{matrix} \right] \end{cases}$$

gesetzt ist. Diese neuen Klammersymbole sind *nicht* in allen x, y, z symmetrisch, sondern bei der ersten Art $\left[\begin{matrix} k \\ x \mid y\,z \end{matrix} \right]$ sind y, z vertauschbar, bei der zweiten Art $[\, x\,y \mid \bar{x}\,\bar{y} \,]$ sind x, y miteinander vertauschbar, ebenso $\bar{x}$, $\bar{y}$, endlich das Paar x, y mit dem Paar $\bar{x}$, $\bar{y}$ (wie durch den vertikalen Strich angedeutet ist). Ferner ist wegen (46')

$$(49') \qquad \sum_k \left[\begin{matrix} k \\ x \mid y\,z \end{matrix} \right] = 0.$$

Trotz der Einschränkung der Vertauschbarkeit des Indizes folgt aber wiederum, daß K_{xy} nur von Deformationskomponenten (35) abhängig ist.
Die Anzahl unabhängiger Konstanten in (48)

von der Art $\left[\begin{matrix} k \\ x \mid y\,z \end{matrix} \right]$ ist höchstens $18\,s$,

„ „ „ $[\, x\,y \mid \bar{x}\,\bar{y} \,]$ „ „ 21.

Man kann auch in der Energie U die inneren Verrückungen $\mathfrak{u}_k$ durch die Kräfte $\mathfrak{K}_k$ ersetzen; dann betrachtet man aber besser an Stelle von U *die Energie U^*, die der Volumeneinheit des Kristalls unter der Wirkung der äußeren Kräfte $\mathfrak{F}_k$ zukommt*, die den inneren Kräften $\mathfrak{K}_k$ das Gleichgewicht halten; U^* unterscheidet sich von U durch die negative Arbeit der Kräfte $\mathfrak{F}_k$, also

$$(50) \qquad U^* = U - \sum_k (\mathfrak{F}_k \mathfrak{u}_k) = U + \sum_k (\mathfrak{K}_k \mathfrak{u}_k).$$

U^* ist die „*Legendre*sche Transformierte" von U, und man hat

$$d\,U^* = d\,U + \sum_k (\mathfrak{K}_k\,d\mathfrak{u}_k) + \sum_k (\mathfrak{u}_k\,d\mathfrak{K}_k).$$

Da nun nach (36), (36′)

$$d\,U = -\;\sum_k (\mathfrak{K}_k\,d\mathfrak{u}_k) - \sum_{xy} K_{xy}\,d u_{xy}$$

ist, so folgt

$$d\,U^* = \sum_k (\mathfrak{u}_k\,d\mathfrak{K}_k) - \sum_{xy} K_{xy}\,d u_{xy},$$

oder

$$(51) \qquad \mathfrak{u}_{kx} = \frac{\partial\,U^*}{\partial \mathfrak{K}_{kx}}, \qquad K_{xy} = -\frac{\partial\,U^*}{\partial u_{xy}}.$$

Daher ergibt sich aus (47), (48):

$$(52) \qquad U^* = U_0 + U_2^* + \cdots,$$

wo

$$(52') \qquad U_2^* = \frac{1}{2}\sum_{kk'}\sum_{xy}\left\{\begin{matrix}k\,k'\\x\,y\end{matrix}\right\}\mathfrak{K}_{kx}\mathfrak{K}_{k'y} + \sum_k\sum_{xyz}\left[\begin{matrix}&k&\\x&|&yz\end{matrix}\right]\mathfrak{K}_{kx} u_{yz}$$
$$+ \frac{1}{2}\sum_{xy\bar{x}\bar{y}}\left[\left|\,x\,y\mid \bar{x}\,\bar{y}\,\right|\right] u_{xy} u_{\bar{x}\,\bar{y}},$$

ein Ausdruck, der mit Rücksicht auf (31′) ganz analog zu (31) gebaut ist.

Sind keine Einzelkräfte $\mathfrak{K}_k$ vorhanden, so hat man den Fall der *reinen Elastizitätstheorie:*

$$(53) \qquad K_{xy} = -\sum_{\bar{x}\,\bar{y}}\left[\left|\,x\,y\mid \bar{x}\,\bar{y}\,\right|\right] u_{\bar{x}\,\bar{y}}.$$

Diese Gleichung ist dann der Ausdruck des *Hookeschen Gesetzes.* Die gewöhnliche Schreibweise desselben erhält man, indem man die *Elastizitätskonstanten*

$$(54) \qquad \left[\left|\,xy\mid \bar{x}\,\bar{y}\,\right|\right] = c_{ij} = c_{ji} \qquad (i,j = 1, 2, \ldots 6)$$

setzt, wobei den Paaren xy die Werte von i,j in der Reihenfolge

xx	yy	zz	yz	zx	xy
1	2	3	4	5	6

entsprechen; dann kann man (53) schreiben

$$(53') \quad \begin{cases} -X_x = c_{11}x_x + c_{12}y_y + c_{13}z_z + c_{14}y_z + c_{15}z_x + c_{16}x_y, \\ \cdots\cdots\cdots\cdots\cdots\cdots \\ -Y_z = c_{41}x_x + c_{42}y_y + c_{43}z_z + c_{44}y_z + c_{45}z_x + c_{46}x_y, \\ \cdots\cdots\cdots\cdots\cdots\cdots \end{cases}$$

Da die Höchstzahl der c_{ij} 21 beträgt, so sind wir zur „Multikonstantentheorie" gelangt.[31]) Der innere Grund dafür ist der Aufbau des Gitters aus mehreren, ineinander gestellten einfachen Gittern, die Verrückungen $\mathfrak{u}_k$ gegeneinander erfahren; durch die Elimination der $\mathfrak{u}_k$ entstehen die Zusatzglieder in (49b), durch welche sich die $[xy\,\overline{x}\,\overline{y}]$ von den $[|xy\,|\,\overline{x}\,\overline{y}\,|]$ unterscheiden. Wenn die Zusatzglieder verschwinden (was bei *einem* einfachen Gitter der Fall ist), so werden alle vier Indizes unbeschränkt vertauschbar, und das liefert 6 weitere Relationen zwischen den c_{ij}, nämlich

$$(54') \quad \begin{cases} c_{23} = c_{44}, & c_{56} = c_{14}, \\ c_{31} = c_{55}, & c_{64} = c_{25}, \\ c_{12} = c_{66}, & c_{45} = c_{36}. \end{cases}$$

Das sind die *Cauchyschen Relationen*, durch welche die Anzahl 21 der Elastizitätskonstanten auf 15 reduziert wird. Daß die älteren Molekulartheorien der Elastizität[32]) auf diese „Rarikonstantentheorie" führten, liegt daran, daß sie das Gitter durch ein Kontinuum ersetzten, ohne die „inneren Verrückungen" $\mathfrak{u}_k$ einzuführen; erst die Annahme starrer Molekeln durch *Poisson* führte auf die Multikonstantentheorie (s. Nr. 9, p. 556).

Löst man die Gleichungen (53') nach den Deformationskomponenten auf, erhält man Beziehungen der Form

$$(53'') \quad \begin{cases} -x_x = s_{11}X_x + s_{12}Y_y + s_{13}Z_z + s_{14}Y_z + s_{15}Z_x + s_{16}X_y, \\ \cdots\cdots\cdots\cdots\cdots\cdots \\ -y_z = s_{41}X_x + s_{42}Y_y + s_{43}Z_z + s_{44}Y_z + s_{45}Z_x + s_{46}X_y, \\ \cdots\cdots\cdots\cdots\cdots\cdots \end{cases}$$

wo die Koeffizienten s_{ij} die durch die Determinante dividierten Unterdeterminanten der c_{ij} sind; sie heißen *Elastizitätsmoduln*.[33]) Es gelten die Identitäten

$$\sum_{h=1}^{6} c_{ih}s_{hj} = \delta_{ij},$$

---

31) Vgl. den Art. IV 23, Nr. 4c.

32) Ein ausführlicher Bericht über die Entwicklung der Elastizitätstheorie findet sich in dem schon mehrfach zitierten Art. IV 23; über die Zahl der Elastizitätskonstanten vgl. insbesondere dort Nr. 4c. Ferner *A. E. H. Love*, Lehrbuch der Elastizität (deutsch von *A. Timpe*), Leipzig 1907, vgl. besonders die historische Einleitung.

33) Vgl. *W. Voigt*, Lehrbuch der Kristallphysik, VII. Kap. § 277, p. 562.

wo δ_{ij} gleich 1 oder 0 ist, je nachdem $i = j$ oder $i \neq j$ ist. Für die einzelnen Kristallklassen reduzieren sich die c_{ij} bzw. s_{ij} auf geringere Anzahlen. Diese Verhältnisse finden sich in den Artikeln über Elastizitätstheorie (Bd. IV, Tbd. 4) geschildert, auf die wir auch betreffs aller Folgerungen aus den Grundgesetzen verweisen.

9. Starre Molekeln. Wie schon erwähnt (Nr. 8, p. 555), hat *S. D. Poisson*[34]) 1829 und ausführlicher 1839 die Annahme diskutiert, daß die Molekeln nicht punktförmige Kraftzentra, sondern „starre Körper von polyedrischer Gestalt" seien, die nicht nur mit einer Zentralkraft, sondern auch einem Kräftepaar aufeinander wirken. Die Durchführung der Elastizitätstheorie auf dieser Grundlage, wobei sich nun die volle Zahl von 21 Elastizitätskonstanten für den asymmetrischen Kristall ergab, ist erst *W. Voigt*[35]) gelungen. Wegen der historischen Bedeutung dieser Theorie wollen wir zeigen, daß sie sich in einfacher Weise als Spezialfall der allgemeinen Gitterdynamik gewinnen läßt. Wir wollen uns dabei auf die einfachste Struktur beschränken, bei der jede Zelle des Gitters eine einzige starre Molekel enthält.

Wir nehmen an, daß die s Partikel der Zelle starr miteinander verbunden sind. In jedem dieser starren Systeme denken wir uns einen Nullpunkt fixiert und von diesem aus die s Vektoren $\mathfrak{r}_k$ nach den Partikeln gezogen. Die Lagen der Nullpunkte werden durch die Vektoren $\mathfrak{r}^l$ bestimmt. Die Verrückung einer beliebigen Partikel läßt sich in der Form

$$\mathfrak{u}_k^l = \mathfrak{u}^l + [\mathfrak{q}^l \mathfrak{r}_k],$$

darstellen, wo $\mathfrak{u}^l$ die Verrückung des zugehörigen Nullpunktes und $\mathfrak{q}^l$ die Drehung um diesen bedeuten.

Bei homogenen Deformationen werden die Nullpunkte der Molekeln nach dem linearen Gesetze

$$\mathfrak{u}_{kx}^l = \sum_y u_{xy} y^l$$

verschoben, und alle Molekeln erfahren *dieselbe* Drehung $\mathfrak{q}^l = \mathfrak{q}$. Es wird daher

$$\mathfrak{u}_{kx}^l = [\mathfrak{q}\,\mathfrak{r}_k]_x + \sum_y u_{xy} y^l.$$

Ersetzt man hier $\mathfrak{r}_k$ durch $\mathfrak{r}_k^l - \mathfrak{r}^l$, so kann man schreiben

$$(55) \qquad\qquad \mathfrak{u}_{kx}^l = [\mathfrak{q}\,\mathfrak{r}_k^l]_x + \sum_y v_{xy} y^l,$$

---

34) *S. Poisson,* J. Éc. Polyt. 20 (1831), p. 8 und Mém. de l'Acad. 18 (28. Okt. 1839), p. 3, erschienen 1842 (unvollendet).

35) *W. Voigt,* Gött. Abh. 34 (1887), p. 1.   S. auch Lehrbuch der Kristallphysik (Leipzig 1910), VII. Kap. II. Abschn.

wo

$$(56) \quad \begin{cases} v_{xx} = u_{xx} \quad , \quad v_{xy} = u_{xy} + \mathfrak{q}_z, \quad v_{xz} = u_{xz} - \mathfrak{q}_y, \\ v_{yx} = u_{yx} - \mathfrak{q}_z, \quad v_{yy} = u_{yy} \quad , \quad v_{yz} = u_{yz} + \mathfrak{q}_x, \\ v_{zx} = u_{zx} + \mathfrak{q}_y, \quad v_{zy} = u_{zy} - \mathfrak{q}_x, \quad v_{zz} = u_{zz} \end{cases}$$

gesetzt ist. Mit dem Ansatze (55) hat man in den Ausdruck (18), (18′) der potentiellen Energie Φ einzugehen. Nun stellt aber $[\mathfrak{q}\,\mathfrak{r}_k^l]$ eine starre Drehung des ganzen Gitters dar; dabei bleibt die Funktion Φ invariant. Folglich kann man dieses Glied aus dem Ausdruck der Verrückung einfach fortlassen und

$$(55') \qquad \mathfrak{u}_{kx}^l = \sum_y v_{xy}\, y^l$$

in (18′) einsetzen. Dann erkennt man die Existenz einer Energiedichte und erhält für diese die Reihe

$$(57) \qquad U = U_0 + U_1 + U_2 + \cdots$$

wo

$$(57') \quad \begin{cases} U_1 = \sum_{xy} [x\,|\,y]\, v_{xy}, \\ U_2 = \dfrac{1}{2} \sum_{xy\,\bar{x}\,\bar{y}} [xy\,|\,\bar{x}\bar{y}]\, v_{x\bar{x}}\, v_{y\bar{y}}; \end{cases}$$

dabei haben die Klammersymbole folgende Bedeutung

$$(58) \quad \begin{cases} [x\,|\,y] = \dfrac{1}{2\varDelta} \sum_{kk'} \mathsf{S}_l\, (\varphi_{kk'}^l)_x\, y^l, \\ [xy\,|\,\bar{x}\bar{y}] = \dfrac{1}{2\varDelta} \sum_{kk'} \mathsf{S}_l\, (\varphi_{kk'}^l)_{xy}\, \bar{x}^l\, \bar{y}^l. \end{cases}$$

Hier sind die Indizes x, y nicht beliebig vertauschbar, sondern nur, soweit sie nicht durch einen Strich getrennt sind; in $[xy\,|\,\bar{x}\bar{y}]$ sind also die Paare x, y und $\bar{x}$, $\bar{y}$ nicht vertauschbar.

Im Gleichgewicht muß U_1 identisch verschwinden, also

$$(59) \qquad [x\,|\,y] = 0$$

sein; diese Relationen bedeuten, wie man nach der in Nr. 5 angegebenen Methode leicht sieht, das Verschwinden der neun Komponenten des (in diesem Fall asymmetrischen) Spannungstensors. Insbesondere sind die Differenzen

$$(59') \qquad [y\,|\,x] - [x\,|\,y] = \dfrac{1}{2\varDelta} \sum_{kk'} \mathsf{S}_l\, \big\{ (\varphi_{kk'}^l)_x\, y^l - (\varphi_{kk'}^l)_y\, x^l \big\}$$

die Komponenten des Drehmomentes pro Volumeneinheit, das im Gleichgewicht natürlich Null ist.

Bei einer Deformation ergeben sich die Komponenten des Spannungstensors und des Drehmomentes durch Differentiation nach u_{xy}

bzw. $\mathfrak{q}_x$ aus U_2:

$$(60)\quad \begin{cases} K_{xy} = -\dfrac{\partial U_2}{\partial u_{xy}} = -\dfrac{\partial U_2}{\partial v_{xy}} = -\sum_{\bar{x}\,\bar{y}}[x\bar{x}\,|\,y\bar{y}]\,v_{\bar{x}\,\bar{y}} \\[2mm] \mathfrak{L}_x = -\dfrac{\partial U_2}{\partial \mathfrak{q}_x} = -\left(\dfrac{\partial U_2}{\partial v_{yz}} - \dfrac{\partial U_2}{\partial v_{zy}}\right) = K_{yz} - K_{zy}. \end{cases}$$

Tragen die Molekeln Ladungen von polarer Anordnung (Dipole), so wird ein äußeres elektrisches Feld Drehmomente erzeugen, die sich mit dem inneren Drehmomente $\mathfrak{L}$ ins Gleichgewicht setzen; umgekehrt wird bei einer Deformation durch die Drehungen der Dipole das elektrische Moment der Volumeneinheit sich ändern. **Man** erhält so die Erscheinungen der *Elektrostriktion* und der *Piezoelektrizität*, die in Nr. **10** von einem allgemeineren Standpunkte („deformierbare" Molekeln) diskutiert und daher hier übergangen werden sollen.

Die rein elastischen Erscheinungen erhält man bei fehlenden äußeren Drehmomenten; aus $\mathfrak{L} = 0$ folgt die Symmetrie des Spannungstensors:

$$(61)\qquad\qquad K_{yz} = K_{zy},$$

und diese drei Gleichungen kann man benützen, um die Drehungen aus den Spannungskomponenten zu eliminieren. Dabei eliminieren sich zugleich mit den Komponenten von $\mathfrak{q}$ die Größen

$$(62)\ \ \mathfrak{d}_x = \frac{1}{2}\,(u_{zy} - u_{yz}),\ \ \mathfrak{d}_y = \frac{1}{2}\,(u_{xz} - u_{zx}),\ \ \mathfrak{d}_z = \frac{1}{2}\,(u_{yx} - u_{xy}),$$

welche die Komponenten der Drehung $\mathfrak{d}$ des ganzen Gitters (d. h. des Gitters der Zellennullpunkte) sind: denn drückt man die v_{xy} durch die Deformationskomponenten (35) und die Komponenten von $\mathfrak{d}$ aus, so erhält man

$$(63)\quad \begin{cases} v_{xx} = x_x,\ \dots\quad v_{yz} = \frac{1}{2}\,y_z + (\mathfrak{q}_x - \mathfrak{d}_x),\ \dots \\[2mm] \qquad\qquad v_{zy} = \frac{1}{2}\,y_z - (\mathfrak{q}_x - \mathfrak{d}_x),\ \dots \end{cases}$$

Es treten also nur die Komponenten der relativen Drehung der Molekeln gegen das Gitter der Zellennullpunkte $\mathfrak{q} - \mathfrak{d}$ auf, entsprechend der physikalischen Tatsache, daß nur diese Relativdrehungen eine Energieänderung bewirken können. Aus (61) kann man nun die $\mathfrak{q}_x - \mathfrak{d}_x,\ \dots$ durch die $x_x,\ \dots\ y_z,\ \dots$ ausdrücken; dann werden die Spannungskomponenten homogene, lineare Funktionen der Deformationskomponenten $x_x,\ \dots\ y_z,\ \dots$ allein mit symmetrischem Koeffizientensystem, und man gelangt zum *Hooke*schen Gesetz (53') zurück. Die Elastizitätskonstanten c_{ij} lassen sich durch Eliminationsprozesse aus den $[xy\,|\,\bar{x}\bar{y}]$ herstellen; sie genügen im allgemeinen *nicht* den *Cauchy*schen Relationen (54').

Es ist nicht unwahrscheinlich, daß die Weiterentwicklung der *Bohr*schen Atomtheorie dazu führen wird, das Atom unter Umständen als (nahezu) starres Gebilde aufzufassen, mit der Modifikation, daß es ein Drehmoment hat, also einen „Kreisel" darstellt.

10. Das Gitter im elektrischen Felde. Vom phänomenologischen Standpunkte sind die Erscheinungen, die durch die Wechselwirkung der elastischen Kräfte mit elektrischen (oder magnetischen) Feldern zustandekommen, also vor allem die Piezoelektrizität und die Elektrostriktion, in V 16 (s. Anm. 2, p. 529), Nr. 8—14, dargestellt. Dort ist auch in Nr. 12 eine kurze Übersicht über die älteren Molekulartheorien von Lord *Kelvin, Riecke, Voigt*[36]) gegeben. Mit diesen stimmt die im folgenden mitgeteilte Ableitung der genannten Erscheinung aus der Gitterdynamik im Grundgedanken überein, ist nur formal einfacher. Dieser Grundgedanke ist, daß jede Molekel (genauer die Basis) des Kristalls ein „elektrisches Polsystem" (*Riecke*, l. c.) trägt, das die Wechselwirkung zwischen elastischen Kräften und elektrischen Feldern vermittelt. Hier wird das Polsystem von den geladenen Kristallpartikeln selber gebildet.

Bringt man das Gitter in ein *homogenes elektrisches Feld* $\mathfrak{E}$, so gilt für die Kräfte $\mathfrak{K}_k$ der Ansatz (39), und wenn man damit in (47), (48) eingeht, sieht man, daß das Feld innere Verrückungen $\mathfrak{u}_k$ und Spannungen K_{xy} erzeugt. Die $\mathfrak{u}_k$ sind direkt nicht wahrnehmbar, wohl aber die durch sie hervorgerufenen elektrischen Momente; diese sind es, welche ihrerseits felderzeugend wirken. (Diese sekundären Felder überlagern sich dem gegebenen homogenen Felde, können aber bei der Berechnung der Verrückungen und Spannungen mit genügender Näherung vernachlässigt werden.)

Der Kristall kann bereits im unverzerrten Zustande ein elektrisches Moment haben; es wird pro Volumeneinheit durch den Vektor

$$(64) \qquad \mathfrak{p}^0 = \frac{1}{\varDelta} \sum_k e_k \mathfrak{r}_k$$

dargestellt.

Bei einer homogenen Verrückung ist hier $\mathfrak{r}_k$ durch $\mathfrak{r}_k + \mathfrak{u}_k^l$ zu ersetzen, wo $\mathfrak{u}_k^l$ der durch (28) definierte Vektor ist; wir beziehen das Moment auch im verzerrten Zustande auf die Volumeneinheit des unverzerrten Kristalls und erhalten das Zusatzmoment

$$(65) \qquad \mathfrak{p} = \frac{1}{\varDelta} \sum_k e_k \mathfrak{u}_k,$$

---

36) Siehe etwa Lord *Kelvin*, Nichols Cyclopaedia of Phys. Sc. 1860; Math. phys. Pap. 1, p 315; *E. Riecke*, Abh. d. Ges. d. Wiss. zu Gött. 38 (1892), p. 1; Wied. Ann. d. Phys. 49 (1893), p. 459; *W. Voigt*, Gött. Nachr. 1893, p. 649.

weil die in l_1, l_2, l_3 linearen Glieder bei der Summation über das Gitter fortfallen. Es ist klar, daß dies Moment $\mathfrak{p}$ (und nicht das auf die Volumeneinheit des deformierten Zustandes bezogene) für die Wirkung nach außen in Betracht kommt, da die Anzahl der Zellen (nicht das Gesamtvolumen und die Oberfläche) bei der Deformation ungeändert bleibt; *W. Voigt* hat dies auch durch eingehende Rechnung bewiesen.[37])

Setzt man in (65) den Ausdruck (47) ein, drückt die Kräfte $\mathfrak{K}_k$ in (47) und (48) durch das Feld $\mathfrak{E}$ nach (39) aus, so erhält man

$$(66) \quad \begin{cases} \text{a)} \ \mathfrak{p}_x = \sum_{y} [|\,xy\,|]\,\mathfrak{E}_y + \sum_{yz} [|\,x\ yz\,|]\,u_{yz}, \\[2mm] \text{b)} \ K_{xy} = \sum_{z} [|\,z\,|\,xy\,|]\,\mathfrak{E}_s - \sum_{\bar{x}\,\bar{y}} [\ xy\ \bar{x}\,\bar{y}\ ]\,u_{\bar{x}\,\bar{y}}, \end{cases}$$

wo außer dem schon durch (49b) definierten Koeffizienten $[|\,xy\ \bar{x}\,\bar{y}\,|]$ die folgenden Klammersymbole eingeführt sind:

$$(67) \quad \begin{cases} \text{a)} \ [|\,xy\,|] = -\frac{1}{\varDelta^2}\sum_{kk'}\left\{\begin{matrix} k\,k' \\ xy \end{matrix}\right\}e_k\,e_{k'}, \\[4mm] \text{b)} \ [\ x\,|\,yz\ ] = \frac{1}{\varDelta}\sum_{k}\left[|\ \begin{matrix} k \\ x \end{matrix}\ |\,yz\ |\right]e_k = \frac{1}{\varDelta}\sum_{kk'}\sum_{\bar{x}}\left\{\begin{matrix} k\,k' \\ x\,\bar{x} \end{matrix}\right\}\left[\begin{matrix} k' \\ \bar{x}\,yz \end{matrix}\right]e_{k'}. \end{cases}$$

Die Anzahl der voneinander verschiedenen Größen ist

bei $[|\,xy\,|]$ höchstens 6,
bei $[|\,x\,|\,yz\,|]$ „ 18.

Für die Energie des Gitters im elektrischen Felde erhält man aus (50) und (52′):

$$(68) \quad U_2^{*} = U_2 - (\mathfrak{p}\,\mathfrak{E}) = -\frac{1}{2}\sum_{xy} [|\,xy\,|]\,\mathfrak{E}_x\,\mathfrak{E}_y$$

$$-\sum_{xyz} [|\,x\,|\,yz\,|]\,\mathfrak{E}_x u_{yz} + \frac{1}{2}\sum_{xy\bar{x}\,\bar{y}} [|\,xy\,|\,\bar{x}\,\bar{y}\,|]\,u_{xy}\,u_{\bar{x}\,\bar{y}},$$

und es gilt

$$(66') \qquad \mathfrak{p}_x = -\frac{\partial U_2^{*}}{\partial \mathfrak{E}_x}, \quad K_{xy} = -\frac{\partial U_2^{*}}{\partial u_{xy}}.$$

Diese Formeln enthalten die Erscheinungen der dielektrischen Erregbarkeit, der Piezoelektrizität und der Elektrostriktion.

Analoge Formeln ließen sich für die entsprechenden magnetischen Erscheinungen ableiten, doch gehen wir nicht darauf ein, einmal, weil keine sicheren Beobachtungen vorliegen (s. V 17, **Nr. 14**, p. 392), sodann weil das Bild verschiebbarer magnetischer Pole den tatsächlichen Vorgängen (molekulare Kreisströme, rotierende Elektronen) zu wenig adäquat ist.

---

37) *W. Voigt*, Phys. Ztschr. 17 (1916), p. 287 und 307.

11. Dielektrische Erregung, vektorielle Piezoelektrizität und Elektrostriktion. Ebenso wie die Elastizitätskonstanten (54) sind die Größen $[|xy|]$ bei Kristallen von beliebiger Symmetrie niemals sämtlich Null; dagegen sind die $[|x|yz|]$ nur bei Kristallen ohne Symmetriezentrum nicht sämtlich Null, wie leicht aus dem Bildungsgesetz (67b) mit Rücksicht auf (32) hervorgeht.

Setzt man analog zu (54)[38]

$$(69) \qquad \begin{cases} \text{a) } [|xy|] = a_{ij} & (i, j = 1, 2, 3), \\ \text{b) } [|x|yz|] = e_{ij} & (i = 1, 2, 3;\ j = 1, 2, \ldots 6), \end{cases}$$

so schreiben sich die Gleichungen (66):

$$(70\text{a}) \qquad \begin{cases} \mathfrak{p}_x = a_{11}\mathfrak{E}_x + a_{12}\mathfrak{E}_y + a_{13}\mathfrak{E}_z + e_{11}x_x + e_{12}y_y + e_{13}z_z + e_{14}y_z \\ \qquad\qquad\qquad\qquad\qquad\qquad\qquad\qquad + e_{15}z_x + e_{16}x_y, \\ \cdots \cdots \cdots \cdots \cdots \cdots \cdots \cdots \cdots \cdots \end{cases}$$

$$(70\text{b}) \qquad \begin{cases} X_x = e_{11}\mathfrak{E}_x + e_{21}\mathfrak{E}_y + e_{31}\mathfrak{E}_z - c_{11}x_x - c_{12}y_y - c_{13}z_z - c_{14}y_z \\ \qquad\qquad\qquad\qquad\qquad\qquad\qquad\qquad - c_{15}z_x - c_{16}x_y, \\ \cdots \cdots \cdots \cdots \cdots \cdots \cdots \cdots \cdots \cdots \\ Y_z = e_{14}\mathfrak{E}_x + e_{24}\mathfrak{E}_y + e_{34}\mathfrak{E}_z - c_{41}x_x - c_{42}y_y - c_{43}z_z - c_{44}y_z \\ \qquad\qquad\qquad\qquad\qquad\qquad\qquad\qquad - c_{45}z_x - c_{46}x_y, \\ \cdots \cdots \cdots \cdots \cdots \cdots \cdots \cdots \cdots \cdots \end{cases}$$

Die Gleichungen (70b) kann man nach den Deformationskomponenten $x_x, \ldots y_z, \ldots$ auflösen und die gewonnenen Werte in (70a) einsetzen; dann erhält man mit Rücksicht auf (53″):

$$(70'\text{a}) \qquad \begin{cases} \mathfrak{p}_x = b_{11}\mathfrak{E}_x + b_{12}\mathfrak{E}_y + b_{13}\mathfrak{E}_z - d_{11}X_x \ldots - d_{14}Y_z \ldots \\ \cdots \cdots \cdots \cdots \cdots \cdots \cdots \cdots \cdots \cdots \end{cases}$$

$$(70'\text{b}) \qquad \begin{cases} x_x = d_{11}\mathfrak{E}_x + d_{21}\mathfrak{E}_y + d_{31}\mathfrak{E}_z - s_{11}X_x \ldots - s_{14}Y_z \ldots \\ \cdots \cdots \cdots \cdots \cdots \cdots \cdots \cdots \cdots \cdots \\ y_z = d_{14}\mathfrak{E}_x + d_{24}\mathfrak{E}_y + d_{34}\mathfrak{E}_z - s_{41}X_x \ldots - s_{44}Y_z \ldots \\ \cdots \cdots \cdots \cdots \cdots \cdots \cdots \cdots \cdots \cdots \end{cases}$$

Dabei sind die s_{ij} die in (53″) eingeführten Elastizitätsmoduln; ferner ist

$$(71) \qquad \begin{cases} \text{a)} \qquad d_{ij} = \sum_{h=1}^{6} e_{ih}s_{jh} & (i = 1, 2, 3;\ j = 1, 2 \ldots 6), \\ \text{b)} \qquad b_{ij} = a_{ij} + \sum_{h=1}^{6} e_{ih}d_{jh} & (i, j = 1, 2, 3). \end{cases}$$

Aus den Formeln (70), (70′) erhellt die physikalische Bedeutung der Konstanten:

---

38) Die Bezeichnung ist hier und im folgenden nach Möglichkeit mit der in V 16, Nr. 8, p. 376 gleich gewählt.

3*

I. Die Größen a_{ij}, b_{ij} sind *die Konstanten der dielektrischen Erregbarkeit* bei fehlender Deformation bzw. fehlender Spannung; die letzteren sind die, welche durch die Messungen geliefert werden, und zwar hängen die gewöhnlichen *Dielektrizitätskonstanten* ε_{ij} mit den b_{ij} so zusammen[39]):

$$(71') \qquad \varepsilon_{11} = 1 + 4\pi b_{11}, \, \ldots \qquad \varepsilon_{23} = 4\pi b_{23}, \, \ldots$$

Praktisch kommt der Unterschied zwischen den a_{ij} und b_{ij} nicht in Betracht.

II. Die Größen e_{ij} und d_{ij} sind *die Konstanten der Piezoelektrizität*, die das Moment $\mathfrak{p}$ in seiner Abhängigkeit von der Verzerrung (70a) bzw. Spannung (70'a) festlegen. Zugleich sind es *die Konstanten der Elektrostriktion*, und zwar bestimmen umgekehrt die e_{ij} die durch ein Feld $\mathfrak{E}$ erzeugte Spannung (70b) und die d_{ij} die durch $\mathfrak{E}$ erzeugte Deformation (70'b).

Ein weiteres Eingehen auf die Eigenschaften dieser Größen, insbesondere auf die Spezialisierung für die einzelnen Kristallgruppen, erübrigt sich, weil diese Fragen in V 16 (insbesondere Nr. 9, p. 378) behandelt sind. Die molekulare Theorie kann den formalen Resultaten der phänomenologischen Theorie hier nichts weiter hinzufügen; wohl aber liefert sie in jedem Falle die Regel, wie eine beobachtbare Konstante aus den Potentialen $\varphi_{kk'}(r)$ der elementaren Kräfte zwischen den Gitterpartikeln abgeleitet werden kann.

12. Inhomogene Felder. Momente zweiter Ordnung und tensorielle Piezoelektrizität. Der Fall von inhomogenen Feldern läßt sich nach der Methode von Nr. 7 behandeln, wenn die örtliche Änderung des Feldes hinreichend langsam ist, so daß man die Feldstärke $\mathfrak{E}$ im Raum einer Zelle durch die ersten Glieder einer Potenzentwicklung nach den Koordinaten bezogen auf einen in der Zelle gelegenen Nullpunkt darstellen kann. Für die äußeren Kräfte kann man dann setzen:

$$(72) \qquad \mathfrak{F}_{kx} = \frac{e_k}{\varDelta}\Big(\mathfrak{E}_x + \sum_y \frac{\partial \mathfrak{E}_x}{\partial y} y_k\Big);$$

ihre Resultante ist nach (64):

$$(73) \qquad \mathfrak{F}_x = \sum_k \mathfrak{F}_{kx} = \sum_y \frac{\partial \mathfrak{E}_x}{\partial y} \mathfrak{p}_y{}^0,$$

und dieser Wert ist in die Gleichgewichtsbedingungen (42) einzuführen.

Zugleich entstehen aber auch Zusatzglieder zu den Spannungen K_{xy} und Momenten $\mathfrak{p}_x$. Wenn die Inhomogenität des Feldes von end-

---

39) Wir benützen stets die gewöhnlichen elektrostatischen Einheiten.

licher Größe ist (relative Änderung der Feldstärke um die Größenordnung 1 auf 1 cm), so sind diese Zusatzglieder von der Größenordnung der Zellenkante ($\delta \sim 10^{-8}$ cm); sie kommen also nur dann in Betracht, wenn die Wirkung des streng homogenen Feldes verschwindet. Nun sind die dielektrischen Konstanten niemals sämtlich Null; wohl aber verschwinden die piezoelektrischen Konstanten $[|x|yz|]$ für *Kristalle mit zentrischer Symmetrie*. In diesem Falle hat man in (48) gemäß (43) für die Kraft den Ausdruck

$$(74) \qquad \Re_{kx} = - \frac{e_k}{\varDelta}\, \mathfrak{E}_x + \sum_y \frac{\partial \mathfrak{E}_x}{\partial y}\left(\frac{1}{s}\, \mathfrak{p}_y{}^0 - \frac{e_k}{\varDelta}\, y_k\right)$$

einzusetzen; dann erhält man mit Rücksicht auf die für elektrostatische Felder geltende Relation

$$\operatorname{rot} \mathfrak{E} = 0, \quad \text{oder} \quad \frac{\partial \mathfrak{E}_y}{\partial x} = \frac{\partial \mathfrak{E}_x}{\partial y}$$

und wegen

$$(75) \qquad e_{ij} = [|x|yz|] = 0$$

für die Spannungen:

$$(76) \qquad K_{xy} = \sum_{\bar{x}\,\bar{y}} \{[\bar{x}\,\bar{y}\,|\,xy]\}\, \frac{\partial \mathfrak{E}_{\bar{x}}}{\partial \bar{y}} - \sum_{\bar{x}\,\bar{y}} [|xy|\bar{x}\,\bar{y}\,|]\, u_{\bar{x}\bar{y}}.$$

Dabei haben die neuen Klammersymbole folgende Bedeutung:

$$(77) \qquad \{[xy|\bar{x}\bar{y}]\} = \frac{1}{2\,\varDelta} \sum_k \left([|{}^{\;\;k}_{x\,|\,\bar{x}\,\bar{y}}|]\, y_k + [|{}^{\;\;k}_{y\,|\,\bar{x}\,\bar{y}}|]\, x_k\right) e_k;$$

sie sind in x, y und in $\bar{x}$, $\bar{y}$ symmetrisch, aber nicht in den Paaren x, y; $\bar{x}$, $\bar{y}$, und ihre Anzahl ist höchstens 36. In Übereinstimmung mit dem früheren Gebrauche kann man sie so bezeichnen:

$$(77') \qquad \alpha_{ij} = \{[xy|\bar{x}\bar{y}|]\}. \qquad\qquad (i, j = 1, 2, \ldots 6)$$

Wegen (75) sind diese Größen von der Wahl des Nullpunktes in der Zelle unabhängig. Die Formeln (76) schreiben sich nun so:

$$(76') \quad \begin{cases} X_x = \alpha_{11} \dfrac{\partial \mathfrak{E}_x}{\partial x} + \alpha_{21} \dfrac{\partial \mathfrak{E}_y}{\partial y} + \alpha_{31} \dfrac{\partial \mathfrak{E}_z}{\partial z} + \alpha_{41}\left(\dfrac{\partial \mathfrak{E}_y}{\partial z} + \dfrac{\partial \mathfrak{E}_z}{\partial y}\right) \\[2mm] \qquad\quad + \alpha_{51}\left(\dfrac{\partial \mathfrak{E}_z}{\partial x} + \dfrac{\partial \mathfrak{E}_x}{\partial z}\right) + \alpha_{61}\left(\dfrac{\partial \mathfrak{E}_x}{\partial y} + \dfrac{\partial \mathfrak{E}_y}{\partial x}\right) \\[2mm] \qquad\quad - c_{11}\, x_x - c_{12}\, y_y - c_{13}\, z_z - c_{14}\, y_z - c_{15}\, z_x - c_{16}\, x_y, \\[2mm] \qquad \cdot \quad \cdot \quad \cdot \quad \cdot \quad \cdot \quad \cdot \quad \cdot \quad \cdot \quad \cdot \quad \cdot \quad \cdot \end{cases}$$

Bei zentrischen Kristallen tritt statt der gewöhnlichen, vektoriellen eine *tensorielle Piezoelektrizität* auf, die durch die *elektrischen Momente zweiter Ordnung* (Quadrupole) bzw. ihre Änderung bei Verzerrungen bestimmt wird. Im Gleichgewicht sind diese Momente pro Volumeneinheit durch den Tensor

$$(78) \qquad M_{xy}^0 = \frac{1}{2\varDelta} \sum_k x_k y_k e_k$$

gegeben; bei einer Deformation ist darin x_k durch $x_k + \mathfrak{u}_{kx}$ zu ersetzen, und wenn man das Moment wieder auf die Volumeneinheit des undeformierten Gitters bezieht, so hat man bis auf Glieder von zweiter Ordnung in $\mathfrak{u}_k$ für das durch die Deformation erzeugte Zusatzmoment:

$$(79) \qquad M_{xy} = \frac{1}{2\varDelta} \sum_k (x_k \mathfrak{u}_{ky} + y_k \mathfrak{u}_{kx}) e_k.$$

Es ist klar, daß bei homogenen Deformationen nur diese Größen nach außen wirksam werden können (nicht die auf die Volumeneinheit des deformierten Zustandes bezogenen Momente); *Voigt* hat das in der schon zitierten Arbeit[37]) ausführlich bewiesen. Führt man hier die Werte von $\mathfrak{u}_k$ aus (47) ein und setzt $\mathfrak{K}_k = 0$, so kommt:

$$(80) \qquad M_{xy} = \sum_{\bar{x}\bar{y}} \{ [xy \mid \bar{x}\bar{y}] \} \, u_{\bar{x}\bar{y}}.$$

Die tensorielle Piezoelektrizität hängt also von denselben Größen (77) ab, die die Spannungen in inhomogenen Feldern bestimmen. Mit der Bezeichnung (77') schreibt sich ausführlich:

$$(80') \qquad \begin{cases} M_{xx} = \alpha_{11} x_x + \alpha_{12} y_y + \alpha_{13} z_z + \alpha_{14} y_z + \alpha_{15} z_x + \alpha_{16} x_y, \\ \;\cdot \quad \cdot \quad \cdot \quad \cdot \quad \cdot \quad \cdot \quad \cdot \quad \cdot \quad \cdot \quad \cdot \quad \cdot \quad \cdot \quad \cdot \quad \cdot \quad \cdot \end{cases}$$

oder, wenn man die Spannungskomponenten nach (53'') einführt:

$$(80'') \qquad \begin{cases} M_{xx} = \beta_{11} X_x + \beta_{12} Y_y + \cdots + \beta_{16} X_y, \\ \;\cdot \quad \cdot \quad \cdot \quad \cdot \quad \cdot \quad \cdot \quad \cdot \quad \cdot \quad \cdot \quad \cdot \quad \cdot \quad \cdot \quad \cdot \end{cases}$$

wo

$$(80''') \qquad \beta_{ij} = -\sum_{h=1}^{6} \alpha_{ih} s_{hj}$$

gesetzt ist (s. V 16, Nr. **13**, Formeln (61)).

Die tensorielle Piezoelektrizität äußert sich in der Weise, daß bei einer homogenen Deformation eines zentrischen Kristalls auf den Kristallflächen elektrische Doppelschichten entstehen; die elektrischen Kräfte scheinen daher von den Kanten des Kristallpolyeders auszugehen. Die Existenz dieser Erscheinung hat *W. Voigt* sehr wahrscheinlich gemacht (näheres s. d. zit. Arbeiten von *W. Voigt* und V 16, Nr. **13**). Nach (76) und (80) besteht bei zentrischen Kristallen eine Reziprozität zwischen der Elektrostriktion in inhomogenen Feldern und der tensoriellen Piezoelektrizität, die in gewissem Grade der Reziprozität zwischen der Elektrostriktion in homogenen Feldern und der vektoriellen Piezoelektrizität bei azentrischen Kristallen analog ist.

13. Beispiel. Reguläre *D*-Gitter. Die Gitterdynamik ist bisher vorwiegend auf eine einfache Klasse regulärer Kristalle angewandt worden. Daher sollen die Formeln für diesen Spezialfall hier zusammengestellt werden.

Die niedrigste Symmetrie des regulären Systems wird durch die Tetraedergruppe T gekennzeichnet.[40]) Sind x, y, z die kristallographischen Hauptachsen, so entsteht diese Gruppe durch Multiplikation der Vierergruppe

$$x, y, z, \quad x, -y, -z, \quad -x, y, -z, \quad -x, -y, z$$

mit der zyklischen Gruppe

$$x, y, z, \quad y, z, x, \quad z, x, y$$

und besteht somit aus $3 \cdot 4 = 12$ Operationen. Diese Gruppe T ist in allen Raumgruppen des regulären Systems als Untergruppe enthalten.

Alle meßbaren physikalischen Parameter sind als Gittersummen $\underset{l}{S}$ darstellbar und hängen daher nur von den Basisindizes k und den Koordinatenindizes x, y, z ab. Ist $(k_1, k_2 \ldots; x, y \ldots)$ eine solche Größe, so wird diese im allgemeinen bei Anwendung einer Operation der Gruppe T auf x, y, z allein nicht ungeändert bleiben, sondern nur dann, wenn die Indizes $k_1, k_2 \ldots$ sich zugleich in gewisser Weise vertauschen. Die hier betrachtete Klasse von Gittern ist nun dadurch gekennzeichnet, daß bezogen auf die kleinstmögliche Basis (Zelle) jeder Parameter $(k_1, k_2 \ldots; x, y \ldots)$ bei unveränderten $k_1, k_2 \ldots$ gegen die Gruppe T invariant ist.

Da alle Parameter nur Funktionen der relativen Lage der Gitterpunkte sind, ist dazu notwendig und hinreichend, daß für jedes Punktepaar der Basis $x_{kk'} = y_{kk'} = z_{kk'}$ ist, d. h. daß alle Basispunkte auf der Würfeldiagonalen liegen. Wir nennen daher diese Strukturen *Diagonalgitter* (*D-Gitter*). Die nähere Diskussion zeigt, daß es im wesentlichen nur einen Typus solcher Gitter gibt, aufgebaut aus vier ineinander gestellten flächenzentrierten Gittern, deren jedes aus gleichen Partikeln besteht. Die Massen der vier Partikelsorten seien m_1, m_2, m_3, m_4. Der Abstand zweier benachbarter Partikel auf der Würfelkante sei r_0; dann sind Zelle und Basis durch folgende Angaben bestimmt:

---

40) S. den zit. Art. V 7 (Anm. 2); ausführlichere Darlegungen bei *A. Schoenfließ*, Kristallsysteme und Kristallstruktur (Leipzig 1891), 8. Kap., § 20, p. 223.

I. Rhomboedrische Zelle, Volumen $\varDelta = \delta^3 = 2\,r_0^{\,3}$ (Fig. 4).

$$a_1 = r_0(i_2 + i_3), \quad a_2 = r_0(i_3 + i_1), \quad a_3 = r_0(i_1 + i_2),$$

$$r_k = r_0\,\frac{k-1}{4}\,(i_1 + i_2 + i_3). \qquad\qquad (k = 1, 2, 3, 4)$$

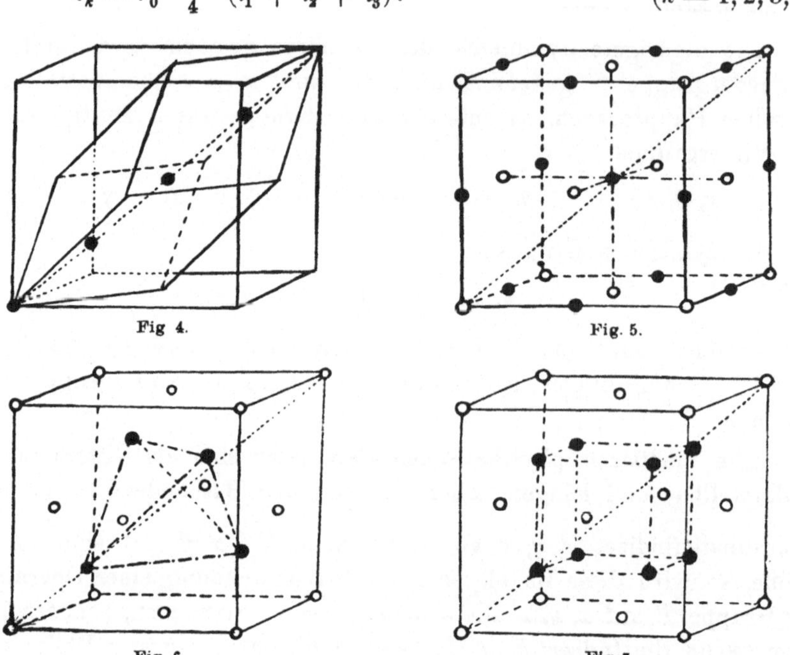

Fig. 4.   Fig. 5.

Fig. 6.   Fig. 7.

Beispiele: Steinsalz NaCl (Fig. 5), $m_1 = $ Na, $m_2 = 0$, $m_3 = $ Cl, $m_4 = 0$,

Zinkblende ZnS (Fig. 6), $m_1 = $ Zn, $m_2 = $ S, $m_3 = 0$, $m_4 = 0$,

Diamant   C, $m_1 = $ C, $m_2 = $ C, $m_3 = 0$, $m_4 = 0$,

Flußspat CaF_2 (Fig. 7), $m_1 = $ Ca, $m_2 = $ F, $m_3 = 0$, $m_4 = $ F.

Für $m_3 = m_1$ und $m_4 = m_2$ entarten die vier flächenzentrierten Gitter in zwei einfache; als Zelle kann dann ein Würfel eingeführt werden, der nur noch zwei Partikel m_1, m_2 enthält:

II. Würfelzelle, Volumen $\varDelta = \delta^3 = r_0^{\,3}$ (Fig. 8).

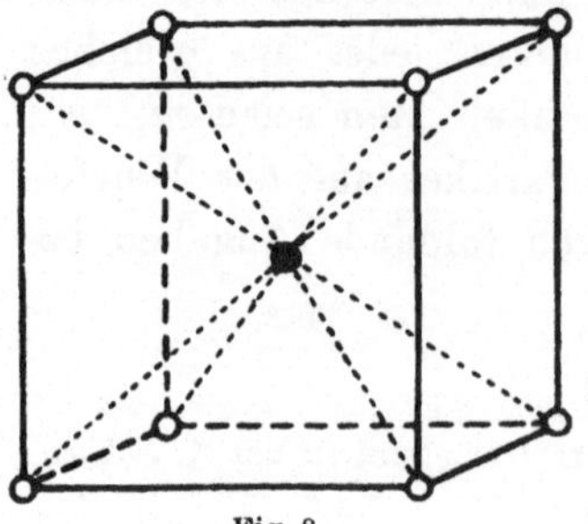

Fig. 8.

$$a_1 = r_0 i_1, \quad a_2 = r_0 i_2, \quad a_3 = r_0 i_3,$$

$$r_k = r_0\,\frac{k-1}{2}\,(i_1 + i_2 + i_3).$$

$$(k = 1, 2, 3, 4)$$

Beispiel: Caesiumchlorid Cs Cl, $m_1 = $ Cs, $m_2 = $ Cl (bei tiefen Temperaturen).

Durch die weitere Spezialisierung $m_2 = m_1$ erhält man endlich aus Fall II.

ein einziges, raumzentriertes Gitter, dessen Zelle halb so groß gewählt
werden kann:

III. Rhomboedrische Zelle, Volumen $\varDelta = \delta^3 = \dfrac{r_0^3}{2}$.

$$\mathfrak{a}_1 = \frac{r_0}{2}(\mathfrak{i}_1 + \mathfrak{i}_2 + \mathfrak{i}_3), \quad \mathfrak{a}_2 = \frac{r_0}{2}(-\mathfrak{i}_1 + \mathfrak{i}_2 + \mathfrak{i}_3), \quad \mathfrak{a}_2 = \frac{r_0}{2}(\mathfrak{i}_1 - \mathfrak{i}_2 + \mathfrak{i}_3),$$

$$\mathfrak{r}_1 = 0.$$

Beispiel: Kupfer Cu, $m_1 = $ Cu.

Ist in Fall I. zwar $m_3 = m_1$, aber $m_4 \neq m_2$, oder umgekehrt, so
ist eine Verkleinerung der Zelle nicht möglich; doch wird das Gitter
dann holoedrisch, während es im allgemeinen Fall I. hemiedrisch ist.

Für diese D-Gitter kann man durch einfache Anwendung der Tetraedergruppe die physikalischen Parameter spezialisieren. Die Resultate
sind im folgenden zusammengestellt.

Dazu sei noch bemerkt, daß alle Symmetrieaussagen über Parameter, die von den Basisindizes unabhäng sind (wie z. B. die Elastizitätskonstanten) allgemein für beliebige reguläre Kristalle gelten.

Die Gleichgewichtsbedingungen (21) und (27) reduzieren sich in
diesem Falle auf:

$$(81)\quad \begin{cases} \text{(a)} \quad \mathfrak{K}^0_{kx} = -\dfrac{1}{\varDelta}\sum_{k'}\mathop{S}_{l} P^l_{kk'}\, x^l_{kk'} = 0, \\[3mm] \text{(b)} \quad K^0_{xx} = -\dfrac{1}{2\varDelta}\sum_{kk'}\mathop{S}_{l} P^l_{kk'}(x^l_{kk'})^2 = 0; \end{cases}$$

wegen $\sum\limits_k \mathfrak{K}^0_{kx} = 0$ sind das s unabhängige Gleichungen, aus denen
die $(s - 1)$ relativen x-Koordinaten der Basispartikel und die Würfelkante δ bestimmt werden können.

Die letzte Bedingung (81 b) kann man noch auf eine anschau-
lichere Form bringen.[14] Dazu betrachte man die durch (10) definierte
potentielle Energie φ_0 aller Partikel des Gitters außer der Basis auf
die Basispartikel als Funktion von δ; man setze $r^l_{kk'} = \varrho^l_{kk'}\delta$, dann wird

$$(82)\qquad \varphi_0 = \mathop{S}_{l} \sum_{kk'} \varphi_{kk'}(\varrho^l_{kk'}\delta).$$

Durch Differenzieren ergibt sich daraus:

$$\frac{d\varphi_0}{d\delta} = \frac{1}{\delta}\mathop{S}_{l}\sum_{kk'}\left(r\,\frac{d\varphi_{kk'}}{dr}\right)_{r^l_{kk'}},$$

und mit Rücksicht auf (16):

$$\frac{d\varphi_0}{d\delta} = \frac{1}{\delta}\mathop{S}_{l}\sum_{kk'} P^l_{kk'}(r^l_{kk'})^2.$$

Nun ist $K^0_{xx} = p$ der äußere Druck, also wird

$$(83) \qquad p = \frac{1}{3}(K^0_{xx} + K^0_{yy} + K^0_{zz}) = -\frac{1}{6\varDelta}\sum_{kk'}\mathop{S}_l P^l_{kk'}(r^l_{kk})^2;$$

somit lautet (81b):

$$(83') \qquad p = -\frac{1}{6\delta^2}\frac{d\varphi_0}{d\delta} = -\frac{d\frac{1}{2}\varphi_0}{d\varDelta} = 0.$$

Die Energie pro Zelle $\frac{1}{2}\varphi_0$ ist also als Funktion des Zellenvolumens $\varDelta$ im Gleichgewicht ein Minimum. In dieser Form ist die Gleichgewichtsbedingung besonders bequem in den Fällen, wo die Kräfte $\mathfrak{K}^0_k$ im Gleichgewicht schon aus Symmetriegründen verschwinden.

Wir geben jetzt die dynamischen Gitterkonstanten (32); dabei schreiben wir hier — und im folgenden — nur diejenigen an, die für die niedrigste Symmetrie des regulären Systems nicht identisch verschwinden, und auch unter denen, die durch zyklische Vertauschung von x, y, z auseinander hervorgehen, je nur eine:

$$(84) \quad \begin{cases} [xxxx] = \dfrac{1}{2\varDelta}\sum_{kk'}\mathop{S}_l Q^l_{kk'}(x^l_{kk'})^4 = A, \\[2ex] [yyzz] = \dfrac{1}{2\varDelta}\sum_{kk'}\mathop{S}_l Q^l_{kk'}(y^l_{kk'})^2(z^l_{kk'})^2 = B, \\[2ex] \begin{bmatrix} k \\ xyz \end{bmatrix} = \dfrac{1}{\varDelta}\sum_{k'}\mathop{S}_l Q^l_{kk'}\, x^l_{kk'}\, y^l_{kk'}\, z^l_{kk'} = C_k, \\[2ex] \begin{bmatrix} kk' \\ xx \end{bmatrix} = \dfrac{1}{\varDelta}\mathop{S}_l (P^l_{kk'} + Q^l_{kk'}(x^l_{kk'})^2) = D_{kk'}; \end{cases}$$

dabei ist nach (33) und (34)

$$(85) \qquad \sum_k C_k = 0, \qquad \sum_{k'} D_{kk'} = 0.$$

Die $\begin{Bmatrix} kk' \\ xy \end{Bmatrix}$ gewinnt man durch Auflösen der Gleichungen (44), die hier in 3 gleichlautende Systeme zerfallen:

$$(86) \qquad \sum_{k'} D_{kk'}\mathfrak{u}_{k'x} = \mathfrak{U}_{kx}.$$

Die Lösung hat nach (46) die Form

$$(86') \qquad \mathfrak{u}_{kx} = \sum_{k'} E_{kk'}\mathfrak{U}_{k'x} + \mathfrak{A}_x,$$

wo

$$\begin{Bmatrix} kk' \\ xx \end{Bmatrix} = E_{kk'}$$

gesetzt ist. Ferner ist nach (46'):

$$(86'') \qquad \sum_{k'} E_{kk'} = 0.$$

Nun erhält man aus (49) mit Rücksicht auf (54):

$$(87) \qquad \left[\left|\begin{smallmatrix}k\\x|yz\end{smallmatrix}\right|\right] = \sum_{k'} E_{kk'} C_{k'} = F_k, \qquad \sum_k F_k = 0;$$

$$(88) \qquad \begin{cases} c_{11} = [|xx\ xx|] = A, \\ c_{12} = [|xx|yy|] = B, \\ c_{44} = [|xy|xy|] = B + \sum_k F_k C_k = B + \sum_{kk'} E_{kk'} C_k C_{k'}, \end{cases}$$

wobei die durch zyklische Vertauschung entstehenden Größen leicht zu ergänzen sind, während alle übrigen verschwinden.

Von den *Cauchy*schen Relationen (54') bleibt hier nur eine übrig:

$$c_{12} = c_{66} (= c_{44});$$

man sieht, daß diese im allgemeinen nicht erfüllt ist.

Die Elastizitätsmoduln sind

$$(89) \qquad s_{11} = \frac{c_{11}+c_{12}}{(c_{11}-c_{12})(c_{11}+2c_{12})}, \quad s_{12} = \frac{-c_{12}}{(c_{11}-c_{12})(c_{11}+2c_{12})}, \quad s_{44} = \frac{1}{c_{44}}.$$

Die kubische Kompressibilität $\varkappa$ ist definiert durch die Gleichung

$$(90) \qquad \frac{1}{\varkappa} = \frac{1}{3}(c_{11} + 2c_{12}) = \frac{1}{3}(A + 2B).$$

Diese läßt sich durch die Energie pro Zelle $\frac{1}{2}\varphi_0$ (10) ausdrücken. Schreibt man diese in der Form (82), so folgt mit Rücksicht auf (83):

$$\frac{d^2\varphi_0}{d\delta^2} = \frac{1}{\delta^2} S \sum_l \sum_{kk'} \left(r^2 \frac{d^2\varphi_{kk'}}{dr^2}\right)_{r^l_{kk'}}$$

und nach (16)

$$\frac{d^2\varphi_0}{d\delta^2} = \frac{1}{\delta^2} S \sum_l \sum_{kk'} Q^l_{kk'} (r^l_{kk'})^4 = \frac{2\varDelta}{\delta^2} 3(A + 2B).$$

Also erhält man:

$$(90') \qquad \frac{1}{\varkappa} = \frac{1}{2\delta} \cdot \frac{1}{9} \cdot \frac{d^2\varphi_0}{d\delta^2}.$$

Dieselbe Relation ergibt sich auch direkt, wenn man die Energie pro Zelle $\frac{1}{2}\varphi_0$ als Funktion des Zellenvolumens ansieht und ausdrückt, daß der Druck verschwindet (s. Formel (83')) und daß die Kompressibilität sich durch die Volumabhängigkeit des Druckes so darstellt:

$$(90'') \qquad \frac{1}{\varkappa} = -\varDelta \frac{dp}{d\varDelta} = -\frac{\varDelta}{3\delta^2} \frac{dp}{d\delta} = \frac{1}{9\delta} \frac{d^2 \frac{1}{2}\varphi_0}{d\delta^2}.$$

Wir kommen nun zu den dielektrischen Konstanten (67) und (69); es gibt nur eine unabhängige:

$$(91) \qquad a_{11} = [|xx|] = -\frac{1}{\varDelta^2} \sum_{kk'} E_{kk'} e_k e_{k'};$$

ebenso gibt es nur eine piezoelektrische Konstante, (67) und (69):

$$(92) \qquad e_{14} = [\,|\,x\,|\,y\,z] = \frac{1}{\varDelta} \sum_k F_k e_k = \frac{1}{\varDelta} \sum_{k\,k'} E_{k\,k'}\,C_{k'}\,e_k\,.$$

Nach (71) gehört dazu der Modul

$$(93) \qquad d_{14} = e_{14}\,s_{44} = \frac{e_{14}}{c_{44}}$$

und die dielektrische Konstante

$$(94) \qquad b_{11} = \frac{\varepsilon - 1}{4\,\pi} = a_{11} + \frac{e_{14}^2}{c_{44}}\,.$$

Bei zentrischen Kristallen verschwindet e_{14}; dann gibt es eine Konstante der tensoriellen Piezoelektrizität:

$$(95) \qquad \alpha_{14} = \{[x\,x\,|\,y\,z]\} = \frac{1}{\varDelta} \sum_k F_k x_k e_k = \frac{1}{\varDelta} \sum_{k\,k'} E_{k\,k'}\,C_{k'}\,x_k\,e_k\,.$$

Die Anzahl der voneinander unabhängigen, primären Konstanten A, B, C_k, $D_{kk'}$ ist

$$2 + (s - 1) + \frac{s\,(s-1)}{2} = 1 + \frac{s\,(s+1)}{2}\,;$$

für $s = 1, 2, 3, \ldots$ beträgt sie also $2, 4, 7, \ldots$

Man kann nun die Frage stellen[41]), ob nicht bei kleinen Werten von s die Zahl der primären Konstanten kleiner wird als die Zahl der meßbaren Parameter, so daß zwischen diesen Identitäten bestehen.

I. $s = 1$. Hier existieren die primären Konstanten A, B; die C und D sind nicht vorhanden. Substanzen, die tatsächlich nur aus einem einfachen, regulären Gitter bestehen, würden also weder dielektrisch, noch piezoelektrisch erregbar sein; die drei Elastizitätskonstanten wären

$$c_{11} = A\,, \quad c_{12} = B\,, \quad c_{44} = B\,,$$

zwischen ihnen bestände also die *Cauchy*sche Relation

$$c_{12} = c_{44}\,.$$

Körper dieser Art existieren nicht; auch die einatomigen Metalle können nicht als einfache Gitter aufgefaßt werden, da die den Atomkern umgebenden Elektronen eine beträchtliche Verschiebbarkeit besitzen. Daher ist auch die *Cauchy*sche Relation $c_{12} = c_{44}$ bei den Metallen nicht erfüllt. Für Kupfer hat das *Voigt*[42]) durch direkte Messungen an Kristallen sehr wahrscheinlich gemacht; er fand

$$c_{12} = 6575\,, \quad c_{44} = 5590\;\frac{\text{kg}}{\text{mm}^2}\,.$$

---

41) *M. Born*, Über die ultraroten Eigenschwingungen der Kristalle, Phys. Ztschr. 19 (1918), p. 539.

42) *W. Voigt*, Berl. Ber. 37 (1883), p. 961; 38 (1884), p. 1004; Wied. Ann. d. Phys. 36 (1888), p. 642.

Die meisten Metalle sind ungeordnete Gemenge sehr kleiner Kristalle; *W. Voigt*[43]) hat für diese quasiisotropen Körper die Elastizitätstheorie durch Mittelwertbildung über die Stellungen der Kristallteilchen gewonnen, und zwar erhielt er das *Hooke*sche Gesetz in der Form

$$- X_x = c x_x + c_1 (y_y + z_z), \quad - Y_z = \tfrac{1}{2}(c - c_1) y_z,$$
$$\cdots \cdots \cdots \cdots \cdots \cdots \cdots \cdots \cdots$$

wobei die beiden Elastizitätskonstanten sich folgendermaßen aus denen der Kristallindividuen (deren Symmetrie beliebig sei) ausdrücken:

$$c = \tfrac{1}{15} \left\{ 3(c_{11} + c_{22} + c_{33}) + 2(c_{23} + c_{31} + c_{12}) + 4(c_{44} + c_{55} + c_{66}) \right\},$$
$$c_1 = \tfrac{1}{15} \left\{ (c_{11} + c_{22} + c_{33}) + 4(c_{23} + c_{31} + c_{12}) - 2(c_{44} + c_{55} + c_{66}) \right\}.$$

Aus den *Cauchy*schen Relationen (54') folgt dann

$$c = 3 c_1,$$

eine Relation, die schon *Poisson*[44]) aus seiner Molekulartheorie der Elastizität fester Körper (Rarikonstantentheorie) geschlossen hatte. Diese ist aber tatsächlich bei den meisten quasiisotropen Substanzen, auch bei den „einatomigen" Metallen nicht erfüllt.

II. $s = 2$. Hier existieren 4 unabhängige primäre Konstanten

$$A, B, \quad C_1 = - C_2 = - C, \quad D_{11} = D_{22} = - D_{12} = - D.$$

Man erhält dann

$$E_{11} = E_{22} = - E_{12} = - \frac{1}{4 D}, \quad F_1 = - F_2 = \frac{C}{2 D}.$$

Also wird

$$(88') \qquad c_{11} = A; \quad c_{12} = B; \quad c_{44} = B - \frac{C^2}{D}.$$

Setzt man $\qquad e_1 = - e_2 = e,\qquad$ so wird ferner

$$(91') \qquad a_{11} = \frac{e^2}{\varDelta^2} \cdot \frac{1}{D},$$

$$(92') \qquad e_{14} = \frac{e}{\varDelta} \cdot \frac{C}{D}.$$

Bei zentrischen Gittern verschwindet C; daher ist nach (95) keine tensorielle Piezoelektrizität möglich.

Da sich die fünf Konstanten c_{11}, c_{12}, c_{44}, a_{11}, e_{14} durch die vier molekularen Parameter A, B, C, D ausdrücken, muß eine Beziehung zwischen ihnen bestehen[45]):

$$c_{12} - c_{44} = \frac{e_{14}^2}{a_{11}}$$

---

43) *W. Voigt*, Gött. Abh. 1887, p. 48; Wied. Ann. d. Phys. 38 (1889), p. 573.

44) *S. D. Poisson*, Mémoire sur l'équilibre et le mouvement des corps solides, Paris, Mém. de l'Acad. 8 (1829), p. 357.

45) *M. Born*, Phys. Ztschr. 19 (1918), p. 539; Ann. d. Phys. (4) 62 (1920), p. 218.

oder nach (94)

$$(96) \qquad (c_{12} - c_{44}) \frac{c_{44}}{c_{12}} = 4\pi \frac{e_{14}^2}{\varepsilon - 1}.$$

Eine ähnliche Beziehung wird später zwischen diesen Konstanten und der optischen Eigenfrequenz des Gitters abgeleitet (s. Nr. **24**).

Diese Formeln lassen sich mit einiger Vorsicht auf zweiatomige Gitter von binären Salzen anwenden. Dabei muß man bedenken, daß die Atome weder punktförmige Kraftzentra, noch starre Körper sind, sondern deformierbare Systeme von Elektronen. Daher werden sich diejenigen der Kristallkonstanten nach den hier entwickelten Formeln berechnen lassen, bei denen die Deformationen der Atome keine ausschlaggebende Rolle spielen. Das sind vor allem $c_{11} = A$, $c_{12} = B$; dagegen werden bereits

$$c_{12} - c_{44} = -\frac{C^2}{D} \quad \text{und} \quad e_{14} = \frac{e}{\varDelta} \cdot \frac{C}{D}$$

unsicher sein, und bei ε muß die Theorie völlig versagen, da für die dielektrische Erregung die Verschiebungen der Elektronen innerhalb der Atome etwa dieselbe Rolle spielen wie die Verschiebungen der geladenen Atome (Ionen) gegeneinander. Man kann letzteres in roher Weise berücksichtigen, indem man $\varepsilon - 1$ durch $\varepsilon - \varepsilon_0$ ersetzt, wo ε_0 der Anteil der Elektronen an der Dielektrizitätskonstante bedeutet; dann kann man (96) schreiben:

$$(96') \qquad e_{14}^2 = \frac{\varepsilon - \varepsilon_0}{4\pi} (c_{12} - c_{44}) \frac{c_{44}}{c_{12}}.$$

Man kann diese Formel an dem azentrischen Kristall Zinkblende ZnS prüfen. Nach *W. Voigt*[46]) ist (in CGS-Einheiten)

$$c_{11} = 9{,}43 \cdot 10^{11}, \quad c_{12} = 5{,}68 \cdot 10^{11}, \quad c_{44} = 4{,}34 \cdot 10^{11}, \quad e_{14} = -2{,}28 \cdot 10^4.$$

Dabei scheint der Unterschied zwischen c_{12} und c_{44} einigermaßen sicher zu sein. Nach *Liebisch* und *Rubens*[47]) läßt sich $\varepsilon - \varepsilon_0 = 6{,}5$ schätzen. Daraus folgt nach (96')

$$e_{14} = -2{,}30 \cdot 10^5,$$

also ein absolut genommen 10mal zu großer Wert. Will man das nicht auf die Unsicherheit der Messung von $c_{12} - c_{44}$ zurückführen, so kann man es nur so verstehen, daß durch die Verschiebung der Elektronen ein großer Teil des durch die Ionenverrückung erzeugten piezoelektrischen Moments kompensiert wird.

Über Beziehungen der elastischen und piezoelektrischen Konstanten zu den ultraroten Eigenschwingungen s. **Nr. 24**. Numerische

---

46) *W. Voigt*, Gött. Nachr. 1918, Math. phys. Kl., p. **424**.
47) *Th. Liebisch* und *H. Rubens*, Berl. Ber. 1919, 2. Mitt., p. **876**.

Berechnung der elastischen Konstanten und der Eigenfrequenzen auf Grund der Hypothese elektrostatischer Gitterkräfte s. Nr. 38.

III. $s = 3$. Die Anzahl der primären Konstanten ist im allgemeinen 7; daher sind keine Beziehungen zwischen den physikalischen Parametern zu erwarten.

Wohl aber können solche vorhanden sein, wenn einzelne Partikel der Zelle physikalisch identisch sind; ein Beispiel hierfür ist das Atomgitter des Flußspat CaF_2.

Seien die Partikel $k = 2$ und $k = 3$ identisch, aber von $k = 1$ verschieden. Die Ladungen seien $\varepsilon_1 = 2\varepsilon$, $\varepsilon_2 = \varepsilon_3 = -\varepsilon$. Dann gibt es 5 primäre Konstanten A, B, C, D, D', und es ist

$$C_1 = -2C, \qquad C_2 = C_3 = C,$$
$$D_{11} = -2D, \qquad D_{22} = D_{33} = -(D + D'),$$
$$D_{12} = D_{13} = D, \qquad D_{23} = D'.$$

Man erhält dann

$$E_{11}' = -\frac{2}{9D}, \qquad E_{22} - E_{33} = -\frac{1}{9D}\frac{5D+D'}{D+2D'},$$
$$E_{12} = E_{13} = \frac{1}{9D}, \qquad E_{23} = \frac{1}{9D}\frac{4D-D'}{D+2D'}.$$
$$F_1 = \frac{2C}{3D}, \qquad F_2 = F_3 = -\frac{C}{3D}.$$

Die physikalischen Konstanten werden also:

$$(88'') \qquad c_{11} = A, \quad c_{12} = B, \quad c_{44} = B - \frac{2C^2}{D},$$
$$(91'') \qquad a_{11} = \frac{e^2}{\Delta^2}\cdot\frac{2}{D},$$
$$(92'') \qquad e_{14} = \frac{e}{\Delta}\frac{2C}{D}.$$

Es ergibt sich also das merkwürdige Resultat, daß die Konstante D' die die Kraft zwischen den beiden identischen Partikeln bestimmt, ganz herausfällt. Die Formeln gehen einfach aus den entsprechenden des Falles $s = 2$ hervor, wenn man D durch $\frac{D}{2}$ ersetzt. Daher bleibt auch in diesem Falle die durch Elimination von A, B, C, D entstehende Formel (96) gültig.

IV. $s = 4$. Die Anzahl der primären Parameter ist für $s = 4$ im allgemeinen bereits 11. In welcher Weise sie sich für spezielle Gitter mit identischen Partikeln reduziert, ist nicht untersucht. Es ist auch nichts darüber bekannt, unter welchen Voraussetzungen sich Beziehungen zwischen den physikalischen Konstanten gewinnen lassen.[48]

---

48) Noch vor der Ausbildung der allgemeinen Gitterdynamik hat *M. Born* unter speziellen Voraussetzungen über die Atomkräfte das Modell des Diamant-

II. Dynamik.

14. Freie Schwingungen. Ebene Wellen. Nach den im voranstehenden mitgeteilten Methoden lassen sich nur solche Vorgänge behandeln, deren zeitlicher Ablauf hinreichend langsam (quasistatisch) ist. Bei sehr schnell wechselnden Zuständen, wie sie bei optischen Wellen und infolge der Wärmebewegung vorkommen, können Resonanzerscheinungen entstehen, die eine besondere Behandlung erfordern. Man kann alle diese Erscheinungen auf die Gesetze der Fortpflanzung von ebenen Wellen im Gitter zurückführen.

Im *endlichen Gitter* wird jeder *freie Schwingungszustand* als Superposition von Eigenschwingungen anzusehen sein, die den Charakter stehender Wellen haben und deren Einzelheiten von der Gestalt der Oberfläche und den dort herrschenden Grenzbedingungen abhängen. Für den Vorgang im Innern können aber diese Randbedingungen nicht wesentlich sein; man wird daher wieder das endliche Gitter durch das unendliche ersetzen. Der elementare Schwingungsvorgang des *unendlichen Gitters*, aus dem sich alle Bewegungen durch Superposition gewinnen lassen, ist die *ebene Welle*.

Die Bewegungsgleichungen lauten

$$m_k \ddot{\mathfrak{u}}_k{}^l = \mathfrak{K}_k{}^l;$$

dabei ist für die Kraft der Ausdruck (19') einzusetzen:

$$(97) \qquad m_k \ddot{\mathfrak{u}}_{kx}^l - \sum_{k'} \mathop{S}_{l'} \sum_y (\varphi_{kk'}^{l-l'})_{xy}\, \mathfrak{u}_{k'y}^{l'} = 0.$$

gitters durchgerechnet [Ann. d. Phys. (4) 44 (1914), p. 605]. Dabei hat sich eine quadratische Beziehung zwischen den drei Elastizitätskonstanten ergeben. Doch läßt sich diese ganze Theorie heute nicht mehr aufrecht erhalten, da die Gleichgewichtsbedingungen nicht richtig angesetzt sind. Die genannte quadratische Beziehung ist auch numerisch nicht erfüllt, wie *K. Försterling* [Ztschr. f. Phys. 8 (1922), p. 251] durch eine Kombination der Messungen der Kompressibilität von *L. H. Adams* (Washington Ak. 11 (1921), p. 45) mit dem aus der spezifischen Wärme folgenden Wert von $c_{11} + 2c_{44}$ zeigen konnte.

Einen sehr merkwürdigen Versuch, die Elastizitätskonstanten durch eine kleine Zahl unabhängiger Atomkonstanten auszudrücken, hat *W. Voigt* gemacht (Gött. Nachr. 1918, p. 121, 153). Er denkt sich die Atome von ein- und zweiatomigen regulären Gittern als starre Körper, die durch elastische Stangen von elliptischem Querschnitt verbunden sind; durch die Konstanten, die das elastische Verhalten dieser Stangen bestimmen, lassen sich dann die Kräfte und Drehmomente zwischen den Atomen ausdrücken, und damit die meßbaren Elastizitätskonstanten des Gitters. *Voigts* Ziel ist der Nachweis, daß die Atome nicht nur als Kraftzentra aufeinander wirken, sondern auch Drehmomente aufeinander ausüben (s. Nr. 9). Seine Ansätze sind zur Illustration der Molekularkräfte nützlich, entfernen sich aber zu weit von der physikalischen Wirklichkeit, als daß seinen Folgerungen bindende Kraft zuerkannt werden müßte.

Die Richtung einer ebenen Welle werde durch den Einheitsvektor $\mathfrak{s}$ parallel zur Wellennormale gekennzeichnet. Die Anzahl der Schwingungen in 2π Sekunden (Kreisfrequenz, kurz Frequenz) sei ω; die Schwingungszahl in 1 sec sei $\nu = \dfrac{\omega}{2\pi}$. Die Wellenlänge sei λ, und wir setzen

$$(98) \qquad \tau = \frac{2\pi}{\lambda}.$$

Fällt man vom Nullpunkt auf die Ebene konstanter Phase, die durch den Gitterpunkt $\mathfrak{r}_k^l$ geht, das Lot, so hat dieses die Länge $\mathfrak{s}\,\mathfrak{r}_k^l$. Daher wird die Welle durch den Ausdruck

$$(99) \qquad \mathfrak{u}_k^l = \mathfrak{U}_k e^{-i\omega t} e^{i\tau(\mathfrak{s}\,\mathfrak{r}_k^l)}$$

dargestellt, wo die Vektoren $\mathfrak{U}_k$ die Amplituden der Partikel der k^{ten} Sorte bedeuten.

Für diese erhält man durch Einsetzen in die Bewegungsgleichungen (97) die Bedingungen:

$$(100) \qquad \omega^2 m_k \mathfrak{U}_{kx} + \sum_{k'} \sum_{y} \begin{bmatrix} k\,k' \\ x\,y \end{bmatrix} \mathfrak{U}_{k'y} = 0,$$

wo zur Abkürzung gesetzt ist:

$$(101) \qquad \begin{bmatrix} k\,k' \\ x\,y \end{bmatrix} = \underset{l}{S}\,(\varphi_{k\,k'}^{l})_{xy}\, e^{-i\tau(\mathfrak{s}\,\mathfrak{r}_{k\,k'}^{l})}.$$

Die Klammersymbole sind dreifache *Fourier*sche Reihen, die bei hinreichend schneller Abnahme der Molekularkräfte mit der Entfernung konvergieren. Sie sind symmetrisch in x, y, gehen aber bei Vertauschung von k, k' in die konjugiert komplexen Werte über.

Die $3s$ linearen, homogenen Gleichungen haben außer der trivialen $\mathfrak{U}_k = 0$ nur dann Lösungen, wenn die Determinante verschwindet; das ist eine algebraische Gleichung $3s^{\text{ten}}$ Grades für $\omega^2 = \Omega$, deren Wurzeln (Eigenwerte) wegen der Symmetrieeigenschaften der Koeffizienten (101) sämtlich reell sind. Damit das Gitter stabil ist, müssen sie überdies sämtlich positiv sein; diese Bedingung ist äquivalent mit der Forderung, daß die potentielle Energie im Gleichgewicht ein Minimum ist. Die Wurzeln seien

$$(102) \qquad \Omega_1 = \omega_1^2, \ \Omega_2 = \omega_2^2, \ \ldots \ \Omega_{3s} = \omega_{3s}^2.$$

Sie sind ebenso wie die Koeffizienten der Gleichungen (100) Funktionen der Wellenlänge und Wellenrichtung, oder von τ und $\mathfrak{s}$.

Für viele Anwendungen kommt hauptsächlich das Verhalten der Wellen bei sehr großer Wellenlänge (für kleine τ) in Betracht. Man kann dieses bestimmen mit Hilfe des folgenden Satzes[49]):

---

49) *M. Born*, Über die natürliche optische Aktivität der Kristalle, Ztschr.

Hilfssatz: Die algebraische Gleichung n^{ten} Grades

$$\sum_{p=0}^{n} a_p(\tau)\, x^p = 0,$$

deren Koeffizienten Funktionen von τ sind, die sich bei $\tau = 0$ regulär verhalten, habe die Eigenschaft, daß für reelles τ ihre sämtlichen Wurzeln reell sind. Dann sind alle Wurzeln bei $\tau = 0$ regulär.

Der Beweis beruht darauf, daß in der Entwicklung jeder Wurzel x nach Potenzen von $t = \tau^{\frac{1}{q}}$

$$x = \sum_{p=0}^{\infty} c_p\, t^p$$

wegen der Realität von x die Koeffizienten c_p reell sein müssen, bei einmaligem Umlauf um den Verzweigungspunkt $\tau = 0$ aber aus x eine andere Wurzel x' entsteht, deren Entwicklung

$$x' = \sum_{p=0}^{\infty} c_p\, \varepsilon^p t^p, \qquad\qquad (\varepsilon^q = 1,\ \varepsilon \neq 1)$$

nur dann reelle Koeffizienten hat, wenn $q = 1$ oder $= 2$ ist; der Fall $q = 2$ ist ausgeschlossen, weil sonst x für negative τ nicht reell wäre.

Wendet man diesen Satz auf die Determinantengleichung von (100) an, so folgt zunächst, daß jede Wurzel $\omega_j^2 = \Omega_j$ $(j = 1, 2, \ldots 3s)$ eine Entwicklung der Form

$$(102')\qquad \omega_j^2 = \Omega_j = \Omega_j^{(0)} + \Omega_j^{(1)}\tau + \Omega_j^{(2)}\tau^2 + \cdots$$

zuläßt. Wenn man aber $\omega = \sqrt{\Omega}$ selbst als Unbekannte ansieht, so muß auch jede Frequenz ω_j selbst eine analoge Entwicklung

$$(103)\qquad \omega_j = \omega_j^{(0)} + \omega_j^{(1)}\tau + \cdots$$

besitzen. Nun sind zwei Fälle zu unterscheiden:

Entweder ist $\Omega_j^{(0)} \neq 0$, dann erhält man durch Wurzelziehen direkt

$$(103')\qquad \omega_j^{(0)} = \sqrt{\Omega_j^{(0)}}, \quad \omega_j^{(1)} = \frac{\Omega_j^{(1)}}{2\sqrt{\Omega_j^{(0)}}}, \ldots,$$

oder es ist $\Omega_j^{(0)} = 0$; dann muß notwendigerweise auch $\Omega_j^{(1)} = 0$ sein, weil sonst ω_j bei $\tau = 0$ einen Verzweigungspunkt erster Ordnung hätte, und es gilt

$$(104)\qquad \omega_j = c_j\tau + \cdots, \quad c_j = \sqrt{\Omega_j^{(2)}}, \ldots$$

---

f. Phys. **8** (1922), p. 390. Der Beweis des Satzes ist dem Referenten von Herrn *L. Lichtenstein* mündlich mitgeteilt worden.

Der Fall (103), (103′) entspricht den „*optischen*" *Eigenschwingungen*; bei diesen nähert sich mit wachsender Wellenlänge ($\tau \to 0$) die Frequenz einer endlichen Grenze, die den Charakter einer Resonanzstelle hat.

Der Fall (104) entspricht den „*mechanischen*" *(akustischen) Schwingungen*, bei denen mit wachsender Wellenlänge ($\tau \to 0$) die Frequenz bis zu Null abnimmt. Solche Schwingungen gibt es immer genau 3, entsprecheud den drei Translationen des Gitters parallel zu den Koordinatenachsen. Analytisch drückt sich das so aus: Für $\tau = 0$ gehen die Koeffizienten (101) der Schwingungsgleichungen (100) über in die durch (32a) definierten Größen

$$(105) \qquad \begin{bmatrix} 0 \\ k\,k' \\ x\,y \end{bmatrix} = \underset{l}{S}(\varphi_{kk'}^{\,l})_{xy} = \varDelta \begin{bmatrix} k\,k' \\ x\,y \end{bmatrix},$$

die den Gleichungen (33) genügen; aus letzteren folgt aber, daß die Gleichungen (100) für $\tau = 0$ durch $\omega = 0$, $\mathfrak{U}_k = \mathfrak{U}$ erfüllt werden, wo $\mathfrak{U}$ ein beliebiger Vektor ist. Dieser läßt sich aus den drei Einheitsvektoren parallel zu den Koordinatenachsen $\mathfrak{i}_1$, $\mathfrak{i}_2$, $\mathfrak{i}_3$ linear darstellen; folglich entsprechen ihm drei zusammenfallende Wurzeln, die wir mit

$$(106) \qquad \omega_1{}^{(0)} = \omega_2{}^{(0)} = \omega_3{}^{(0)} = 0$$

bezeichnen. Für endliche Wellenlängen gilt dann die Entwicklung (104); dabei sind die

$$(104') \qquad c_j = \lim_{\tau = 0} \frac{\omega_j}{\tau} = \lim_{\lambda = \infty} v_j \lambda \qquad\qquad (j = 1, 2, 3)$$

die Grenzwerte der *Fortpflanzungsgeschwindigkeiten (Schallgeschwindigkeiten)* für lange Wellen.

Die Zerlegung des elastischen Spektrums in zwei Teile, den optischen und den akustischen, die sich durch ihr Verhalten bei langen Wellen unterscheiden, ist zuerst von *Born* und *v. Kármán*[50]) in ihrer ersten Abhandlung über spezifische Wärme (s. Nr. **26, 27**) am Beispiel eines eindimensionalen Modells erkannt worden, bestehend aus einer, mit zwei verschiedenen Massen besetzten äquidistanten Punktreihe, bei der nur benachbarte Massen aufeinander wirken. Die Frequenzen lassen sich in diesem Falle explizite berechnen; man erhält

$$\omega^2 = \frac{f}{m_1 m_2}\left\{ m_1 + m_2 \pm \sqrt{m_1{}^2 + m_2{}^2 + 2 m_1 m_2 \cos \tau a} \right\},$$

wo f die quasielastische Kraft zwischen zwei Nachbarpunkten und a ihr Abstand ist. Bei $\tau = 0$ hat man die Entwicklungen:

$$\omega_1{}^2 = \tau^2 \frac{a^2}{2} \frac{f}{m_1 + m_2} + \cdots$$

$$\omega_2{}^2 = 2 f \frac{m_1 + m_2}{m_1 m_2} - \tau^2 \frac{a^2}{2} \frac{f}{m_1 + m_2} + \cdots.$$

---

50) *M. Born* u. *Th. v. Kármán*, Phys. Ztschr. 13 (1912), p. 297.

ω_1 entspricht den akustischen, ω_2 den optischen Schwingungen. Man kann in diesem Falle aber den ganzen Verlauf der Frequenzen als Funktionen von τ übersehen. Bei sehr verschiedenen Massen ist der optische Zweig ω_2 nahezu monochromatisch; der akustische ω_1 umfaßt ein größeres Frequenzintervall. Im Grenzfall gleicher Massen gibt es nur den akustischen Zweig, und es gilt

$$\omega = 2\sqrt{\frac{f}{m}}\,\sin\frac{\tau a}{2}\,.$$

Den Übergang zu diesem Grenzfall hat *W. Dehlinger*[51]) studiert; dieser hat auch die Zweiteilung des Spektrums bei einem einfachen dreidimensionalen Modell entdeckt und die Bedeutung dieser Tatsache für die Theorie der spezifischen Wärme erkannt (s. Nr. 26). Der allgemeine Fall wird von *Born*[52]) in seiner Dynamik der Kristallgitter behandelt.

15. Lange Wellen. Schnelle (optische) Schwingungen. Zur wirklichen Berechnung der Entwicklungskoeffizienten von ω_j in der Umgebung von $\tau = 0$ dient folgendes Näherungsverfahren:

Die Koeffizienten (101) lassen sich nach Potenzen von τ entwickeln:

$$(107) \qquad \begin{bmatrix} k\,k' \\ x\,y \end{bmatrix} = \begin{bmatrix} 0 \\ k\,k' \\ x\,y \end{bmatrix} + \begin{bmatrix} 1 \\ k\,k' \\ x\,y \end{bmatrix}\tau + \begin{bmatrix} 2 \\ k\,k' \\ x\,y \end{bmatrix}\tau^2 + \cdots;$$

dabei ist das konstante Glied durch (105) gegeben und die folgenden Koeffizienten durch die Gleichungen:

$$(108) \quad \begin{cases} \text{a)} \;\; \begin{bmatrix} 1 \\ k\,k' \\ x\,y \end{bmatrix} = - i\,\underset{l}{S}\,(\mathfrak{s}\mathfrak{r}_{k\,k'}^{l})\,(\varphi_{k\,k'}^{l})_{x\,y}, \\[2.5em] \text{b)} \;\; \begin{bmatrix} 2 \\ k\,k' \\ x\,y \end{bmatrix} = - \frac{1}{2}\,\underset{l}{S}\,(\mathfrak{s}\mathfrak{r}_{k\,k'}^{l})^2\,(\varphi_{k\,k'}^{l})_{x\,y}, \\[2em] \cdots\cdots\cdots\cdots\cdots\cdots\cdots \end{cases}$$

Diese Funktionen der Wellenrichtung sind sämtlich in x, y symmetrisch; die Koeffizienten gerader Ordnung sind reell und in k, k' symmetrisch, die Koeffizienten ungerader Ordnung sind rein imaginär und in k, k' schiefsymmetrisch.

Die Lösungen der linearen Gleichungen (100) werden nun zu-

---

51) *W. Dehlinger,* Diss. München 1915; Phys. Ztschr. 15 (1914), p. 276.

52) *M. Born*, Dynamik der Kristallgitter, 3. Kap. § 9—15 (Leipzig 1915). Eine Darstellung, die der im Text gegebenen ähnlich ist, findet sich in der zit Abhandlung Anm. 49.

gleich mit dem Quadrat der Frequenz als Potenzreihen von τ angesetzt:

$$(109) \quad \begin{cases} \omega^2 = \Omega = \Omega^{(0)} + \Omega^{(1)}\tau + \Omega^{(2)}\tau^2 + \cdots \\ \mathfrak{U}_k = \mathfrak{U}_k^{(0)} + \mathfrak{U}_k^{(1)}\tau + \mathfrak{U}_k^{(2)}\tau^2 + \cdots . \end{cases}$$

Dann erhält man der Reihe nach folgende Näherungsgleichungen:

$$(110) \quad \begin{cases} \text{a)} \quad \Omega^{(0)} m_k \mathfrak{U}_{kx}^{(0)} + \sum_{k'} \sum_{y} \begin{bmatrix} 0 \\ k\,k' \\ x\,y \end{bmatrix} \mathfrak{U}_{k'y}^{(0)} = 0, \\[2em] \text{b)} \quad \Omega^{(0)} m_k \mathfrak{U}_{kx}^{(1)} + \sum_{k'} \sum_{y} \begin{bmatrix} 0 \\ k\,k' \\ x\,y \end{bmatrix} \mathfrak{U}_{k'y}^{(1)} \\[1.5em] \qquad\qquad = - \Omega^{(1)} m_k \mathfrak{U}_{kx}^{(0)} - \sum_{k'} \sum_{y} \begin{bmatrix} 1 \\ k\,k' \\ x\,y \end{bmatrix} \mathfrak{U}_{k'y}^{(0)} , \\[2em] \text{c)} \quad \Omega^{(0)} m_k \mathfrak{U}_{kx}^{(2)} + \sum_{k'} \sum_{y} \begin{bmatrix} 0 \\ k\,k' \\ x\,y \end{bmatrix} \mathfrak{U}_{k'y}^{(2)} \\[1.5em] \qquad\qquad - - \Omega^{(1)} m_k \mathfrak{U}_{kx}^{(1)} - \sum_{k'} \sum_{y} \begin{bmatrix} 1 \\ k\,k' \\ x\,y \end{bmatrix} \mathfrak{U}_{k'y}^{(1)} \\[1.5em] \qquad\qquad - \Omega^{(2)} m_k \mathfrak{U}_{kx}^{(0)} - \sum_{k'} \sum_{y} \begin{bmatrix} 2 \\ k\,k' \\ x\,y \end{bmatrix} \mathfrak{U}_{k'y}^{(0)} , \\[1.5em] \qquad \cdot \; \cdot \; \cdot \; \cdot \; \cdot \; \cdot \; \cdot \; \cdot \; \cdot \; \cdot \; \cdot \; \cdot \; \cdot \; \cdot \; \cdot \; \cdot \end{cases}$$

Bei der Lösung dieser Gleichungen wird folgender bekannter Satz der Algebra benutzt:

Hilfssatz: Das System linearer, homogener Gleichungen mit symmetrischen Koeffizienten ($a_{kk'} = a_{k'k}$)

$$\sum_{k'=1}^{n} a_{kk'} x_{k'} = 0, \qquad (k = 1, 2, \ldots n)$$

habe $r \leq n$ linear unabhängige Lösungen

$$x_k = \alpha_{k1}, \; x_k = \alpha_{k2}, \ldots x_k = \alpha_{kr} .$$

Die zugehörigen inhomogenen Gleichungen

$$\sum_{k'=1}^{n} a_{kk'} x_{k'} = y_k, \qquad (k = 1, 2, \ldots n)$$

sind dann und nur dann auflösbar, wenn die r Bedingungen

$$\sum_{k=1}^{n} \alpha_{kj} y_k = 0, \qquad (j = 1, 2, \ldots r)$$

erfüllt sind. Die allgemeine Lösung wird aus einer partikulären

$x_k = x_k^{(0)}$ durch Addition der allgemeinen Lösung der homogenen Gleichungen erhalten; sie ist also

$$x_k = x_k^{(0)} + \sum_{j=1}^{r} \alpha_{kj} C_j,$$

wo $C_1, C_2, \ldots C_r$ willkürliche Konstanten sind.

Im Falle der Gleichungen (110) hat die 1. Näherung nur Lösungen, wenn $\Omega^{(0)}$ eine Wurzel der Determinantengleichung (Säkulargleichung) ist. Diese Wurzeln seien

$$(111) \qquad \Omega_1^{(0)} = \omega_1^{(0)2}, \ \Omega_2^{(0)} = \omega_2^{(0)2}, \ \ldots \Omega_{3s}^{(0)} = \omega_{3s}^{(0)2},$$

wobei jede so oft angeschrieben ist, als ihre Vielfachheit beträgt; es sind die Werte, in die die Größen (102) für $\tau = 0$ übergehen, also die konstanten Glieder der Entwicklung (102′). Da die Koeffizienten (105) konstant (von der Wellenrichtung unabhängig) sind, sind es auch die $\Omega_j^{(0)}$. Zu jeder Wurzel $\Omega_j^{(0)}$ gehören soviele linear unabhängige Lösungen $\mathfrak{U}_k^{(0)} = \mathfrak{a}_{kj}$, als ihre Vielfachheit beträgt. Alle diese Lösungen kann man so normieren, daß die Bedingungen

$$(112) \qquad \sum_k m_k \mathfrak{a}_{kj}^2 = 1, \quad \sum_k m_k (\mathfrak{a}_{kj} \mathfrak{a}_{kj'}) = 0 \qquad (j \neq j')$$

erfüllt sind; mit diesen äquivalent sind die folgenden:

$$(112') \qquad m_k \sum_j \mathfrak{a}_{kjx}^2 = 1, \quad \sum_j \mathfrak{a}_{kjx} \mathfrak{a}_{k'jy} = 0.$$

Zu den verschwindenden Frequenzen (106) gehören insbesondere die Translationen nach den Koordinatenachsen als Lösungen, und zwar mit der Normierung

$$(113) \qquad \mathfrak{a}_{k1} = \frac{i_1}{\sqrt{m}}, \quad \mathfrak{a}_{k2} = \frac{i_2}{\sqrt{m}}, \quad \mathfrak{a}_{k3} = \frac{i_3}{\sqrt{m}},$$

wo die Masse der Zelle nach (6′) eingeführt ist.

Die $\mathfrak{a}_{kj}$ heißen *normierte Eigenschwingungen (Eigenvektoren)* des Gitters.

Nun betrachte man eine *nicht verschwindende* Wurzel $\Omega_j^{(0)} = \omega_j^{(0)2}$; zu dieser mögen die r linear unabhängigen Lösungen $\mathfrak{a}_{k1}, \ldots \mathfrak{a}_{kr}$ gehören, also die allgemeine Lösung

$$(114) \qquad \mathfrak{U}_k^{(0)} = \sum_{j=1}^{r} \mathfrak{a}_{kj} C_j.$$

Setzt man diese auf der rechten Seite von (110b) ein, so erhält man:

$$(115) \qquad \Omega_j^{(0)} m_k \mathfrak{U}_{kx}^{(1)} + \sum_{k'} \sum_{y} \begin{bmatrix} 0 \\ kk' \\ xy \end{bmatrix} \mathfrak{U}_{k'y}^{(1)}$$

$$= - \Omega^{(1)} m_k \sum_{j=1}^{r} \mathfrak{a}_{kjx} C_j - \sum_{k'} \sum_{y} \begin{bmatrix} 1 \\ kk' \\ xy \end{bmatrix} \sum_{j=1}^{r} \mathfrak{a}_{k'jy} C_j.$$

Da die linken Seiten mit denen der homogenen Gleichungen (110a) übereinstimmen und diese für $\Omega_j^{(0)}$ lösbar sind, so kann man den Hilfssatz anwenden und erhält als Bedingungen der Lösbarkeit von (115) mit Rücksicht auf (112):

$$(116) \qquad \Omega^{(1)} C_j + \sum_{j'=1}^{r} (jj') C_{j'} = 0, \qquad (j = 1, 2, \ldots r)$$

wo

$$(117) \qquad (jj') = \sum_{kk'} \sum_{xy} \begin{bmatrix} 1 \\ kk' \\ xy \end{bmatrix} \mathfrak{a}_{kjx} \mathfrak{a}_{k'j'y}$$

gesetzt ist; diese Größen sind nach (108a) rein imaginär und in j, j' schiefsymmetrisch.

Damit die Gleichungen (116) lösbar sind, muß die Determinante verschwinden; das ist eine algebraische Gleichung r^{ten} Grades für $\Omega^{(1)}$, die r reelle Wurzeln $\Omega_h^{(1)}$ (von denen auch einige zusammenfallen können) und r zugehörige Lösungen C_{jh} hat, die analog wie die $\mathfrak{a}_{kj}$ normiert werden können. Setzt man diese auf der rechten Seite der Gleichungen (115) ein, so sind diese auflösbar, und das Näherungsverfahren läßt sich in analoger Weise zur nächsten Näherung fortführen.

Die Determinante der schiefsymmetrischen Matrix der (j, j') verschwindet für *ungerade* r; dann gibt es mindestens eine verschwindende Wurzel $\Omega_h^{(1)}$, so daß die Entwicklung (103) der entsprechenden Frequenz ω_h kein lineares Glied hat:

$$(103'') \qquad \omega_h = \omega_h^{(0)} + \omega_h^{(2)} \tau^2 + \cdots \qquad (r \text{ ungerade}).$$

Im besonderen ist das der Fall für $r = 1$; jeder *einfachen* Grenzfrequenz $\omega_j^{(0)}$ entspricht daher eine Entwicklung der Form (103'').

Die nicht verschwindenden $\Omega_h^{(1)}$ sind Funktionen der Wellenrichtung. Denn die (jj') hängen linear von dem Vektor $\mathfrak{s}$ ab; nach (108a) ist:

$$(jj') = - i \mathop{S}_{l} \sum_{kk'} \sum_{xy} (\mathfrak{s}\, \mathfrak{r}_{kk'}^{l}) (\varphi_{kk'}^{l})_{xy}\, \mathfrak{a}_{kjx} \mathfrak{a}_{k'j'y}.$$

Wir definieren nun für irgend zwei Eigenfrequenzen $\omega_j^{(0)}$ und $\omega_{j'}^{(0)}$ den Vektor

$$(118) \qquad \mathfrak{R}_{jj'} = - \sum_{kk'} \mathop{S}_{l} \mathfrak{r}_{kk'}^{l} \sum_{xy} (\varphi_{kk'}^{l})_{xy}\, \mathfrak{a}_{kjx} \mathfrak{a}_{k'j'y};$$

dieser ist reell und schiefsymmetrisch in j, j':

$$(118') \qquad \mathfrak{R}_{jj'} = - \mathfrak{R}_{j'j}.$$

Dann wird insbesondere für irgend zwei zusammenfallende Frequenzen:

$$(119) \qquad (jj') = i (\mathfrak{s}\, \mathfrak{R}_{jj'}).$$

Als *Beispiele* für die Abhängigkeit der $\Omega_h^{(1)}$ von der Richtung $\mathfrak{s}$ sei angeführt:

$$r = 2: \quad \Omega_1^{(1)} = -\ \Omega_2^{(1)} = (\mathfrak{s}\,\mathfrak{R}_{12})$$

$$r = 3: \quad \Omega_1^{(1)} = 0, \ \Omega_2^{(1)} = -\ \Omega_3^{(1)} = \sqrt{(\mathfrak{s}\,\mathfrak{R}_{23})^2 + (\mathfrak{s}\,\mathfrak{R}_{31})^2 + (\mathfrak{s}\,\mathfrak{R}_{12})^2}.$$

In derselben Weise wie $\Omega_h^{(1)}$ hängt nach (103') $\omega_h^{(1)}$ von $\mathfrak{s}$ ab.

Die hier behandelten Eigenschwingungen mit endlicher Grenzfrequenz (für $\tau \rightarrow 0$) sind maßgebend für das optische Verhalten des Kristalls. Die Grenzfrequenzen selbst spielen die Rolle der optischen Resonanzstellen (Absorptionslinien), s. Nr. **22, 23**; die Eigenvektoren $\mathfrak{a}_{kj}$ bestimmen den Verlauf der Brechung als Funktion der Frequenz (Dispersion), die Vektoren $\mathfrak{R}_{jj'}$ sind maßgebend für die optische Aktivität, s. Nr. **22**.

16. Lange Wellen. Langsame (akustische) Schwingungen. Für die drei verschwindenden Grenzfrequenzen (106) ist die allgemeine Lösung von (110a)

$$(120) \qquad\qquad \Omega^{(0)} = 0, \quad \mathfrak{U}_k^{(0)} = \mathfrak{U},$$

wo $\mathfrak{U}$ ein beliebiger Vektor ist; damit lauten die Gleichungen (110b):

$$(121) \qquad \sum_{k'} \sum_{y} \begin{bmatrix} 0 \\ k\,k' \\ x\,y \end{bmatrix} \mathfrak{U}_{k'y}^{(1)} = -\ \Omega^{(1)} m_k \mathfrak{U}_x - \sum_{y} \mathfrak{U}_y \sum_{k'} \begin{bmatrix} 1 \\ k\,k' \\ x\,y \end{bmatrix}.$$

Da die zugehörigen homogenen Gleichungen die drei linear unabhängigen Lösungen (113) haben, so ergeben sich nach dem Hilfssatz die Lösbarkeitsbedingungen:

$$(122) \qquad\qquad \Omega^{(1)} m\, \mathfrak{U}_x - \sum_{y} \mathfrak{U}_y \sum_{k\,k'} \begin{bmatrix} 1 \\ k\,k' \\ x\,y \end{bmatrix} = 0.$$

Da nun die Koeffizienten (108a) in k, k' schiefsymmetrisch sind, so ist die Doppelsumme gleich Null, und es folgt in Übereinstimmung mit dem allgemeinen Satze

$$(120') \qquad\qquad \Omega_j^{(1)} = 0 \qquad\qquad (j = 1, 2, 3).$$

Die Gleichungen (121) lauten dann

$$(123) \qquad \sum_{k'} \sum_{y} \begin{bmatrix} 0 \\ k\,k' \\ x\,y \end{bmatrix} \mathfrak{U}_{k'y}^{(1)} = -\ \sum_{y} \mathfrak{U}_y \sum_{k'} \begin{bmatrix} 1 \\ k\,k' \\ x\,y \end{bmatrix}$$

und sind auflösbar; ihre allgemeine Lösung erhält man aus einer speziellen durch Addition der allgemeinen Lösung der homogenen Gleichungen, d. h. eines willkürlichen, von k unabhängigen Vektors $\mathfrak{A}$, sie hat also die Form

$$\mathfrak{U}_k^{(1)} + \mathfrak{A}.$$

Setzt man das statt $\mathfrak{U}_k^{(1)}$ auf der rechten Seite von (110c) ein, so erhält man wegen (120), (120'):

$$(124) \qquad \sum_{k'} \sum_{y} \begin{bmatrix} 0 \\ kk' \\ xy \end{bmatrix} \mathfrak{U}_{k'y}^{(2)} = - \sum_{k'} \sum_{y} \begin{bmatrix} 1 \\ kk' \\ xy \end{bmatrix} (\mathfrak{U}_{k'y}^{(1)} + \mathfrak{A}_y)$$
$$- \Omega^{(2)} m_k \mathfrak{U}_x - \sum_y \mathfrak{u}_y \sum_{k'} \begin{bmatrix} 2 \\ kk' \\ xy \end{bmatrix}.$$

Wie oben müssen drei Lösbarkeitsbedingungen erfüllt sein, die man durch Summation der rechten Seiten nach k erhält; dabei fällt wegen des schiefsymmetrischen Charakters der Koeffizienten (108a) der willkürliche Vektor $\mathfrak{A}$ heraus, und es bleibt:

$$(125) \qquad \Omega^{(2)} m \mathfrak{U}_x + \sum_y \mathfrak{u}_y \sum_{kk'} \begin{bmatrix} 2 \\ kk' \\ xy \end{bmatrix} - \sum_k \sum_y \mathfrak{u}_{ky}^{(1)} \sum_{k'} \begin{bmatrix} 1 \\ kk' \\ xy \end{bmatrix} = 0.$$

Setzt man hier irgendeine Lösung der sicher auflösbaren Gleichungen (123) ein, so erhält man drei lineare, homogene Gleichungen mit symmetrischen Koeffizienten zur Bestimmung der Komponenten von $\mathfrak{U}$; die Säkulargleichung dieses Systems ist eine kubische Gleichung zur Bestimmung von $\Omega^{(2)}$, mit den Wurzeln $\Omega_1^{(2)}$, $\Omega_2^{(2)}$, $\Omega_3^{(2)}$.

Setzt man diese Lösung auf der rechten Seite der Gleichungen (124) ein, so sind sie nach den $\mathfrak{U}_k^{(2)}$ auflösbar, und das Näherungsverfahren kann in derselben Weise beliebig fortgesetzt werden; das Ergebnis sind Entwicklungen der Form

$$(126) \qquad \begin{cases} \omega_j^2 = \Omega_j = \tau^2 \Omega^{(2)} + \cdots \\ \mathfrak{U}_{kj} = \mathfrak{U} + \tau \mathfrak{U}_{kj}^{(1)} + \cdots. \end{cases}$$

Bricht man diese mit den angeschriebenen Gliedern ab, so sieht man leicht, daß das Resultat in dieser Näherung genau übereinstimmt mit den Gesetzen, die sich aus der in Nr. 7 und 8 entwickelten Elastizitätstheorie für die Fortpflanzung ebener Wellen ergeben. Denn durch Vergleich der Formeln (108) und (32) erkennt man die Gültigkeit der Formeln

$$(127) \qquad \begin{cases} \sum_{k'} \begin{bmatrix} 1 \\ kk' \\ xy \end{bmatrix} = - i \sum_z \mathfrak{S}_z \sum_{k'} \mathop{S}_l (\varphi_{kk'}^l)_{xy} z_{kk'}^l = - i \varDelta \sum_s \begin{bmatrix} k \\ xyz \end{bmatrix} \mathfrak{S}_s, \\[2ex] \sum_{kk'} \begin{bmatrix} 2 \\ kk' \\ xy \end{bmatrix} = - \frac{1}{2} \sum_{\bar{x}\bar{y}} \mathfrak{S}_{\bar{x}} \mathfrak{S}_{\bar{y}} \sum_{kk'} \mathop{S}_l (\varphi_{kk'}^l)_{xy} \bar{x}_{kk'}^l \bar{y}_{kk'}^l \\[2ex] \qquad\qquad = - \varDelta \sum_{\bar{x}\bar{y}} [xy\,\bar{x}\bar{y}] \mathfrak{S}_{\bar{x}} \mathfrak{S}_{\bar{y}}, \end{cases}$$

so daß die Gleichungen (123) und (125) die Gestalt annehmen:

$$(128) \quad \begin{cases} \sum_{k'}\sum_{y} \begin{bmatrix} kk' \\ xy \end{bmatrix} \mathfrak{u}_{k'y}^{(1)} - i\sum_{y}\mathfrak{u}_{y}\sum_{z}\begin{bmatrix} k \\ xyz \end{bmatrix}\mathfrak{z}_{z} = 0, \\[2ex] \varrho\,\Omega^{(2)}\mathfrak{u}_{x} - \sum_{y}\mathfrak{u}_{y}\sum_{\bar{x}\bar{y}}[xy\,\bar{x}\bar{y}]\,\mathfrak{z}_{\bar{x}}\mathfrak{z}_{\bar{y}} + i\sum_{k}\sum_{y}\mathfrak{u}_{ky}^{(1)}\sum_{z}\begin{bmatrix} k \\ xyz \end{bmatrix}\mathfrak{z}_{z} = 0, \end{cases}$$

wo die Massendichte ϱ nach (7) eingeführt ist.

Andererseits liefert die Elastizitätstheorie nach (42) die Bewegungsgleichungen:

$$(129) \qquad \varrho\,\ddot{\mathfrak{u}}_{x} + \sum_{y}\frac{\partial K_{xy}}{\partial y} = 0,$$

wo die Spannungskomponenten durch (37) gegeben sind, wenn darin $\mathfrak{K}_{k} = 0$ gesetzt wird:

$$(129') \quad \begin{cases} 0 = \sum_{k'}\sum_{y}\begin{bmatrix} kk' \\ xy \end{bmatrix} u_{k'y} - \sum_{yz}\begin{bmatrix} k \\ xyz \end{bmatrix} u_{yz}, \\[2ex] K_{xy} = -\sum_{kz}\begin{bmatrix} k \\ xyz \end{bmatrix}\mathfrak{u}_{kz} - \sum_{\bar{x}\bar{y}}[xy\,\bar{x}\bar{y}]\,u_{\bar{x}\bar{y}}. \end{cases}$$

Dabei sind die Größen u_{xy} als Ableitungen des Verrückungsvektors $\mathfrak{u}$ anzusehen:

$$u_{xy} = \frac{\partial\mathfrak{u}_{x}}{\partial y}.$$

Führt man in (129) den Ansatz ebener Wellen ein, indem man im Hinblick auf (126) setzt:

$$\omega^{2} = \tau^{2}\,\Omega^{(2)}, \quad \mathfrak{u} = \mathfrak{U}\,e^{-i\omega t}\,e^{i\tau(\mathfrak{z}\mathfrak{r})},$$
$$\mathfrak{u}_{k} = \tau\,\mathfrak{U}_{k}^{(1)}\,e^{-i\omega t}\,e^{i\tau(\mathfrak{z}\mathfrak{r})},$$

so erhält man genau die Gleichungen (128). Eliminiert man aus diesen die $\mathfrak{U}_{k}^{(1)}$ mit Hilfe der sich gegenseitig auflösenden Gleichungen (44) und (46), so erhält man bei Einführung der durch (104) definierten Schallgeschwindigkeiten und der Elastizitätskonstanten (49b):

$$(128') \qquad \varrho\,c_{j}^{2}\mathfrak{U}_{x} - \sum_{y}\mathfrak{U}_{y}\sum_{\bar{x}\bar{y}}[|x\bar{x}\,|\,y\bar{y}\,|]\,\mathfrak{z}_{\bar{x}}\mathfrak{z}_{\bar{y}} = 0.$$

Die Determinante dieser drei linearen homogenen Gleichungen liefert gleich Null gesetzt die c_{j} als Funktionen der Wellenrichtung, deren Koeffizienten sich durch die Elastizitätskonstanten $c_{ij} = [|xy|\bar{x}\bar{y}|]$ (54) ausdrücken. Damit sind die $\omega_{j} = c_{j}\tau$ $(j = 1,2,3)$ in erster Näherung bestimmt. Das Näherungsverfahren läßt sich von hier aus ohne Schwierigkeiten fortsetzen, doch sind die höheren Näherungen bisher physikalisch ohne Bedeutung geblieben.

Die akustischen Frequenzen ω_{1}, ω_{2}, ω_{3} und die optischen Frequenzen ω_{4}, ω_{5}, $\ldots\,\omega_{3s}$ erscheinen also als Zweige ein und derselben mehrdeutigen Funktion ω von τ, deren Verzweigung algebraischen Charakter hat. Denkt man sich $\omega(\tau)$ auf einer *Riemann*schen Fläche über der komplexen τ-Ebene ausgebreitet, so verlaufen ihre Blätter in der Umgebung von $\tau = 0$ getrennt, müssen aber in algebraischen Verzweigungspunkten zusammenhängen.

Die Klärung des Zusammenhangs der verschiedenen Schwingungstypen im Gitter findet sich zuerst bei *M. Born*.[52])

17. Erzwungene Schwingungen. Lange Wellen. Wenn auf jeden Gitterpunkt eine äußere Kraft $\mathfrak{F}_k{}^l$ wirkt, so lauten die Bewegungsgleichungen

$$(130) \qquad m_k \ddot{u}_{kx}^{l} - \sum_{k'} \mathfrak{S} \sum_{y} (\varphi_{kk'}^{l-l'})_{xy}\, u_{k'y}^{l'} = \mathfrak{F}_{kx}^{l}.$$

Für die optischen Anwendungen handelt es sich um elektromagnetische Kräfte, die sich in Form einer ebenen Welle fortpflanzen. Wir untersuchen daher das Verhalten des Gitters unter der Wirkung einer *ebenen Kraftwelle*

$$(131) \qquad \mathfrak{F}_k{}^l = \mathfrak{B}_k\, e^{-i\omega t}\, e^{i\tau(\mathfrak{s}\,\mathfrak{r}_k^l)}.$$

Im stationären Zustande werden dann die Verrückungen eine entsprechende Welle (s. (99))

$$(132) \qquad u_k{}^l = \mathfrak{U}_k\, e^{-i\omega t}\, e^{i\tau(\mathfrak{s}\,\mathfrak{r}_k^l)}$$

bilden, und zwischen den Amplituden der Kräfte und der Verrückungen werden die Gleichungen bestehen:

$$(133) \qquad \omega^2 m_k \mathfrak{U}_{kx} + \sum_{k'} \sum_{y} \begin{bmatrix} kk' \\ xy \end{bmatrix} \mathfrak{U}_{k'y} = -\,\mathfrak{B}_{kx}.$$

Das sind die zu den homogenen Gleichungen (100) gehörigen inhomogenen.

Für die Anwendungen auf die Optik (ausschließlich des Röntgengebietes) kommt nur der Fall in Betracht, daß die Wellenlänge groß ist gegen die linearen Dimensionen der Zelle δ. Daher suchen wir die Lösung als Potenzreihe nach $\tau = \dfrac{2\pi}{\lambda}$ anzusetzen (s. (109)):

$$(132') \qquad \mathfrak{U}_k = \mathfrak{U}_k^{(0)} + \tau\, \mathfrak{U}_k^{(1)} + \tau^2\, \mathfrak{U}_k^{(2)} + \cdots.$$

Dann erhält man Näherungsgleichungen für die $\mathfrak{U}_k^{(p)}$, die sämtlich genau dieselbe Form haben:

$$(134) \qquad \omega^2 m_k \mathfrak{U}_{kx}^{(p)} + \sum_{k'} \sum_{y} \begin{bmatrix} 0 \\ kk' \\ xy \end{bmatrix} \mathfrak{U}_{k'y}^{(p)} = -\,\mathfrak{B}_{kx}^{(p)}, \qquad (p=0,1,2,\ldots):$$

die rechten Seiten sind folgende Ausdrücke:

$$(135) \qquad
\begin{cases}
\mathfrak{B}_{kx}^{(0)} = \mathfrak{B}_{kx}, \\[2ex]
\mathfrak{B}_{kx}^{(1)} = \displaystyle\sum_{k'} \sum_{y} \begin{bmatrix} 1 \\ kk' \\ xy \end{bmatrix} \mathfrak{U}_{k'y}^{(0)}, \\[3ex]
\mathfrak{B}_{kx}^{(2)} = \displaystyle\sum_{k'} \sum_{y} \left\{ \begin{bmatrix} 1 \\ kk' \\ xy \end{bmatrix} \mathfrak{U}_{k'y}^{(1)} + \begin{bmatrix} 2 \\ kk' \\ xy \end{bmatrix} \mathfrak{U}_{k'y}^{(0)} \right\}, \\[3ex]
\cdots \cdots \cdots \cdots \cdots \cdots
\end{cases}$$

Jedes $\mathfrak{B}_k^{(p)}$ läßt sich demnach berechnen, wenn die p vorhergehenden Gleichungen (134) gelöst sind.

Die Lösung von (134) gewinnt man mit Hilfe der Eigenlösungen $\mathfrak{a}_{kj}$ der zugehörigen homogenen Gleichungen (100); für diese gilt identisch

$$(136) \qquad \Omega_j^{(0)} m_k \mathfrak{a}_{kjx} + \sum_{k'} \sum_{y} \begin{bmatrix} 0 \\ kk' \\ xy \end{bmatrix} \mathfrak{a}_{k'jy} = 0,$$

und sie befriedigen die Orthogonalitätsrelationen (112) oder (112'). Aus diesen folgt, daß die s Vektoren $\mathfrak{a}_{kj}$ linear unabhängig sind; man kann daher jeden Vektor durch sie linear darstellen. Wir setzen

$$\mathfrak{B}_k^{(p)} = m_k \sum_{j} c_j^{(p)} \mathfrak{a}_{kj};$$

für die Koeffizienten $c_j^{(p)}$ erhält man nach (112), (112')

$$c_j^{(p)} = \sum_{k} \mathfrak{B}_k^{(p)} \mathfrak{a}_{kj}.$$

Die Lösung von (134) setzen wir in analoger Weise an:

$$\mathfrak{U}_k^{(p)} = \sum_{j} \mathfrak{U}_j^{(p)} \mathfrak{a}_{kj}.$$

Dann erhält man durch Einsetzen in (134) durch Vergleich der entsprechenden Faktoren von $\mathfrak{a}_{kj}$ auf beiden Seiten:

$$\mathfrak{U}_j^{(p)} = \frac{c_j^{(p)}}{\Omega_j^{(0)} - \omega^2}.$$

Demnach wird die gesuchte Lösung von (134):

$$(137) \qquad \mathfrak{U}_k^{(p)} = \sum_{j} \frac{c_j^{(p)} \mathfrak{a}_{kj}}{\Omega_j^{(0)} - \omega^2} = \sum_{j} \frac{\mathfrak{a}_{kj}}{\Omega_j^{(0)} - \omega^2} \sum_{k'} \mathfrak{B}_{k'}^{(p)} \mathfrak{a}_{k'j}.$$

Die Lösung der ersten Näherungsgleichung (134), $p = 0$, lautet nun

$$(138) \qquad \mathfrak{U}_k^{(0)} = \sum_{j} \frac{\mathfrak{a}_{kj}}{\Omega_j^{(0)} - \omega^2} \sum_{k'} \mathfrak{B}_{k'} \mathfrak{a}_{k'j},$$

und die der zweiten, $p = 1$:

$$\mathfrak{U}_k^{(1)} = \sum_{j} \frac{\mathfrak{a}_{kj}}{\Omega_j^{(0)} - \omega^2} \sum_{k'} \mathfrak{B}_{k'}^{(1)} \mathfrak{a}_{k'j}.$$

Hier ist der Wert von $\mathfrak{B}_k^{(1)}$ aus (135) und darin wieder der von $\mathfrak{U}_k^{(0)}$ aus (138) einzusetzen. Dann ergibt sich mit Benutzung der durch (118) definierten Vektoren $\mathfrak{R}_{jj'}$:

$$(139) \qquad \mathfrak{U}_k^{(1)} = i \sum_{jj'} \frac{\mathfrak{a}_{kj}(\mathfrak{z}\mathfrak{R}_{jj'})}{(\Omega_j^{(0)} - \omega^2)(\Omega_{j'}^{(0)} - \omega^2)} \sum_{k'} \mathfrak{B}_{k'} \mathfrak{a}_{k'j'}.$$

Der Faktor $i = e^{\frac{i\pi}{2}}$ bedeutet, daß die Terme zweiter Näherung einen Phasenunterschied von $\frac{\pi}{2}$ gegen die der ersten Näherung haben.

In derselben Weise kann man fortfahren und die folgenden Näherungen bestimmen. Für die Optik kommen nur die beiden ersten Näherungen in Betracht.[52a])

Die Lösung der Schwingungsgleichungen in der hier gegebenen Form findet sich bei *M. Born*[49]).

18. Das Verteilungsgesetz der Eigenschwingungen. Für die Thermodynamik des Gitters ist die Kenntnis der Eigenfrequenzen ω_j für den Grenzfall langer Wellen ($\tau = 0$) prinzipiell ungenügend; vielmehr muß man sie als Funktionen von Wellenlänge und Wellenrichtung in ihrem ganzen Verlaufe wenigstens summarisch übersehen.

Ein endliches Gitter von N Zellen mit je s Partikeln hat $3sN$ Eigenschwingungen. Die für die Thermodynamik des Gitters wichtigste Frage ist nun, wie viele der Eigenfrequenzen in ein vorgegebenes Frequenzintervall fallen. Dieses Problem läßt sich für ein endliches Gitter streng nicht lösen, weil man die Randbedingungen nicht in Ansatz bringen kann. Man kann aber auch das unendliche Gitter hier nicht ohne weiteres brauchen, da die Frage offenbar nur für ein System von endlich vielen Freiheitsgraden Sinn hat.

In folgender Weise gelangt man zu einer approximativen Lösung: Man betrachte ein endliches Gitter von $N = n^3$ Zellen, das die Form eines der Zelle ähnlichen Parallelepipedons mit den Kanten $n\mathfrak{a}_1$, $n\mathfrak{a}_2$, $n\mathfrak{a}_3$ hat. Die Eigenschwingungen dieses Gitters sind stehende Wellen, deren Länge parallel zu jeder Kante höchstens gleich der Kantenlänge ist. Nun führe man ein unendliches Gitter ein, beschränke aber die darin möglichen (fortschreitenden) Wellen auf diejenigen, die parallel zu den Grundvektoren $\mathfrak{a}_1$, $\mathfrak{a}_2$, $\mathfrak{a}_3$ höchstens die Längen $n\mathfrak{a}_1$, $n\mathfrak{a}_2$, $n\mathfrak{a}_3$ haben. Das läuft offenbar auf folgende Forderung hinaus: Je zwei Zellen des Gitters, deren Indizes l_1, l_2, l_3 kongruent mod. n sind, sollen völlig äquivalent sein; die Verrückungen sollen also die Bedingungen erfüllen:

$$(140) \qquad \mathfrak{u}_k^{l_1+n,\,l_2,\,l_3} = \mathfrak{u}_k^{l_1,\,l_2+n,\,l_3} = \mathfrak{u}_k^{l_1,\,l_2,\,l_3+n} = \mathfrak{u}_k^{l_1,\,l_2,\,l_3},$$

52a) *H. A. Lorentz* hat schon 1878 (Verh. der Akad. van Wet. te Amsterdam 1878) bemerkt, daß bei Berücksichtung von Gliedern höherer Ordnung in $\dfrac{\delta}{\lambda}$ neue optische Erscheinungen zu erwarten seien; z. B. dürfte dann ein regulärer Kristall nicht mehr optisch isotrop sein. *Lorentz* hat letzteren Punkt näher untersucht; da er nicht aktive Kristalle betrachtete, so mußte er die mit $\left(\dfrac{\delta}{\lambda}\right)^2$ proportionalen Glieder, d. h. die dritte Näherung, ($p = 2$) in (134), berücksichtigen. Neuerdings [Versl. Akad. van Wet. te Amsterdam 30 (1921), p. 362] hat er diese Überlegungen wieder aufgenommen und Experimente zur Auffindung des Effekts angestellt; doch ist das Ergebnis wohl nicht als sicher positiv anzusehen.

wofür man einfach

$$(140')\qquad \mathfrak{u}_k^{l+n} = \mathfrak{u}_k^{l}$$

schreiben kann. Ein Gitter, das diese Forderung befriedigt, soll *zyklisches Gitter* genannt werden.

Dieses ist offenbar ein System von endlich vielen, nämlich $3sN$ Freiheitsgraden; denn es genügt, das Teilparallelepiped mit den Kanten $n\mathfrak{a}_1$, $n\mathfrak{a}_2$, $n\mathfrak{a}_3$ zu betrachten, das sich nach allen Seiten periodisch wiederholt. Das zyklische Gitter entsteht also aus dem wirklichen durch Ersetzung der wirklichen Randbedingungen durch die fiktiven der Periodizität.

Führt man nun in die Bewegungsgleichungen (97) die Bedingungen (140) ein, so erhält man:

$$(141)\qquad m_k \ddot{\mathfrak{u}}_{kx}^{l} - \sum_{k'} \mathop{S}_{(l')} \sum_{y} (\psi_{kk'}^{l-l'})_{xy}\, \mathfrak{u}_{k'y}^{l'} = 0;$$

dabei ist

$$(142)\qquad (\psi_{kk'}^{l})_{xy} = \sum_{p=-\infty}^{+\infty} (\varphi_{kk'}^{l+pn})_{xy}$$

gesetzt (wo p in leicht verständlicher Weise die drei ganzen Zahlen p_1, p_2, p_3 vertritt), und die Indizes l, l' durchlaufen die n Zahlen $0, 1, 2, \ldots n-1$.

Offenbar gilt nach (142):

$$(142')\qquad (\psi_{kk'}^{l+n})_{xy} = (\psi_{kk'}^{l})_{xy};$$

die Koeffizientenmatrix der $3sN$ Gleichungen (141) ist also in bezug auf die Indizes l eine *dreidimensionale Zyklante*.

Werden zeitlich periodische Lösungen von (141) der Form

$$(143)\qquad \mathfrak{u}_k^{l} = \frac{\mathfrak{x}_k^{l}}{\sqrt{m_k}}\, e^{-i\omega t},$$

gesucht, so erhält man für die „reduzierten" Amplituden $\mathfrak{x}_k^{l}$ die linearen Gleichungen:

$$(144)\qquad \omega^2 \mathfrak{x}_{kx}^{l} + \sum_{k'} \mathop{S}_{(l')} \sum_{y} \frac{(\psi_{kk'}^{l-l'})_{xy}}{\sqrt{m_k m_{k'}}}\, \mathfrak{x}_{x'y}^{l'} = 0.$$

Diese lassen sich wegen der Periodizitätseigenschaften (142') der Koeffizienten durch den Ansatz

$$(145)\qquad \mathfrak{x}_k^{l} = \mathfrak{x}_k e^{i(l\varphi)}$$

lösen, wobei $(l\varphi)$ eine Linearform der drei ganzen Zahlen l_1, l_2, l_3

$$(146)\qquad (l\varphi) = l_1\varphi_1 + l_2\varphi_2 + l_3\varphi_3$$

ist, deren Koeffizienten ihrerseits drei ganzen Zahlen p_1, p_2, p_3 proportional sind:

$$(147)\qquad \varphi_1 = \frac{2\pi}{n} p_1, \quad \varphi_2 = \frac{2\pi}{n} p_2, \quad \varphi_3 = \frac{2\pi}{n} p_3.$$

Dann müssen die $\mathfrak{x}_k$ den $3s$ Gleichungen

$$(148) \qquad \omega^2 \mathfrak{x}_{kx} + \sum_{k'} \sum_{y} \left\{ \begin{matrix} k k' \\ x y \end{matrix} \right\} \mathfrak{x}_{k'y} = 0$$

genügen, wo

$$(149) \qquad \left\{ \begin{matrix} k k' \\ x y \end{matrix} \right\} = \frac{1}{\sqrt{m_k m_{k'}}} \underset{(l)}{S} (\psi_{k k'}^l)_{xy}\, e^{-i(l\varphi)}$$

gesetzt ist.

Zur anschaulichen Deutung der Lösung bestimme man die Zahl τ und den Einheitsvektor $\mathfrak{s}$ so, daß

$$(150) \qquad \varphi_1 = \tau(\mathfrak{s}\mathfrak{a}_1), \quad \varphi_2 = \tau(\mathfrak{s}\mathfrak{a}_2), \quad \varphi_3 = \tau(\mathfrak{s}\mathfrak{a}_3)$$

ist, und setze

$$(151) \qquad \mathfrak{x}_k = \mathfrak{U}_k \sqrt{m_k}\, e^{i\tau(\mathfrak{s}\overline{\mathfrak{r}_k})};$$

dann geht die Lösung (143), (145) über in

$$\mathfrak{u}_k^l = \mathfrak{U}_k e^{-i\omega t} e^{i\tau(\mathfrak{s}\mathfrak{r}_k^l)},$$

stellt also eine ebene Welle von der Richtung $\mathfrak{s}$, der Länge $\lambda = \dfrac{2\pi}{\tau}$ und der Amplitude $\mathfrak{U}_k$ dar.

Setzt man ferner (142) in (149) ein, so ergibt sich

$$\left\{ \begin{matrix} k k' \\ x y \end{matrix} \right\} = \frac{1}{\sqrt{m_k m_{k'}}} \underset{l}{S} (\varphi_{k k'}^l)_{xy}\, e^{-i(l\varphi)},$$

und der Vergleich mit (101) zeigt, daß

$$(152) \qquad \left\{ \begin{matrix} k k' \\ x y \end{matrix} \right\} = \frac{1}{\sqrt{m_k m_{k'}}} e^{i\tau(\mathfrak{s}\mathfrak{r}_{k k'})} \left[\begin{matrix} k k' \\ x y \end{matrix} \right]$$

ist. *Vermöge (151) und (152) sind die Gleichungen (148) mit (100) identisch, wenn man in diesen für φ_1, φ_2, φ_3 die rationalen Werte (147) einsetzt.* Man bezeichnet φ_1, φ_2, φ_3 als *Phasenkomponenten* der Welle und stellt sie als Punkte in einem dreidimensionalen *Phasenraum* φ_1, φ_2, φ_3 dar; dabei kann man ihre Werte auf den Würfel

$$- \pi \leqq \varphi_1, \varphi_2, \varphi_3 \leqq + \pi$$

beschränken. In diesem bilden die Punkte (147) ein kubisches Gitter mit der Maschenlänge $\dfrac{2\pi}{n}$.

Die Eigenfrequenzen ω_j des unendlichen Gitters, bzw. ihre Quadrate Ω_j, sind Funktionen von τ und $\mathfrak{s}$; vermöge (150) kann man sie auch als Funktionen von φ_1, φ_2, φ_3 ansehen. Man erhält aus ihnen die Frequenzen des zyklischen Gitters, wenn man φ_1, φ_2, φ_3 auf die Gitterpunkte (147) des Phasenraums beschränkt. Jeder Zweig Ω_j der algebraischen Funktion $\Omega(\tau)$ liefert dann zu jedem Gitterpunkt eine Frequenz; die zu einem Zweige gehörigen Frequenzen sind daher über den Phasenraum gleichförmig verteilt, in einem Phasenbezirk

$\Delta\varphi = \Delta\varphi_1 \Delta\varphi_2 \Delta\varphi_3$ befinden sich unabhängig von dessen Lage stets gleich viel Frequenzen, nämlich

$$\frac{N}{(2\pi)^3}\,\Delta\varphi.$$

Nun ist bei großem N das zyklische Gitter ein Ersatz für das endliche; die für jenes gewonnenen Ergebnisse müssen approximativ (im Limes $N \to \infty$) für das endliche Gitter gelten. So gelangt man zu dem *Verteilungsgesetz der Eigenschwingungen:*

Die Eigenschwingungen ordnen sich im Phasenraume φ_1, φ_2, φ_3 in $3s$ Systeme; für jedes dieser ist die Frequenz ω_j $(j=1,2,\ldots 3s)$ beim unendlichen Gitter eine stetige Funktion von φ_1, φ_2, φ_3 innerhalb des Würfels $-\pi \leqq \varphi_1,\ \varphi_2,\ \varphi_3 \leqq \pi$. Beim endlichen Gitter von großer Zellenzahl N sind die Frequenzen approximativ die Werte, die jene $3s$ Funktionen ω_j $(\varphi_1,\ \varphi_2,\ \varphi_3)$ in den Gitterpunkten (147) annehmen; jeder Zweig ω_j ist also im Phasenraum gleichförmig verteilt, und zwar ist die Anzahl der im Phasenelement $d\varphi = d\varphi_1\,d\varphi_2\,d\varphi_3$ liegenden Frequenzen ω_j asymptotisch gleich $\dfrac{N}{(2\pi)^3}\,d\varphi.$

Will man hieraus auf die Verteilung der Frequenzen über die Frequenzskala selbst schließen, so muß man die Funktionen ω_j $(\varphi_1,\varphi_2,\varphi_3)$ tatsächlich kennen. Für die thermodynamischen Anwendungen genügt dabei häufig die Kenntnis des Verlaufs dieser Funktionen in der Umgebung von $\tau = 0$, den wir im voraufgehenden durch Potenzreihen nach τ dargestellt haben.

Bei den eigentlichen Eigenschwingungen mit endlicher Grenzfrequenz $\omega_j^{(0)}$ kann man unter Umständen ganz von der Veränderlichkeit mit der Wellenlänge absehen und sie durch die Konstanten $\omega_j^{(0)}$ ersetzen.

Bei den Schwingungen mit verschwindender Grundfrequenz ist das nicht erlaubt. Hier gelangt man auf folgende Weise zu einer asymptotischen Darstellung der Verteilung in der Frequenzskala bei hohen Frequenzen.[53]

Man fasse $\xi = \tau\mathfrak{s}_x$, $\eta = \tau\mathfrak{s}_y$, $\zeta = \tau\mathfrak{s}_z$ als rechtwinklige Koordinaten in einem Raume auf; τ und $\mathfrak{s}$ sind dann die zugehörigen Polarkoordinaten, und es gilt nach (150)

$$(153)\qquad d\varphi = d\varphi_1\,d\varphi_2\,d\varphi_3 = \varDelta\,d\xi\,d\eta\,d\zeta = \varDelta\tau^2\,d\tau\,d\Omega,$$

wenn $d\Omega$ das Element der Einheitskugel bedeutet. Indem man über diese integriert und mit $\dfrac{N}{(2\pi)^3}$ multipliziert, erhält man für die An-

---

53) *M. Born* u. *Th. v. Kármán*, Phys. Ztschr. 14 (1913), p. 15.

zahl der im Element $d\tau$ gelegenen Schwingungen eines der drei akustischen Zweige:

$$\frac{4\,\pi\,N\varDelta}{(2\,\pi)^3}\,\tau^2 d\tau\,.$$

Nun ist für lange Wellen nach (104) in erster Näherung $\omega = c_j\tau$, daher wird die angegebene Zahl gleich

$$\frac{4\,\pi\,N\varDelta}{(2\,\pi)^3}\,\frac{1}{c_j^3}\,\omega^2\,d\omega\,.$$

Ersetzt man hier $N\varDelta$ durch das Volumen V des Kristalls, ω durch $2\pi\nu$ und führt die Größe

$$(154) \qquad F = \frac{4\,\pi}{3}\left(\frac{1}{c_1{}^3} + \frac{1}{c_2{}^3} + \frac{1}{c_3{}^3}\right)$$

ein, so erhält man für die Anzahl der im Intervall $d\nu$ gelegenen Schwingungen aller drei akustischen Zweige zusammen:

$$(155) \qquad dz = 3\,VF\nu^2 d\nu\,.$$

Die Größe F ist für Kristalle eigentlich nicht konstant, da die Schallgeschwindigkeiten von der Wellenrichtung abhängen. Für isotrope Körper oder quasiisotrope Gemenge ist aber F konstant und hat den Wert

$$(154') \qquad F = \frac{4\,\pi}{3}\left(\frac{1}{c_l{}^3} + \frac{2}{c_t{}^3}\right),$$

wo c_l und c_t die Geschwindigkeiten der longitudinalen und transversalen Wellen sind.

Die Formel (155) ist zuerst von *Debye*[54]) in einer großen Arbeit „Zur Theorie der spezifischen Wärmen" (s. Nr. **26**) abgeleitet worden. Dabei hat er sich aber nicht der Gittervorstellung bedient, sondern den betrachteten Körper als kontinuierliches, elastisches, isotropes Medium aufgefaßt; dadurch ist sein Ergebnis von vornherein auf den Grenzfall langer Wellen beschränkt. Er berechnet die Eigenschwingungen einer elastischen Kugel, an deren Oberfläche die Verschiebungen verschwinden[55]); es gibt dann unendlich viele Eigenschwingungen, deren asymptotisches Gesetz die Form (155) hat. Die Größe F wurde von

---

54) *P. Debye*, Ann. d. Phys. (4) 39 (1912), p. 789; eine vorläufige Mitteilung der Resultate schon vorher im Arch. de Génève (1912), p. 256.

55) Andere Grenzbedingungen benutzt *R. Ortvay*, Ann. d. Phys. (4) 42 (1913), p. 745 (Fall I: Verschwindende Tangentialspannungen und normale Verrückungen; Fall II: Verschwindende Normalspannungen und tangentielle Verrückungen); s. dort weitere Literatur über „gemischte" Randbedingungen. Mit derselben Methode wird das Verteilungsgesetz der Schwingungen für einen kontinuierlichen rhombischen Kristall abgeleitet. Sehr ähnlich ist die Ableitung von *D. H. Goldhammer*, Phys. Ztschr. 14 (1913), p. 1185. Eine anschauliche Beschreibung des Abzählungsverfahrens bei *L. Flamm*, Phys. Ztschr. 19 (1918), p. 116, § 4.

Debye als Funktion der Elastizitätskonstanten des isotropen Körpers angegeben. Der Zusammenhang mit den Schallgeschwindigkeiten (154) wurde von *M. Born* und *Th. v. Kármán* bemerkt[56]); die Formel (154′) stimmt genau mit der von *Debye* aufgestellten überein. Die *Debye*schen Betrachtungen sind ganz analog denen, die in der Strahlungstheorie zur Abzählung der Freiheitsgrade eines Hohlraums dienen[57]); dort ergibt sich dieselbe Formel für die Anzahl dz der Frequenzen in dv, nur hat F den Wert $\frac{4\pi}{3} \cdot \frac{2}{c^3}$, entsprechend dem Umstande, daß die elektromagnetischen Wellen im Vakuum streng transversal sind und sich mit der Lichtgeschwindigkeit c fortpflanzen. Für diesen Fall hat *H. Weyl*[58]) mit Hilfe der Integralgleichungen bewiesen, daß das asymptotische Gesetz der Eigenfrequenzen von der Form der Begrenzung des Hohlraums unabhängig ist; seine Methoden erlaubten ihm auch die Übertragung des Beweises auf den Fall des elastischen Kontinuums. *R. Courant*[59]) hat das Verteilungsgesetz mit Hilfe des Variationsprinzips, aus dem die Schwingungsgleichung entspringt (*Dirichlet*sches Prinzip), in sehr einfacher Weise gewonnen.[60])

Das allgemeine Verteilungsgesetz für einfache Gitter haben *M. Born* und *Th. v. Kármán* 1912 zuerst ausgesprochen in einer schon zit. Arbeit[50]), in der fast gleichzeitig mit *Debye* und unabhängig von diesem eine Theorie der spezifischen Wärmen auf derselben Grundlage entwickelt wurde. Bald darauf wurde der Beweis des Satzes für einfache Gitter gegeben[61]); für zweiatomige Gitter ($s = 2$) findet sich der Beweis in der zit. Dissertation von *W. Dehlinger*[51]), für den allgemeinen Fall (s beliebig) bei *M. Born*, Dynamik der Kristallgitter.[52])

---

56) *M. Born* und *Th. v. Kármán,* Phys. Ztschr. 14 (1913), p. 15.

57) Lord *Rayleigh,* Phil. Mag. (5) 49 (1900), p. 539; Nature 72 (1905), p. 54 u. 243; *J. H. Jeans,* Phil. Mag. 10 (1905), p. 91; s. auch diese Encykl. V 23 (*W. Wien*), ferner *M. Planck,* Theorie d. Wärmestrahlung (Leipzig 1921), 4. Aufl., § 175, 176; *H. A. Lorentz,* Théorie du Rayonnement (Paris 1912), p. 23; *A. Rubinowicz,* Phys. Ztschr. 18 (1917), p. 96; *A. Landé,* Zur Methode der Eigenschwingungen in der Quantentheorie, Diss. Göttingen 1914.

58) *H. Weyl,* Math. Ann. 71 (1911), p. 441; Crelles J. 141 (1912), p. 163; 143 (1914), p. 177; Rend. Palermo 39 (1915), p. 1.

59) *R. Courant,* Gött. Nachr. 1919, p. 255; Math. Ztschr. 7 (1920), p. 14.

60) Eine bemerkenswerte Methode zur Abzählung der Eigenschwingungen hat *M. v. Laue* [Ann. d. Phys. (4) 44 (1914), p. 1197; s. auch diese Encykl. V 24 (*M. v. Laue*), Nr. 44] mitgeteilt. Sie beruht auf der Definition der Freiheitsgrade eines Strahlenbündels und läßt sich sowohl auf die elektromagnetischen Wellen der Hohlraumstrahlung als auf die elastischen Wellen des festen Körpers anwenden.

61) *M. Born* u. *Th. v. Kármán,* Phys. Ztschr. 14 (1913), p. 65.

Der hier mitgeteilte Beweis (Zurückführung auf das zyklische Gitter) findet sich nicht in der Literatur.

19. Normalkoordinaten. Die potentielle Energie der Schwingungen ist nach (18'')

$$\Phi_2 = -\tfrac{1}{2} \sum_{kk'} \underset{ll'}{S} \sum_{xy} (\varphi_{kk'}^{l-l'})_{xy}\, \mathfrak{u}_{kx}^{l}\, \mathfrak{u}_{k'y}^{l'}.$$

Führt man hier die Bedingungen des zyklischen Gitters (140) ein und setzt

$$(156) \qquad\qquad \mathfrak{u}_k^{l} = \frac{1}{\sqrt{m_k}}\, \mathfrak{v}_k^{l},$$

so wird mit Rücksicht auf (142)

$$(157) \quad \Phi_2 = -\tfrac{1}{2} \sum_{kk'} \underset{(ll')}{S} \sum_{xy} \frac{(\psi_{kk'}^{l-l'})_{xy}}{\sqrt{m_k m_{k'}}}\, \mathfrak{v}_{kx}^{l}\, \mathfrak{v}_{k'y}^{l'} \qquad (l,\, l' = 0, 1, \ldots n-1).$$

In einem $3sN$-dimensionalen $\mathfrak{v}_{kx}^{l}$-Raume $(l = 0, 1, \ldots n-1)$ wird durch die Gleichung

$$\Phi_2 = 1$$

ein Ellipsoid dargestellt; man findet dessen Hauptachsen, indem man das Quadrat der Entfernung vom Zentrum

$$r^2 = \sum_k \underset{(l)}{S} (\mathfrak{v}_k^{l})^2$$

zum Extremum macht. Das führt auf die linearen Gleichungen

$$(144') \qquad \lambda \mathfrak{v}_{kx}^{l} + \sum_{k'} \underset{(l')}{S} \sum_{y} \frac{(\psi_{kk'}^{l-l'})_{xy}}{\sqrt{m_k m_{k'}}}\, \mathfrak{v}_{k'y}^{l'} = 0,$$

die bis auf die Bezeichnung mit den Schwingungsgleichungen (144) übereinstimmen; für $\lambda = \omega^2$, $\mathfrak{v}_k^{l} = \mathfrak{x}_k^{l}$ gehen sie in diese über. Durch Multiplikation mit $\mathfrak{v}_{kx}^{l}$ und Summation nach x, k, l erhält man

$$\lambda r^2 - 2 = 0.$$

Daher hängen die Nullstellen der Determinante $\lambda_j = \omega_j^2$ mit den Hauptachsen des Ellipsoids durch die Formel zusammen:

$$r_j = \frac{2}{\sqrt{\lambda_j}} = \frac{2}{\omega_j}.$$

Die Richtungen der Hauptachsen werden durch die Verhältnisse der den Gleichungen (144') genügenden Größen $\mathfrak{v}_k^{l}$ gegeben; die zu $\omega_j(\varphi)$ gehörige Lösung hat nach (145) die Form

$$\mathfrak{C}_{kj} \cdot e^{i(l\varphi)},$$

wo $\mathfrak{x}_k = \mathfrak{C}_{kj}$ eine Lösung von (148) ist. Auch der reelle Teil der Lösung ist wieder eine Lösung; wir setzen

$$(158) \qquad\qquad \mathfrak{C}_{kj} = \mathfrak{A}_{kj} + i\mathfrak{B}_{kj}$$

und haben dann für die Richtungen der Hauptachsen $\omega_j(\varphi)$:

$$(159) \qquad \mathfrak{v}_{kj}^{lp} = \mathfrak{A}_{kj}\cos(l\varphi) - \mathfrak{B}_{kj}\sin(l\varphi), \qquad \varphi = \frac{2\pi p}{n}.$$

Aus (152) und (101) sieht man, daß die Größen $\left\{\begin{smallmatrix}k\,k'\\x\,y\end{smallmatrix}\right\}$ bei Vertauschung von φ mit $-\varphi$ in den konjugiert komplexen Wert übergehen; dasselbe gilt daher von den $\mathfrak{C}_{kj}$, oder es ist

$$(158') \qquad \mathfrak{A}_{kj}(-\varphi) = \mathfrak{A}_{kj}(\varphi), \qquad \mathfrak{B}_{kj}(-\varphi) = -\mathfrak{B}_{kj}(\varphi).$$

Im Grenzfall $\tau = 0$ verschwinden die $\mathfrak{B}_{kj}$, während die $\mathfrak{A}_{kj}$ sich in $\sqrt{m_k}\,\mathfrak{a}_{kj}$ (s. Nr. **15**) verwandeln.

Damit die $\mathfrak{v}_{kj}^{lp}$ die Richtungskosinus der Hauptachsen im $3sN$-dimensionalen Raume sind, müssen sie so normiert werden:

$$\sum_k \mathop{S}_{(l)} \left(\mathfrak{v}_{kj}^{lp}\,\mathfrak{v}_{kj'}^{lp'}\right) = \begin{cases} 1 & \text{für} \quad j = j', \quad p = p', \\ 0 & \text{sonst,} \end{cases}$$

oder

$$\sum_j \sum_p \mathfrak{v}_{kjx}^{lp}\,\mathfrak{v}_{k'jy}^{l'p} = \begin{cases} 1 & \text{für} \quad x = y', \quad k = k', \quad l = l', \\ 0 & \text{sonst.} \end{cases}$$

Daraus erhält man mit Berücksichtigung von (158') für die $\mathfrak{A}_{kj}$, $\mathfrak{B}_{kj}$ folgende Normierung

$$(160) \qquad \sum_j \left(\mathfrak{A}_{kjx}\mathfrak{A}_{k'jy} + \mathfrak{B}_{kjx}\mathfrak{B}_{k'jy}\right) = \begin{cases} \dfrac{1}{N} & \text{für} \quad x = y, \quad k = k', \\ 0 & \text{sonst,} \end{cases}$$

oder

$$(160') \qquad \sum_k \left(\mathfrak{A}_{kj}\mathfrak{A}_{kj'} + \mathfrak{B}_{kj}\mathfrak{B}_{kj'}\right) = \begin{cases} \dfrac{1}{N} & \text{für} \quad j = j', \\ 0 & \text{sonst.} \end{cases}$$

Die auf die Hauptachsen bezogenen Koordinaten seien $P_j(\varphi)$; sie hängen mit den $\mathfrak{v}_k^l$ durch folgende orthogonale Transformation des $3sN$-dimensionalen Raumes zusammen:

$$(161) \qquad P_j = \sum_k \mathop{S}_l \left(\mathfrak{v}_k^l, \mathfrak{A}_{kj}\cos(l\varphi) - \mathfrak{B}_{kj}(\sin l\,\varphi)\right),$$

die auch beim Grenzübergang $N \to \infty$ ihren Sinn behält. Die Auflösung nach $\mathfrak{v}_k^l$ lautet für das zyklische Gitter

$$\mathfrak{v}_k^l = \sum_j \sum_p P_j\left(\mathfrak{A}_{kj}\cos(l\varphi) - \mathfrak{B}_{kj}\sin(l\varphi)\right);$$

wenn man hier zur Grenze $N \to \infty$ übergeht, muß man die Summen durch Integrale[62]) ersetzen und erhält mit Rücksicht auf das Ver-

---

62) Dieser Grenzübergang zu unendlich vielen Variabeln ist systematisch in *D. Hilberts* Theorie der Integralgleichungen mit symmetrischem Kern untersucht worden [Gött. Nachr. 6 Mitteilungen: I (1904), p. 49; II (1904), p. 213; III (1905), p. 307; IV (1906), p. 157; V (1906), p. 439; VI (1910), p. 355. Zu-

teilungsgesetz der Eigenschwingungen:

$$(162) \qquad \mathfrak{v}_k{}^l = \frac{N}{(2\,\pi)^3} \sum_j \int P_j (\mathfrak{A}_{kj} \cos(l\varphi) - \mathfrak{B}_{kj} \sin(l\varphi))\, d\varphi \,.$$

Man kann diese Darstellung auch direkt aus (161) erhalten nach dem bekannten Verfahren zur Bestimmung der Koeffizienten einer *Fourier*schen Reihe.

Auf Grund der Transformation (161) erhält man für die potentielle Energie beim zyklischen Gitter die Hauptachsendarstellung

$$\Phi_2 = \sum_j \sum_p \frac{1}{r_j{}^2}\, P_j{}^2 = \frac{1}{2} \sum_j \sum_p \omega_j{}^2 P_j{}^2,$$

während gleichzeitig das Entfernungsquadrat übergeht in

$$r^2 = \sum_j \sum_p P_j{}^2.$$

---

sammengefaßt in: Grundzüge einer allgemeinen Theorie der Integralgleichungen (Leipzig 1912)]. Dort wird einmal die Integralgleichung durch einen Grenzübergang aus einem System linearer Gleichungen gewonnen; andrerseits wird sie auch direkt durch einen Reihenansatz auf ein System von unendlich vielen linearen Gleichungen zurückgeführt. Die Theorie der linearen Integralgleichungen mit symmetrischem Kern wird dadurch auf die der quadratischen Formen von unendlich vielen Variabeln reduziert. Setzt man von einer solchen Form nichts voraus, als daß sie beschränkt ist, so hat sie im allgemeinen neben einer abzählbaren Menge diskreter Eigenwerte (Punktspektrum) noch ein Kontinuum von Eigenwerten (Streckenspektrum); die Hauptachsentransformation liefert dann eine Darstellung der Form durch zwei Glieder, deren erstes eine Summe über das Punktspektrum, deren zweites ein Integral über das Streckenspektrum ist.

Die potentielle Energie des Gitters ist eine solche quadratische Form von unendlich vielen Variabeln, die nur ein Streckenspektrum hat und daher sich durch ein Integral über dieses darstellen läßt. Die Besonderheit dieser Form ist der Typus ihres Koeffizientensystems als „unendliche Zyklante". Eine Theorie solcher Formen von einer Variabelnreihe hat *O. Toeplitz* entwickelt; er nennt sie *L*-Formen wegen ihrer Beziehungen zur *Laurent*schen Entwicklung der Funktionentheorie [Math. Ann. 70 (1911), p. 351]. Die Gitterenergie ist eine Form von drei Variabelnreihen, eine dreidimensionale unendliche Zyklante; hieraus entspringt die Darstellung durch ein dreifaches Integral.

Die Zerlegung des Integranden des Streckenspektrums in zwei Faktoren, deren einer der Normalkoordinate, der andere der Eigenlösung entspricht, findet sich zuerst durchgeführt bei *E. Hellinger* [Die Orthogonalinvarianten quadratischer Formen von unendlich vielen Variabeln, Diss. Göttingen 1907; Neue Begründung der Theorie der quadratischen Formen von unendlich vielen Veränderlichen, Crelles J. 136 (1909), p. 210]. Hier werden die Eigenlösungen als „Differentialformen" eingeführt; in der Tat werden nach den Normierungsformeln (160) des Textes die Eigenlösungen mit wachsendem N beliebig klein, sie werden „Differentialeigenlösungen". Dem Sinne der Gittertheorie (Ersetzung des endlichen Gitters durch das zyklische, Approximation des zyklischen durch das unendliche) entspricht es, bei der Normierung der Eigenlösungen N endlich zu lassen.

Der Grenzprozeß $N \to \infty$ führt sodann auf folgende Integraldarstellung der potentiellen Energie:

$$(163) \qquad \Phi_2 = \frac{1}{2} \frac{N}{(2\pi)^3} \sum_j \int \omega_j^2 \, P_j^2 \, d\varphi;$$

zugleich wird die kinetische Energie $L = \frac{1}{2} \sum_k \mathop{S}_l m_k \dot{u}_k^2 = \frac{1}{2} \sum_k \mathop{S}_l \dot{v}_k^2$ in

$$(164) \qquad L = \frac{1}{2} \frac{N}{(2\pi)^3} \sum_j \int \dot{P}_j^2 \, d\varphi$$

transformiert. Man kann diese Formeln durch Einsetzen von (161) direkt bestätigen.

Die Schwingungsgleichungen lauten in den Normalkoordinaten:

$$(165) \qquad \ddot{P}_j + \omega_j P_j = 0.$$

Jedem Punkte des Würfels $-\pi \leq \varphi \leq \pi$ im Phasenraume entsprechen also $3s$ ungekoppelte, eindimensionale Resonatoren. Im ganzen ist das N-zellige Gitter $3sN$ ungekoppelten Resonatoren äquivalent.

Die Darstellung der Gitterenergie durch Normalkoordinaten findet sich zuerst bei *M. Born* und *Th. von Kármán*[50]) für ein einfaches Gitter. Der allgemeine Fall ist von *M. Born* in seiner Dynamik der Kristallgitter behandelt; dort werden „komplexe" Normalkoordinaten eingeführt, und es wird gezeigt, daß die kinetische und die potentielle Energie sich als Summen ihrer absoluten Beträge darstellen lassen. Die Anzahl der reellen Normalkoordinaten erscheint dabei formal doppelt so groß, als sie sein soll; tatsächlich bestehen aber Identitäten zwischen reellen und imaginären Teilen der Normalkoordinaten, wodurch diese sich auf die richtige Anzahl reeller Größen reduzieren. Dieses Verfahren leistet trotz seiner formalen Einfachheit nicht die gesuchte Zerlegung in ungekoppelte Resonatoren.[62a])

III. Optik.

20. Lichtwellen. Die Entwicklung der Kristalloptik von *Fresnels* ersten Arbeiten (1821) bis zur Einordnung in die elektromagnetische Lichttheorie sind in V 21, Optik, Ältere Theorie (*A. Wangerin*) und in V 22, Elektromagnetische Lichttheorie (*W. Wien*), Nr. **24** dargestellt. In diesem Referat wird gezeigt, wie sich die Gesetze der Lichtfort-

---

62 a) *H. Hilton* [Phil. Mag. (6) 42 (1921), p. 148] hat ohne Kenntnis der Literatur die Eigenschwingungen in einem orthorhombischen Kristallgitter behandelt und die Differentialgleichungen für die Normalkoordinaten aufgestellt. Er besetzt die Gitterpunkte mit Molekeln (starre Körper von nicht verschwindenden Trägheitsmomenten) und betrachtet das Gitter als endlich mit festen Grenzebenen.

pflanzung in Kristallen aus der Gittertheorie ergeben; dabei werden besonders diejenigen Umstände betont, bei denen die gittertheoretische Betrachtung weiterführt als die älteren Molekulartheorien und die Kontinuumstheorie von *Maxwell* und seinen Nachfolgern. Diese besonderen Punkte sind:

1. Die Deutung der natürlichen Aktivität (Drehung der Polarisationsebene, Gyration) ohne Zusatzhypothesen (s. Nr. **22**).

2. Die Herstellung von Beziehungen zwischen optischen Parametern und andern physikalischen Eigenschaften der Kristalle; hierher gehört vor allem der Zusammenhang der ultraroten Eigenfrequenzen mit den Elastizitätskonstanten einerseits, der spezifischen Wärme andrerseits (s. Nr. **23**)

3. Die absolute Berechnung optischer Parameter aus Hypothesen über die Molekularkräfte, insbesondere die Theorie der elektromagnetischen Koppelung (s. Nr. **41—43**).

In diesem Kapitel soll nur über die beiden ersten Punkte berichtet werden, die sich ohne neue Schwierigkeiten dadurch erledigen lassen, daß man diejenigen Größen, die in der elektromagnetischen Lichttheorie *Maxwells* den Zustand der Materie charakterisieren (die elektrischen Momente pro Volumeneinheit) mit Hilfe der Gittertheorie berechnet. Dieses Verfahren besteht also in einer Vermengung von Molekular- und Kontinuumstheorie. Die unter 3. genannte strengere Methode (von *Ewald*) beruht auf einer reinlichen Durchführung der Molekulartheorie; dabei treten neue mathematische Probleme auf (elektromagnetische Gitterpotentiale), die eine gesonderte Behandlung erfordern. Da überdies die elementare Theorie durch die strengere bestätigt und nur quantitativ ergänzt wird, so soll diese im letzten Abschnitt VI nachgeholt werden.

Die *Maxwell*schen Feldgleichungen lauten für einen Isolator:

$$(166) \quad \begin{cases} \operatorname{rot} \mathfrak{H} - \dfrac{1}{c}\dot{\mathfrak{D}} = 0, & \operatorname{div} \mathfrak{D} = 0, \\[2mm] \operatorname{rot} \mathfrak{E} + \dfrac{1}{c}\dot{\mathfrak{B}} = 0, & \operatorname{div} \mathfrak{B} = 0. \end{cases}$$

Dabei ist für einen nicht merklich magnetisierbaren Körper

$$(167) \quad \mathfrak{D} = \mathfrak{E} + 4\pi\mathfrak{P}, \quad \mathfrak{B} = \mathfrak{H}$$

zu setzen, wo $\mathfrak{P}$ das elektrische Moment der Volumeneinheit ist. Durch Elimination von $\mathfrak{D}$, $\mathfrak{H}$, $\mathfrak{B}$ erhält man daraus eine Beziehung zwischen $\mathfrak{E}$ und $\mathfrak{P}$:

$$(168) \quad \frac{1}{c^2}\ddot{\mathfrak{P}} - \operatorname{grad} \operatorname{div} \mathfrak{P} = \frac{1}{4\pi}\left(\nabla^2 \mathfrak{E} - \frac{1}{c^2}\ddot{\mathfrak{E}}\right).$$

Für eine ebene Welle, bei der alle Vektoren proportional $e^{-i\omega t}e^{i\tau(\mathfrak{s}\mathfrak{r})}$ sind, geht diese über in

$$(169) \qquad \mathfrak{P} - n^2 \mathfrak{s}(\mathfrak{s}\mathfrak{P}) = \frac{1}{4\pi}\,\mathfrak{E}(n^2 - 1),$$

wo

$$(170) \qquad n = \frac{\tau c}{\omega} = \frac{c}{v\lambda}$$

den *Brechungsindex* bedeutet.

Die hier behandelte elementare Theorie besteht nun darin, das Moment $\mathfrak{P}$ aus den Verrückungen $\mathfrak{u}_k{}^l$ der Gitterpunkte zu berechnen, die durch das Feld $\mathfrak{E}$ nach den in Nr. 17 gegebenen Formeln für erzwungene Schwingungen erzeugt werden. Versteht man unter $\mathfrak{E}$ die *Amplitude* der elektrischen Welle, so ist die auf die Gitterpunkte wirkende Kraft durch (131) gegeben, wenn darin

$$(171) \qquad \mathfrak{B}_k = e_k \mathfrak{E}$$

gesetzt wird; sie erzeugt die durch (132) gegebenen Verrückungen, aus denen die Amplitude des Moments pro Volumeneinheit sich zu

$$(172) \qquad \mathfrak{P} = \frac{1}{\varDelta}\sum_k e_k \mathfrak{U}_k$$

berechnet. Die $\mathfrak{U}_k$ sind dabei lineare Funktionen der $\mathfrak{B}_k$, also des Feldes $\mathfrak{E}$, die man in erster Näherung aus (138), in zweiter Näherung aus (139) entnehmen kann.

Man setze

$$(173) \qquad \mathfrak{L}_j = \frac{1}{\varDelta}\sum_k e_k \mathfrak{a}_{kj};$$

hierdurch ist jeder *eigentlichen* Eigenschwingung ein Vektor zugeordnet, der das elektrische Moment bei der normierten Eigenschwingung (immer bei unendlich langer Welle, $\tau = 0$) bedeutet. Wir nennen die $\mathfrak{L}_j$ *Eigenmomente.*

Sodann erhält man bis auf Glieder 2. Ordnung in τ

$$(174) \qquad \mathfrak{P} = \mathfrak{P}^{(0)} + \mathfrak{P}^{(1)},$$

wo

$$(175) \qquad \mathfrak{P}^{(0)} = \varDelta \sum_j \frac{\mathfrak{L}_j(\mathfrak{E}\mathfrak{L}_j)}{\omega_j^{(0)2} - \omega^2},$$

$$(176) \qquad \mathfrak{P}^{(1)} = i\tau\varDelta \sum_{jj'} \frac{(\mathfrak{s}\mathfrak{R}_{jj'})\,\mathfrak{L}_j(\mathfrak{E}\mathfrak{L}_{j'})}{(\omega_j^{(0)2} - \omega^2)\,(\omega_{j'}^{(0)2} - \omega^2)}$$

gesetzt wird; dabei treten nur die eigentlichen Eigenfrequenzen auf.

Nach (175) ist $\mathfrak{P}^{(0)}$, und damit auch $\mathfrak{D}^{(0)} = \mathfrak{E} + \mathfrak{P}^{(0)}$, eine lineare Vektorfunktion von $\mathfrak{E}$; man schreibt

$$(175') \qquad \mathfrak{D}_x^{(0)} = \mathfrak{E}_x + 4\pi\mathfrak{P}_x^{(0)} = \varepsilon_{11}\mathfrak{E}_x + \varepsilon_{12}\mathfrak{E}_y + \varepsilon_{13}\mathfrak{E}_z, \ldots$$

wo die sechs Größen

$$(177) \quad \varepsilon_{11} = 1 + 4\pi\varDelta \sum_j \frac{\mathfrak{L}_{jx}^2}{\omega_j^{(0)2} - \omega^2}, \quad \cdots \quad \varepsilon_{23} = 4\pi\varDelta \sum_j \frac{\mathfrak{L}_{jy}\mathfrak{L}_{jz}}{\omega_j^{(0)2} - \omega^2}, \quad \cdots$$

die *optischen Dielektrizitätskonstanten* heißen. Ein Vergleich von (175′) mit (70a) zeigt, daß diese für unendlich langsame Schwingungen ($\omega = 0$) in die statischen Dielektrizitätskonstanten bei fehlender Deformation (s. Nr. **11**, I) übergehen, die von den gewöhnlich gemessenen bei fehlender Spannung im allgemeinen etwas verschieden sind. Doch ist dieser Unterschied praktisch belanglos.

Nun kann man immer das Koordinatensystem so wählen, daß die quadratische Form der Komponenten von $\mathfrak{E}$

$$\mathfrak{P}^{(0)}\mathfrak{E} = \varDelta \sum_j \frac{(\mathfrak{E}\mathfrak{L}_j)^2}{\omega_j^{(0)2} - \omega^2}$$

auf die Hauptachsen transformiert erscheint; bei Kristallen geringer Symmetrie (ohne drei aufeinander senkrechte Symmetrieachsen) hängt die Lage der Hauptachsen von der Frequenz ω ab (Dispersion der Achsen). Man setzt

$$\frac{1}{4\pi} \mathfrak{D}^{(0)}\mathfrak{E} = \frac{1}{4\pi}(\mathfrak{E} + 4\pi\mathfrak{P}^{(0)})\mathfrak{E} = \varepsilon_1 \mathfrak{E}_x^2 + \varepsilon_2 \mathfrak{E}_y^2 + \varepsilon_3 \mathfrak{E}_z^2,$$

wo

$$(177') \qquad \varepsilon_1 = 1 + 4\pi\varDelta \sum_j \frac{\mathfrak{L}_{jx}^2}{\omega_j^{(0)2} - \omega^2}, \quad \cdots$$

die *optischen Hauptdielektrizitätskonstanten* sind. Dann wird

$$(175'') \qquad \mathfrak{D}_x^{(0)} = \mathfrak{E}_x + 4\pi\mathfrak{P}_x^{(0)} = \varepsilon_1 \mathfrak{E}_x, \quad \cdots$$

Der Ausdruck (176) für $\mathfrak{P}^{(1)}$ läßt sich leicht umformen in:

$$(176') \qquad \mathfrak{P}^{(1)} = i[\mathfrak{E}\mathfrak{G}],$$

wo $\mathfrak{G}$ den (axialen) *Vektor „Gyration"*

$$(178) \qquad \mathfrak{G} = \frac{\tau}{2}\varDelta \sum_{jj'} \frac{(\mathfrak{s}\mathfrak{R}_{jj'})[\mathfrak{L}_j\mathfrak{L}_{j'}]}{(\omega_j^{(0)2} - \omega^2)(\omega_{j'}^{(0)2} - \omega^2)}$$

bedeutet. Dieser ist eine lineare Vektorfunktion der Wellenrichtung $\mathfrak{s}$.

Die gesamte dielektrische Erregung

$$\mathfrak{D} = \mathfrak{E} + 4\pi(\mathfrak{P}^{(0)} + \mathfrak{P}^{(1)}) = \mathfrak{D}^{(0)} + 4\pi\mathfrak{P}^{(1)}$$

hat also, bezogen auf die elektrischen Hauptachsen, die Komponenten:

$$(179) \qquad \mathfrak{D}_x = \varepsilon_1 \mathfrak{E}_x + i[\mathfrak{E}\mathfrak{G}]_x, \quad \cdots,$$

wobei Glieder von höherer als 1. Ordnung in τ vernachlässigt sind.

Die Glieder nullter Ordnung stellen die gewöhnliche Doppelbrechung, die Glieder erster Ordnung die optische Aktivität dar.[63]

21. Doppelbrechung. Hier sollen die wichtigsten Sätze der Kristalloptik zusammengestellt werden.[64] Dabei sind alle Erscheinungen, die auf der Absorption beruhen, ausgeschlossen, da eine durchgeführte Theorie der Energiedissipation auf Grund der Gittertheorie nicht existiert.

Der Ausgangspunkt sind die Glieder nullter Ordnung der Gleichungen (179)

$$(179') \qquad \mathfrak{D}_x = \varepsilon_1 \mathfrak{E}_x, \ldots$$

$\mathfrak{D}$ wird gewöhnlich als „*Lichtvektor*" angesprochen, weil er transversal ist; aus div $\mathfrak{D} = 0$ folgt nämlich für eine ebene Welle

$$(180) \qquad \mathfrak{D}\mathfrak{s} = (\mathfrak{E} + 4\pi\mathfrak{P}, \mathfrak{s}) = 0.$$

Die *Polarisationsebene* der Welle ist nach der üblichen Definition auf $\mathfrak{D}$ senkrecht, enthält also $\mathfrak{s}$ und $\mathfrak{H}$. Sodann kann man (169) in der Form

$$(181) \qquad \mathfrak{D} = n^2 \{\mathfrak{E} - \mathfrak{s}(\mathfrak{s}\mathfrak{E})\}$$

schreiben, oder mit Benutzung von (179′):

$$(182) \qquad \mathfrak{D}_x \left(\frac{1}{n^2} - \frac{1}{\varepsilon_1}\right) = - \mathfrak{s}_x(\mathfrak{s}\mathfrak{E}), \ldots$$

Hieraus folgt in Verbindung mit (180) das *Fresnel*sche Gesetz:

$$(183) \qquad \frac{\mathfrak{s}_x^2}{\dfrac{1}{n^2} - \dfrac{1}{\varepsilon_1}} + \frac{\mathfrak{s}_y^2}{\dfrac{1}{n^2} - \dfrac{1}{\varepsilon_2}} + \frac{\mathfrak{s}_z^2}{\dfrac{1}{n^2} - \dfrac{1}{\varepsilon_3}} = 0,$$

durch das der Brechungsindex n $\left(\text{oder die Normalengeschwindigkeit } c_n = \dfrac{c}{n}\right)$ als Funktion der Wellenrichtung gegeben wird. Das ist eine quadratische Gleichung für n^2, die ausführlich geschrieben so lautet:

$$(183') \quad n^4(\varepsilon_1 \mathfrak{s}_x^2 + \varepsilon_2 \mathfrak{s}_y^2 + \varepsilon_3 \mathfrak{s}_z^2) - n^2(\varepsilon_2 \varepsilon_3(\mathfrak{s}_y^2 + \mathfrak{s}_z^2) + \varepsilon_3 \varepsilon_1(\mathfrak{s}_z^2 + \mathfrak{s}_x^2)$$
$$+ \varepsilon_1 \varepsilon_2(\mathfrak{s}_x^2 + \mathfrak{s}_y^2)) + \varepsilon_1 \varepsilon_2 \varepsilon_3 = 0.$$

63) Die Gitteroptik in der hier mitgeteilten Form findet sich bei *M. Born*, Über die natürliche optische Aktivität der Kristalle, Ztschr. f. Phys. 8 (1922), p. 390. Die Frage der Bedeutung der höheren Glieder in τ hat *H. A. Lorentz* behandelt (s. Anm. 52a).

64) Neben den genannten Encyklopädieartikeln ist als umfassende Darstellung zu nennen: *F. Pockels*, Lehrbuch der Kristalloptik (Leipzig 1906); dort finden sich zahlreiche Literaturangaben. Eine kurze, klare Übersicht bei *E. Madelung*, Die mathematischen Hilfsmittel des Physikers (Berlin 1922), 12. Abschn., § 9, p. 199. Die im Text gewählte Darstellung stimmt mit der in Anm. 63 zitierten Arbeit überein.

Sie hat im allgemeinen zwei Wurzeln $n_0'^2$ und $n_0''^2$; zu diesen gehören nach (182) je ein Lichtvektor $\mathfrak{D}'$ und $\mathfrak{D}''$, die außer auf $\mathfrak{s}$ auch aufeinander senkrecht stehen:

$$(184) \qquad \mathfrak{D}'\mathfrak{D}'' = 0.$$

Die Richtungen dieser Vektoren fallen mit den Hauptachsen jener Ellipse zusammen, die durch die zur Wellennormale senkrechte Ebene

$$(185) \qquad x\mathfrak{s}_x + y\mathfrak{s}_y + z\mathfrak{s}_z = 0$$

aus dem „*Indexellipsoid*"[65])

$$(185') \qquad \frac{x^2}{\varepsilon_1} + \frac{y^2}{\varepsilon_2} + \frac{z^2}{\varepsilon_3} = 1$$

ausgeschnitten wird, und die Längen der Hauptachsen sind gleich n_0', n_0''.

Sind ε_1, ε_2, ε_3 sämtlich voneinander verschieden, so ist das Ellipsoid dreiachsig; dann gibt es zwei reelle Richtungen $\mathfrak{s} = \mathfrak{b}_1$ und $\mathfrak{s} = \mathfrak{b}_2$, deren Normalebenen das Ellipsoid in Kreisen schneiden, so daß $n_0' = n_0''$ wird. Diese Einheitsvektoren $\mathfrak{b}_1$, $\mathfrak{b}_2$ heißen *Binormalen*[66]) (oder auch *optische Achsen*). Nimmt man an, daß

$$(186) \qquad \varepsilon_1 < \varepsilon_2 < \varepsilon_3$$

ist, so liegen $\mathfrak{b}_1$ und $\mathfrak{b}_2$ in der xz-Ebene symmetrisch zur z-Achse und bilden mit dieser einen Winkel β, der durch

$$(187) \qquad \cos\beta = \sqrt{\frac{\varepsilon_1(\varepsilon_3 - \varepsilon_2)}{\varepsilon_2(\varepsilon_3 - \varepsilon_1)}}$$

gegeben ist; je nachdem $\beta < 45^0$ oder $> 45^0$ ist, heißt der Kristall *positiv* oder *negativ zweiachsig*.

Trägt man die Normalengeschwindigkeit $c_n = \dfrac{c}{n}$ auf den vom Nullpunkte auslaufenden Radien auf, so bilden die Endpunkte die *Fresnelsche Normalenfläche*, deren beide Mäntel $c_n' = \dfrac{c}{n'}$ und $c_n'' = \dfrac{c}{n''}$ in den Richtungen der Binormalen in konischen Doppelpunkten zusammenhängen.

Die Wellennormale ist nicht die Richtung maximalen Energietransportes; dieser wird vielmehr durch den *Poyntingschen Strahlenvektor*[67])

$$(188) \qquad \mathfrak{S} = \frac{c}{4\pi}[\mathfrak{E}\mathfrak{H}]$$

dargestellt. Die *Energiedichte*[67]) ist

$$(189) \qquad U = \frac{1}{8\pi}(\mathfrak{E}\mathfrak{D} + \mathfrak{H}\mathfrak{B}).$$

---

65) Andere Bezeichnungen s. bei *Pockels* (zit. Anm. 64), p. 25.
66) Über die Bezeichnung s. *Pockels*, p. 36.
67) s. V 13 (*H. A. Lorentz*), Nr. **22**, p. 105.

Aus den *Maxwell*schen Gleichungen (166) folgt für ebene Wellen $(\mathfrak{H} = \mathfrak{B})$

$$(189')\qquad U = \frac{1}{4\pi}\,\mathfrak{E}\mathfrak{D} = \frac{1}{4\pi}\,\mathfrak{H}^2 \quad\text{und}\quad \mathfrak{s}\mathfrak{S} = \frac{c}{n}\,U.$$

Sei α der Winkel zwischen Strahl und Wellennormale, $\mathfrak{s}\mathfrak{S} = |\mathfrak{S}|\cos\alpha$. Da $|\mathfrak{S}|$ die in der Zeiteinheit durch eine auf der Strahlenrichtung senkrechte Fläche von der Größe 1 hindurchtretende Energie ist, so bedeutet

$$(190)\qquad c_s = \frac{|\mathfrak{S}|}{U} = \frac{c_n}{\cos\alpha}$$

die *Energiegeschwindigkeit* oder *Strahlgeschwindigkeit*: $s = \dfrac{c}{c_s}$ ist dann eine zum Brechungsindex analoge Größe, die man als „*Strahlenindex*" bezeichnen kann.

Man kann nun in die *Fresnel*sche Formel (182) statt $\mathfrak{D}$, $\mathfrak{s}$ die Vektoren $\mathfrak{E}$ und

$$(188')\qquad \mathfrak{f} = \frac{\mathfrak{S}}{|\mathfrak{S}|}$$

einführen. Da nach den *Maxwell*schen Gleichungen $\mathfrak{H} = n[\mathfrak{s}\mathfrak{E}]$ ist, so wird nach (188)

$$\mathfrak{S} = \frac{cn}{4\pi}\,[\mathfrak{E}[\mathfrak{s}\mathfrak{E}]] = \frac{cn}{4\pi}\,\{\mathfrak{s}\mathfrak{E}^2 - \mathfrak{E}(\mathfrak{s}\mathfrak{E})\}$$

und wegen (180) und (189')

$$\mathfrak{S}\mathfrak{D} = -\,cn\,U(\mathfrak{s}\mathfrak{E}).$$

Nun führt eine einfache Rechnung (182) über in

$$(191)\qquad \mathfrak{E}_x(s^2 - \varepsilon_1) = -\,\mathfrak{f}_x(\mathfrak{f}\mathfrak{D}),\;\ldots$$

Der Vergleich von (182) und (191) zeigt, daß die Größen

$$\mathfrak{D},\; \mathfrak{s},\; n,\; \varepsilon_1,\; \varepsilon_2,\; \varepsilon_3 \quad\text{(Wellennormale)},$$

$$\mathfrak{E},\; \mathfrak{f},\; \frac{1}{s},\; \frac{1}{\varepsilon_1},\; \frac{1}{\varepsilon_2},\; \frac{1}{\varepsilon_3} \quad\text{(Strahl)}$$

sich entsprechen; und der Beziehung

$$\mathfrak{D}\mathfrak{s} = 0 \qquad\text{entspricht}\qquad \mathfrak{E}\mathfrak{f} = 0.$$

Daher folgt die zu (183) analoge Gleichung

$$(192)\qquad \frac{\mathfrak{f}_x{}^2}{s^2 - \varepsilon_1} + \frac{\mathfrak{f}_y{}^2}{s^2 - \varepsilon_2} + \frac{\mathfrak{f}_z{}^2}{s^2 - \varepsilon_3} = 0.$$

Dieses Gesetz ordnet jeder Strahlrichtung zwei Strahlenindizes $s_0{}'$, $s_0{}''$ zu; trägt man die Strahlgeschwindigkeiten $c_s{}' = \dfrac{c}{s'}$, und $c_s{}'' = \dfrac{c}{s''}$ auf den vom Nullpunkt auslaufenden Strahlrichtungen ab, so erhält man die *Strahlenfläche*, die (ebenso wie die Normalenfläche) aus zwei in konischen Doppelpunkten zusammenhängenden Mänteln besteht; die nach den Doppelpunkten laufenden Strahlen, die *Biradialen*[66]) (oder *Strahlenachsen*) $\mathfrak{r}_1$, $\mathfrak{r}_2$ liegen in der xz-Ebene symmetrisch zur z-Achse und bilden mit dieser einen Winkel γ, der durch

$$(193) \qquad \cos \gamma = \sqrt{\frac{\varepsilon_3 - \varepsilon_2}{\varepsilon_3 - \varepsilon_1}}$$

bestimmt ist.

Die Richtungen der zu $s_0{'}$ und $s_0{''}$ nach (191) gehörigen Schwingungen $\mathfrak{E}'$ und $\mathfrak{E}''$ sind parallel zu den Hauptachsen der Ellipse, in der die auf dem Strahl $\mathfrak{S}$ senkrechte Ebene

$$(194) \qquad x\mathfrak{f}_x + y\mathfrak{f}_y + z\mathfrak{f}_z = 0$$

das *Fresnelsche Ellipsoid* [66])

$$(194') \qquad \varepsilon_1 x^2 + \varepsilon_2 y^2 + \varepsilon_3 z^2 = 1$$

schneidet, und die Längen der Hauptachsen sind $\frac{1}{s_0{'}}$ und $\frac{1}{s_0{''}}$. Die Kreisschnitte des Ellipsoids sind normal zu den Biradialen $\mathfrak{r}_1$, $\mathfrak{r}_2$.

Die Strahlenfläche ist die Enveloppe der in den Punkten der Normalenfläche auf deren Radienvektoren errichteten senkrechten Ebenen (Wellenebenen); umgekehrt ist die Normalenfläche die Fußpunktsfläche der Strahlenfläche. Die hier zusammengestellten Sätze sind die bekannten *Fresnelschen Gesetze der Doppelbrechung in durchsichtigen, zweiachsigen, inaktiven Kristallen,* deren optische Eigenschaften sie vollständig darstellen, insbesondere auch die singulären Fälle, wo entweder die Wellennormale in die Richtung einer Binormalen oder der Strahl in die Richtung einer Biradialen fällt; im ersteren Falle entsteht ein Strahlenkegel (*innere konische Refraktion*), im zweiten Falle gehören zu dem Strahl unendlich viele Wellenebenen, deren Normalen einen Kegel bilden (*äußere konische Refraktion*). [68])

Für einzelne Farben, und bei Kristallen mit drei aufeinander senkrechten ausgezeichneten Achsen für alle Farben, können zwei der Hauptdielektrizitätskonstanten einander gleich werden. Sei etwa

$$(195) \qquad \varepsilon_1 = \varepsilon_2 = \varepsilon, \quad \varepsilon_3 = \varepsilon{'};$$

dann werden alle optischen Konstruktionsflächen Rotationsflächen um die z-Achse, die Binormalen und die Biradialen fallen zusammen in die Richtung der z-Achse, wo die beiden Mäntel der Normalen- und der Strahlenfläche sich einfach berühren. Der Kristall wird *optisch einachsig*, die z-Achse wird *optische Achse* genannt.

Die beiden Mäntel der Normalenfläche sind eine Kugel und ein Rotationsovaloid, deren Gleichungen für $\mathfrak{s}_z = \cos \varphi$ die Form

$$(195') \qquad n_0{'}^2 = \varepsilon, \quad \frac{1}{n_0{''}^2} = \frac{\cos^2 \varphi}{\varepsilon} + \frac{\sin^2 \varphi}{\varepsilon{'}}$$

---

68) s. V 21 (*A. Wangerin*), Nr. **9**, p. 26.

annehmen. Der zu n_0' gehörige Strahl heißt der *ordentliche*, der zu n_0'' gehörige der *außerordentliche;* für den ersten liegt die Schwingungsrichtung $\mathfrak{D}'$ senkrecht zu der durch die z-Achse gehenden Meridianebene (Hauptschnitt), für den letzteren liegt $\mathfrak{D}''$ in dieser Ebene.

Je nachdem $\varepsilon < \varepsilon'$ oder $\varepsilon > \varepsilon'$ ist, heißt der Kristall *positiv* oder *negativ einachsig*.

Für die *Kristalle des regulären Systems* ist $\varepsilon_1 = \varepsilon_2 = \varepsilon_3 = \varepsilon$; sie sind daher *optisch isotrop*.[68a]) Man erhält aus (177):

$$(196) \qquad \varepsilon = 1 + \frac{4\,\pi}{3}\, \varDelta \sum_j \frac{\mathfrak{L}_j^2}{\omega_j^{(0)\,2} - \omega^2}.$$

22. Optische Aktivität. Über die ältesten Theorien zur Erklärung der natürlichen Drehung der Polarisationsebene (z. B. bei Quarz) ist in V 21 (*A. Wangerin*) referiert. Die Grundlage ist stets die Bemerkung *Fresnels*[69]), daß sich die Drehung durch zirkuläre Doppelbrechung erklären läßt. *Mac Cullagh*[70]) und *Cauchy*[71]) haben bereits die zur Darstellung der Drehung nötigen Zusatzglieder den *Fresnel*schen Formeln der Lichtschwingungen angefügt; *C. Neumann*[72]) konnte diese aus der elastischen Äthertheorie ableiten, indem er annahm, daß ein Ätherteilchen auf ein anderes so einwirkt wie das Element eines elektrischen Stroms auf einen Magnetpol. *Briot*[73]) führte den Gedanken ein, daß die Ätherteilchen, die in nicht aktiver Materie längs parallelen Geraden gleich verteilt sind, in aktiven Substanzen auf Spiralen angeordnet sind. Wir übergehen hier die in den zit. Artikeln besprochenen Ansätze der elastischen Lichttheorie von *Mac Cullagh, Cauchy, Briot, Boussinesq, Sarrau, V. v. Lang, Chipart*[74]) und wenden uns den Versuchen zu, die elektromagnetische Lichttheorie so zu erweitern, daß sie die optische Aktivität zu erklären erlaubt. Da ist zuerst eine Abhandlung von *W. Gibbs*[75]) zu nennen; dieser faßt einen aktiven Körper als inhomogenes Medium (Äther mit eingebetteten Molekeln) auf und gründet darauf den Gedanken, daß die Komponenten

---

68a) S. hierzu Anm. 52a).

69) *A. Fresnel,* Oeuvr. compl., 3 Bde., Paris 1866—1870; Bd. I, p. 371: Ann. chim. phys. (2) 28 (1825), p. 147; Pogg. Ann. 21 (1831), p. 276.

70) *J. Mac Cullagh,* Collect. works, ed. by *J. Jellet* and *S. Haughton,* Dublin, London 1880.

71) *A. Cauchy,* Oeuvr. compl., Bd. 1, Paris 1882.

72) *C. Neumann*, Habilitationsschrift, Halle a. S. 1858. Über Ätherbewegungen in Kristallen, Math. Ann. 1 (1869), p. 325; 2 (1870), p. 182.

73) *Ch. Briot,* Essais sur la théorie mathématique de la lumière, Paris 1868.

74) Vgl. hierzu außer den genannten Encyklopädieartikeln die Darstellung von *P. Drude* in Winkelmanns Handbuch d. Phys., p. 784.

75) *W. Gibbs,* Amer. J. of science (3) 23 (1882), p. 460.

der dielektrischen Verschiebung nicht nur von denen der Feldstärke, sondern auch von ihren Differentialquotienten nach den Koordinaten abhängen können; wenn die Molekel kein Symmetriezentrum und keine Symmetrieebene hat, so bekommen die Zusatzglieder eine Form, die das Drehungsvermögen abzuleiten gestattet. *P. Drude*[76]) hat später die Theorie des Drehungsvermögens auf derselben Grundlage entwickelt. Er gebrauchte dabei zur Veranschaulichung der auf die Elektronen wirkenden Kräfte das Bild von Schraubenlinien, auf denen die Elektronen in der Molekel sich zwangsläufig bewegen müssen. Ein Feld parallel zur Schraubenachse erzeugt eine Elektronenbewegung, deren Projektion auf die zur Achse senkrechte Ebene ein Kreis ist, und dieser Kreisstrom erzeugt seinerseits ein der Achse paralleles magnetisches Feld; umgekehrt muß das in der Lichtwelle schwingende Magnetfeld jene elektrische Kreisbewegung induzieren, mit der die Verschiebung parallel zur Schraubenachse gekoppelt ist. Das elektrische Moment pro Volumeneinheit wird dann in isotropen Körpern proportional rot $\mathfrak{E}$; die dielektrische Verschiebung hat daher für ebene Wellen den Ausdruck

$$\mathfrak{D} = \varepsilon\mathfrak{E} + if[\mathfrak{E}\mathfrak{s}].$$

Drude hat diese Formel, die nur *einen* Aktivitätsparameter f enthält, zunächst auch auf Kristalle in der Weise angewandt, daß er die Anisotropie nur bei den Dielektrizitätskonstanten zum Ausdruck brachte; man kann diesen Ansatz in der mit unserer Gleichung (179) übereinstimmenden Form

$$\mathfrak{D}_x = \varepsilon_1\mathfrak{E}_x + i[\mathfrak{E}\mathfrak{G}]_x$$

schreiben, wobei der Gyrationsvektor der Wellennormale parallel ist:

$$(178')\qquad\qquad \mathfrak{G} = f\mathfrak{s}.$$

Später hat *Drude*[77]) seine Theorie für die Kristalle mit vollständiger Berücksichtigung der Anisotropieverhältnisse entwickelt. Wesentlich dieselben Gleichungen hatte schon vorher *W. Voigt*[78]) auf rein phänomenologischer Grundlage gewonnen; sie sind auch mit den hier aus der Gittertheorie entwickelten identisch, bei denen der Verschiebungsvektor durch die Formel (179) gegeben wird. Der Haupt-

---

76) *P. Drude*, Gött. Nachr. (1892), p. 366; Lehrb. d. Optik (Leipzig 1900), Kap. VI, p. 368.

77) *P. Drude*, Gött. Nachr. 1904, p. 1.

78) *W. Voigt*, Drudes Ann. 69 (1899), p. 307; Gött. Nachr. (1903), p. 155; Ann. d. Phys. (4) 18 (1905), p. 646. — Weiterführung der *Voigt*schen Theorie s. *K. Försterling*, Diss. Gött. 1909 u. Ann. d. Phys. (4) 29 (1909), p. 809 (Reflexionsgesetze); Gött. Nachr. 1912, p. 217 (Absorbierende, einachsige, aktive Kristalle).

unterschied von der älteren Theorie *Drudes* ist der, daß bei dieser der Gyrationsvektor $\mathfrak{G}$ der Wellennormale parallel ist, die Aktivität also nur von einem skalaren Parameter f abhängt, während hier der Gyrationsvektor nach (178) eine lineare Vektorfunktion der Wellenrichtung $\mathfrak{s}$ ist, die Anzahl der skalaren Parameter also im Höchstfall neun beträgt.

Voigt hat auch die Spezialisierung dieser Konstanten für die 32 Kristallklassen angegeben. Bedingung für das Auftreten des Drehungsvermögens ist das Fehlen eines Symmetriezentrums, sowohl bei Molekeln in Flüssigkeiten (Lösungen), als auch bei Kristallen. Schon 1874 hatten fast gleichzeitig und unabhängig voneinander *van't Hoff*[79]) und *Le Bel*[80]) erkannt, daß die organischen Verbindungen mit Drehungsvermögen asymmetrische Molekeln haben; die daraus entspringende Vorstellung des asymmetrischen Kohlenstoff-Tetraeders wurde der Ausgangspunkt für das große Gebiet der Stereochemie (s. diese Encykl. V 6 (*F. W. Hinrichsen* u. *L. Mamlock*), Teil II, Nr. **15**). *Sohncke*[81]), einer der Begründer der Strukturtheorie der Kristalle, untersuchte den Zusammenhang zwischen der Asymmetrie des Raumgitters und dem Drehungsvermögen. Seine Annahme, daß ein aktiver Kristall immer in zwei enantiomorphen Modifikationen vorkommen muß, hat sich aber nicht bewährt. Aus der *Voigt*schen Theorie geht hervor, daß bei aktiven Kristallen nur die Existenz eines Symmetriezentrums ausgeschlossen ist, während Symmetrieebenen wohl vorkommen können. (S. diese Encykl. V 7 (*Th. Liebisch, A. Schönflies* und *O. Mügge*), Nr. **54**, p. 489.)

Während die *Voigt*sche Theorie ganz ohne molekulares Bild, die *Drude*sche[82]) mit einem zu engen, unwahrscheinlichen Modell operierten, blieb noch die Aufgabe zu lösen, die optische Aktivität ohne willkürliche Hypothesen aus den in der Dispersionstheorie bewährten Vorstellungen über die Elektronenschwingungen abzuleiten, allein auf

---

79) *J. H. van't Hoff*, Voorstel tot uitbreiding der tegenwoordig in de scheikunde gebruikte struktuurformules in de ruimte etc., 5. sept. 1874, Utrecht.

80) *Le Bel*, Bull. soc. chim. (2) 22 (Nov. 1874), p. 337.

81) *L. Sohncke*, Entwurf einer Theorie der Kristallstruktur (1879), p. 259; Literatur das., p. 242.

82) Abänderungen der *Drude*schen Theorie für isotrope Flüssigkeiten, durch die die Abhängigkeit des Drehvermögens von der Konzentration des aktiven Stoffes dargestellt werden soll, sind von *H. A. Lorentz* (Versuch einer Theorie der elektrischen und optischen Erscheinungen, Leipzig 1906; The theorie of electrons, Leipzig 1909) und *G. H. Livens* [Phil. Mag. 25 (1913), p. 817; 26 (1913), p. 362, 535; 27 (1914), p. 468, 994; 28 (1914), p. 756; Phys. Ztschr. 15 (1914), p. 385] gegeben worden.

Grund der Asymmetrie der Molekel bzw. des Kristallgitters. Dieses Problem wurde fast gleichzeitig und unabhängig von *Oseen*[83]) und *Born*[84]) gelöst. Beide Theorien beruhen auf denselben Grundannahmen und unterscheiden sich nur in der Art der Durchführung; diese Grundannahmen sind:

1. Die schwingungsfähigen Partikel sind miteinander gekoppelt.
2. Das Verhältnis des Moleculardurchmessers bei Flüssigkeiten bzw. der Gitterkonstante bei Kristallen zur Wellenlänge wird nicht vernachlässigt, sondern als kleine Größe erster Ordnung mitgeführt.

Bei *Oseen* werden die Koppelungen als elektrodynamische Wechselwirkungen angesetzt; bei den Kristallen wird ein spezieller Aufbau angenommen, bei dem die Partikel schraubenartige Anordnungen bilden. Die Theorie von *Born* macht keine besonderen Annahmen über die Art der Kräfte und die Struktur der Substanz[85]); sie ergibt sich ohne weiteres aus der in diesem Artikel dargestellten Gitterdynamik. Denn diese beruht auf der Koppelung aller Kristallpartikel, und die bei einer ebenen Welle entstehenden Verrückungen sind in Nr. 17 bis auf Glieder von höherer als erster Ordnung in τ berechnet worden. Das Resultat war die Formel (179) für die dielektrische Verschiebung:

$$(179) \qquad \mathfrak{D}_x = \varepsilon_1 \mathfrak{E}_x + i[\mathfrak{E}\mathfrak{G}]_x,$$

die den Ausgangspunkt für die Ableitung der Gesetze der Lichtfortpflanzung in aktiven Kristallen bildet. Sie ist mit dem Eliminationsresultat aus den *Maxwell*schen Gleichungen (181)

$$(181) \qquad \mathfrak{D} = n^2 \{ \mathfrak{E} - \mathfrak{s}(\mathfrak{s}\mathfrak{E}) \}$$

zu verbinden. Setzt man die beiden Ausdrücke einander gleich, so erhält man folgende lineare Gleichungen für die Komponenten von $\mathfrak{E}$:

$$\begin{cases} \mathfrak{E}_x \{ \varepsilon_1 - (1 - \mathfrak{s}_x^2)n^2 \} + \mathfrak{E}_y \{ n^2 \mathfrak{s}_x \mathfrak{s}_y + i\mathfrak{G}_z \} + \mathfrak{E}_z \{ n^2 \mathfrak{s}_x \mathfrak{s}_z - i\mathfrak{G}_y \} = 0 \\ \cdots \cdots \cdots \cdots \cdots \cdots \cdots \cdots \cdots \cdots \cdots \cdots \end{cases}$$

Durch Nullsetzen der Determinante erhält man folgende quadratische Gleichung für n^2:

$$\begin{aligned} (197) \quad & n^4(\varepsilon_1 \mathfrak{s}_x^2 + \varepsilon_2 \mathfrak{s}_y^2 + \varepsilon_3 \mathfrak{s}_z^2) - n^2 \{ \varepsilon_2 \varepsilon_3 (\mathfrak{s}_y^2 + \mathfrak{s}_z^2) + \varepsilon_3 \varepsilon_1 (\mathfrak{s}_z^2 + \mathfrak{s}_x^2) \\ & + \varepsilon_1 \varepsilon_2 (\mathfrak{s}_x^2 + \mathfrak{s}_y^2) - [\mathfrak{s}\mathfrak{G}]^2 \} + \varepsilon_1 \varepsilon_2 \varepsilon_3 \\ & - (\varepsilon_1 \mathfrak{G}_x^2 + \varepsilon_2 \mathfrak{G}_y^2 + \varepsilon_3 \mathfrak{G}_z^2) = 0. \end{aligned}$$

---

83) *C. W. Oseen*, Ann. d. Phys. (4) 48 (1915), p. 1.

84) *M. Born*, Dynamik der Kristallgitter (1915) § 36; Phys. Ztschr. 16 (1915), p. 251; Berl. Ber. math.-phys. Kl. 1916, p. 614; Ann. d. Phys. (4) 55 (1918), p. 177; Ztschr. f. Phys. 8 (1922), p. 390.

85) Dasselbe Problem behandeln auch nach denselben Grundsätzen *F. Gray* [Phys. Rev. (2) 7 (1916), p. 472] und *A. Landé* [Ann. d. Phys. 56 (1918), p. 225; Phys. Ztschr. 19 (1918), p. 500].

Diese geht für $\mathfrak{G} = 0$ in die *Fresnel*sche Gleichung (183') über, deren Wurzeln n_0', n_0'' sind; man kann daher (197) in der Form

$$(197') \qquad (n^2 - n_0'^2)(n^2 - n_0''^2) = g^2$$

schreiben, wo

$$(198) \qquad g^2 = \frac{\varepsilon_1 \mathfrak{G}_x^2 + \varepsilon_2 \mathfrak{G}_y^2 + \varepsilon_3 \mathfrak{G}_z^2 - n^2[\mathfrak{s}\mathfrak{G}]^2}{\varepsilon_1 \mathfrak{s}_x^2 + \varepsilon_2 \mathfrak{s}_y^2 + \varepsilon_3 \mathfrak{s}_z^2}$$

gesetzt ist. *g ist der skalare Parameter der Gyration;* dabei ist in g für n entweder n_0' oder n_0'' einzusetzen, je nachdem die Korrektion zu dem einen oder dem andern der Brechungsindizes berechnet werden soll. Die Abhängigkeit dieser beiden Zweige g', g'' von der Wellenrichtung $\mathfrak{s}$ ist recht verwickelt. Man pflegt sie nach *W. Voigt*[78]) dadurch zu vereinfachen, daß man in dem Ausdruck (198) für g die Doppelbrechung vernachlässigt; d. h. man setzt darin $\varepsilon_1 = \varepsilon_2 = \varepsilon_3 = n^2$. Obwohl diese Annahme nicht dem systematischen Approximationsverfahren (Entwicklung nach τ) entspricht, scheint sie doch praktisch völlig auszureichen; im folgenden soll stets diese Vereinfachung vorgenommen werden. Dann wird

$$(199) \qquad g = \mathfrak{s}\mathfrak{G}.$$

Setzt man hier den Ausdruck (178) für $\mathfrak{G}$ ein, so wird

$$(199') \qquad g = g_{11}\mathfrak{s}_x^2 + g_{22}\mathfrak{s}_y^2 + g_{33}\mathfrak{s}_z^2 + 2g_{23}\mathfrak{s}_y\mathfrak{s}_z + 2g_{31}\mathfrak{s}_z\mathfrak{s}_x + 2g_{12}\mathfrak{s}_x\mathfrak{s}_y,$$

wo

$$(200) \qquad \left\{ \begin{aligned} g_{11} &= \frac{\tau}{2}\, \varDelta \sum_{jj'} \frac{\mathfrak{R}_{jj'x}[\mathfrak{L}_j\mathfrak{L}_{j'}]_x}{(\omega_j^{(0)2} - \omega^2)(\omega_{j'}^{(0)2} - \omega^2)}, \; \cdots \\ g_{23} &= \frac{\tau}{4}\, \varDelta \sum_{jj'} \frac{\mathfrak{R}_{jj'y}[\mathfrak{L}_j\mathfrak{L}_{j'}]_z + \mathfrak{R}_{jj'z}[\mathfrak{L}_j\mathfrak{L}_{j'}]_y}{(\omega_j^{(0)2} - \omega^2)(\omega_{j'}^{(0)2} - \omega^2)}, \; \cdots \end{aligned} \right.$$

gesetzt ist. Nach der älteren Theorie von *Drude,* wo nach (178') $\mathfrak{G} = f\mathfrak{s}$ ist, würde $g = f\mathfrak{s}^2 = f$ konstant sein. Trägt man $\dfrac{1}{\sqrt{g}}$ auf dem zugehörigen Vektor $\mathfrak{s}$ ab, so erhält man eine nicht notwendig definite Fläche zweiter Ordnung, die *Gyrationsfläche.* Da g bei Vertauschung von $\mathfrak{s}$ mit $-\mathfrak{s}$ ungeändert bleibt, sind für zwei in entgegengesetzten Richtungen fortschreitende Wellen die Erscheinungen der optischen Aktivität dieselben. Für Kristalle mit Symmetriezentrum verschwinden sämtliche g_{ik}; denn bei einer Inversion des Koordinatensystems kehren die Komponenten der polaren Vektoren $\mathfrak{R}_{jj'}$ ihr Vorzeichen um, während die der Vektorprodukte $[\mathfrak{L}_j\mathfrak{L}_{j'}]$ ungeändert bleiben, und das ist mit der Invarianz der g_{ik} nur für $g_{ik} = 0$ verträglich. Das Vorhandensein von andern Symmetrieelementen reduziert die Zahl der voneinander unabhängigen Konstanten g_{ik}. *Voigt*[78]) hat gezeigt, daß die aktiven Kristalle in acht Gruppen zerfallen; er hat die Zugehörigkeit zu diesen für jede Kristallklasse[86]) und die Form der Gyrationsfläche sowie ihre Lage gegen die dielektrischen Hauptachsen bestimmt. Bemerkenswert ist dabei, daß außer bei den enantiomorphen Gruppen, auf welche man früher die Möglichkeit des Drehungsvermögens beschränkt glaubte, noch vier Klassen mit einer Symmetrieebene oder einer Spiegeldrehachse Aktivität haben können; bei diesen artet die Gyrationsfläche in zwei gleichseitig-hyperbolische Zylinder aus.

Wenn man voraussetzt, daß

$$(197'') \qquad\qquad n_0'^2 > n_0''^2$$

ist, so lauten die Wurzeln von $(197')$:

$$(201) \qquad \begin{cases} n'^2 = \tfrac{1}{2}\left\{ n_0'^2 + n_0''^2 + \sqrt{(n_0'^2 - n_0''^2)^2 + 4g^2} \right\} \\ n''^2 = \tfrac{1}{2}\left\{ n_0'^2 + n_0''^2 - \sqrt{(n_0'^2 - n_0''^2)^2 + 4g^2} \right\} \end{cases},$$

wobei immer der positive Wert der Quadratwurzel zu nehmen ist.

Um die Schwingungsform zu bestimmen, entnehme man aus (181)

$$\mathfrak{E} = \frac{\mathfrak{D}}{n^2} + \mathfrak{s}(\mathfrak{s}\,\mathfrak{E})$$

und setze das in die Glieder nullter Ordnung in τ von (179) ein; dann erhält man

$$\mathfrak{D}_x \left(\frac{1}{n^2} - \frac{1}{\varepsilon_1} \right) = - \mathfrak{s}_x(\mathfrak{s}\,\mathfrak{E}) - \frac{i}{\varepsilon_1} [\mathfrak{E}\,\mathfrak{G}]_x .$$

In dem Gliede erster Ordnung in τ ersetze man näherungsweise $\mathfrak{E}$ durch $\frac{1}{\bar{n}^2}\mathfrak{D}$ und $\varepsilon_1 = \varepsilon_2 = \varepsilon_3 = \bar{n}^2$, wo $\bar{n}$ einen mittleren Brechungsindex bedeutet; dann erhält man mit derselben Annäherung, mit der die Formeln (201) gelten,

$$(202) \qquad \mathfrak{D}_x \left(\frac{1}{n^2} - \frac{1}{\varepsilon_1} \right) = - \mathfrak{s}_x(\mathfrak{s}\,\mathfrak{E}) - \frac{i}{\bar{n}^4} [\mathfrak{D}\,\mathfrak{G}]_x .$$

Diese Gleichungen lassen sich durch den Ansatz

$$(203) \qquad n = n', \quad \mathfrak{D} = \mathfrak{D}' - i k_1 \mathfrak{D}'', \quad |\mathfrak{D}'| = |\mathfrak{D}''|$$

lösen, wo $\mathfrak{D}'$ und $\mathfrak{D}''$ die in Nr. **21** eingeführten Schwingungsvektoren des nicht-aktiven Kristalls sind, deren Längen einander gleich gewählt werden. Der Koeffizient k_1 soll von der Größenordnung τ (ebenso wie g) sein und ist noch zu bestimmen. Dazu setze man den Ansatz (203) in (202) ein und trenne Reelles und Imaginäres, wobei Glieder zweiter Ordnung in τ fortbleiben; dann erhält man

$$\mathfrak{D}_x' \left(\frac{1}{n'^2} - \frac{1}{\varepsilon_1} \right) + \mathfrak{s}_x(\mathfrak{s}\,\mathfrak{E}') = 0,$$

$$k_1 \left\{ \mathfrak{D}_x'' \left(\frac{1}{n'^2} - \frac{1}{\varepsilon_1} \right) + \mathfrak{s}_x(\mathfrak{s}\,\mathfrak{E}'') \right\} = \frac{1}{\bar{n}^4} [\mathfrak{D}'\,\mathfrak{G}]_x .$$

---

86) Eine ausführliche Darstellung dieser Verhältnisse bei *F. Pockels*, Kristalloptik II, II, 4, p. 315. Dort ist auch weitere Literatur über die Theorie und ihre experimentelle Prüfung zu finden.

6 *

Nun genügen aber $\mathfrak{D}'$ und $\mathfrak{D}''$ den Gleichungen (182), wenn man darin n durch n_0' bzw. n_0'' ersetzt; zieht man diese von den vorstehenden, entsprechenden Gleichungen ab, so ergibt sich

$$\mathfrak{D}_x'\left(\frac{1}{n'^2} - \frac{1}{n_0'^2}\right) = 0$$

$$k_1\mathfrak{D}_x''\left(\frac{1}{n'^2} - \frac{1}{n_0''^2}\right) = \frac{1}{n^4}[\mathfrak{D}'\mathfrak{G}]_x.$$

Nach (201) unterscheidet sich n'^2 von $n_0'^2$ nur um Größen der Ordnung τ, während $n'^2 - n_0''^2$ von endlicher Größenordnung $n_0'^2 - n_0''^2$ ist; also ist die erste dieser Gleichungen mit hinreichender Annäherung erfüllt, die zweite dient zur Bestimmung von k_1. Da die Vektoren $\mathfrak{s}$, $\mathfrak{D}'\,\mathfrak{D}''$ paarweise aufeinander senkrecht stehen, da ferner $|\mathfrak{D}'| = |\mathfrak{D}''|$ gewählt worden ist, so kann man

$$\mathfrak{D}' = [\mathfrak{D}''\mathfrak{s}]$$

setzen und hat dann

$$[\mathfrak{D}'\mathfrak{G}] = [\mathfrak{G}[\mathfrak{s}\mathfrak{D}'']] = \mathfrak{s}(\mathfrak{G}\mathfrak{D}'') - \mathfrak{D}''(\mathfrak{G}\mathfrak{s}).$$

Setzt man das ein und multipliziert skalar mit $\mathfrak{D}''$, so kommt wegen $\mathfrak{s}\mathfrak{D}'' = 0$:

$$k_1\left(\frac{1}{n'^2} - \frac{1}{n_0''^2}\right) = -\frac{g}{n^4}$$

oder mit genügender Näherung

$$k_1 = \frac{g}{n'^2 - n_0''^2}.$$

Ganz ebenso beweist man, daß eine zweite Lösung

$$(204) \qquad n = n'', \quad \mathfrak{D} = \mathfrak{D}'' - ik_2\mathfrak{D}', \quad |\mathfrak{D}'| = |\mathfrak{D}''|$$

mit

$$k_2 = -\frac{g}{n''^2 - n_0'^2}$$

existiert. Da nun aus (201) $n'^2 + n''^2 = n_0'^2 + n_0''^2$ folgt, so erkennt man, daß

$$k_1 = k_2 = \frac{2g}{n_0'^2 - n_0''^2 + \sqrt{(n_0'^2 - n_0''^2)^2 + 4g^2}} = k$$

ist. Man kann dafür auch schreiben:

$$(205) \qquad k = \frac{1}{2g}\left\{\sqrt{(n_0'^2 - n_0''^2)^2 + 4g^2} - (n_0'^2 - n_0''^2)\right\}.$$

Diese Größe ist stets ≤ 1.

Fügt man zu den beiden Lösungen (203) und (204) den Faktor $e^{i\varphi}$ hinzu, wo $\varphi = -\omega t + \tau(\mathfrak{s}\mathfrak{r})$ ist, und nimmt dann die reellen Teile, so erhält man

$$(206) \qquad \begin{cases} n = n', \quad \mathfrak{D} = \mathfrak{D}' \cos\varphi + k\mathfrak{D}'' \sin\varphi, \\ n = n'', \quad \mathfrak{D} = \mathfrak{D}'' \cos\varphi + k\mathfrak{D}' \sin\varphi. \end{cases}$$

Legt man nun das Koordinatensystem so, daß die x-Achse parallel zu $\mathfrak{D}'$, die y-Achse parallel zu $\mathfrak{D}''$ wird, und setzt $|\mathfrak{D}'| = |\mathfrak{D}''| = D$, so werden die beiden Lösungen:

$$(206')\quad\begin{cases} n = n', & \mathfrak{D}_x = D\cos\varphi, & \mathfrak{D}_y = kD\sin\varphi, & \mathfrak{D}_z = 0, \\ n = n'', & \mathfrak{D}_x = kD\sin\varphi, & \mathfrak{D}_y = D\cos\varphi, & \mathfrak{D}_z = 0. \end{cases}$$

Das sind zwei elliptische Schwingungen vom gleichen Achsenverhältnis k und entgegengesetztem Umlaufssinn mit gekreuzten, zu $\mathfrak{D}'$ bzw. $\mathfrak{D}''$ parallelen großen Achsen.

In den Richtungen der Binormalen (optischen Achsen) ist $n_0' = n_0'' = \bar{n}$; dort erreicht k sein Maximum 1, es pflanzen sich also zwei zirkulare, entgegengesetzt rotierende Wellen fort, deren Brechungsindizes n_r und n_l nach (201)

$$(207)\qquad n_l = \bar{n} + \frac{g}{2\bar{n}}, \quad n_r = \bar{n} - \frac{g}{2\bar{n}}$$

sind. Eine linear polarisierte Welle, die senkrecht auf eine normal zur Achsenrichtung geschliffene Kristallplatte von der Dicke 1 auffällt, erfährt daher eine Drehung der Polarisationsebene um den Winkel

$$(207')\qquad \varrho = \frac{\omega}{2c}(n_l - n_r) = \frac{\omega g}{2c\bar{n}} = \frac{\pi g}{\lambda\bar{n}^2};$$

ϱ heißt *spezifisches Drehungsvermögen.*

Für alle von den optischen Achsen merklich abweichenden Richtungen ist k klein von erster Ordnung in τ; denn für $g \ll n_0'^2 - n_0''^2$ gilt nach (205) in erster Näherung:

$$(205')\qquad k = \frac{g}{n_0'^2 - n_0''^2} = \frac{g}{2\bar{n}(n_0' - n_0'')}.$$

Die Erfahrung lehrt, daß das Achsenverhältnis tatsächlich äußerst klein ist; dadurch wird die Entwicklung nach τ nachträglich empirisch gerechtfertigt.

Einen charakteristischen Unterschied der hier gewonnenen Theorie (die mit der von *Voigt* und der neueren von *Drude* übereinstimmt) gegenüber der älteren von *Drude* bekommt man bei einachsigen Kristallen, wenn man die Fortpflanzung des Lichtes senkrecht zur optischen Achse betrachtet. Die Brechungsindizes des ordentlichen und außerordentlichen Strahls sind nach (195') für $\varphi = \frac{\pi}{2}$ gegeben durch $n_0' = \sqrt{\varepsilon} = n_o$, $n_0'' = \sqrt{\varepsilon'} = n_e$. Die Gyrationsfläche hat bei Achsensymmetrie um die z-Achse die Gleichung

$$g = g_{11}\sin^2\varphi + g_{33}\cos^2\varphi.$$

Daher ist die zirkulare Doppelbrechung parallel zur optischen Achse nach (207')

$$n_l - n_r = \frac{g_{33}}{\bar{n}}$$

und die Elliptizität senkrecht zur Achse nach (205')

$$k = \frac{g_{11}}{2\,\bar{n}\,(n_o - n_e)}.$$

Nach der älteren Theorie *Drudes* ist dagegen $g = f$ konstant, also

$$n_l - n_r = \frac{f}{\bar{n}}, \quad k = \frac{f}{2\,\bar{n}\,(n_o - n_e)};$$

man müßte also die Elliptizität aus der zirkularen Doppelbrechung berechnen können nach der Formel

$$k = \frac{n_l - n_r}{2\,(n_o - n_e)}.$$

Voigt[87]) hat diese Beziehung am Quarz geprüft und gefunden, daß sie nicht erfüllt ist; für Quarz ist $n_l - n_r = 0{,}000071$, $n_o - n_e = 0{,}00911$, es müßte also nach *Drude* $k = 0{,}0039$ sein, während die direkte Messung $k = 0{,}0019$ ergeben hat.

Diese Tatsache spricht stark für die allgemeinere, zuerst von *Voigt* entworfene Theorie. Diese ist auch in vielen anderen Punkten von der Erfahrung bestätigt worden; die von ihr geforderte Drehung der Polarisationsebene in der Richtung der Binormalen bei zweiachsigen Kristallen ist lange vergeblich gesucht worden, schließlich hat *Voigt*[87]) Andeutungen bei Rohrzuckerkristallen gefunden und *Pocklington*[88]) hat sie an Kristallen von Rohrzucker und Seignettesalz (rechtsweinsaurem Kali-Natron) nachgewiesen.

Reguläre Kristalle sind optisch isotrop; für sie wird $g_{11} = g_{22} = g_{33}$, $g_{23} = g_{31} = g_{12} = 0$, also g konstant. Man findet aus (200):

$$(208) \qquad g = \frac{\tau}{6}\,\varDelta \sum_{jj'} \frac{(\Re_{jj'}\,[\mathfrak{L}_j\mathfrak{L}_{j'}])}{(\omega_j^{(0)2} - \omega^2)(\omega_{j'}^{(0)2} - \omega^2)}.$$

Es gibt reguläre, aktive Kristalle ($NaClO_3$, $NaBrO_3$), die im gelösten Zustande kein Drehungsvermögen haben; bei diesen muß also die Aktivität eine *reine* Struktureigenschaft sein.

Über die absolute Berechnung von g für diese Gitter mit Hilfe der Annahme elektromagnetisch gekoppelter Dipole s. Nr. **43**.

23. Dispersion und Eigenfrequenzen. Die Dispersion der Brechung und der Aktivität ist in den Formeln (177) für die optischen Dielektrizitätskonstanten und (200) für die Gyrationskonstanten enthalten.

Die Formeln (177) stimmen hinsichtlich der Abhängigkeit von der Frequenz mit denen der elementaren Theorie überein, welche un-

---

87) Siehe die in Ann. 78 zitierten Arbeiten; ferner *F. Wever*, Diss. Göttingen 1920.

88) *H. C. Pocklington*, Phil. Mag. (6) 2 (1901), p. 368.

gekoppelte Resonatoren annimmt (s. V 22 [*W. Wien*], Nr. **15—22**); sie gehen vollständig in diese über, sobald man an die Stelle der relativen Schwingungen von gekoppelten einfachen Gittern Schwingungen von einzelnen, unabhängigen Partikeln um feste Zentra setzt. Für reguläre Kristalle insbesondere sind dann alle $(\varphi_{kk'}^l)_{xy}$ gleich Null außer $(\varphi_{kk}^0)_{xx} = (\varphi_{kk}^0)_{yy} = (\varphi_{kk}^0)_{zz} = -f_k$, und die Schwingungsgleichungen (97) zerfallen in sN gleichlautende Vektorgleichungen

$$m_k \ddot{\mathfrak{u}}_k + f_k \mathfrak{u}_k = 0.$$

Je drei Eigenfrequenzen sind also gleich und einer Partikel k der Basis zugehörig; sie mögen $\omega_k^{(0)}$ heißen. Die zu $\omega_k^{(0)}$ gehörigen drei Lösungen sind so beschaffen, daß bei der ersten die Partikel k in der x-Richtung, bei der zweiten in der y-Richtung, bei der dritten in der z-Richtung schwingt, während alle andern Partikel in Ruhe sind. Wegen (112) sind die Amplituden gleich $\dfrac{1}{\sqrt{m_k}}$. Die zu $\omega_k^{(0)}$ gehörigen drei Eigenmomente sind also

$$\mathfrak{L}_k^{(1)} = \frac{1}{\varDelta}\frac{e_k}{\sqrt{m_k}}\mathfrak{i}_1, \qquad \mathfrak{L}_k^{(2)} = \frac{1}{\varDelta}\frac{e_k}{\sqrt{m_k}}\mathfrak{i}_2, \qquad \mathfrak{L}_k^{(3)} = \frac{1}{\varDelta}\frac{e_k}{\sqrt{m_k}}\mathfrak{i}_3.$$

Bei optisch isotropen Körpern ist die Dielektrizitätskonstante gleich dem Quadrat des Brechungsindex; man erhält nach (196):

$$(209) \qquad n^2 = \varepsilon = 1 + \frac{4\pi}{\varDelta}\sum_k \frac{e_k^2/m_k}{\omega_k^{(0)2} - \omega^2}.$$

Da $\dfrac{1}{\varDelta}$ die Anzahl der Zellen, also auch der Resonatoren einer bestimmten Art k, pro Volumeneinheit ist, stimmt diese Formel mit dem bekannten *Drude*schen Dispersionsgesetze für durchsichtige, isotrope Körper überein.

Dieses Gesetz bot die erste Handhabe zur Untersuchung der Frage, welches die Elementarteile in festen Körpern und die zwischen ihnen wirkenden Kräfte seien. *P. Drude*[89]) ging davon aus, daß in durchsichtigen Körpern die Eigenfrequenzen in zwei Gruppen zerfallen, von denen die eine im Ultravioletten, die andere im Ultraroten gelegen ist; er nahm je eine ultrarote und ultraviolette Frequenz an, ω_r und ω_v, und schrieb die Dispersionsformel entsprechend

$$(209') \qquad n^2 = 1 + \frac{4\pi\dfrac{N_r e_r^2}{m_r}}{\omega_r^2 - \omega^2} + \frac{4\pi\dfrac{N_v e_v^2}{m_v}}{\omega_v^2 - \omega^2};$$

führt man die Wellenlänge im Vakuum $\lambda_0 = \dfrac{2\pi c}{\omega}$ ein, so wird

$$n^2 = \varepsilon_0 + \frac{A_r}{\lambda_0^2 - \lambda_r^2} + \frac{A_v}{\lambda_0^2 - \lambda_v^2},$$

---

89) *P. Drude,* Ann. d. Phys. (4) **14** (1904), p. 677.

wo
$$\varepsilon_0 = 1 + \frac{N_r e_r^2 \lambda_r^2}{\pi c^2 m_r} + \frac{N_v e_v^2 \lambda_v^2}{\pi c^2 m_v}$$

der Grenzwert von $n^2 = \varepsilon$ für $\omega = 0$, $\lambda_0 = \infty$, also die statische Dielektrizitätskonstante, und

$$A_r = \frac{N_r e_r^2 \lambda_r^4}{\pi c^2 m_r}, \qquad A_v = \frac{N_v e_v^2 \lambda_v^4}{\pi c^2 m_v}.$$

Drude setzt ferner als Ausdruck der Neutralität jedes Teiles des Körpers die Relation
$$N_r e_r + N_v e_v = 0$$

an, woraus folgt
$$\frac{A_r}{\lambda_r^4} \frac{m_r}{e_r} + \frac{A_v}{\lambda_v^4} \frac{m_v}{e_v} = 0.$$

Aus den Dispersionsmessungen an Flußspat (CaF_2), Sylvin (KCl) Steinsalz (NaCl), Quarz (SiO_2) und andern Kristallen lassen sich die Werte von λ_r, A_r, λ_v, A_v ableiten, und es ergibt sich, daß $\frac{A_r}{\lambda_r^4}$ und $\frac{A_v}{\lambda_v^4}$ von ganz verschiedener Größenordnung sind, nämlich $\frac{A_v}{\lambda_v^4}$ etwa 10^5 mal größer als $\frac{A_r}{\lambda_r^4}$. Daher muß nach obiger Gleichung $\left|\frac{m_r}{e_r}\right|$ etwa im selben Verhältnis größer sein als $\left|\frac{m_v}{e_v}\right|$.

Hieraus zieht *Drude* den Schluß, daß die ultravioletten Frequenzen auf den Schwingungen von Elektronen, die ultraroten auf den Schwingungen von geladenen Atomen oder Molekeln, Ionen, beruhen. In der Tat ist das Verhältnis der Masse m_H des Wasserstoffatoms zur Masse m des Elektrons $\frac{m_H}{m} = 1830$; für schwerere Ionen (Molekulargewicht von der Größenordnung 50) ergibt sich dann bei $e_v = e_r$ in der Tat $\frac{m_r}{m_v}$ von der Größenordnung 10^5.

Drude bestimmt ferner die Anzahl p der Elektronen, die einem Ion entsprechen. Ist ϱ die Dichte, M das Molekulargewicht der Ionen, so ist deren Anzahl pro Volumeneinheit $N_r = \frac{\varrho}{M m_H}$. Dann erhält man
$$p = \frac{N_v}{N_r} = \frac{\pi c^2 M A_v}{\varrho \lambda_v^4} \cdot \frac{m_H}{e} \cdot \frac{m}{e}.$$

Setzt man hier für $\frac{e}{m_H}$ den aus der Elektrolyse, für $\frac{e}{m}$ den aus den Ablenkungen der Kathodenstrahlen gefundenen Wert, für A_v und λ_v die aus der Dispersion extrapolierten Zahlen ein, so ergeben sich Werte für p, die annähernd mit der Summe der elektrochemischen Valenzen der Molekel übereinstimmen. So ist z. B. für Sylvin (KCl) nach *Rubens* und *Nichols*[90])

$$\frac{A_v}{\lambda_v^4} = 0{,}274 \cdot 10^{10},$$

---

90) *H. Rubens* und *E. F. Nichols*, Wied. Ann. 60 (1897), p. 418.

ferner $M = 74,6$, $\varrho = 1,95$, und man erhält mit

$$\frac{e}{m_H} = 9650 \cdot c, \quad \frac{e}{m} = 1,77 \cdot 10^7 \cdot c$$

(in C. G. S.-Einheiten) die Elektronenzahl $p = 1,93$, sehr nahe an der Valenzsumme 2.

Drude hat diesen Gedanken an dem vorliegenden Beobachtungsmaterial ausführlich diskutiert und dadurch den Grund gelegt für alle späteren Untersuchungen über die physikalische Natur der Bausteine des festen Körpers.

Man kann gegen seine Überlegungen einwenden, daß die Schwingungen der Kristallpartikel notwendig gekoppelt sein müssen, wie schon die Existenz des optischen Drehungsvermögens bei azentrischen Kristallen beweist. Ferner handelt es sich offenbar bei den Ionenschwingungen um Bewegungen der beiden Ionen der Molekel (genauer der Gitterbasis) gegeneinander; daher ist das Einsetzen der Masse der ganzen Molekel für m_r ungerechtfertigt und jedenfalls nur eine grobe Annäherung. Die Verhältnisse wurden erst durch eine später zu besprechende Arbeit von *Madelung*[107]) (Nr. **24**) aufgeklärt.

Nach *Drude*s Ergebnissen ist es klar, daß das langsamere Schwingen der Ionen gegenüber den Elektronen auf ihrer viel größeren Masse beruht. *F. Haber*[91]) hat ein äußerst einfaches Gesetz aufgedeckt, das trotz der zweifellos allzu großen Vereinfachung der wirklichen Verhältnisse recht genau zutrifft. Wenn nämlich zwei Massen m_r und m_v mit derselben quasielastischen Kraft an ein Zentrum gebunden sind, so gilt für die Frequenzen ω_r und ω_v

$$m_r \omega_r^2 = m_v \omega_v^2$$

oder für die Wellenlängen

$$\frac{\lambda_r}{\lambda_v} = \sqrt{\frac{m_r}{m_v}}.$$

Diese Beziehung wendet *Haber* auf die Ionen und Elektronen in Kristallen an, setzt also $m_v = m$, $m_r = M m_H$; dann wird

$$\frac{\lambda_r}{\lambda_v} = \sqrt{M \frac{e}{m} \frac{m_H}{e}} = \sqrt{M \frac{1,77 \cdot 10^7}{9650}} = 42,8 \sqrt{M}.$$

So ist z. B. für Sylvin (KCl) nach Reststrahlbeobachtungen von *Rubens* und *Aschkinass*[92]) $\lambda_r = 61,1\,\mu$; mit $M = 74,6$ findet man aus der *Haber*schen Beziehung $\lambda_v = 165,3\,\mu\mu$, während *Martens*[93]) dafür $\lambda_v = 160,7\,\mu\mu$ aus der Dispersion herleitet.

---

91) *F. Haber*, Verh. d. Deutsch. Phys. Ges. 13 (1911), p. 1117.
92) *H. Rubens* u. *E. Aschkinass*, Wied. Ann. 67 (1899), p. 459.
93) *Martens*, Ann. d. Phys. (4) 6 (1901), p. 603.

Diese Übereinstimmung ist ein Beleg dafür, daß die Kräfte, welche die Ionen in polaren Gittern zusammenhalten, wesensgleich sind mit den Kräften, die die Elektronen im Atom binden. Vom Standpunkt der allgemeinen Gittertheorie aus können aber die Überlegungen von *Drude* und *Haber* nur als Näherungen gelten. Es soll jetzt festgestellt werden, welche Aussagen die allgemeine Theorie über diese Beziehungen macht. Man knüpft dazu am besten an die Gleichungen (148) für die reduzierten Amplituden

$$(148) \qquad \omega^2 \mathfrak{x}_{kx} + \sum_{k'} \sum_{y} \left\{ {kk' \atop xy} \right\} \mathfrak{x}_{k'y} = 0$$

an, deren Koeffizienten durch (149) gegeben sind. Es seien nun die Partikel $k = 1, 2, \ldots p$ Atome, die übrigen $k = p + 1, \ldots s$ Elektronen; wir bezeichnen die Indizes $k = 1, 2, \ldots p$ mit r, die Indizes $k = p + 1, \ldots s$ mit v.

ζ sei ein kleiner Parameter von der Größenordnung der Quadratwurzel des Verhältnisses Elektronenmasse zu Atommasse. Setzt man dann

$$m_r = \frac{\overline{m}_r}{\zeta^2}, \quad m_v = m,$$

so sind alle m, $\overline{m}_r$ von gleicher Größenordnung. Wir nehmen nun im Sinne von *Haber* an, daß *alle Molekularkräfte* $(\varphi^l_{kk'})_{xy}$ *von gleicher Größenordnung sind*, ob sie zwischen Atomen und Atomen, Elektronen und Elektronen oder Atomen und Elektronen wirken. Sodann zerfallen die Koeffizienten (149) nach ihrer Größenordnung in 3 Klassen, was man so durch die Bezeichnung ausdrücken kann:

$$(210) \qquad \left\{ {vv' \atop xy} \right\} = \left({vv' \atop xy} \right), \quad \left\{ {vr \atop xy} \right\} = \zeta \left({vr \atop xy} \right), \quad \left\{ {rr' \atop xy} \right\} = \zeta^2 \left({rr' \atop xy} \right).$$

Die Gleichungen (148) spalten sich in zwei Typen:

$$(211) \qquad \begin{cases} \omega^2 \mathfrak{x}_{vx} + \sum_{v'} \sum_{y} \left({vv' \atop xy} \right) \mathfrak{x}_{v'y} + \zeta \sum_{r} \sum_{y} \left({vr \atop xy} \right) \mathfrak{x}_{ry} = 0, \\[2ex] \omega^2 \mathfrak{x}_{rx} + \zeta \sum_{v} \sum_{y} \left({vr \atop xy} \right) \mathfrak{x}_{vy} + \zeta^2 \sum_{r'} \sum_{y} \left({rr' \atop xy} \right) \mathfrak{x}_{r'y} = 0. \end{cases}$$

Die Lösung wird man als Potenzreihe nach ζ ansetzen:

$$\omega^2 = \alpha + \zeta \beta + \zeta^2 \gamma + \cdots$$
$$\mathfrak{x}_v = \mathfrak{x}_v^{(0)} + \zeta \mathfrak{x}_v^{(1)} + \zeta^2 \mathfrak{x}_v^{(2)} + \cdots$$
$$\mathfrak{x}_r = \mathfrak{x}_r^{(0)} + \zeta \mathfrak{x}_r^{(1)} + \zeta^2 \mathfrak{x}_r^{(2)} + \cdots$$

Dann findet man nach dem früher erörterten Verfahren sukzessiver Approximation (s. Nr. **15, 16**), daß es zwei Typen von Lösungen gibt:

I. $3p$ Lösungen

$$\omega^2 = \zeta^2\gamma + \cdots$$
$$\mathfrak{x}_v = \zeta\mathfrak{x}_v^{(1)} + \cdots$$
$$\mathfrak{x}_r = \mathfrak{x}_r^{(0)} + \zeta\mathfrak{x}_r^{(1)} + \cdots;$$

II. $3(s-p)$ Lösungen

$$\omega^2 = \alpha + \zeta^2\gamma + \cdots$$
$$\mathfrak{x}_v = \mathfrak{x}_v^{(0)} + \zeta\mathfrak{x}_v^{(1)} + \cdots$$
$$\mathfrak{x}_r = \zeta\mathfrak{x}_r^{(1)} + \cdots.$$

Dabei genügen die $\mathfrak{x}_v^{(0)}$ den Gleichungen, die man bei festgehaltenen Atomen erhalten würde, nämlich

$$(212) \qquad \alpha\mathfrak{x}_{vx}^{(0)} + \sum_{v'}\sum_{y}\binom{v\,v'}{x\,y}\mathfrak{x}_{v'y}^{(0)} = 0.$$

Für die Koeffizienten gilt aber natürlich *nicht* die Relation

$$\sum_{v'}\binom{v\,v'}{x\,y} = 0.$$

Entsprechendes ist für die $\mathfrak{x}_r^{(0)}$ nicht der Fall; sie genügen den Gleichungen, die man erhält, wenn man die Elektronenmasse vernachlässigt, aber die Koppelung zwischen Elektronen und Atomen berücksichtigt:

$$(213) \qquad \begin{cases} \gamma\mathfrak{x}_{rx}^{(0)} + \displaystyle\sum_{v}\sum_{y}\binom{v\,r}{x\,y}\mathfrak{x}_{vy}^{(1)} + \sum_{r'}\sum_{y}\binom{r\,r'}{x\,y}\mathfrak{x}_{r'y}^{(0)} = 0, \\[2mm] \displaystyle\sum_{v'}\sum_{y}\binom{v\,v'}{x\,y}\mathfrak{x}_{v'y}^{(1)} + \sum_{r}\sum_{y}\binom{v\,r}{x\,y}\mathfrak{x}_{ry}^{(0)} = 0. \end{cases}$$

Eliminiert man hieraus die $\mathfrak{x}_v^{(1)}$, so erhält man ein Gleichungssystem für die Atome allein:

$$(213') \qquad \gamma\mathfrak{x}_{rx}^{(0)} + \sum_{r'}\sum_{y}\left(\!\!\binom{r\,r'}{x\,y}\!\!\right)\mathfrak{x}_{r'y}^{(0)} = 0,$$

dessen Koeffizienten von *allen* Koppelungen abhängen; es gilt überdies

$$(213') \qquad \sum_{r'}\left(\!\!\binom{r\,r'}{x\,y}\!\!\right) = 0.$$

Aus den $\mathfrak{x}_k$ lassen sich die Verrückungen $\mathfrak{u}_k$ nach (151) berechnen. Für die Dispersionsformel genügt die Betrachtung des Grenzfalls unendlich langer Wellen ($\tau = 0$); dann ist $\mathfrak{u}_k = \dfrac{\mathfrak{x}_k}{\sqrt{m_k}}$.

Die beiden Schwingungstypen I und II sollen durch die Indizes r und v unterschieden werden; die zu $\omega_r^{(0)}$ gehörigen Verrückungen sind dann als die Eigenvektoren $\mathfrak{u}_k = \mathfrak{a}_{kr}$, die zu $\omega_v^{(0)}$ gehörigen als die Eigenvektoren $\mathfrak{u}_k = \mathfrak{a}_{kv}$ anzusprechen. Unter den p langsamen Frequenzen $\omega_r^{(0)}$ sind natürlich die drei verschwindenden, die zu den akustischen

Wellen gehören. Zählt man also nur die *eigentlichen Eigenfrequenzen,* so erhält man

I. $3(p-1)$: $\omega_r^{(0)2} = \zeta^2 \gamma_r^{(0)} + \cdots$

$\mathfrak{a}_{vr} = \zeta \mathfrak{a}_{vr}^{(1)} + \cdots$

$\mathfrak{a}_{rr'} = \zeta \mathfrak{a}_{rr'}^{(1)} + \cdots,$

II. $3(s-p)$: $\omega_v^{(0)2} = \alpha_v^{(0)} + \zeta^2 \gamma_v^{(0)} + \cdots$

$\mathfrak{a}_{vv'} = \mathfrak{a}_{vv'}^{(0)} + \zeta \mathfrak{a}_{vv'}^{(1)} + \cdots$

$\mathfrak{a}_{rv} = \zeta^2 \mathfrak{a}_{rv}^{(2)} + \cdots$

Nun kann man die Eigenmomente nach (173) bilden und findet:

$$(214) \qquad \begin{cases} \mathfrak{L}_r = \zeta \mathfrak{L}_r^{(1)} + \cdots \\ \mathfrak{L}_v = \mathfrak{L}_v^{(0)} + \zeta \mathfrak{L}_v^{(1)} + \cdots \end{cases}$$

Dabei kann $\mathfrak{L}_v^{(0)}$ so berechnet werden, als wenn die Elektronen bei festgehaltenen Atomen allein schwängen.

Für die Frequenzen selbst bekommt man:

$$(214') \qquad \begin{cases} \omega_r^{(0)} = \zeta b_r + \cdots & (r = 4, 5, \ldots 3p) \\ \omega_v^{(0)} = a_v + \zeta^2 c_v + \cdots & (v = 3p + 1, \ldots 3s) \end{cases}$$

In diesen Formeln sind die Größenordnungsbeziehungen von *Drude* und *Haber* enthalten. Wir fassen sie so zusammen:

1. Satz: Die Eigenfrequenzen zerfallen bei beliebiger Wellenlänge (beliebigem τ) in zwei Klassen, die sich der Größenordnung nach wie $\zeta : 1$, d. h. wie die Quadratwurzeln von Elektronenmasse und Atommasse verhalten. Die Anzahl der langsamen Frequenzen, unter denen auch die drei akustischen sind, ist $3p$, wo p die Zahl der Atome der kleinsten Zelle ist, aus der das Gitter aufgebaut werden kann.[94]) Die für die Dispersion maßgebenden Grenzfrequenzen ($\tau = 0$) zerfallen daher in $3(p-1)$ langsame (ultrarote) und $3(s-p)$ schnelle (ultraviolette), deren Größenordnung sich wie $\zeta : 1$ verhält (*Haber*).

2. Satz: Die Zähler der ultraroten und ultravioletten Partialbrüche in der Dispersionsformel verhalten sich der Größenordnung nach wie $\zeta^2 : 1$, d. h. wie die Elektronenmasse zur Atommasse (*Drude*).

Durch die Symmetrie des Kristalls kann die Anzahl der voneinander verschiedenen Eigenfrequenzen erniedrigt werden. So ist sie z. B. für p-atomige, reguläre *D*-Gitter (s. **Nr. 13**) höchstens gleich $p-1$.

---

94) Zuerst bewiesen bei *M. Born*, Dynamik der Kristallgitter, § 19.

Eine allgemeine Theorie, die alle möglichen Fälle umfaßt, hat *Brester* entworfen.[95]

Die Dispersionsformel soll hier nur für reguläre Kristalle diskutiert werden, da ihr Verlauf immer qualitativ derselbe ist. Nach (196) lautet sie:

$$(215) \qquad n^2 = \varepsilon = 1 + \frac{4\pi}{3} \Delta \sum_r \frac{\mathfrak{L}_r^2}{\omega_r^{(0)2} - \omega^2} + \frac{4\pi}{3} \Delta \sum_v \frac{\mathfrak{L}_v^2}{\omega_v^{(0)2} - \omega^2}.$$

Die Eigenfrequenzen sind also Unendlichkeitsstellen des Brechungsindex, in denen er von unendlich großen positiven zu unendlich großen negativen Werten springt. Dieses physikalisch unmögliche Verhalten beruht auf der Vernachlässigung der Dämpfung[96]; da für diese keine befriedigende atomistische Theorie existiert, muß also hier die Umgebung des Absorptionsstreifens aus der Betrachtung ausgeschlossen bleiben.

Zwischen den Eigenfrequenzen wächst n monoton mit ω (normale Dispersion).

Für das sichtbare Gebiet ($\omega_r < \omega < \omega_v$) gilt eine Reihenentwicklung

$$(216) \qquad n^2 = a_0 + a_1 \omega^2 + a_2 \omega^4 + \cdots$$
$$- \frac{b_1}{\omega^2} - \frac{b_2}{\omega^4} - \cdots,$$

wo

$$(216') \quad a_0 = 1 + \frac{4\pi}{3} \Delta \sum_v \frac{\mathfrak{L}_v^2}{\omega_v^2}, \quad a_1 = \frac{4\pi}{3} \Delta \sum_v \frac{\mathfrak{L}_v^2}{\omega_v^4}, \quad a_2 = \frac{4\pi}{3} \Delta \sum_v \frac{\mathfrak{L}_v^2}{\omega_v^6}, \quad \cdots$$

$$b_1 = \frac{4\pi}{3} \Delta \sum_r \mathfrak{L}_r^2, \quad b_2 = \frac{4\pi}{3} \Delta \sum_r \omega_r^2 \mathfrak{L}_r^2, \quad \cdots$$

95) *C. J. Brester*, Dissertation Utrecht (in Göttingen gefertigt). Den einfachsten Fall hat *W. Dehlinger* [Phys. Ztschr. 15 (1914), p. 276] behandelt; er zeigte, daß nach der Theorie gewissen 2-atomigen regulären Gittern nur eine ultrarote Frequenz zukommt, wie es auch die Erfahrung bestätigt. Die Frage, wie sich die Eigenschwingungen von Systemen endlich vieler Massenpunkte verhalten, wenn Symmetrieelemente vorhanden sind, ist für den Spezialfall regulärer Symmetrie von *M. Born* [Verh. d. Deutsch. Phys. Ges. 19 (1917), p. 243; insbes. § 5], allgemein von *C. J. Brester* (l. z.) untersucht worden.

96) Phänomenologisch läßt sich die Dämpfung dadurch berücksichtigen, daß man der Geschwindigkeit der Verrückung proportionale Glieder in die Bewegungsgleichungen einführt. Dann werden die Partialbrüche der Dispersionsformel komplex von der Form

$$\frac{\mathfrak{L}_j^2}{\omega_j^{(0)2} - \omega^2 + i\,\omega\,\omega_j'}$$

wo ω_j' ein Maß für die Dämpfung ist. Näheres s. etwa *Pockels,* Kristalloptik, 3. Teil, p. 361.

gesetzt ist; oder, wenn man die Wellenlänge im Vakuum $\lambda_0 = \dfrac{2\pi c}{\omega}$ einführt:

$$(217) \qquad n^2 = a_0 + \frac{\bar{a}_1}{\lambda_0^2} + \frac{\bar{a}_2}{\lambda_0^4} + \cdots$$

$$- \bar{b}_1 \lambda_0^2 - \bar{b}_2 \lambda_0^4 - \cdots,$$

mit

$$(217') \qquad \bar{a}_j = (2\pi c)^{2j} a_j, \quad \bar{b}_j = \frac{b_j}{(2\pi c)^{2j}}.$$

Die *Dispersion der optischen Aktivität* wird durch die Formeln (200) für die g_{ik} dargestellt. Da die Frequenzabhängigkeit aller dieser Größen dieselbe ist, genügt es, als typisches Beispiel den Fall regulärer Kristalle zu betrachten; nach (208) ist für diese

$$(218) \qquad g = \frac{1}{\lambda} \sum_{jj'} \frac{\gamma_{jj'}}{(\omega_j^{(0)2} - \omega^2)(\omega_{j'}^{(0)2} - \omega^2)},$$

wo

$$(218') \qquad \gamma_{jj'} = \frac{\pi}{3} \, \varDelta \, (\mathfrak{R}_{jj'}[\mathfrak{L}_j \mathfrak{L}_{j'}])$$

ist. Die Summe (218) kann man in Partialbrüche zerlegen; dabei geben offenbar die einfachen Frequenzen $\omega_e^{(0)}$ zu linearen Partialnennern Anlaß, die mehrfachen Frequenzen $\omega_m^{(0)}$ zu linearen und quadratischen Nennern.[97] Man erhält also einen Ausdruck der Form:

$$(219) \qquad g = \frac{1}{\lambda} \left\{ \sum_m \left(\frac{\alpha_m}{(\omega_m^{(0)2} - \omega^2)^2} + \frac{\beta_m}{\omega_m^{(0)2} - \omega^2} \right) + \sum_e \frac{\beta_e}{\omega_e^{(0)2} - \omega^2} \right\}.$$

Das Auftreten quadratischer Partialbrüche unterscheidet den Drehungsparameter wesentlich vom Brechungsindex; es kann vorkommen (β_m klein gegen α_m), daß g beim Durchgang durch einen Absorptionsstreifen $\omega_m^{(0)}$ symmetrisch zu diesem verläuft.[98]

Die Vorzeichen der Zähler α_m, β_m, β_e sind hier nicht von vornherein als positiv festgelegt; die Gyration kann also mit wachsender Wellenlänge sowohl zu-, als auch abnehmen.

Das spezifische Drehungsvermögen ist nach (207') wegen $n\lambda = \dfrac{2\pi c}{\omega}$

$$\varrho = \frac{\pi}{\lambda^2 n^2} g\lambda = \frac{\omega^2}{4\pi c^2} g\lambda.$$

Führt man nun wieder die ultraroten und ultravioletten Eigenfre-

---

97) *M. Born*, Phys. Ztschr. 16 (1915), p. 437.

98) *M. Born* [Ann. d. Phys. (4) 55 (1918), p. 177; Ztschr. f. Phys. 8 (1922), p. 390] hat gezeigt, daß bei Flüssigkeiten, deren Molekeln sich nicht beeinflussen (aktive Lösungen), ein solches Verhalten *nicht* eintreten kann, sondern daß dann nur einfache Partialbrüche vorkommen.

quenzen ein, so erhält man mit (219):

$$(220) \qquad \varrho = \omega^2 \Big\{ \sum_r \Big(\frac{p_r}{(\omega_r^{(0)2} - \omega^2)^2} + \frac{q_r}{\omega_r^{(0)2} - \omega^2} \Big)$$
$$+ \sum_v \Big(\frac{p_v}{(\omega_v^{(0)2} - \omega^2)^2} + \frac{q_v}{\omega_v^{(0)2} - \omega^2} \Big) \Big\},$$

oder als Funktion der Wellenlänge im Vakuum $\lambda_0 = \dfrac{2\pi c}{\omega}$:

$$(220') \qquad \varrho = \sum_r \Big(\frac{P_r \lambda_0^2}{(\lambda_0^2 - \lambda_r^2)^2} + \frac{Q_r}{\lambda_0^2 - \lambda_r^2} \Big) + \sum_v \Big(\frac{P_v \lambda_0^2}{(\lambda_0^2 - \lambda_v^2)^2} + \frac{Q_v}{\lambda_0^2 - \lambda_v^2} \Big) \cdot$$

Im Sichtbaren ($\lambda_v < \lambda_0 < \lambda_r$) ergibt sich daraus die Reihenentwicklung

$$(221) \qquad \varrho = \frac{A_1}{\lambda_0^2} + \frac{A_2}{\lambda_0^4} + \cdots + B_0 + B_1 \lambda_0^2 + B_2 \lambda_0^4 + \cdots,$$

wo (wie in (216')) die Koeffizienten A_j von den ultravioletten, die B_j von den ultraroten Schwingungen herstammen. Der Unterschied gegen die Formel (217) für n^2 besteht erstens darin, daß dort alle Koeffizienten $\bar{a}_j$, $\bar{b}_j$ positiv sind, während hier A_j, B_j beliebige Vorzeichen haben können; zweitens darin, daß dort das konstante Glied von den ultravioletten, hier von den ultraroten Frequenzen herrührt.

Erfahrungsgemäß spielen die ultraroten Terme bei der Darstellung des Drehungsvermögens keine merkliche Rolle ($P_r = 0$; $Q_r = 0$; $B_j = 0$); so ist z. B. für Quarz nach *Drude*[99])

$$\varrho = \frac{Q_v}{\lambda_0^2 - \lambda_v^2} + \frac{Q_v'}{\lambda_0^2},$$

wo λ_v die zur Darstellung des Brechungsindex nötige ultraviolette Wellenlänge ist, während im zweiten Gliede eine noch viel kürzere, neben λ_0 zu vernachlässigende Wellenlänge zu denken ist.

Läßt man demgemäß in (221) die ultraroten Terme fort ($B_j = 0$), so erhält man eine Entwicklung nach fallenden Potenzen von λ_0^2, die die älteren Formeln für die Dispersion der Drehung umfaßt. Nach *Briot*[100]) soll ϱ bei Quarz mit λ_0^2 umgekehrt proportional sein; *Boltzmann*[101]) fügte das nächste Glied hinzu; weitere Literatur s. *Pockels*, Kristallphysik (II. Teil, I. Kap., Nr. 2, p. 295).

24. Beziehungen der Eigenfrequenzen zu anderen Kristalleigenschaften. Die ultravioletten Eigenfrequenzen durchsichtiger Kristalle können nur in seltenen Fällen durch direkte Beobachtung von Ab-

99) *P. Drude*, Lehrbuch der Optik, Kap. VI, Nr. 5, p. 379.

100) *J. B. Briot*, Mém. Cl. sc. math. phys. de l'inst. Paris 1812, 13 (1814), p. 218. — Mém. de l'acad. Paris 1817, 2 (1819), p. 41.

101) *L. Boltzmann*, Pogg. Ann. Jubelband 1874, p. 128; Wissensch. Abh. Bd. I, Nr. 31, p 643.

sorptionsstreifen festgelegt werden. Auch gibt es keinen Weg, sie aus atomistischen Vorstellungen mit einiger Sicherheit zu berechnen; das wird erst möglich sein, wenn die *Bohr*sche Atomtheorie weiter entwickelt sein wird.[102])

Dagegen ist das Spektrum in der Richtung nach langen Wellen (Ultrarot) sehr genau durchforscht, besonders durch *H. Rubens* und seine Mitarbeiter.[103]) Die Eigenfrequenzen werden dabei teils direkt als Absorptionsstreifen sichtbar; hauptsächlich sind sie aber mit der Methode der „Reststrahlen“ nachgewiesen worden. Das starke Anwachsen des Brechungsindex in der Umgebung einer Eigenschwingung bewirkt ein entsprechendes Anwachsen des Reflexionsvermögens; durch mehrfache Reflexionen kann man dann aus einer inhomogenen Wärmestrahlung die selektiv reflektierten Wellenlängen (Reststrahlen) aussondern. Mit Hilfe bekannter Reststrahlen läßt sich sodann das Reflexionsvermögen anderer Substanzen und damit deren Brechungsindex ermitteln. Auf diese Weise konnte gezeigt werden, daß der Brechungsindex tatsächlich den von der Theorie geforderten Verlauf (unter Berücksichtigung der Dämpfung in der Nähe der Eigenfrequenzen) hat[104]) und für lange Wellen (etwa bei 100 μ) in die Quadratwurzel aus der statischen Dielektrizitätskonstante einmündet.

Die ultraroten Eigenfrequenzen zerfallen in zwei Gruppen: Eine

---

102) Gewisse ultraviolette Frequenzen spielen beim lichtelektrischen Effekt der Metalle eine Rolle. Für diese haben *F. A. Lindemann* [Verh. d. Deutschen Phys. Ges. 13 (1911), p. 482, 1107] und *F. Haber* (ebenda, p. 1117) Dimensionsformeln aufgestellt, die auf der Annahme beruhen, daß die Elektronen im *Coulomb*schen Felde der Atomkerne schwingen. Daß sie die richtige Größenordnung ergeben, versteht man durch Vergleich mit den Formeln der Quantentheorie, die ebenfalls ultraviolette Frequenzen mit Atomabständen in Beziehung setzen. *Haber* hat dann aus diesen ultravioletten Frequenzen mit Hilfe seiner Wurzelbeziehung (s. Nr. 23) die zugehörigen ultraroten berechnet und diese mit den Werten verglichen, die man auf anderem Wege erhalten kann (s. diese Nr.). Auch hat er Beziehungen dieser Frequenzen zu chemischen Wärmetönungen gemäß der *Planck*schen Formel $W = h\nu$ gesucht [s. auch *F. Haber*, Verh. d. Deutsch. Phys. Ges. 21 (1919), p. 750].

103) Die wichtigsten Abhandlungen sind: *H. Rubens* u. *E. F. Nichols*, Wied. Ann. 60 (1897), p. 45; *H. Rubens* u. *E. Aschkinass*, Wied. Ann. 65 (1898), p. 253; 67 (1899), p. 459; *H. Rubens* u. *H. Hollnagel*, Phil. Mag. 1910, p. 761; *H. Rubens*, Verh. d. Deutsch. Phys. Ges. 13 (1911), p. 102; *H. Rubens* u. *G. Hertz*, Berl. Ber. 1912, p. 256; *H. Rubens*, Berl. Ber. 1913, p. 513; *H. Rubens* u. *H. v. Wartenberg*, Berl. Ber. 1914, p. 169; *H. Rubens*, Berl. Ber. 1915, p. 4; 1916, p. 1280; *Th. Liebisch* u. *H. Rubens*, Berl. Ber. 1919, p. 198 u. 876.

104) Bemerkenswert ist, daß viele Kristalle geringer Symmetrie im Ultraroten starke Dispersion der optischen Achsen zeigen (*H. Rubens*, Berl. Ber. 1919, p. 976).

kurzwelligere, mit Prismen oder Gittern meßbare Gruppe beruht auf den Schwingungen der einzelnen Atome des Ions, denn sie kehrt mit geringen Abänderungen bei demselben Ion in den verschiedensten Verbindungen wieder und wird häufig auch durch Lösen des Kristalls nicht geändert; so fanden *Cl. Schäfer* und *M. Schubert*[105]) bei 34 Sulfaten (SO_4-Ion) ultrarote Wellen von ungefähr 9 μ und 16 μ, bei 15 Karbonaten (CO_3-Ion) solche Wellen bei ungefähr 6,5 μ, 11,5 μ und 14,5 μ. Die zweite langwelligere Gruppe, die gewöhnlich nur mit der Reststrahlenmethode erreichbar ist, muß dem Gitterverbande der Ionen eigentümlich sein. Denn sie verschwindet in allen Fällen beim Auflösen des Kristalls. Die wichtigsten Reststrahl-Wellenlängen sind nach *Rubens*[105a]):

Tabelle I.

Zinkblende	30,9 μ	Thalliumchlorür	91,6 μ
Flußspat	31,6	Jodkalium	94,1
Steinsalz	52,0	Bromsilber	112,7
Sylvin	63,4	Thalliumbromür	117,0
Chlorsilber	81,5	Thalliumjodür	151,8
Bromkalium	82,6		

Zum Vergleich mit den oben angegebenen kurzwelligen Eigenfrequenzen der Karbonate seien noch die Reststrahlfrequenzen des Kalkspats $CaCO_3$ angegeben; sie liegen bei 93,0 μ und 116,1 μ.

Im Jahre 1909 hat *E. Madelung*[106]) die Entdeckung gemacht, daß die Größe der Reststrahlfrequenzen mit den elastischen Eigenschaften der massiven Kristalle in engem Zusammenhange stehen. Er nahm an, daß es in einem kubischen Gitter eine kürzeste Welle gibt, deren halbe Wellenlänge gleich dem kleinsten Atomabstande ist; bei dieser schwingen benachbarte Netzebenen in entgegengesetzten Phasen. (Die Gittertheorie deutet diese Schwingungen anders; es handelt sich um die Grenzschwingungen für unendlich lange Wellen im zweiatomigen Gitter, bei denen die beiden einfachen Gitter gegeneinander pendeln.) *Madelung* konnte die Schwingungszahlen der longitudinalen

---

105) *Cl. Schäfer* u. *Martha Schubert,* Ann. d. Ph. (4) 50 (1916), p. 283. Dort ist die ältere Literatur mitgeteilt. Ferner Ztschr. f. Phys. 7 (1921), p. 297 (Selenate und Chromate), p. 309 (Chlorate, Bromate, Jodate), p. 313 (SiO_2); *Cl. Schaefer* u. *M. Thomas,* Ztschr. f. Phys. 12 (1923), p. 330; *O. Reinkober,* Ztschr. f. Phys. 3 (1920), p. 1, 318; 5 (1921), p. 192 (Ammoniumsalze).

105a) S. die Zusammenstellung bei *H. Rubens,* Berl. Ber. 1917, p. 47. Zu der Tabelle ist zu bemerken, daß bei Flußspat außer der angegebenen eine zweite Reststrahlwellenlänge bei 24,0 μ gefunden worden ist, deren theoretische Deutung, sofern sie überhaupt reell ist, noch nicht feststeht (s. Anm. 111a).

106) *E. Madelung,* Gött. Nachr. 1909, p. 100.

und transversalen „kürzesten" Welle durch die Kompressibilität $\varkappa$ und den Torsionsmodul τ ausdrücken; er fand für die entsprechenden Wellenlängen (in cm):

$$\lambda_l = 0{,}641 \cdot 10^3\, \varkappa^{\frac{1}{2}} M^{\frac{1}{3}} \varrho^{\frac{1}{6}},$$

$$\lambda_t = 1{,}11 \cdot 10^3 \cdot \tau^{-\frac{1}{2}} M^{\frac{1}{3}} \varrho^{\frac{1}{6}},$$

wo M das Molekulargewicht und ϱ die Dichte ist. Der Vergleich mit den von *Drude* aus der Dispersion bestimmten ultraroten Frequenzen ergab für die longitudinale Schwingung bei NaCl, KCl und CaF$_2$ rohe Übereinstimmung. In einer zweiten Arbeit [107]) hat *Madelung* die richtige gittertheoretische Deutung dieser Frequenzen gefunden. Die Resultate der Röntgenforschung vorwegnehmend (s. auch Nr. **37**), erkannte er, daß nicht die Molekeln, sondern die geladenen Atome, die Ionen, als die Bausteine des Gitters angesehen werden müßten. Für das Steinsalz hat er genau die später von der Röntgenanalyse bestätigte Struktur angegeben, bei der die positiven und negativen Ionen abwechselnd in den Ecken eines kubischen Gitters sitzen. Die Molekularkräfte stellt er sich unter dem Bilde von elastischen Stäben vor, welche die Ionen verbinden. Indem er drei molekulare Konstanten einführt, kann er durch sie einmal die drei Elastizitätskonstanten c_{11}, c_{12}, c_{44}, sodann die Eigenfrequenz ausdrücken; durch Elimination erhält er dann die Frequenz als Funktion der Elastizitätskonstanten. *Madelung* gelangt bei Verwendung verschiedener solcher Stabmodelle des Gitters immer zu wesentlich derselben Formel für die Schwingungszahl, nur mit etwas verschiedenen Zahlenkoeffizienten, und er schließt daraus, daß die Gewinnung eines exakten Gesetzes zur Zeit schwerlich möglich sei. Daher begnügt er sich damit, sein Gesetz als Dimensionsformel anzusehen; er schreibt es

$$(222) \qquad \lambda = C \varkappa^{\frac{1}{2}} M^{\frac{1}{3}} \varrho^{\frac{1}{6}},$$

wo M sich aus den Atomgewichten M_1 und M_2 der beiden Ionen nach der Formel

$$(222') \qquad M = \frac{(M_1 M_2)^{\frac{3}{2}}}{(M_1 + M_2)^2}$$

berechnet. *Madelung* bestimmt die Konstante C aus der Reststrahlwellenlänge des Steinsalzes NaCl ($C = 1{,}177 \cdot 10^3$ sec^{-1}) und erhält dann folgende Tabelle, in der λ_R die *Rubens*schen Reststrahlen nach Tabelle I bedeuten.

---

107) *E. Madelung*, Gött. Nachr. 1910, p. 43; Phys. Ztschr. 11 (1910), p. 898.

Tabelle II.

Substanz	ϱ	$\varkappa$	$\lambda_{\text{ber.}}$	λ_R
Steinsalz . . . . NaCl	2,17	$4{,}1 \cdot 10^{-12}$	(52,0)	52,0
Sylvin . . . . KCl	1,98	5,0	61,0	63,4
Bromkalium . . . . . KBr	2,76	6,2	79,5	82,6
Jodkalium . . . . . . KJ	3,07	8,6	96,5	94,1
Flußspat . . . . CaF_2	3,18	1,2	33,5	31,6

Die Übereinstimmung beweist die Richtigkeit der *Madelung*schen Dimensionsformel.

Ähnliche Überlegungen, die nur durch die Vermengung mit speziellen Vorstellungen über den elektrischen Ursprung der Atomkräfte undurchsichtig sind, hat *W. Sutherland*[108]) bald darauf unabhängig von *Madelung* angestellt. Durch diese Abhandlung angeregt, hat *Einstein*[109]), zuerst ebenfalls ohne Kenntnis der *Madelung*schen Arbeiten, die Formel (222) für einatomige Substanzen (M = Atomgewicht) abgeleitet, zunächst mit Hilfe einer Modellbetrachtung, sodann als Dimensionsformel.

Es soll jetzt geprüft werden, ob die strenge Gittertheorie Beziehungen zwischen ultraroten Frequenzen und anderen Konstanten liefert. Dazu werden zunächst die allgemeinen Formeln für reguläre D-Gitter spezialisiert. Die Koeffizienten der Schwingungsgleichungen (110a) sind nach (105)

$$\begin{bmatrix} 0 \\ k\,k' \\ x\,y \end{bmatrix} = \Delta \begin{bmatrix} k\,k' \\ x\,y \end{bmatrix},$$

und verschwinden bei regulären D-Gittern nach Nr. **13** sämtlich außer für $x = y$; nach (84) ist dann

$$\begin{bmatrix} k\,k' \\ x\,x \end{bmatrix} = D_{k\,k'}.$$

Der einfachste Fall, der denkbar ist, ist der, daß die Basis aus zwei Partikeln besteht ($s = 2$); dann lauten die Schwingungsgleichungen nach Nr. **13**, II:

$$\omega^{(0)2} m_1 \mathfrak{U}_{1x}^{(0)} - \Delta D (\mathfrak{U}_{1x}^{(0)} - \mathfrak{U}_{2x}^{(0)}) = 0,$$
$$\omega^{(0)2} m_2 \mathfrak{U}_{2x}^{(0)} + \Delta D (\mathfrak{U}_{1x}^{(0)} - \mathfrak{U}_{2x}^{(0)}) = 0.$$

Durch Addition und Subtraktion folgt:

$$\omega^{(0)2} (m_1 \mathfrak{U}_{1x}^{(0)} + m_2 \mathfrak{U}_{2x}^{(0)}) = 0,$$
$$(\mathfrak{U}_{1x}^{(0)} - \mathfrak{U}_{2x}^{(0)}) \left\{ \omega^{(0)2} - \Delta D \left(\frac{1}{m_1} + \frac{1}{m_2} \right) \right\} = 0.$$

---

108) *W. Sutherland*, Phil. Mag. (6) 20 (1910), p. 657.

109) *A. Einstein*, Ann. d. Phys. (4) 34 (1911), p. 170, 590; 35 (1911), p. 679.

Hieraus ergeben sich die Lösungen:

$$\omega^{(0)} = 0, \quad \mathfrak{U}_{1x}^{(0)} : \mathfrak{U}_{2x}^{(0)} = 1 : 1,$$

$$\omega^{(0)} = \sqrt{\varDelta D\left(\frac{1}{m_1} + \frac{1}{m_2}\right)}, \quad \mathfrak{U}_{1x}^{(0)} : \mathfrak{U}_{2x}^{(0)} = \frac{1}{m_1} : \frac{-1}{m_2},$$

und die entsprechenden für y und z. Die eigentlichen normierten Eigenschwingungen sind nach (112):

$$\mathfrak{a}_{14} = \frac{\dfrac{1}{m_1}}{\sqrt{\dfrac{1}{m_1} + \dfrac{1}{m_2}}}\,\mathfrak{i}_1, \quad \mathfrak{a}_{24} = \frac{-\dfrac{1}{m_2}}{\sqrt{\dfrac{1}{m_1} + \dfrac{1}{m_2}}}\,\mathfrak{i}_1$$

und zwei entsprechende für $j = 5$ und 6.

Daher sind die Eigenmomente ($e_1 = e$, $e_2 = -e$):

$$\mathfrak{L}_4 = \frac{e}{\varDelta}\sqrt{\frac{1}{m_1} + \frac{1}{m_2}}\,\mathfrak{i}_1, \quad \mathfrak{L}_5 = \frac{e}{\varDelta}\sqrt{\frac{1}{m_1} + \frac{1}{m_2}}\,\mathfrak{i}_2, \quad \mathfrak{L}_6 = \frac{e}{\varDelta}\sqrt{\frac{1}{m_1} + \frac{1}{m_2}}\,\mathfrak{i}_3,$$

und die Dispersionsformel lautet:

$$(223) \qquad n^2 = n_0^2 + 4\pi\,\frac{e^2}{\varDelta}\left(\frac{1}{m_1} + \frac{1}{m_2}\right) \cdot \frac{1}{\omega^{(0)2} - \omega^2},$$

wo

$$(223') \qquad \omega^{(0)} = \sqrt{\varDelta D\left(\frac{1}{m_1} + \frac{1}{m_2}\right)}\cdot$$

Dabei ist das Glied n_0^2 hinzugefügt, das den Einfluß der ultravioletten Eigenschwingungen der Elektronen (deren Koppelung mit den Atomen unberücksichtigt bleibt) ausdrücken soll. Man erhält also eine Dispersionsformel vom *Drude*schen Typus (209'), wobei die Ionenmasse präzisiert ist als

$$\frac{1}{m_r} = \frac{1}{m_1} + \frac{1}{m_2}\cdot$$

Diese Formeln (223), (223') sind zuerst von *W. Dehlinger*[110]) an einem speziellen Gittermodell entwickelt, später von *M. Born*[111]) allgemein begründet worden.

Die entsprechenden Überlegungen lassen sich auch für ein D-Gitter durchführen, dessen Basis drei Partikel enthält, von denen zwei physikalisch gleich sind (s. Nr. **13**, III); dann lauten die Schwingungsgleichungen

$$\omega^{(0)2} m_1 \mathfrak{U}_{1x}^{(0)} + \varDelta(-2D\mathfrak{U}_{1x}^{(0)} + D\mathfrak{U}_{2x}^{(0)} + D\mathfrak{U}_{3x}^{(0)}) = 0,$$

$$\omega^{(0)2} m_2 \mathfrak{U}_{2x}^{(0)} + \varDelta(D\mathfrak{U}_{1x}^{(0)} - (D + D')\mathfrak{U}_{2x}^{(0)} + D'\mathfrak{U}_{3x}^{(0)}) = 0,$$

$$\omega^{(0)2} m_2 \mathfrak{U}_{3x}^{(0)} + \varDelta(D\mathfrak{U}_{1x}^{(0)} + D'\mathfrak{U}_{2x}^{(0)} - (D + D')\mathfrak{U}_{3x}^{(0)}) = 0,$$

110) *W. Dehlinger*, Phys. Ztschr. 15 (1914), p. 276; Diss. München 1915.
111) *M. Born*, Berl. Berl. 1918, p. 604; Phys. Ztschr. 19 (1918), p. 539.

deren Lösungen sind:

$$\omega^{(0)} = 0, \qquad\qquad \mathfrak{U}_{1x}^{(0)} : \mathfrak{U}_{2x}^{(0)} : \mathfrak{U}_{3x}^{(0)} = 1 : 1 : 1,$$

$$\omega^{(0)} = \sqrt{\varDelta \frac{D + 2D'}{m_2}}, \qquad \mathfrak{U}_{1x}^{(0)} : \mathfrak{U}_{2x}^{(0)} : \mathfrak{U}_{3x}^{(0)} = 0 : 1 : -1,$$

$$\omega^{(0)} = \sqrt{\varDelta D \left(\frac{2}{m_1} + \frac{1}{m_1}\right)}, \quad \mathfrak{U}_{1x}^{(0)} : \mathfrak{U}_{2x}^{(0)} : \mathfrak{U}_{3x}^{(0)} = \frac{2}{m_1} : -\frac{1}{m_2} : -\frac{1}{m_2}.$$

Nur die letzte liefert ein von Null verschiedenes Moment ($e_1 = 2e$, $e_2 = e_3 = -e$)[111a]

$$\mathfrak{L}_4 = e\sqrt{2\left(\frac{2}{m_1} + \frac{1}{m_2}\right)} \cdot \mathfrak{i}_1, \quad \ldots$$

Daher erhält man die Dispersionsformel

$$(224) \qquad n^2 = n_0{}^2 + 4\pi \frac{e^2}{\varDelta} 2\left(\frac{2}{m_1} + \frac{1}{m_2}\right) \cdot \frac{1}{\omega^{(0)2} - \omega^2},$$

wo

$$(224') \qquad \omega^{(0)} = \sqrt{\varDelta D\left(\frac{2}{m_1} + \frac{1}{m_2}\right)}$$

ist.

Man kann die Formeln (223) und (224) in eine zusammenfassen. N sei die Anzahl der Molekeln in einem Mol (*Loschmidt*sche Zahl pro Mol). Ist F die aus der Elektrolyse bekannte Äquivalentladung des Mol in elektrostatischen Einheiten (*Faraday*sche Konstante), und bedeutet z die Wertigkeit der, die Ladung e tragenden Ionen, so ist $e = \frac{Fz}{N}$. Ferner sind die Atomgewichte der Ionen $M_1 = m_1 N$, $M_2 = m_2 N$, und die Dichte ist

$$s = 2: \quad \varrho = \frac{M_1 + M_2}{N\varDelta}, \quad s = 3: \quad \varrho = \frac{M_1 + 2M_2}{N\varDelta}.$$

Dann erhält man

$$(225) \qquad n^2 = n_0{}^2 + \frac{K}{1 - \dfrac{\omega^2}{\omega^{(0)2}}},$$

wo

$$(225') \qquad K = p\,\frac{4\pi F^2 z^2 \varrho}{M_1 M_2 \omega^{(0)2}} \qquad \begin{cases} p = 1 \text{ für } s = 2, \\ p = 2 \text{ für } s = 3. \end{cases}$$

Dies ist eine Relation zwischen den beiden Konstanten K, $\omega^{(0)}$ der Dispersionsformel (225).

[111a] Hiernach dürfte Flußspat CaF_2 nur eine Reststrahl-Frequenz haben; doch werden zwei beobachtet. Wenn auch die kürzere reell ist, muß man wohl annehmen, daß sie der Eigenschwingung mit verschwindendem Moment entspricht, die auf noch nicht aufgeklärte Weise indirekt angeregt wird (s. Anm. 105a).

Setzt man in (225) $\omega = 0$, so muß n^2 in die Dielektrizitätskonstante ε bei fehlender Deformation und n_0^2 in den Beitrag ε_0 der Elektronen zu dieser übergehen. Daher erhält man:

$$(226) \qquad\qquad \varepsilon - \varepsilon_0 = K.$$

Dieselbe Relation kann man auch auf dem Wege bekommen, daß man in (223') bzw. (224') den Wert von D aus (91') bzw. (91'') einsetzt; dann findet man nach einfacher Rechnung $K = a_{11}$, wo a_{11} nach Nr. **11**, I gleich $\varepsilon - 1$, bei Berücksichtigung der Elektronenverschiebung gleich $\varepsilon - \varepsilon_0$ zu setzen ist. Der Unterschied der hier als Grenzwert von n^2 auftretenden Dielektrizitätskonstante bei fehlender Deformation von der direkt meßbaren Dielektrizitätskonstante bei fehlender Spannung ist praktisch belanglos.[112])

Aus (225'), (226) kann man $\omega^{(0)}$ oder die zugehörige Wellenlänge $\lambda_0 = \dfrac{2\pi c}{\omega^{(0)}}$ durch $\varepsilon - \varepsilon_0$ ausdrücken; man erhält:

$$(227) \qquad\qquad \lambda_0 = \frac{c\sqrt{\pi}}{z\,\mathrm{F}} \sqrt{\frac{(\varepsilon - \varepsilon_0)\mathrm{M}_1\mathrm{M}_2}{\varrho p}}.$$

Für $\mathrm{F} = 2{,}90 \cdot 10^{14}$ E. S. E. wird der Zahlenfaktor $\dfrac{c\sqrt{\pi}}{\mathrm{F}} = 1{,}835$. Die Formel (227) ist ein Gegenstück zu der in Nr. **13**, II abgeleiteten (96'). Sie ist von *Dehlinger* bei NaCl, KCl und CaF_2, von *Born* außerdem bei KBr, KJ und einigen Silber- und Thalliumsalzen geprüft worden; die berechneten Zahlen wurden direkt mit den von *Rubens* bestimmten Reststrahlwellenlängen verglichen. Dabei ergaben sich erhebliche Abweichungen. *K. Försterling*[113]) hat nun bemerkt, daß das Maximum des Reflexionsvermögens (die Reststrahlfrequenz ω_m) nicht mit der Eigenfrequenz $\omega^{(0)}$ zusammenfällt, und hat den Unterschied berechnet; er findet:

$$(227') \qquad\qquad \omega_m^2 = \omega^{(0)2}\left(1 + \frac{K}{2\varepsilon_0}\right).$$

In der folgenden Tabelle bedeuten λ_0 die nach (227) berechneten Werte, $\lambda_m = \dfrac{2\pi c}{\omega_m}$ die nach *Försterling* korrigierten und λ_R die *Rubens*schen Reststrahlen.

---

112) *M. Born* [Phys. Ztschr. 19 (1918), p. 539] hat $\omega^{(0)}$ durch die Dielektrizitätskonstante bei fehlender Spannung ausgedrückt. Nach (94) ist $b_{11} = a_{11} + \dfrac{c_{14}^2}{c_{44}}$, und daraus folgt nach (88'), (91'), (92') leicht $\dfrac{b_{11}}{a_{11}} = \dfrac{c_{12}}{c_{44}}$. Daher tritt in (227) an die Stelle von $(\varepsilon - \varepsilon_0)$ in diesem Falle $\dfrac{c_{12}}{c_{44}}(\varepsilon - \varepsilon_0)$.

113) *K. Försterling*, Ann. d. Phys. (4) 61 (1920), p. 577.

Tabelle III.

Substanz		p	z	$\varepsilon - \varepsilon_0$	ϱ	λ_0	λ_m	λ_R
Steinsalz	NaCl	1	1	3,51	2,17	66,7	50,9	52,0
Sylvin	KCl	1	1	2,59	1,99	78,0	61,6	63,4
Bromkalium . .	KBr	1	1	2,30	2,76	94,0	76,8	82,6
Jodkalium . . .	KJ	1	1	2,44	3,07	115,0	95,3	94,1
Flußspat	CaF$_2$	2	1	4,79	2,18	53,1	35,9	31,6
Zinkblende . . .	ZnS	1	2	6,50	4,00	53,5	30,0	30,9
Chlorsilber . . .	AgCl	1	1	6,85	5,56	127,0	93,6	81,5
Bromsilber . . .	AgBr	1	1	7,48	6,48	183,0	136,0	112,7

Bei den ersten sechs Körpern stimmen die λ_m mit den λ_R recht
gut überein. Bei diesen muß daher die Voraussetzung der Theorie,
daß keine merkliche Koppelung zwischen Ionenverschiebung und Elektronenverschiebung vorhanden ist, ziemlich gut erfüllt sein. Besonders beachtenswert ist die gute Übereinstimmung bei Zinkblende ZnS,
da dadurch die Zweiwertigkeit der Zn- und S-Ionen ($z = 2$) im kri-
stallisierten Zustande bewiesen wird. Bei den Silbersalzen sind größere
Abweichungen vorhanden, und bei den (hier nicht aufgeführten) Thalliumsalzen TlCl, TlBr, TlJ ist die Übereinstimmung noch schlechter;
die berechneten Werte fallen zu groß aus. Man muß das wohl auf
die Verzerrung der Elektronenkonfiguration der Atome bei der Verrückung der Ionen zurückführen. Die Koppelung von Ionen und
Elektronen führt auf Schwingungsgleichungen vom Typus (213); diese
hat *M. Born*[112]) diskutiert und gezeigt, daß die Abweichungen auf
diese Weise verständlich gemacht werden können. Daß gerade bei
Silber- und Thalliumsalzen dieser Effekt beträchtlich wird, kann man
vielleicht auf die Stellung dieser Metalle im periodischen System der
Elemente (Ag in der ersten, Tl in der dritten Nebenreihe) zurückführen.

Die *Madelung-Einstein*sche Formel (222) kann man aus (223′)
gewinnen, wenn man über die Größe von D eine geeignete Hypothese
macht. Aus (84) erkennt man, daß D von derselben Größenordnung
wie $\frac{A}{\delta^2}$ oder $\frac{B}{\delta^2}$ ist; andererseits ist nach (90)

$$\frac{1}{3}(A + 2B) = \frac{1}{\varkappa} \cdot$$

Setzt man nun $D = \frac{a}{\varkappa \delta^2}$, so wird a dimensionslos und von der Größenordnung 1 sein. Führt man das in (223′) ein, so erhält man nach
leichter Rechnung in Übereinstimmung mit (222)

$$(222'') \qquad \qquad \lambda = \left(\frac{2\pi c}{a^{\frac{1}{2}} N^{\frac{1}{3}}}\right) \varkappa^{\frac{1}{2}} \varrho^{\frac{1}{6}} M^{\frac{1}{3}},$$

wo M den von *Madelung* angegebenen Wert (222') hat; der Zahlenfaktor wird mit $N = 6{,}06 \cdot 10^{21}$ gleich $2{,}2 \cdot 10^3 a^{-\frac{1}{2}} \mathrm{sec}^{-1}$, also von der richtigen Größenordnung.

Aus dieser Ableitung kann man den Gültigkeitsbereich der *Madelung-Einstein*schen Formel übersehen; dieser erstreckt sich so weit, als $a = \varkappa D \delta^2$ konstant ist. Man kann annehmen, daß das für Gitter von gleicher oder ähnlicher Struktur der Fall sein wird; daraus erklärt sich das Zutreffen der Formel für die gleich aufgebauten Alkali-Halogen-Salze. Da nur $\sqrt{a}$ in die Formel eingeht, ist diese gegen Strukturverschiedenheiten relativ unempfindlich.

Über die absolute Berechnung der ultraroten Frequenzen aus der Hypothese der elektrostatischen Atomkräfte s. Nr. **38**.

F. Lindemann[114]) hat eine ganz andere Dimensionsformel für die ultraroten Eigenfrequenzen angegeben, die einen Zusammenhang mit der Schmelztemperatur T_s herstellt. Er nimmt an, daß das Schmelzen dann eintrete, wenn die Amplituden der Schwingungen so weit angewachsen sind, daß Nachbaratome zusammenstoßen. Unabhängig von diesem unwahrscheinlichen Mechanismus gibt eine Dimensionsbetrachtung[115]) die Formel:

$$(228) \qquad \omega = C \cdot R^{\frac{1}{2}} N^{\frac{1}{3}} \sqrt{\frac{T_s}{M V^{\frac{2}{3}}}},$$

wo R die Gaskonstante, N die *Loschmidt*sche Zahl pro Mol, M das Molekulargewicht und $V = \dfrac{M}{\varrho}$ das Molvolumen ist. Die Konstante $R^{\frac{1}{2}} N^{\frac{1}{3}}$ hat den Wert $0{,}77 \cdot 10^{12}\, \mathrm{g}^{\frac{1}{2}} \mathrm{cm}^{-\frac{3}{2}} \mathrm{sec}^{-1} \mathrm{grad}^{-\frac{1}{2}}$; C ist dimensionslos und nach *Lindemann* gleich 2,75. Diese Formel gibt die beobachteten Reststrahlfrequenzen mit beträchtlicher Genauigkeit wieder.

Andere Methoden zur Bestimmung der ultraroten Eigenfrequenzen hängen mit der Theorie der spezifischen Wärme zusammen und werden im folgenden besprochen.

IV. Thermodynamik.

25. Klassische Theorie der Atomwärme. Gegenstand des folgenden Referats soll nicht die phänomenologische Thermodynamik der Kristalle[115a]) sein, sondern die auf statistische Mechanik und Quantentheorie gegründete Lehre von den ungeordneten Bewegungen der Partikel im Kristallgitter.

---

114) *F. A. Lindemann*, Phys. Ztschr. 11 (1910), p. 609.

115) *A. Einstein*, Ann. d. Phys. (4) 35 (1911), p. 689; *E. Grüneisen*, Verh. d. Deutsch. Phys. Ges. 13 (1911), p. 836; Ann. d. Phys. (4) 39 (1912), p. 257.

115a) Vgl. hierzu V 10 (*H. Kamerlingh Onnes* u. *W. H. Keesom*). V, Nr. **70—75**.

Die einfachste Frage ist die nach dem Energieinhalte bei gegebener Temperatur, die durch die Theorie von der spezifischen Wärme beantwortet wird.[115b]

Es gibt zwei alte Erfahrungssätze über die spezifische Wärme fester Körper:

I. *Das Gesetz von Dulong und Petit.*[116]

Die Wärmemenge, die zur Erhöhung der Temperatur eines Grammatoms eines Elements im festen Aggregatzustand um 1^0 C nötig ist (die *Atomwärme*), hat für fast alle Elemente nahezu denselben Wert von etwa 6,4 cal.

II. *Die Regel von Neumann und Regnault.*[117]

Eine chemische Verbindung hat nahezu dieselbe Wärmekapazität wie die unverbundenen Komponenten zusammen.

Der Satz I bezieht sich auf die Atomwärme bei konstantem Druck $C_p = \left(\frac{\partial E}{\partial T}\right)_p$, wo E die thermische Energie pro Grammatom und T die absolute Temperatur ist. C_p ist direkt meßbar; für die Theorie wich-

---

115b) Im folgenden soll die Literatur nur soweit vollständig angegeben werden, als sie auf die Theorie der Kristallgitter Bezug hat. Ausführliche Literaturangaben finden sich in den folgenden Darstellungen:

F. Richarz, Die Theorie des Gesetzes von Dulong und Petit, Ztschr. f. anorg. Chem. 58 (1908), p. 356; 59 (1908), p. 146; Ann. d. Phys. 39 (1912), p. 1617; Verh. d. Deutsch. Phys. Ges. 18 (1916), p. 365.

A. Eucken, Neuere Untersuchungen über den Temperaturverlauf der spezifischen Wärme, Jahrb. d. Rad. u. Elektr. 8 (1911), p. 489; I. Conseil Solvay, Deutsche Ausg. p. 376 ff. (Halle a. S. 1914, Knapp).

A. Wigand, Neuere Untersuchungen über spezifische Wärmen, Jahrb. d. Rad. u. Elektr. 10 (1913), p. 54.

E. Grüneisen, Molekulartheorie der festen Körper, II. Conseil Solvay, Brüssel 1913.

W. Nernst, Vorträge über die kinetische Theorie der Materie (Wolfskehl-Kongreß, Göttingen 1913; Leipzig 1914, B. G. Teubner), p. 63 ff.; Die theoretischen und experimentellen Grundlagen des neuen Wärmesatzes, Kap. III u. IV (Halle a. S. 1918, Knapp).

E. Schrödinger, Die Ergebnisse der neueren Forschung über Atom- und Molekularwärmen, Die Naturwissenschaften 5 (1917), p. 537 u. 561; Der Energieinhalt der Festkörper im Lichte der neueren Forschung, Phys. Ztschr. 20 (1919), p. 420, 450, 474, 497, 523. Die letztgenannte Darstellung enthält insbesondere eine vollständige Übersicht über die neuere experimentelle und theoretische Forschung.

116) *P. Dulong* u. *A. Th. Petit,* Ann. chim. phys. 10 (1819), p. 395.

117) *F. Neumann,* Pogg. Ann. 23 (1831), p. 32; *H. V. Regnault,* Ann. chim. phys. (2) 73 (1840), p. 1; Pogg. Ann. 51 (1840), p. 44, 213; *J. P. Joule,* Phil. Mag. (3) 25 (1844), p. 334; *H. Kopp,* Lieb. Ann. Supplem. 3 (1864), p. 1, 290, 307; *C. Pape,* Pogg. Ann. 120 (1863), p. 337, 579; 122 (1864), p. 408; 123 (1864), p. 277.

tiger ist aber die Atomwärme bei konstantem Volumen C_v; zwischen beiden besteht die thermodynamische Beziehung[118]):

$$(229) \qquad C_p - C_v = \frac{9\,\alpha^2\,V\,T}{\varkappa},$$

wo V das Atomvolumen, $\varkappa$ die kubische Kompressibilität und α der lineare, thermische Ausdehnungskoeffizient sind. Durch diese Korrektion rückt die Häufungsstelle der C_p-Werte bei 6,4 cal grad^{-1} nach etwa 6,0 cal grad^{-1} für C_v[119]). Nach dem Satz II kann man auch von der „Atomwärme“ von Verbindungen sprechen. Man erhält sie aus der Molekularwärme (Wärmekapazität pro Gramm-Molekel, Mol) durch Division mit der Zahl p der Atome in der Molekel. Durch Kombination der Sätze I und II folgt dann, daß auch für Verbindungen angenähert $C_v = 6,0$ cal grad^{-1} gilt.

Die Atomwärme der einatomigen Gase beträgt nach der kinetischen Gastheorie[120]) $C_v = \frac{3}{2}R$, wo die Gaskonstante R den Wert $R = 1,985$ cal grad^{-1} hat; in Übereinstimmung damit hat die experimentelle Forschung tatsächlich etwa 3 cal ergeben.

Die Atomwärme der festen Körper ist also gerade doppelt so groß wie die der einatomigen Gase. Die kinetische Theorie erklärt dieses Verhältnis durch den *Satz von der Gleichverteilung der Energie auf die Freiheitsgrade.*[121]) Ein mechanisches System von sehr viel Freiheitsgraden habe die Koordinaten $q_1, q_2, \ldots$ und die konjugierten Impulse $p_1, p_2, \ldots$; wenn dann die Energie H einen Anteil hat, der gewisse der p, q nur quadratisch enthält, so ist der statistische Mittelwert dieses Energieanteils gleich

$$n\,\frac{k\,T}{2},$$

wo n die Anzahl der darin vorkommenden p, q ist und k die *Boltzmannsche Konstante*, die Gaskonstante bezogen auf ein Atom[122]):

$$(230) \qquad k = \frac{R}{N} = 1,371 \cdot 10^{-16} \text{ erg grad}^{-1}.$$

118) S. hierzu diese Encykl. V 3 (*G. H. Bryan*), Nr. **20**, Formel (100), p. 116.

119) *F. Richarz*, Wied. Ann. 48 (1893), p. 708; *G. N. Lewis*, Ztschr. f. phys. Chem. 32 (1900), p. 364; Ztschr. f. anorg. Chem. 55 (1907), p. 200; J. Amer. chem. soc. 29 (1907), p. 1165, 1516; *E. Grüneisen*, Ann. d. Phys. (4) 26 (1908), p. 401.

120) S. diese Encykl. V 8 (*L. Boltzmann* u. *J. Nabl*), Nr. **4**; V 10 (*H. Kamerlingh Onnes* u. *W. H. Keesom*), Nr. **57**.

121) *L. Boltzmann*, Wien. Sitzungsb. (2) 63 (1871), p. 397, 679, 712; Wiss. Abh. I, Nr. 18, p. 237; Nr. 19, p. 259; Nr. 20, p. 288; Vorles. über Gastheorie, II, Kap. 3 u. 4.

122) Die Zahlenangaben über atomistische Konstanten in diesem Artikel stützen sich auf die neuesten kritischen Zusammenstellungen: *R. Ladenburg*, Bericht über die Bestimmung von Plancks elementarem Wirkungsquantum h, Jahrb.

Da insbesondere die kinetische Energie die p quadratisch enthält, so ist ihr Mittelwert für ein System von f Freiheitsgraden gleich $f\dfrac{kT}{2}$. Für ein Grammatom eines einatomigen Gases ($f = 3N$) folgt hieraus $\frac{3}{2}NkT = \frac{3}{2}RT$, d. h. es ist

$$C_v = \tfrac{3}{2}R.$$

Betrachtet man die Molekel eines zweiatomigen Gases als zwei starr verbundene Massenpunkte (Hantel-Modell), so kommen zu den drei translatorischen Freiheitsgraden zwei rotatorische hinzu; daher wird $C_v = \frac{5}{2}R$. Können die beiden Massenpunkte harmonische Schwingungen gegeneinander ausführen, so ist die potentielle Energie dieser Bewegung dem Quadrat des Abstandes proportional; daher kommt dieser als Koordinate q zu den p hinzu, und es wird $C_v = \frac{6}{2}R = 3R$.

Beim festen Körper (Kristallgitter) von N Atomen ist die kinetische Energie eine quadratische Form der $3N$ Impulse p, die zu den $3N$ Verrückungskomponenten als Koordinaten q gehören; bei kleinen Verrückungen ist die potentielle Energie ebenfalls eine quadratische Form der $3N$ Koordinaten q. Also hat das System die mittlere Energie

$$(231) \qquad E = 6N\frac{kT}{2} = 3RT;$$

die Atomwärme ist also $C_v = 3R = 5{,}956 \ \mathrm{calgrad}^{-1}$ in Übereinstimmung mit den Gesetzen von *Dulong-Petit* und *Neumann-Regnault*.

Diese Regeln sind aber tatsächlich keineswegs ausnahmslos gültig. Besonders starke Unterschreitungen des Normalwerts $C_v = 6{,}0 \ \mathrm{calgrad}^{-1}$ sind bei den Elementen Bor, Kohlenstoff, Silizium schon sehr lange bekannt[123]); die neueren Untersuchungen haben gezeigt, daß man nur zu tieferen Temperaturen zu gehen braucht, um bei allen festen Elementen solche Unterschreitungen zu finden, ja daß die spezifische Wärme mit sinkender Temperatur schließlich verschwindend klein wird. Auch Überschreitungen des Normalwerts kommen sehr häufig vor; bei hohen Temperaturen steigt C_v oft über den Wert von $7 \ \mathrm{calgrad}^{-1}$.

Zur Erklärung dieser Abweichungen liegt die Hypothese nahe, daß die thermischen Molekularbewegungen nicht klein genug sind, um eine Darstellung der potentiellen Energie als quadratische Form der Verrückungen zu gestatten.[124]) In der Tat lassen sich hierdurch

---

d. Rad. u. Elektr. 12 (1920), p. 93; *W. Gerlach*, Die experimentellen Grundlagen der Quantentheorie (Sammlung Vieweg, Braunschweig 1921), VIII, p. 136.

123) *H. F. Weber*, Pogg. Ann. 154 (1875), p. 367, 553; *U. Behn*, Wied. Ann. 66 (1898), p. 237; Ann. d. Phys. 1 (1900), p. 257; *W. A. Tilden*, Phil. Trans. 201 (1903), p. 37.

124) *F. Richarz*, Wied. Ann. 67 (1899), p. 702; Marb. Ber. 1906, p. 187.

Schwankungen um den Normalwert und besonders gewisse gesetzmäßige Überschreitungen desselben verstehen (s. Nr. **34**). Aber mit sinkender Temperatur, d. h. abnehmenden Schwingungsamplituden, müßte sich dann C_v asymptotisch dem Werte $3R$ nähern; das ist nach den neueren Experimentaluntersuchungen *nicht* der Fall, C_v sinkt zugleich mit T dauernd und wird in der Nähe des absoluten Nullpunktes verschwindend klein.

Will man dieses Verhalten im Rahmen der klassischen, statistischen Mechanik erklären, so bietet sich kaum ein anderer Weg als die Annahme, daß die Anzahl der Freiheitsgrade mit sinkender Temperatur abnimmt, indem an die Stelle quasielastischer Kräfte starre Bindungen treten. Diese *Agglomerationshypothese* ist zuerst von *Richarz* vertreten worden und hat bis in neuere Zeit Verteidiger gefunden.[125] Sie kann sich auf die Tatsache stützen, daß bei vielen zweiatomigen Gasen (H_2, O_2, N_2 u. a.) ein Freiheitsgrad erstarrt zu sein scheint, da bei diesen C_v nicht $= 3R$, sondern $= \frac{5}{2}R$ ist. Es gibt aber schwerwiegende Gründe gegen diese Annahme:

1. Sie würde eine starke Abnahme der Kompressibilität mit sinkender Temperatur verlangen; das widerspricht der Erfahrung.[126]

2. Man müßte erwarten, daß bei chemischer Bindung, also besonders kräftiger Agglomeration, eine Verkleinerung der Wärmekapazität auftritt; das ist nach *Neumann-Regnault* nicht der Fall.

3. Die Annahme eines allmählichen Steiferwerdens (d. h. eines allmählichen Wachsens der Frequenz) genügt nicht, da nach dem Gleichverteilungssatz auf jeden Freiheitsgrad von beliebiger, aber endlicher Steifigkeit immer dieselbe Energie $\frac{1}{2}kT$ fällt. Man muß also ein plötzliches Umschlagen in *absolute* Starrheit verlangen. Das ist eine gedankliche Härte, zu deren Beseitigung eine Revision der Prinzipien der statistischen Theorie notwendig erscheint.[127]

---

125) *F. Richarz*, Marb. Ber. 1904, p. 1; *M. Reinganum*, Phys. Ztschr. 10 (1909), p. 351; *J. Duclaux*, Paris C. R. 155 (1912), p. 1015; J. chim. phys. 11 (1913), p. 157; *C. Benedicks*, Ann. d. Phys. (4) 42 (1913), p. 133; *A. H. Compton*, Phys. Rev. (2) 5 (1915), p. 338; 6 (1915), p. 377; hierzu: *F. Schwers*, Phys. Rev. 8 (1916), p. 117.

126) *E. Grüneisen*, Verh. d. Deutsch. Phys. Ges. 13 (1911), p. 502.

127) Andere Versuche, die Quantenhypothese zu vermeiden und auf klassischem Boden zu bleiben, wurden zahlreich unternommen, doch ohne Erfolg; z. B.: *R. C. Tolman*, Phys. Rev. 4 (1914), p. 145; *S. Ratnowsky*, Verh. d. Deutsch. Phys. Ges. 17 (1915), p. 64; *K. Försterling*, Ann. d. Phys. (4) 47 (1915), p. 1127; *W. Nernst*, Verh. d. Deutsch. Phys. Ges. 18 (1916), p. 83; vgl. hierzu: *L. Zehnder*, Verh. d. Deutsch. Phys. Ges. 18 (1916), p. 134. 181.

Eine solche Revision wird auch noch durch andere Schwierigkeiten gefordert, die mit der zuletzt genannten in engem Zusammenhang stehen. Ein einzelnes Atom wird in der *Boltzmann*schen Statistik als Massenpunkt mit drei Freiheitsgraden behandelt. Tatsächlich muß ein Atom ein ausgedehntes Gebilde von verwickelter Struktur sein; die Gastheorie selber schreibt ihm einen endlichen Radius zu, und die Optik konstatiert im Spektrum eine Fülle von Eigenschwingungen. Warum dürfen bei der Berechnung der thermischen Energie die rotatorischen und inneren Freiheitsgrade des Atoms nicht gezählt werden?

Die Antwort auf diese Frage gab *Einstein*[128]) durch eine Verbindung der Theorie des Energieinhaltes der Festkörper mit der ganz unabhängig davon entstandenen Theorie der Wärmestrahlung und der Quanten.[129])

26. Quantentheorie der Atomwärme. Die Strahlungstheorie war in ähnliche Schwierigkeiten geraten wie die Lehre von der spezifischen Wärme. Befindet sich in einem von spiegelnden Wänden umschlossenen Hohlraum elektromagnetische Strahlung im statistischen Gleichgewicht, so kann man die mittlere Dichte der Strahlungsenergie nach *Rayleigh* und *Jeans*[130]) so berechnen: Die Anzahl der auf ein Intervall dv fallenden Schwingungszahlen ist (s. II, Nr. **18**, Formel (155))

$$dz = 3\,V F v^2\,dv, \quad \text{wo} \quad F = \frac{4\,\pi}{3} \cdot \frac{2}{c^3}$$

ist; da nach dem Gleichverteilungssatze auf jeden Freiheitsgrad der Betrag kT an (kinetischer plus potentieller) Energie fällt, wird die „spektrale Energieverteilung" (Energiedichte pro Frequenzbereich 1):

$$u\,(v,\,T) = \frac{1}{V}\,kT\,\frac{dz}{dv} = \frac{8\,\pi k\,T}{c^3}\,v^2.$$

Diese Formel ist aber physikalisch sinnlos; denn da der Hohlraum unendlich viele Eigenschwingungen hat, so wird die Gesamtenergie (Integral nach v von 0 bis ∞) unendlich groß.

Die Entwicklung der Strahlungstheorie hat nach langjährigen Rettungsversuchen schließlich zur Aufgabe des Gleichverteilungssatzes geführt. *Planck*[131]) führte die Hypothese ein, daß die mittlere Energie

---

128) *A. Einstein*, Ann. d. Phys. (4) 22 (1907), p. 180, 800; 34 (1911), p. 170, 590.

129) S. diese Encykl. V 23 (*W. Wien*).

130) Lord *Rayleigh*, Phil. Mag. (5) 49 (1900). p. 539; Nature 72 (1905), p. 524, 243. *J. H. Jeans*, Phil. Mag. 10 (1905), p. 91.

131) *M. Planck*, Verh. d. Deutsch. phys. Ges. 1900, p. 202, 237; Ann. d. Phys. 4 (1901), p. 553, 564; 6 (1901), p. 818; 9 (1902), p. 629; Vorl. über die Theorie der Wärmestrahlung (Leipzig, vier von einander wesentlich verschie-

eines Resonators von der Schwingungszahl ν außer von der Temperatur noch von ν selber abhängt; er setzt sie gleich

$$(232) \qquad kT\,\mathsf{P}\left(\frac{h\nu}{kT}\right), \quad \mathsf{P}(x) = \frac{x}{e^x - 1}.$$

In diesem Gesetze kommt neben der *Boltzmann*schen Gaskonstanten k eine weitere Naturkonstante vor, das *Plancksche Wirkungsquantum*

$$h = 6{,}54 \cdot 10^{-27}\ \text{erg sec.}$$

Die Plancksche Strahlungsformel

$$(233) \qquad u(\nu,\,T) = \frac{kT}{V}\,\mathsf{P}\left(\frac{h\nu}{kT}\right)\frac{dz}{d\nu} = \frac{8\pi h}{c^3}\,\frac{\nu^3}{e^{\frac{h\nu}{kT}} - 1}$$

hat sich im ganzen Spektrum bewährt[132]); aus dieser Tatsache kann man umgekehrt auf die Richtigkeit des Ausdrucks (232) für die Resonator-Energie schließen. Die Funktion $\mathsf{P}(x)$ konvergiert für $x = 0$ gegen 1; daher erscheint der Gleichverteilungssatz als Grenzfall $\frac{h\nu}{kT} \ll 1$.

Die statistische Deutung der Formel (232) führte *Planck* zu der Vorstellung, daß die Energie eines Resonators nicht beliebige Werte annehmen könne, sondern nur ganzzahlige Vielfache eines kleinsten Betrages $h\nu$. Dann ergibt die Statistik eines Resonatorensystems gerade die mittlere Energie (232). Später hat *Planck*[133]) den Versuch gemacht, diese Theorie den klassischen Vorstellungen dadurch zu nähern, daß er die Energieabsorption des Resonators als stetig und die Unstetigkeit nur für die Emissionsprozesse annahm. Er erhielt eine Formel für die mittlere Energie des Resonators, die sich von (232) durch ein additives Glied $\frac{1}{2}h\nu$ („Nullpunktsenergie") unterscheidet. Doch läßt sich diese Form der Quantentheorie heute kaum noch aufrechterhalten und soll hier außer Betracht bleiben.

Einstein ging von der Überlegung aus, daß die Atome eines festen Körpers als Resonatoren betrachtet werden können; dann muß aber ihre mittlere Energie durch die aus der Strahlungstheorie gewonnene Formel (232) gegeben sein, denn sonst könnte bei geladenen Atomen nicht statistisches Gleichgewicht zwischen Strahlung und

---

dene Auflagen, die erste 1906, die vierte 1921); s. auch: *F. Reiche*, Die Quantentheorie (Berlin 1921).

132) Eine Zusammenstellung der Literatur bei *G. Hettner* im Rubensheft der Naturwissenschaften 10 (1922), p. 1033. Nachdem neuerdings *W. Nernst* und *Th. Wulf* [Verh. d. Deutsch. Phys. Ges. 21 (1919), p. 294] Zweifel gegen die Gültigkeit des *Planck*schen Gesetzes geäußert hatten, wurde die letzte und genaueste Bestätigung von *H. Rubens* (Berl. Ber. 1911, p. 590) erbracht.

133) *M. Planck*, Verh. d. Deutsch. phys. Ges. 13 (1911), p. 138; Ann. d. Phys. 37 (1912), p. 642; Theorie der Wärmestrahlung, 2. Aufl. 1913.

thermischer Energie der Resonatoren bestehen. *Einstein* vernachlässigte zuerst die Koppelungen zwischen den Atomen und schrieb diesen sämtlich dieselbe Schwingungszahl ν zu; dann kommt den $3N$ Freiheitsgraden eines Grammatoms die mittlere Energie

$$(234) \qquad E = 3\,RT\,\mathsf{P}\left(\frac{\Theta}{T}\right)$$

zu, wo statt ν die „charakteristische Temperatur"

$$(235) \qquad \Theta = \frac{h\,\nu}{k} = 4{,}76 \cdot 10^{-11} \cdot \nu = 1{,}428\,\frac{1}{\lambda}$$

(ν in sec, λ in cm, Θ in Grad) eingeführt ist; daraus folgt die Atomwärme

$$(236) \qquad C_v = 3\,R\,\mathsf{S}\left(\frac{\Theta}{T}\right) = 3\,R\,\frac{\left(\frac{\Theta}{T}\right)^2 e^{\frac{\Theta}{T}}}{\left(e^{\frac{\Theta}{T}} - 1\right)^2},$$

wo

$$(236') \qquad \mathsf{S}\,(x) = \mathsf{P}\,(x) - x\,\mathsf{P}'(x) = \frac{x^2\,e^x}{(e^x - 1)^2}$$

gesetzt ist. Da $\mathsf{S}\,(0) = 1$ ist, nähert sich C_v für große Werte von $\frac{T}{\Theta}$ dem *Dulong - Petit*schen Werte $3R$. Für kleine Werte von $\frac{T}{\Theta}$ verschwinden E und C_v exponentiell. Es gelten die Ungleichungen[134]

$$\mathsf{S}(x) \begin{cases} < 0{,}005 \ \text{für} \ x > 10, \\ > 0{,}975 \ \ „\ \ x < \ 0{,}5. \end{cases}$$

Außerhalb dieser Grenzen kann man die Funktion $\mathsf{S}\,(x)$ als praktisch gleich 0 bzw. 1 ansehen.

Bei normaler Temperatur, $T = 300^0\,\text{abs.}$, entsprechen aber diesen Grenzen folgende Werte von Θ und λ:

$$x > 10 \ : \ \Theta > 3000, \ \lambda < 4{,}8\,\mu,$$
$$x < \ 0{,}5: \ \Theta < \ 150, \ \lambda > 95\,\mu.$$

Fällt eine Eigenschwingung also unter $4{,}8\,\mu$ (kurzwelliges Ultrarot) so trägt sie bei gewöhnlicher Temperatur nichts zur spezifischen Wärme bei; fällt sie oberhalb $95\,\mu$ (langwelliges Ultrarot), so ist ihr Beitrag gleich dem normalen (*Dulong-Petit*schen) Werte; liegt sie zwischen diesen Grenzen, so liefert sie einen „anomalen" Beitrag.

Hierdurch werden sofort alle die Tatsachen verständlich, die der klassischen Theorie unüberwindliche Schwierigkeiten bereitet haben:

---

134) Tabellen für $\mathsf{P}\,(x)$, $\mathsf{S}\,(x)$ und andere Funktionen dieser Art bei *F. Pollitzer*, Die Berechnung chemischer Affinitäten nach dem Nernstschen Wärmetheorem (Stuttgart 1912); *W. Nernst*, Die theoretischen u. experimentellen Grundlagen des neuen Wärmesatzes (Halle 1918); *H. Miething*, Diss. Berlin. 1918·

1. Alle Freiheitsgrade mit Schwingungen unter $4,8\,\mu$, also im Sichtbaren und Ultravioletten, sind für die spezifische Wärme nicht zu zählen (erstarrt).
2. Anomal wird bei gewöhnlicher Temperatur die spezifische Wärme solcher Körper sein, die eine hohe, ultrarote Eigenschwingung ($4,8\,\mu < \lambda < 95\,\mu$) haben, also kleines Atomgewicht und hohe Elastizitätskonstante. In der Tat stehen alle Elemente, die besonders stark gegen die *Dulong - Petit*sche Regel verstoßen, ganz am Anfang des periodischen Systems:

Element:	C (Diamant)	B	Be	Si
Atomgewicht:	12	11	9	28
C_p circa:	1,7	2,8	3,7	4,6 calgrad^{-1}.

Auch den leichten Atomen H und O schreiben die Chemiker zur Aufrechterhaltung der *Neumann-Regnault*schen Regel die anomalen Werte 2,3 bzw. 4,0 cal grad^{-1} bei[135]). Diamant ist überdies durch große Härte und geringe Kompressibilität[136]) bekannt; und ähnlich, wenn auch nicht so extrem, verhalten sich die drei andern festen Elemente. *Einstein* hat den von *Weber*[123]) gemessenen Verlauf der Atomwärme des Diamanten zwischen $222,4^0$ und $1258,0^0$ abs. unter Zugrundelegung des Wertes $\lambda = 11,0\,\mu$ recht gut mit seiner monochromatischen Formel darstellen· können. Auch hat er sogleich den Fall mehrerer Eigenfrequenzen ins Auge gefaßt; in seiner zweiten Arbeit betrachtet er den Energieaustausch der Nachbaratome als Dämpfung der Schwingungen eines einzelnen Atoms und schließt aus der Größe dieser Dämpfung, daß die Schwingungen auch nicht annähernd monochromatisch sind.

Inzwischen war die experimentelle Erforschung des Verlaufs der Atomwärmen zu immer tieferen Temperaturen vorgeschritten.[137]) Die umfangreichsten Ergebnisse erreichten *W. Nernst* und seine Schule.[138]) Der Ausgangspunkt von *Nernst* war das von ihm aufgestellte und

---

135) *W. Nernst*, Theoretische Chemie, 7. Aufl., p. 172 ff.

136) *Th. W. Richards* [Ztschr. f. phys. Chem. 61 (1907). p. 183] gibt an: $\varkappa = 0,5 \cdot 10^{-12}\,\mathrm{dyn^{-1}\,cm^2}$. Eine neuere Messung von *L. H. Adams* [J. of. Wash. Acad. of Sciences 11 (1921), p. 45] ergab den noch erheblich kleineren Wert $\varkappa = 0,16 \cdot 10^{-12}$.

137) Nach *H. F. Weber* (Anm. 123) besonders J. Dewar, Proc. Roy. Inst. March 25 (1904); Proc. Roy. Soc. (A) 76 (1905), p. 325.

138) Wir nennen hier nur die wichtigsten und frühesten Veröffentlichungen: *A. Eucken*, Phys. Ztschr. 10 (1909), p. 586; *W. Nernst*, Ann. d. Phys. (4) 36 (1911), p. 395. Eine ausführliche Übersicht über die experimentelle Literatur gibt *E. Schrödinger*, Phys. Ztschr. 20 (1919), p. 420, 450, 474, 497, 523 (s. Anm. 115b)

nach ihm benannte Wärmetheorem[139]; dieses verlangt das Verschwinden der spezifischen Wärme fester Körper beim absoluten Nullpunkt. Ferner konnte *Nernst* die Berechnung chemischer Gleichgewichte mit Hilfe seines Theorems auf die Kenntnis des gesamten Temperaturverlaufs der spezifischen Wärmen der reagierenden Substanzen zurückführen. Zur Ausführung der Messungen wurden neue kalorimetrische Methoden verwandt, die auf dem Gedanken beruhen, den Körper, dessen Wärmekapazität bestimmt werden soll, im höchsten Vakuum an dünnen Drähten aufzuhängen und diese selben Drähte zugleich zur Zuführung des Heizstromes und des Meßstromes des Thermoelementes zu benutzen. Das Ergebnis war eine qualitative Bestätigung der *Einstein*schen Formel; bei einer sehr großen Reihe von Elementen und einfachen Verbindungen ließen sich die Kurven der Atomwärme mit Hilfe geeigneter Wahl der einen Konstanten Θ zur Deckung bringen. Es gilt also für den Energieinhalt ein Gesetz „korrespondierender Zustände".

Aber bei den tiefsten Temperaturen ergaben sich systematische Abweichungen durchweg in dem Sinne, daß die theoretische C_v-Kurve zu steil zu Null abfällt. Es liegt nahe, diesen Mangel der Theorie auf die Annahme monochromatischer Resonatoren zurückzuführen. Doch erschien zunächst die theoretische Bestimmung der vorhandenen Frequenzen und ihrer Häufigkeit nicht durchführbar. *Nernst* und *Lindemann*[140]) stellten eine empirische Formel auf, die man so deuten kann, daß die Hälfte der Resonatoren mit einer Schwingungszahl ν, die andere Hälfte mit der halben Schwingungszahl $\frac{\nu}{2}$ schwingt: sie lautet also

$$(237) \qquad E = 3\,RT \cdot \tfrac{1}{2} \left\{ \mathsf{P}\left(\tfrac{\Theta}{T}\right) + \mathsf{P}\left(\tfrac{\Theta}{2\,T}\right) \right\},$$

$$C_v = 3\,R \cdot \tfrac{1}{2} \left\{ \mathsf{S}\left(\tfrac{\Theta}{T}\right) + \mathsf{S}\left(\tfrac{\Theta}{2\,T}\right) \right\}.$$

Diese Formel schloß sich den Beobachtungen besser an, aber bei den tiefsten Temperaturen versagte sie ebenfalls. Die Messungen deuteten nicht auf einen exponentiellen, sondern einen wesentlich langsameren Abfall von C_v mit sinkender Temperatur hin. So wurde die Lösung des Problems dringend, die Schwingungen eines festen Körpers zu

---

139) S. diese Encykl. V 11 (*K. Herzfeld*), Nr. 4, p. 961. *W. Nernst,* Gött. Nachr. Math.-Phys. Kl. 1906, p. 1; Berl. Ber. 1906, p. 933. Sie auch die in Anm. 134 zit. Bücher. Ferner *M. Planck,* Phys. Ztschr. 13 (1912), p. 165; Ber. d. Deutsch. chem. Ges. 45 (1912), p. 5. Vorles. über Thermodynamik (Berlin-Leipzig, 6. Aufl. 1921), IV, 6. Kap., p. 271.

140) *W. Nernst* u. *F. Lindemann,* Berl. Ber. 1911, p. 494.

untersuchen und ihre Anzahl in einem gegebenen Frequenzintervall zu bestimmen.

Diese Aufgabe wurde fast gleichzeitig und unabhängig von *Debye*[141]) einerseits und von *Born* und *v. Kármán*[142]) andererseits durch Aufstellung der asymptotischen Gesetze der Eigenschwingungen gelöst (s. Nr. 18). Der Grundgedanke beider Arbeiten ist der gleiche, nämlich die Auflösung des Systems gekoppelter Verrückungen in unabhängige Normalkoordinaten, die wie Resonatoren behandelt werden. Die mathematische Methode aber ist verschieden, indem *Debye* den Körper als Kontinuum ansieht, während *Born* und *v. Kármán* ihn als Kristallgitter auffassen. Die letztere Theorie ist in ihrer Grundlage streng, insofern ein endliches Gitter (oder das ersetzende zyklische Gitter) von selbst eine endliche Anzahl von Freiheitsgraden hat. Ein Kontinuum aber hat abzählbar unendlich viele Eigenschwingungen; als Hauptgedanke der *Debye*schen Theorie ist darum das Verfahren anzusehen, mit dem er das unendliche Spektrum der Schwingungszahlen abschneidet. Nach (155) lautet das asymptotische Gesetz der Verteilung der Eigenschwingungen für das Kontinuum

$$(155) \qquad dz = 3\, V F v^2\, dv,$$

wobei für isotrope Körper die Konstante F sich durch die Geschwindigkeiten der longitudinalen und transversalen Schallwellen c_l und c_t nach (154′) so ausdrücken läßt

$$(154') \qquad F = \frac{4\pi}{3}\left(\frac{1}{c_l^3} + \frac{2}{c_t^3}\right).$$

Debye trägt nun der atomistischen Struktur dadurch Rechnung, daß er dieses Spektrum einfach nach der N^{ten} Schwingung plötzlich abschneidet. Er bestimmt also eine Maximalfrequenz v_m aus der Beziehung

$$3N = \int_0^{v_m} 3\, V F v^2\, dv = V F v_m^3,$$

$$(238) \qquad v_m = \sqrt[3]{\frac{3N}{VF}}.$$

Dann wird die thermische Gitterenergie nach (232)

$$(239) \qquad E = kT \int_0^{v_m} \mathbf{P}\left(\frac{hv}{kT}\right) 3\, V F v^2\, dv = 3RT\, \mathbf{D}\left(\frac{\Theta}{T}\right),$$

wo die charakteristische Temperatur

$$(240) \qquad \Theta = \frac{h v_m}{k} = \frac{h}{k}\sqrt[3]{\frac{3N}{VF}}$$

---

141) Zit. in Anm. 54).
142) Zit. in Anm. 50), 53), 61).

und die *Debyesche Transzendente*

$$(241) \qquad \mathbf{D}\,(x) = \frac{3}{x^3} \int_0^x \mathbf{P}\,(\zeta)\,\zeta^2\,d\zeta = \frac{3}{x^3} \int_0^x \frac{\zeta^3}{e^\zeta - 1}\,d\zeta$$

eingeführt sind.

Die Atomwärme wird:

$$(242) \qquad C_v = 3R\left\{\mathbf{D}\left(\frac{\Theta}{T}\right) - \frac{\Theta}{T}\,\mathbf{D}'\left(\frac{\Theta}{T}\right)\right\} = 3R\left\{4\mathbf{D}\left(\frac{\Theta}{T}\right) - 3\mathbf{P}\left(\frac{\Theta}{T}\right)\right\}$$

$$= 3R\left\{12\left(\frac{T}{\Theta}\right)^3 \int_0^{\frac{\Theta}{T}} \frac{\zeta^3}{e^\zeta - 1}\,d\zeta - \frac{3\,\frac{\Theta}{T}}{e^{\frac{\Theta}{T}} - 1}\right\}.$$

Die Funktion $\mathbf{D}\,(x)$ konvergiert ebenso wie $\mathbf{P}\,(x)$ und $\mathbf{S}\,(x)$ für $x = 0$ gegen 1; für große x aber wird

$$(241') \qquad \lim_{x=\infty} x^3\,\mathbf{D}\,(x) = 3 \int_0^\infty \frac{\zeta^3}{e^\zeta - 1}\,d\zeta = \frac{\pi^4}{5}.$$

Daher wird bei tiefen Temperaturen

$$(243) \qquad T \text{ klein:} \begin{cases} E = \dfrac{3\,\pi^4}{5}\,\dfrac{R}{\Theta^3}\,T^4, \\[2mm] C_v = \dfrac{12\,\pi^4}{5}\,\dfrac{R}{\Theta^3}\,T^3. \end{cases}$$

Die Hauptresultate *Debyes* lassen sich danach so aussprechen:
1. Der Verlauf der Atomwärme hängt wie in der *Einstein*schen Theorie von dem Verhältnis der Temperatur T zu einer charakteristischen Temperatur Θ ab; es gilt das Gesetz der korrespondierenden Zustände.
2. Bei tiefen Temperaturen[142a]) verschwinden E und C_v nicht exponentiell, sondern E wie T^4, C_v wie T^3.
3. Die charakteristische Temperatur Θ ist der Maximalfrequenz ν_m proportional; diese läßt sich vermittels (238) und (154') durch die Schallgeschwindigkeiten, also durch die Elastizitätskonstanten des Mediums ausdrücken.

Die experimentelle Prüfung[143]) hat diese Sätze in weitem Umfange bestätigt. Es gibt eine große Klasse von Körpern, Elementen und einfachen Verbindungen aus Atomen von nahezu gleichem Atomgewicht, für die das Gesetz der korrespondierenden Zustände gilt. Das T^4-Gesetz

----

142a) Über die Grenzen der Anwendbarkeit der *Debye*schen Schlußweise bei den tiefsten Temperaturen s. *Cl. Schaefer*, Ztschr. f. Phys. 7 (1921), p. 287 und *M. Planck*, Wärmestrahlung, 4. Aufl., § 185, p. 217.

143) Vgl. hierzu die Zusammenstellung von *Schrödinger* (zit. in Anm. 115b u. 138), insbes. Tab. II u. Fig. 6, p. 453.

für E, das dem *Stefan-Boltzmannschen* Gesetze der Strahlungstheorie durchaus entspricht, bzw. das T^3-Gesetz für C_v sind ebenfalls in zahlreichen Fällen bestätigt worden. Ungünstiger liegt es mit dem dritten Satze, dessen Prüfung die genaue Kenntnis der Elastizitätskonstanten erfordert. Das elastische Verhalten eines isotropen Körpers wird durch zwei Konstanten bestimmt, etwa die in Nr. **13**, I eingeführten c, c_1 oder die anschaulicheren

$$\text{Kompressibilität} \quad \varkappa = -\frac{3}{c + 2c_1},$$

*Poisson*sche Zahl (Verhältnis der Querkontraktion zur Längsdehnung)

$$\sigma = \frac{c_1}{c + c_1}.$$

Aus diesen und der Dichte ϱ berechnen sich die Schallgeschwindigkeiten[144]:

$$(244) \qquad c_l = \sqrt{\frac{3(1-\sigma)}{(1+\sigma)\varkappa\varrho}}, \qquad c_t = \sqrt{\frac{3(1-2\sigma)}{2(1+\sigma)\varkappa\varrho}}.$$

Setzt man nun

$$(245) \qquad \chi(\sigma) = \left(\frac{1+\sigma}{3(1-\sigma)}\right)^{\frac{3}{2}} + 2\left(\frac{2}{3}\cdot\frac{1+\sigma}{1-2\sigma}\right)^{\frac{3}{2}},$$

so folgt aus (154'), (238) und (240):

$$(246) \qquad \Theta = \frac{h}{k}\,v_m = \frac{A}{\chi^{\frac{1}{3}}(\sigma)}\cdot\frac{1}{\varkappa^{\frac{1}{2}}\varrho^{\frac{1}{6}}M^{\frac{1}{3}}},$$

$$\left(A = \frac{h}{k}\sqrt[3]{\frac{9N}{4\pi}} = 3{,}605\cdot 10^{-3}\,\text{cm sec grad}\right),$$

wo $M = \varrho V$ das Molekulargewicht bedeutet.

Der Maximalfrequenz v_m entspricht die Wellenlänge

$$(246') \quad \lambda_m = \frac{c}{v_m} = B\,\chi^{\frac{1}{3}}(\sigma)\,\varkappa^{\frac{1}{2}}\varrho^{\frac{1}{6}}M^{\frac{1}{3}}, \quad \left(B = c\sqrt[3]{\frac{4\pi}{9N}} = 396\,\text{sec}^{-1}\right)$$

Diese Beziehung geht in die Dimensionsformel (222), (222') von *Madelung* und *Einstein* über, wenn man die dimensionslose Größe $\chi(\sigma)$ als konstant ansieht. *Debyes* Fortschritt besteht also erstens in der Aufklärung der von *Einstein* als Eigenschwingung angesehenen charakteristischen Frequenz als Grenze des elastischen Spektrums, zweitens in der Berücksichtigung der Querkontraktion.

Debye vergleicht nun das aus dem Verlaufe der Atomwärme einiger Metalle entnommene Θ mit dem aus (246) berechneten; wir geben einen Teil seiner Tabelle wieder:[145]

---

144) S. etwa *E. H. Love*, Lehrbuch der Elastizität, deutsch v. A. Timpe, (Leipzig 1907), § 69, p. 121 u. § 207, p. 344.

145) Die Werte von $\varkappa$ und σ sind Arbeiten von *Grüneisen* [Ann. d. Phys. 22 (1907), p. 838; 25 (1908), p. 845] entnommen. — Die Zahlenwerte mußten um-

Tabelle IV.

Substanz	ϱ	$\varkappa \cdot 10^{12}$	σ	$\chi\,(\sigma)$	Θ Atomwärme	Θ Elastizität
Al	2,71	1,36	0,337	10,2	396	402
Cu	8,96	0,74	0,334	10,5	309	332
Ag	10,53	0,92	0,379	15,4	215	214
Pb	11,32	2,0	0,446	61,0	95	73

Die Übereinstimmung ist sehr gut. *Eucken*[146]) hat aber gegen die
Beweiskraft der Tabelle den Einwand erhoben, daß bei der Rechnung
die für gewöhnliche Temperatur gültigen Elastizitätskonstanten benutzt worden sind, während die Theorie Reduktion auf den absoluten
Nullpunkt erfordert; nach *Schäfer*[147]) ist diese Reduktion sehr beträchtlich und hebt die Übereinstimmung auf. Nach *Eucken* läßt sich
dieser Widerspruch durch die Tatsache aufklären, daß die Metalle
keine wirklich isotropen Substanzen, sondern quasiisotrope Gemenge
äußerst kleiner Kristallsplitter sind; da nun die Elastizitätskonstanten
von zusammenhängenden Kristallen äußerst wenig mit der Temperatur
veränderlich sind, so muß das abweichende Verhalten der Metalle auf
ihrem mikrokristallinen Gefüge beruhen, und es läßt sich durch me-
tallographische Beobachtungen wahrscheinlich machen, daß bei tiefen
Temperaturen die amorphe Zwischensubstanz dem Metall eine höhere
Festigkeit verleiht, als den einzelnen Kristallkörnern zukommt.[148])

Die *Debye*sche Formel hat sich auch für einfache, kristallisierte
Verbindungen (wie $NaCl$, KCl, KBr, CaF_2, FeS_2) zur Darstellung
des Temperaturverlaufs als brauchbar erwiesen. Dabei hat sich gezeigt, daß die *Debye*sche Maximalfrequenz ν_m sehr nahe mit der
*Rubens*schen Reststrahlfrequenz zusammenfällt, wie folgende Tabelle
zeigt.

Tabelle V.

Substanz		Θ Atomwärme	Θ Reststrahl
Steinsalz	$NaCl$	284	274
Sylvin	KCl	232	227
Bromkalium . . .	KBr	179	173
Flußspat	CaF_2	479	452

gerechnet werden, da hier die neuesten Bestimmungen der absoluten Konstanten
h, k, N berücksichtigt worden sind.

146) *A. Eucken*, Verh. d. Deutsch. phys. Ges. 15 (1913), p. 571.

147) *Cl. Schäfer*, Ann. d. Phys. (4) 5 (1901), p. 220.

148) S. die Theorie der Strahlung und der Quanten, 1. Solvay-Kongreß 1911
(Halle 1914); Anhang von *A. Eucken*, insbes. p. 387.

Diese Beziehung kann aber auf Grund der strengen Theorie nicht als exaktes Gesetz angesehen werden (s. Nr. 27). Eine Berechnung der Konstanten F aus den elastischen Eigenschaften des Kristalles ist auf Grund der *Debye*schen Annäherung nicht möglich, weil bei Kristallen (auch bei regulären) die Schallgeschwindigkeiten keine Konstanten sind, sondern stark von der Wellenrichtung abhängen.

Bei komplizierteren Verbindungen versagt die *Debye*sche Formel.

Nernst[149]) hat das darauf zurückgeführt, daß außer den von *Debye* berücksichtigten Schwingungen der Molekeln als ganze die einzelnen Atome der Molekeln gegeneinander schwingen. Man wird dementsprechend zu der *Debye*schen Funktion Glieder vom Typus der *Einstein*schen hinzufügen; man hat dann für die Energie einer Gramm-Molekel

$$(247) \qquad E = RT\left\{ 3\,\mathsf{D}\left(\frac{\Theta}{T}\right) + \sum_j \mathsf{P}\left(\frac{\Theta_j}{T}\right)\right\},$$

$$C_v = R\left\{ 3\left[4\,\mathsf{D}\left(\frac{\Theta}{T}\right) - 3\mathsf{P}\left(\frac{\Theta}{T}\right)\right] + \sum_j \mathsf{S}\left(\frac{\Theta_j}{T}\right)\right\},$$

wo die Θ_j zu den inneren Frequenzen ν_j der Molekeln gehören. Formeln dieser Art stellen in der Tat den Temperaturverlauf der Molwärme gut dar[150]). Die Wechselwirkung zwischen den Atomen verschiedener Molekeln ist hier vernachlässigt; doch läßt sich mit Hilfe der Theorie der Gitterschwingungen begründen, daß solche Formeln wie (247) in vielen Fällen eine gute Annäherung darstellen werden. *Born* und *v. Kármán* haben das in ihrer ersten Arbeit[50]) durch Betrachtung eines eindimensionalen Modells, einer mit zwei verschiedenen Massen besetzten, äquidistanten Punktreihe, plausibel gemacht; das elastische Spektrum zerfällt in zwei Zweige, einen „unteren", der die „akustischen" Schwingungen enthält, und einen „oberen", der aus den „optischen" Schwingungen besteht, und man sieht leicht ein, daß der letztere im Falle sehr verschiedener Massen nahezu monochromatisch wird (s. Nr. 14). *Dehlinger*[51]) hat dieses Resultat auf ein einfaches dreidimensionales Modell übertragen und mit der *Nernst*schen Formel (247) für die spezifische Wärme in Verbindung gebracht.

---

149) Vorträge über die kinetische Theorie der Materie usw. [Wolfskehl-Kongreß Göttingen 1914 (Leipzig-Berlin 1914)]; 4. Vortrag, *W. Nernst*, Kinetische Theorie fester Körper Nr. 5, p. 79.

150) S. *Schrödinger* (zit. Anm. 115b u. 138), Tab. V, p. 478. Dort sind auch die Formeln, welche die *Nernst-Lindemann*sche Funktion $\frac{1}{2}\left\{ \mathsf{P}\left(\frac{\Theta}{T}\right) + \mathsf{P}\left(\frac{\Theta}{2T}\right)\right\}$ mit benützen, zusammengestellt.

Eine vollständige Übersicht über alle Möglichkeiten gewinnt man durch die allgemeine gittertheoretische Behandlung.

27. Einfluß der Gitterstruktur auf die Atomwärme. Das Verteilungsgesetz der Eigenschwingungen (s. Nr. 18) zusammen mit der *Planck-Einstein*schen Formel (232) für die Energie eines Resonators liefert folgenden strengen Ausdruck für die thermische Energie des Gitters von N Zellen

$$(248) \qquad E = \frac{Nk}{(2\pi)^3}\, T \sum_j \int \mathsf{P}\left(\frac{h\nu_j}{kT}\right) d\varphi;$$

dabei sind die Zweige ν_j der Frequenzfunktion als Funktionen von $\varphi_1,\ \varphi_2,\ \varphi_3$ anzusehen, und die Integration ist über den Würfel $-\pi \leqq \varphi \leqq \pi$ des Phasenraumes zu erstrecken. Gemäß den Eigenschaften der Funktion P ist die Summe j nur über die $3p$ Atomschwingungen (nicht die Elektronenschwingungen) zu erstrecken, also über die drei akustischen und die $3(p-1)$ „ultraroten" Zweige (s. Nr. 23) der Frequenzfunktion.

Eine strenge Auswertung der aus (248) folgenden Formel für $C_v = \dfrac{dE}{dT}$ ist nach *Thirring*[151]) im *Prinzip* für hohe Temperaturen möglich. Für kleine x gilt die Reihenentwicklung[152])

$$(249) \qquad \mathsf{P}(x) = \frac{x}{e^x - 1} = 1 - \frac{x}{2} - \sum_{n=1}^{\infty}(-1)^n \frac{B_n}{(2n)!}\, x^{2n},$$

wo die B_n die *Bernoulli*schen Zahlen sind:

$$(249') \qquad B_1 = \tfrac{1}{6},\ B_2 = \tfrac{1}{30},\ B_3 = \tfrac{1}{42},\ B_4 = \tfrac{1}{30},\ B_5 = \tfrac{5}{66},\ \dots$$

Setzt man nun

$$(250) \qquad S_n = \frac{1}{3p}\sum_{j=1}^{3p} \nu_j^n, \qquad J_n = \frac{1}{(2\pi)^3}\int S_n\, d\varphi,$$

so wird

$$(251) \qquad E = 3p\, NkT \left\{ 1 - \frac{1}{2} J_1 \frac{h}{kT} - \sum_{n=1}^{\infty}(-1)^n \frac{B_n}{(2n)!} J_{2n}\left(\frac{h}{kT}\right)^{2n} \right\}.$$

Die Atomwärme $(Np = \mathsf{N})$ wird dann

$$(252) \qquad C_v = 3R \left\{ 1 + \sum_{n=1}^{\infty}(-1)^n \frac{B_n(2n-1)}{(2n)!} J_{2n}\left(\frac{h}{kT}\right)^{2n} \right\}.$$

Hier ist das einzige Integral mit ungeradem Index J_1 weggefallen.

---

151) *H. Thirring*, Phys. Ztschr. 14 (1913), p. 867; 15 (1914), p. 127, 180.

152) S. etwa *Serret-Scheffers*, Lehrbuch der Differential- und Integralrechnung, 2. Bd. (1907), p. 246; *K. Knopp,* Theorie und Anwendung der unendlichen Reihen (Berlin 1922), V. Kap., § 21, Nr. 105, 5, p. 175.

Die übrigen J_{2n} lassen sich aber auf rationalem Wege aus den Molekularkräften berechnen. Denn die $\omega_j^2 = 4\pi^2 \nu_j^2$ sind die Nullstellen der Determinante der linearen Gleichungen (100); die Potenzsummen $\sum_j \omega_j^{2n} = 3p(4\pi^2)^n S_{2n}$ sind daher ganze, rationale Funktionen der Koeffizienten dieses Polynoms in ω^2, also auch der Gleichungskoeffizienten $\begin{bmatrix} k\,k' \\ x\,y \end{bmatrix}$. Diese wiederum sind nach (101) bzw. (149), (152) *Fourier*sche Reihen der Variabeln φ_1, φ_2, φ_3; dasselbe gilt demnach von den S_{2n}, aus denen sich die Integrale J_{2n} gliedweise berechnen lassen.

Thirring hat für spezielle, einfache Gittermodelle solche Rechnungen ausgeführt. Doch scheint diese Methode erst dann fruchtbar werden zu können, wenn die Willkür bei der Wahl der Modelle auf ein geringeres Maß herabgedrückt sein wird, als es heute der Fall ist.

Eine genäherte Darstellung der Energie E (248) für *alle* Temperaturen erhält man in engem Anschluß an das Verfahren *Debyes*, indem man die Frequenzen ν_j durch die ersten Glieder ihrer Reihenentwicklung nach τ ersetzt. Nach Nr. **14** (103), (104) ist in erster Näherung

$$\nu_j = \frac{c_j}{2\pi}\tau, \qquad\qquad (j = 1, 2, 3)$$

$$\nu_j = \nu_j^0. \qquad\qquad (j = 4, 5, \ldots 3p)$$

Dabei hängen die Schallgeschwindigkeiten c_j noch von der Richtung ab, während die Grenzschwingungszahlen ν_j^0 konstant sind.

Für jeden Zweig der Frequenzfunktion hat man nach (153)

$$d\varphi = \varDelta\,\tau^2\,d\tau\,d\Omega.$$

Die Integration in (248) ist über den Würfel $-\pi \leq \varphi \leq \pi$ zu erstrecken. Für die drei akustischen Frequenzen wird man diesen Würfel durch eine inhaltsgleiche Kugel ersetzen; ihr Radius $\bar{\tau}$ bestimmt sich also aus der Gleichung

$$(2\pi)^3 = \varDelta \cdot \frac{4\pi}{3}\bar{\tau}^3$$

Nun erhält man für die Energie aus (248)

$$(253) \qquad E = NkT\left\{ \sum_{j=1}^{3} \overline{\mathsf{D}\left(\frac{\Theta_j}{T}\right)} + \sum_{j=4}^{3p} \mathsf{P}\left(\frac{\Theta_j}{T}\right) \right\}.$$

Dabei ist

$$(254) \qquad \begin{cases} \Theta_j = \dfrac{h\,\nu_j'}{k}, \quad \nu_j' = c_j\sqrt[3]{\dfrac{3}{4\pi\varDelta}} & (j = 1, 2, 3) \\[2ex] \Theta_j = \dfrac{h\,\nu_j^0}{k} & (j = 4, 5 \ldots 3p) \end{cases}$$

gesetzt; Θ_4, $\Theta_5 \ldots$ sind also konstant, während Θ_1, Θ_2, Θ_3 von der

Richtung abhängen. Ferner ist der Mittelwert über die Einheitskugel

$$(255) \qquad \mathsf{D}\left(\frac{\Theta_j}{T}\right) = \int \mathsf{D}\left(\frac{\Theta_j}{T}\right) \frac{d\Omega}{4\pi} \qquad (j = 1, 2, 3)$$

eingeführt.

Zur weiteren Vereinfachung kann man diesen Mittelwert ersetzen durch $\mathsf{D}\left(\frac{\overline{\Theta_j}}{T}\right)$ wo $\overline{\Theta}_j$ ein geeigneter Mittelwert über die Einheitskugel ist:

$$(256) \qquad \overline{\Theta}_j = \frac{h\,\overline{v}_j}{k}, \qquad \overline{v}_j = \overline{c}_j \sqrt[3]{\frac{3}{4\pi\varDelta}}.$$

Bei der Mittelbildung muß man beachten, daß die Funktion

$$x^3 \mathsf{D}(x) = 3 \int\limits_0^x \frac{\xi^3\, d\xi}{e^\xi - 1}$$

für große x (tiefe Temperaturen) von der oberen Grenze unabhängig wird; man wird daher die Mittelung über die Einheitskugel auf den Faktor $\frac{1}{x^3} = \left(\frac{T}{\Theta}\right)^3$ beschränken können. Das führt auf die Definition

$$(256') \qquad \frac{1}{\overline{c}_j^3} = \int \frac{1}{c_j^3} \frac{d\Omega}{4\pi}.$$

Dann erhält man die (für tiefe Temperaturen streng gültige) Formel:

$$(257) \qquad E = NkT\left\{ \sum_{j=1}^{3} \mathsf{D}\left(\frac{\overline{\Theta}_j}{T}\right) + \sum_{j=4}^{3p} \mathsf{P}\left(\frac{\Theta_j}{T}\right) \right\}.$$

Ersetzt man dann noch die drei Größen $\overline{\Theta}_j$ durch eine mittlere, so wird man auf die *Nernst*sche Formel (247) zurückgeführt.

Die Hinzufügung der *Einstein*schen Glieder hat natürlich nur so lange einen Sinn, als die zu den eigentlichen Eigenschwingungen gehörigen Zweige der Frequenzfunktion wirklich einigermaßen monochromatisch sind und durch die Grenzschwingungszahlen v_j^0 angenähert ersetzt werden können. Wenn z. B. in einem zweiatomigen Gitter die beiden Atome gleichgelagert sind und nahezu gleiche Masse haben (wie bei KCl), so wird man sinngemäß die *Einstein*schen Glieder besser weglassen und den Körper als „einatomig" auffassen. Die Formel (257) bzw. die allgemeinere (253) können zur exakten Prüfung der Theorie dienen; doch stößt die Rechnung wegen der verwickelten Mittelbildung über die Wellenrichtungen auf erhebliche Schwierigkeiten.

Für reguläre Kristalle mit geringer Anisotropie der elastischen Konstanten haben *Born* und *v. Kármán*[58]) in einer ihrer ersten Arbeiten eine Methode angegeben, um den Mittelwert $\overline{c}_j$ nach (256') zu berechnen. In diesem Falle existieren nur drei voneinander verschiedene Elastizitätskonstanten c_{11}, c_{12}, c_{44} (s. Nr. 13); die Gleichungen (128′) für die elastischen Wellen lauten:

$$(128'')\quad \begin{cases} \varrho c^2 \mathfrak{U}_x = [(c_{11} - c_{44})\,\mathfrak{Z}_x^2 + c_{44}]\,\mathfrak{U}_x + (c_{12} + c_{44})\,\mathfrak{Z}_x\mathfrak{Z}_y\,\mathfrak{U}_y \\ \qquad\qquad\qquad\qquad\qquad + (c_{12} + c_{44})\,\mathfrak{Z}_x\mathfrak{Z}_z\,\mathfrak{U}_z \\ \cdots\cdots\cdots\cdots\cdots\cdots\cdots\cdots\cdots\cdots \end{cases}$$

Setzt man

$$(258)\qquad z = \frac{\varrho c^2 - c_{44}}{c_{11} - c_{44}}, \qquad K = \frac{c_{12} + c_{44}}{c_{11} - c_{44}},$$

so erhält man die c_j aus den Wurzeln z_j der Säkulargleichung

$$(259)\quad \begin{vmatrix} \mathfrak{Z}_x^2 - z & K\,\mathfrak{Z}_x\mathfrak{Z}_y & K\,\mathfrak{Z}_x\mathfrak{Z}_z \\ K\,\mathfrak{Z}_y\mathfrak{Z}_x & \mathfrak{Z}_y^2 - z & K\,\mathfrak{Z}_y\mathfrak{Z}_z \\ K\,\mathfrak{Z}_z\mathfrak{Z}_x & K\,\mathfrak{Z}_z\mathfrak{Z}_y & \mathfrak{Z}_z^2 - z \end{vmatrix} = z^2\,(1 - z) - \varphi\,(z) = 0,$$

wo

$$(259')\qquad \varphi\,(z) = (1 - K^2)\,(\mathfrak{Z}_y^2\mathfrak{Z}_z^2 + \mathfrak{Z}_z^2\mathfrak{Z}_x^2 + \mathfrak{Z}_x^2\mathfrak{Z}_y^2)\,z$$
$$- (1 - 3K^2 + 2K^3)\,\mathfrak{Z}_x^2\mathfrak{Z}_y^2\mathfrak{Z}_z^2.$$

Nun ist im Falle der Isotropie

$$2\,c_{44} = c_{11} - c_{12},$$

also wird bei geringer Anisotropie

$$K - 1 = \frac{c_{12} - c_{11} + 2c_{44}}{c_{11} - c_{44}}$$

eine kleine Größe.

Man erhält dann bis auf Glieder von höherer als 1. Ordnung in $K - 1$ die drei Wurzeln

$$z_1 = 0, \qquad z_2 = -2(K - 1)\,(\mathfrak{Z}_y^2\mathfrak{Z}_z^2 + \mathfrak{Z}_z^2\mathfrak{Z}_x^2 + \mathfrak{Z}_x^2\mathfrak{Z}_y^2),$$
$$z_3 = 1 + 2(K - 1)\,(\mathfrak{Z}_y^2\mathfrak{Z}_z^2 + \mathfrak{Z}_z^2\mathfrak{Z}_x^2 + \mathfrak{Z}_x^2\mathfrak{Z}_y^2).$$

Sodann findet man leicht in derselben Annäherung

$$(260)\qquad \frac{3}{c_m^3} = \sum_{j=1}^{3} \frac{1}{c_j^3}$$
$$= 4\pi\varrho^{\frac{3}{2}}\left\{\frac{2}{c_{44}^{3/2}} + \frac{1}{c_{11}^{3/2}} + \frac{3}{5}(c_{12} - c_{11} + 2c_{44})\left(\frac{1}{c_{44}^{5/2}} - \frac{1}{c_{11}^{5/2}}\right)\right\}.$$

Bei Steinsalz ist $K - 1 = -0{,}248$ hinreichend klein; man findet aus dieser Formel $c_m = 2{,}88 \cdot 10^5\,\mathrm{cm\,sec^{-1}}$.

Berechnet man hieraus ein mittleres Θ nach (256)

$$(260')\qquad \Theta = \frac{h}{k}\,c_m\sqrt[3]{\frac{3}{4\pi\varDelta}} = \frac{h}{k}\,c_m\sqrt[3]{\frac{3\,N}{4\pi V}},$$

wo V das Molvolumen ist, und dann die Molwärme C_v mit einer *Debye*schen Funktion, so erhält man folgende Werte:

Tabelle VI.

T	C_v ber.	C_v beob. (*Nernst*)
25,0	0,28	0,29
28,0	0,39	0,40

Die Übereinstimmung ist sehr befriedigend.

Den Fall beliebiger Anisotropie haben *Hopf* und *Lechner*[154]) durch ein Interpolationsverfahren der Berechnung zugänglich gemacht. Sie schreiben

$$(261) \qquad \frac{3}{c_m^3} = \left(\frac{\varrho}{c_{11} - c_{44}}\right)^{\frac{3}{2}} \int \left(\sum_{j=1}^{3} \frac{1}{(z_j + \zeta)^{\frac{3}{2}}}\right) \frac{d\Omega}{4\pi},$$

wo

$$(261') \qquad \zeta = \frac{c_{44}}{c_{11} - c_{44}}$$

ist, und ersetzen sodann die Funktion $(z + \zeta)^{-\frac{3}{2}}$ durch eine handlichere, die nur ganze Potenzen von z enthält und im Intervall $z = 0$ bis $z = 1$ die gegebene approximiert. Sie wählen ein Polynom 5. Grades in z, dessen Koeffizienten sie nach der *Lagrange*schen Interpolationsmethode bestimmen. Sodann bleiben noch die Mittelwerte der Potenzsummen $\sum_{j=1}^{3} z_j^m$ zu berechnen, die sich rational aus den Koeffizienten der Säkulargleichung (259) ausdrücken lassen. Die gewonnenen Werte von c_m werden mit denen verglichen, die sich aus der spezifischen Wärme, dargestellt durch eine *Debye*sche Funktion, nach (260') ergeben. Die Übereinstimmung ist recht gut; doch ist die Abweichung systematisch, die elastisch berechneten Werte sind um 2 bis 5% größer als die thermisch berechneten.

An die strengere Formel (253) knüpft ein von *K. Försterling*[155]) angegebenes Verfahren an, das die *Thirring*sche Entwicklungsmethode sinngemäß überträgt.

Aus der Reihe (249) folgt leicht nach (241):

$$(262) \qquad \mathsf{D}(x) = 1 - \frac{3}{8} x - 3 \sum_{n=1}^{\infty} (-1)^n \frac{B_n x^{2n}}{(2n)!\,(2n+3)}.$$

Daher ergibt sich aus (253) für höhere Temperaturen:

$$E = NkT\left\{\sum_{j=1}^{3}\left(1 - \frac{3}{8}\frac{\overline{\Theta}_j}{T} - 3\sum_{n=1}^{\infty}(-1)^n \frac{B_n \overline{\Theta_j^{2n}}}{(2n)!\,(2n+3)}\cdot\frac{1}{T^{2n}}\right) + \sum_{j=4}^{3p}\mathsf{P}\left(\frac{\Theta_j}{T}\right)\right\}.$$

<hr>

154) *L. Hopf* u. *G. Lechner*, Verh. d. Deutsch. Phys. Ges. 16 (1914), p. 643.
155) *K. Försterling*, Ann. d. Phys. (4) 61 (1920), p. 549.

Bildet man hieraus C_v, so fällt das Glied mit $\overline{\Theta}_j$ fort; die übrigen Glieder enthalten die Summen

$$\sum_{j=1}^{3} \overline{\Theta_j^{2n}} = \left(\frac{h}{k}\sqrt[3]{\frac{3}{4\pi\varDelta}}\right)^{2n} \sum_{j=1}^{3} \overline{c_j^{2n}};$$

dabei sind die Größen $\varrho\, c_j^2 = q_j$ die Wurzeln der Säkulargleichung von (128′), also sind die Potenzsummen

$$\varrho^n \sum_{j=1}^{3} c_j^{2n} = \sum_{j=1}^{3} q_j^n$$

ganze, rationale Funktionen der Komponenten von $\mathfrak{s}$ mit Koeffizienten, die ganze, rationale Funktionen der meßbaren Elastizitätskonstanten c_{ij} sind. Daher lassen sich die Integrale

$$(263) \qquad K_n = \sum_{j=1}^{3} q_j^n = \int \sum_{j=1}^{3} q_j^n \frac{d\Omega}{4\pi}$$

als Funktionen der Elastizitätskonstanten berechnen. Setzt man ferner

$$(264) \qquad \gamma = \frac{1}{\varrho}\left(\frac{h}{k}\sqrt[3]{\frac{3}{4\pi\varDelta}}\right)^2,$$

so wird

$$\sum_{j=1}^{3} \overline{\Theta_j^{2n}} = \gamma^n K_n,$$

und für die Molwärme erhält man:

$$(265)\quad C_v = 3R\left\{1 + \sum_{n=1}^{\infty} (-1)^n \frac{B_n(2n-1)\gamma^n K_n}{(2n)!\,(2n+3)} \cdot \frac{1}{T^{2n}}\right\} + R\sum_{j=4}^{3p} \mathsf{S}\left(\frac{\Theta_j}{T}\right).$$

Försterling hat diese Formel in der Weise angewandt, daß er die K_n aus den gemessenen Elastizitätskonstanten berechnete und dann die Θ_j in einer der Gitterstruktur entsprechenden Anzahl so wählte, daß die Molwärme möglichst gut dargestellt wurde. Der Fehler in C_v blieb dabei immer unter 1%. Aus den Θ_j berechnete er dann die Grenzfrequenzen ν_j^0 bzw. die zugehörigen ultraroten Wellenlängen und vergleicht diese, soweit sie „optisch wirksam" sind, d. h. zu einem von Null verschiedenen Eigenmoment gehören[156]), mit den aus dem Dispersionsverlauf nach (227) berechneten Wellenlängen, die ihrerseits nach Tabelle III mit Berücksichtigung der Verschiebung des Reflexionsmaximums (227′) zu den richtigen Reststrahlen führen.[157]) Das Resultat ist dieses:

---

156) Bei Flußspat gibt es 2 Eigenfrequenzen, von denen nur eine optisch wirksam ist (s. Nr. **24**); bei Quarz sind beide Eigenfrequenzen optisch wirksam.

157) S. die in Anm. 113) zit. Abhandlung von *Försterling*.

Tabelle VII.

	λ_0 optisch	λ_0 thermisch
Steinsalz	66,7	64,5
Sylvin	78,0	77,0
Flußspat	53,1	51,0

Man kann demnach behaupten, daß sich die spezifische Wärme aus elastischen und optischen Daten berechnen läßt.

Försterling hat später[158]) bemerkt, daß das zweite Glied der Reihe (265) bei regulären Kristallen besonders einfach von den Elastizitätskonstanten abhängt. Es ist nämlich nach (263)

$$K_1 = q_1 + q_2 + q_3$$

der Koeffizient von $-q^2$ in der Säkulargleichung der Schwingungen. Man erhält diese, wenn man in (259) den Wert (258) $z = \dfrac{q - c_{44}}{c_{11} - c_{44}}$ einsetzt und nach q ordnet:

$$(q - c_{44})^3 - (c_{11} - c_{44})(q - c_{44})^2 + (c_{11} - c_{44})^3 \, \varphi \left(\frac{q - c_{44}}{c_{11} - c_{44}} \right) = 0.$$

Hieraus folgt

$$K_1 = c_{11} + 2 c_{44}.$$

Wenn insbesondere die *Cauchy*sche Relation $c_{12} = c_{44}$ gilt (s. Nr. 13), so ist nach (90)

$$K_1 = c_{11} + 2 c_{12} = \frac{3}{\varkappa},$$

wo $\varkappa$ die Kompressibilität ist. Nach Messungen von *Voigt*[159]) ist für Steinsalz und wahrscheinlich auch für Pyrit[160]) $c_{12} = c_{44}$ erfüllt. Ferner ist für diese Kristalle näherungsweise $q_2 = q_3 = \frac{1}{3} q_1$. Daraus folgt leicht

$$K_2 = q_1{}^2 + q_2{}^2 + q_3{}^2 = \frac{99}{25\varkappa^2} = \text{rund } \frac{4}{\varkappa^2}.$$

Damit erhält man für diese Kristalle folgende einfache Darstellung der Molwärme bei hohen Temperaturen durch die Kompressibilität allein:

$$(265') \quad C_v = 3R \left(1 - \frac{\gamma}{20\varkappa} \cdot \frac{1}{T^2} + \frac{\gamma^2}{420\varkappa^2} \cdot \frac{1}{T^4} + \cdots + \frac{\left(\dfrac{\Theta}{T}\right)^2 e^{\frac{\Theta}{T}}}{\left(e^{\frac{\Theta}{T}} - 1\right)^2} \right).$$

Försterling wendet diese auf Bromkalium an, wobei er Θ aus der *Rubens*schen Reststrahlwellenlänge $\lambda_R = 82,6\,\mu$ unter Berücksichtigung

---

158) *K. Försterling*, Ztschr. f. Phys. 8 (1922), p. 251.

159) *W. Voigt*, Gött. Nachr. 1888, p. 330.

160) *K. Försterling*, Ztschr. f. Phys. 2 (1920), p. 172.

der Verschiebung des Reflexionsmaximums berechnet zu $\Theta = 141^0$. Mit $\varkappa = 6{,}2 \cdot 10^{-12}$ dyn^{-1} cm^2 erhält er die folgende Tabelle, welche die vorzügliche Übereinstimmung demonstriert:

Tabelle VIII.

T	C_v ber.	C_v beob.
80,6	9,51	9,40
137	11,00	10,60
234	11,63	11,74

Dagegen ergibt sich bei Zinkblende eine Diskrepanz zwischen optisch und theoretisch bestimmter mittlerer Schallgeschwindigkeit, die noch nicht aufgeklärt ist.

In einer weiteren Arbeit hat *Försterling*[161]) ein Verfahren angegeben, das für alle Temperaturen gültig ist. Es handelt sich um sukzessive Näherungen, die den numerischen Verhältnissen angepaßt sind, jedoch keinen allgemeinen Gesichtspunkt erkennen lassen. Mit dieser Methode ließen sich die für höhere Temperaturen gewonnenen Ergebnisse auch für tiefe Temperaturen bestätigen.

28. Entwicklung der Lehre von der Zustandsgleichung. Die Theorie der Zustandsgleichung fester Körper hat eine ähnliche Entwicklung durchgemacht wie die Theorie vom Energieinhalte. Man kann die Perioden der klassischen statistischen Mechanik und der Quantentheorie unterscheiden; in der letzteren wieder geht eine „monochromatische" Theorie voran, später folgt die Berücksichtigung des elastischen Spektrums und der Gitterstruktur. Die wichtigste Arbeit der klassischen Periode ist von *Mie*[162]), die neben einer kinetischen Theorie der Verdampfung eine Ableitung der Zustandsgleichung *einatomiger* fester Körper enthält. Diese Theorie knüpft an die *van der Waals*sche Methode zur Ableitung der Zustandsgleichung von Flüssigkeiten an und stellt wie diese den *Clausius*schen Virialsatz

$$(266) \qquad 3pV = 2\overline{L} + \sum rf(r)$$

an die Spitze; dabei ist der Körper vom Volumen V unter gleichförmigem äußeren Druck p zu denken, und es bedeuten L die kinetische Energie des Körpers, r die Entfernung zweier Atome und $f(r)$ die zwischen diesen wirkende Kraft. Die Summe ist über alle Atompaare zu erstrecken, und die Striche bedeuten Mittelwerte im Sinne der statistischen Mechanik.

---

161) *K. Försterling*, Ztschr. f. Phys. 3 (1920), p. 9.

162) *G. Mie*, Ann. d. Phys. (4) 11 (1903), p. 657. S. auch diese Encyklop. V 10 (*H. Kamerlingh Onnes* und *W. H. Keesom*), Nr. 74f. Dort sind auch ältere Arbeiten zitiert, besonders die von *K. F. Slotte*.

Mie denkt sich nun die Kraft $f(r)$ zusammengesetzt aus einer anziehenden und einer abstoßenden Kraft, von denen die erste mit der bekannten *van der Waals*schen Kohäsion identisch sein, während die zweite viel schneller mit der Entfernung abnehmen soll. Für beide Kräfte macht er den einfachen Ansatz, daß sie Potenzen von r umgekehrt proportional sein sollen; wir schreiben (etwas allgemeiner als *Mie*):

$$(267) \qquad \begin{cases} f(r) = -\dfrac{\partial \varphi}{\partial r}, \quad \varphi = \varphi_1 + \varphi_2, \\[2mm] \varphi_1 = -\dfrac{a}{r^m}, \quad \varphi_2 = +\dfrac{b}{r^n}. \end{cases}$$

Die gesamte potentielle Energie pro Grammatom im Gleichgewicht ist

$$\Phi_0 = \Phi_0^{(1)} + \Phi_0^{(2)},$$

wo

$$(268) \qquad \begin{cases} \Phi_0^{(1)} = -\dfrac{a}{2} \mathrm{N} \sum \dfrac{1}{r^m} = -\dfrac{a s_m}{2 r_0{}^m} \\[3mm] \Phi_0^{(2)} = \dfrac{b}{2} \mathrm{N} \sum \dfrac{1}{r^n} = \dfrac{b s_n}{2 r_0{}^n} \end{cases}$$

dabei ist r_0 der Abstand zweier Nachbaratome (bei einfachem kubischen Gitter die Zellenkante), und wenn N_p die Anzahl der im Abstande r_p vom Nullpunkt befindlichen Atome ist, so ist die über alle Atomdistanzen erstreckte Summe

$$(268') \qquad s_n = \sum_p \left(\dfrac{r_0}{r_p}\right)^n N_p$$

eine Funktion von n allein.

Führt man das Atomvolumen $V = \mathrm{N} r_0{}^3$ ein und setzt

$$(269) \qquad \dfrac{a}{2} \mathrm{N}^{\frac{m}{3}} s_m = A, \quad \dfrac{b}{2} \mathrm{N}^{\frac{n}{3}} s_n = B,$$

so wird

$$(269') \qquad \Phi_o^{(1)} = -\dfrac{A}{V^{\frac{m}{3}}}, \quad \Phi_0^{(2)} = \dfrac{B}{V^{\frac{n}{3}}}$$

Für kleine Verrückungen aus dem Gleichgewicht kann man die potentielle Energie in eine Potenzreihe entwickeln, deren lineare Glieder fehlen:

$$\Phi = \dfrac{1}{2} \sum \left\{ (\varphi)_0 + \dfrac{1}{2} \left(\dfrac{d^2\varphi}{dr^2}\right)_0 (r - r_0)^2 + \cdots \right\}.$$

Die quadratischen Glieder geben, über alle Werte von $r - r_0$ gemittelt, nach dem Gleichverteilungssatz der statistischen Mechanik (s. Nr. 25) den Wert $\tfrac{1}{2}kT$, also zusammen für ein Mol der Substanz $\tfrac{3}{2}RT$, ebensoviel wie der Mittelwert der kinetischen Energie beträgt. Wir wollen aber mit *Grüneisen*[163]) nur so viel benutzen, daß die Mittel-

---

163) *E. Grüneisen*, Ann. d. Phys. (4) 26 (1908), p. 393.

werte der kinetischen und potentiellen Schwingungsenergie jedenfalls gleich sind; für diese können wir dann nach Belieben den klassischen Wert $\frac{3}{2}RT$ oder einen andern (etwa den quantentheoretischen) einsetzen. Es ist also

$$(270) \qquad \overline{\Phi} = \Phi_0 + \overline{L}.$$

Die gesamte Energie ist

$$(271) \qquad E = \overline{\Phi} + \overline{L} = \Phi_0 + 2\overline{L}.$$

Der Schwingungsanteil der potentiellen Energie wird sich irgendwie auf die Energie der anziehenden und abstoßenden Kräfte verteilen; sei η ein echter Bruch, so wird sein

$$\overline{\Phi^{(1)}} = \Phi_0{}^{(1)} + \eta\,\overline{L},$$

$$\overline{\Phi^{(2)}} = \Phi_0{}^{(2)} + (1 - \eta)\,\overline{L}.$$

Wir berechnen nun das Virial der anziehenden Kräfte; da

$$f_1(r) = -\frac{\partial \varphi_1}{\partial r} = -\frac{m\,a}{r^{m+1}} = \frac{m\,\varphi_1}{r},$$

so wird

$$\overline{\sum r f_1(r)} = m\,\overline{\sum \varphi_1} = m\,\overline{\Phi^{(1)}} = m\big(\Phi_0{}^{(1)} + \eta\,\overline{L}\big).$$

Ebenso wird das Virial der abstoßenden Kräfte

$$\overline{\sum r f_2(r)} = n\big(\Phi_0{}^{(2)} + (1 - \eta)\,\overline{L}\big).$$

Setzt man diese Werte in (266) ein, so kommt

$$3pV = 2\overline{L}\Big(1 + \frac{m}{2}\eta + \frac{n}{2}(1 - \eta)\Big) + m\,\Phi_0{}^{(1)} + n\,\Phi_0{}^{(2)}.$$

Benützt man hier die Ausdrücke (269′), so erhält man die *Zustandsgleichung*

$$(272) \qquad pV + G(V) = \gamma \cdot 2\overline{L},$$

wo

$$(273) \quad \begin{cases} \text{a)} \quad G(V) = V\dfrac{d\Phi_0}{dV} = \dfrac{m\,A}{3\,V^{\frac{m}{3}}} - \dfrac{n\,B}{3\,V^{\frac{n}{3}}}, \\[2ex] \text{b)} \quad \gamma = \dfrac{1}{3}\Big(1 + \dfrac{m}{2}\eta + \dfrac{n}{2}(1 - \eta)\Big). \end{cases}$$

Mie macht insbesondere noch drei Annahmen:

1. Die Anziehungskräfte sollen mit der *van der Waals*schen Kohäsion identisch sein; das bedeutet $m = 3$, denn dann wird die potentielle Energie der Anziehung $\Phi_0{}^{(1)} = -\dfrac{A}{V}$.

2. Der Beitrag der Anziehungskräfte zur Schwingungsenergie ist zu vernächlässigen; das bedeutet $\eta = 0$, $\gamma = \dfrac{n+2}{6}$.

3. Die thermische Energie hat den klassischen Wert $2\overline{L} = 3RT$.

Danach lautet die *Miesche Zustandsgleichung*

$$(272') \qquad pV + \frac{A}{V} - \frac{nB}{3V^{\frac{n}{3}}} = RT\frac{n+2}{2}.$$

Grüneisen hat in der schon zitierten Arbeit[163]) eine etwas andere Ableitung der *Mie*schen Zustandsgleichung gegeben, wobei er die Abhängigkeit der Energie E von der Temperatur offen ließ, und hat einige Folgerungen experimentell geprüft. Man kann aus der Gleichung (272) oder (272') den Spannungskoeffizienten $\left(\frac{\partial p}{\partial T}\right)_v$ berechnen; dieser hängt mit dem linearen Ausdehnungskoeffizienten α und der Kompressibilität $\varkappa$ so zusammen:

$$\left(\frac{\partial p}{\partial T}\right)_v = \frac{3\alpha}{\varkappa}.$$

Durch Differenzieren nach T bei konstantem V folgt nun aus (272) wegen $\frac{\partial}{\partial T}(2\bar{L})_v = C_v$:

$$(274) \qquad \frac{3\alpha V}{\varkappa C_v} = \gamma.$$

Wenn man mit *Mie* $\eta = 0$ setzt und annimmt, daß der Abstoßungsexponent n universell ist, so müßte $\frac{3\alpha V}{\varkappa C_v}$ für alle einatomigen Körper denselben Wert $\gamma = \frac{n+2}{6}$ haben. Nach *Grüneisen* schwanken die Werte von $\frac{3\alpha V}{C_v}$ in der Tat relativ wenig; für alle Metalle mit einem Atomgewicht über 100, ausgenommen Wismut und Antimon (die bei den meisten Regelmäßigkeiten der Metalle ausfallen), ist mit verhältnismäßig guter Annäherung

$$(274') \qquad \frac{3\alpha V}{\varkappa C_v} = 2,3.$$

Hieraus folgt für den Abstoßungsexponenten ungefähr $n = 12$.

Einzelne große Abweichungen, besonders bei den Elementen von kleinem Atomgewicht, zeigen, daß die Annahmen von *Mie* nur rohe Annäherungen an die Wirklichkeit sein können.

Zur selben Zeit mit der zit. Untersuchung entdeckte *Grüneisen*[164]) auf empirischem Wege eine Verallgemeinerung der *Mie*schen Gleichung (274), die nur für hohe Temperaturen, im Bereiche des *Dulong-Petit*schen Gesetzes, begründet ist. Das *Grüneisen*sche Gesetz besagt:

Der Quotient aus dem Ausdehnungskoeffizienten und der spezifischen Wärme eines Metalles ist von der Temperatur nahezu unabhängig.

---

164) *E. Grüneisen*, Ann. d. Phys. (4) 26 (1908), p. 211.

Grüneisen zeigte, daß diese Regel bei vielen Metallen (Ni, Cu, Pd, Ag, Ir, Pt) von -150° C bis gegen 1000° C mit großer Genauigkeit zutrifft.

Eine theoretische Ableitung dieses Gesetzes gab *Grüneisen* 1912 in einer großen Arbeit[165]), die sich eng an die *Mie*schen Gedanken anschließt und den Versuch einer vollständigen Thermodynamik der einatomigen Festkörper enthält. Man kann ihren Grundgedanken so kennzeichnen, daß sie die oben eingeführte Teilungszahl η genauer festlegt und mit einer Schwingungszahl in Beziehung bringt; dadurch wird der Anschluß **an** die zu gleicher Zeit sich entwickelnde Lehre von der spezifischen Wärme erreicht.

Grüneisen denkt sich alle Atome festgehalten außer einem; dieses wird dann unter der Wirkung der übrigen monochromatische Schwingungen der Frequenz ν ausführen. Die potentielle Energie bei einer Amplitude ξ ist $\tfrac{1}{2} D \xi^2$; sie wird in zwei Teile $\tfrac{1}{2} D_m \xi^2$ und $\tfrac{1}{2} D_n \xi^2$ zerfallen, von denen der erste durch die anziehenden, der zweite durch die abstoßenden Kräfte erzeugt wird. Das Verhältnis $\dfrac{\eta}{1-\eta}$ der entsprechenden Anteile der Gesamtenergie wird also im Sinne der monochromatischen Theorie gleich $\dfrac{D_m}{D_n}$ gesetzt werden können, also

$$(275) \qquad \eta = \frac{D_m}{D}, \qquad 1 - \eta = \frac{D_n}{D}.$$

Dann wird nach (273 b)

$$(276) \qquad \gamma = \frac{(m+2)D_m + (n+2)D_n}{6D}.$$

Diese Größe γ läßt sich nun auf die Atomfrequenz

$$(277) \qquad \nu = \frac{1}{2\pi} \sqrt{\frac{D}{\mu}}$$

zurückführen ($\mu =$ Atommasse).

Ist nämlich N_p die Anzahl der Atome im Abstande r_p von dem schwingenden und φ_p der Winkel der Verbindungslinie mit der Schwingungsrichtung ξ, so ist offenbar die zurückziehende Kraft

$$\sum_p \{ f(r_p + \xi) - f(r_p - \xi) \} N_p \cos \varphi_p,$$

wo die Summe über die Atome eines Halbraumes zu erstrecken ist; das gibt angenähert

$$\xi 2 \sum_p f'(r_p) N_p \cos \varphi_p = - D \xi.$$

---

165) *E. Grüneisen*, Ann. d. Phys. (4) 39 (1912), p. 257. S. auch Verh. d. Deutsch. Phys. Ges. 13 (1911), p. 836; 14 (1912), p. 322. II. Conseil de Physique Solvay 1913 (Brüssel 1913), Molekulartheorie der festen Körper.

Mit dem Kraftgesetz (267) folgt daraus

$$(275') \qquad D_m = - \frac{m(m+1)}{r_0^{m+2}} a \sigma_m, \qquad D_n = \frac{n(n+1)}{r_0^{n+2}} b \sigma_n,$$

wo die über den *ganzen* Raum erstreckte Gittersumme

$$\sigma_n = \sum_p \left(\frac{r_0}{r_p}\right)^n N_p \cos \varphi_p$$

nur von n abhängt. Sodann wird

$$\frac{r_0}{D} \frac{\partial D}{\partial r_0} = - \frac{(m+2)D_m + (n+2)D_n}{D} = - 6\gamma.$$

r_0^3 ist mit V, und D mit ν^2 proportional, daher erhält man

$$(278) \qquad \gamma = - \frac{d \log \nu}{d \log V} = - \frac{V}{\nu} \frac{d\nu}{dV}.$$

Nach (273b) ist γ positiv; (278) drückt also den einleuchtenden Satz aus, daß die Schwingungszahl bei Kompression ($\Delta V < 0$) zunimmt bei Dilatation ($\Delta V > 0$) abnimmt.

Von den zahlreichen thermodynamischen Folgerungen, die *Grüneisen* aus der Zustandsgleichung (272) im Verein mit der Formel (278) zieht, heben wir folgende hervor.

I. Die Größe γ hängt nach (278) von V ab, doch nur unwesentlich, nämlich nur von dem Verhältnis $\frac{V}{V_0}$, wo V_0 das Atomvolumen bei $p = 0$, $T = 0$ bedeutet. An diesem Punkte ist nach (272)

$$(279) \qquad G(V_0) = 0,$$

und wenn man darin $V_0 = N r_0^3$ setzt, so ergibt (273a) mit Rücksicht auf (269)

$$(279') \qquad \frac{m a s_m}{r_0^m} = \frac{n b s_n}{r_0^n},$$

was man auch direkt aus der Gleichgewichtsbedingung $\left(\frac{d\Phi}{dr}\right)_0 = 0$ schließen kann; dabei bedeutet hier r_0 den Atomabstand bei $T = 0$, $p = 0$. Vernachlässigt man die Änderung von r_0, so folgt aus (276), (275') leicht

$$(280) \qquad \gamma = \frac{1}{6} \frac{(n+1)(n+2)\psi_n - (m+1)(m+2)\psi_m}{(n+1)\psi_n - (m+1)\psi_m},$$

wo

$$(280') \qquad \psi_n = \frac{\sigma_n}{s_n} = \frac{\sum_p \left(\frac{r_0}{r_p}\right)^n N_p \cos \varphi_p}{\sum_p \left(\frac{r_0}{r_p}\right)^n N_p} < 1.$$

Die *Miesche* Beziehung (274) bleibt also auch bei *Grüneisen* mit großer Annäherung gültig. Der Wert von γ geht in den *Mieschen* $\gamma = \frac{n+2}{6}$

über, wenn ψ_m neben ψ_n vernachlässigt werden kann; das ist, wie leicht aus (280′) zu sehen, der Fall, wenn $n \gg m$ ist. *Grüneisen* betrachtet daneben den Fall, daß die von den ferneren Atomen ausgeübten Kräfte durch die näheren Atome abgeschirmt werden; dann hat man die Summen in (280′) nach dem ersten Gliede abzubrechen, so daß ψ_n von n unabhängig wird. Aus $\psi_m = \psi_n$ folgt aber $\gamma = \dfrac{n+m+3}{6}$. Manche Beobachtungen scheinen diesen Wert wahrscheinlicher zu machen als den von *Mie* gewählten.

II. Sieht man die Energie E als Funktion von Volumen und Entropie S an, so gilt bekanntlich

$$p = -\frac{\partial E}{\partial V}, \quad T = \frac{\partial E}{\partial S}.$$

Daher ergibt die Zustandsgleichung (272) zusammen mit der Energiegleichung (271) folgende Differentialgleichung für E:

$$V \frac{dE}{dV} + \gamma E = G(V) + \gamma \Phi_0.$$

Hier sind Φ_0 und γ als Funktionen von V zu betrachten. Drückt man G nach (273) durch die Ableitung von Φ_0 nach V aus, so kann man schreiben:

$$V \frac{d(E - \Phi_0)}{dV} + \gamma(E - \Phi_0) = 0,$$

oder, wenn man statt V die unabhängige Variable v vermöge (278) einführt

$$v \frac{d(E - \Phi_0)}{dv} - (E - \Phi_0) = 0.$$

Daraus folgt durch Integration

$$\frac{E - \Phi_0}{v} = \frac{2L}{v} = w(S),$$

wo w eine willürliche Funktion bedeutet, und hieraus durch Differentiation nach S:

$$(281) \qquad\qquad \frac{T}{v} = w'(S).$$

Also wird S eine Funktion von $\dfrac{T}{v}$ allein, und die Energie bekommt die Form

$$(281') \qquad\qquad E = \Phi_0 + v f\!\left(\frac{v}{T}\right).$$

Damit ist der Anschluß an die monochromatische Quantentheorie der spezifischen Wärme erreicht. Umgekehrt folgt aus (281′) notwendig, daß die Zustandsgleichung die Form (272) hat.

III. Aus der Zustandsgleichung folgt wegen (279) für die Kompressibilität beim absoluten Nullpunkt $(L = 0)$:

$$(282) \qquad \frac{1}{\varkappa_0} = \left(\frac{dG}{dV}\right)_0 = \frac{A}{9\,V_0^{\frac{m}{3}+1}}\,m\,(n-m).$$

Daher hat man eine Entwicklung der Form

$$G(V) = \frac{V-V_0}{\varkappa_0}\left(1 - \beta\,\frac{V-V_0}{V_0} + \cdots\right).$$

Die thermische Ausdehnung gegen den Druck $p = 0$ findet man nun durch Auflösen der Gleichung $G(V) = \gamma\,2\overline{L}$ angenähert als

$$(283) \qquad \frac{V-V_0}{V_0} = \frac{2\overline{L}}{Q_0 - \beta\cdot 2\overline{L}},$$

wo

$$(283') \qquad Q_0 = \frac{V_0}{\gamma\,\varkappa_0}.$$

In erster Näherung ist also die thermische Volumänderung dem Wärmeinhalt $2\overline{L}$ proportional. Das ist die theoretische Fassung des von *Grüneisen* zuerst empirisch gefundenen Gesetzes; es stellt die Beobachtungen an einfachen festen Körpern tatsächlich richtig dar[166]), wenigstens wenn man die Konstante β, die theoretisch gleich $\frac{n+m+3}{6}$ ist, geeignet wählt. Für den linearen Ausdehnungskoeffizienten $\alpha = \frac{1}{3}\,\frac{1}{V}\,\frac{dV}{dT}$ folgt aus (283) in erster Näherung

$$(283'') \qquad \frac{C_v}{3\,\alpha} = Q_0 = \frac{V_0}{\gamma\,\varkappa_0},$$

was mit der Gleichung (274) von *Mie* (die dieser nur für den Grenzfall hoher Temperaturen bewiesen hatte) formal übereinstimmt, wenn man die geringfügige Veränderlichkeit von $\frac{\varkappa}{V}$ vernachlässigt.

IV. Für die Frequenz beim absoluten Nullpunkt erhält *Grüneisen* eine Formel, die mit der bekannten Dimensionsformel von *Madelung* und *Einstein* (222) übereinstimmt. Führt man das Atomgewicht $\mathrm{M} = \mathrm{N}\mu$ und die Kompressibilität nach (282) ein, so wird

$$(284) \qquad \nu_0{}^2 = \frac{9\,\mathrm{N}^{\frac{2}{3}}}{2\,\pi^2}\,\frac{(n+1)\psi_n - (m+1)\psi_m}{n-m}\cdot\frac{V^{\frac{1}{3}}}{\varkappa_0\,\mathrm{M}}.$$

Hieraus folgt mit $V_0 = \dfrac{\mathrm{M}}{\varrho_0}$:

$$\lambda_0 = \frac{c}{\nu_0} = C\,\varkappa_0^{\frac{1}{2}}\,\mathrm{M}^{\frac{1}{3}}\,\varrho_0^{\frac{1}{6}}$$

---

166) *S. Valentiner* u. *J. Wallot* (Verh. d. Deutsch. Phys. Ges. 16 (1914), p. 757; Ann. d. Phys. (4) 46 (1915), p. 837) glaubten aus sorgfältigen Beobachtungen an Pt, Ir, Rh, Si, CaF_2, FeS_2 auf systematische Abweichungen schließen zu müssen. Doch konnte *Grüneisen* (Ann. d. Phys. (4) 55 (1918), p. 371; 58 (1919), p. 753) zeigen, daß diese Fehler (außer bei Si) nur auf dem angewandten Rechnungsverfahren beruhten.

in Übereinstimmung mit (222) (s. **Nr. 24**). Dabei wird

$$C = \frac{c\pi}{3}\,\mathrm{N}^{-\frac{1}{3}}\left(\frac{2(n-m)}{(n+1)\psi_n - (m+1)\psi_m}\right)^{\frac{1}{2}}$$

von der richtigen Größenordnung.

Zu einer neuen Formel gelangt *Grüneisen,* indem er statt $\varkappa_0$ den Wert (283'') einführt:

$$(285) \qquad\qquad v_0 = C'\sqrt{\frac{1}{M V_0^{\frac{2}{3}}} \cdot \frac{C_v}{3\,\alpha}}\,.$$

Diese ist nützlich in den Fällen, wo die Kompressibilität nicht bekannt ist (wie z. B. damals bei Diamant, Rhodium, Iridium). Mit dem empirischen Werte $C' = 2{,}9 \cdot 10^{11}$ erhält man folgende Tabelle für $\Theta = \frac{h v_0}{k}$, wo die als „beobachtet" bezeichneten Werte aus dem Verlaufe der Atomwärme (nach der Formel (237) von *Nernst* und *Lindemann*) entnommen sind:

Tabelle IX.

	Θ ber.	Θ beob.		Θ ber.	Θ beob.
C	1860	1940	Ag	210	222
Al	374	405	Pb	105	92
Cu	325	320			

V. *Grüneisen* stellt auch die Beziehung seiner Theorie zur *Lindemann*schen Formel (228) für die Schwingungszahl v_0 her, etwa auf folgende Weise:

Sind V_s und T_s Volumen und absolute Temperatur beim Schmelzpunkt, so folgt aus (283), (283') mit $2\bar{L} = 3 R T_s$ in erster Näherung:

$$\delta_s = \frac{V_s - V_0}{V_0} = \frac{2\bar{L}}{Q_0} = \frac{3 R T_s \gamma \varkappa_0}{V_0}\,.$$

Drückt man hier $\varkappa_0$ durch δ_s aus und setzt das in (284) ein, so kommt

$$(286) \qquad v_0^2 = \frac{27}{2\pi^2}\,\frac{\mathrm{N}^{\frac{2}{3}} R \gamma}{\delta_s}\,\frac{(n+1)\psi_n - (m+1)\psi_m}{n-m} \cdot \frac{T_s}{M V_0^{\frac{2}{3}}}\,.$$

Nun ist aber δ_s, wie *Grüneisen*[167]) nachweist, für die Metalle Mg, Al, Cu, Pd, Ag, Pt, Au, Pb nicht völlig, aber annähernd konstant (ungefähr $= 0{,}08$); damit ergibt sich die *Lindemann*sche Formel (228)

$$(286') \qquad\qquad v_0 = C^* R^{\frac{1}{2}} \mathrm{N}^{\frac{1}{3}} \sqrt{\frac{T_s}{M V_0^{\frac{2}{3}}}}\,.$$

Grüneisen zeigt, daß mit $m = 3$, $n = 12$ für den Zahlenfaktor ungefähr der richtige Wert herauskommt.

---

167) S. auch *E. M. Lémeray,* Paris C. R. 131 (1900), p. 1291.

Wichtig ist auch die Schätzung der mittleren Schwingungsamplitude beim Schmelzpunkt aus der Gleichung

$$3\,RT_s = 4\,\pi^2\,\mathrm{M}\,\nu^2\,\bar{\xi}^2.$$

Es ergibt sich, daß das Verhältnis $\left(\dfrac{\bar{\xi}}{r_0}\right)_{T_s}$ ziemlich unabhängig von der Substanz ist und den kleinen Wert 0,085 hat.

VI. — $\Phi_0(V_0)$ ist die Arbeit, die nötig ist, um beim absoluten Nullpunkt alle Atome in große gegenseitige Entfernung zu bringen, also die *Sublimationswärme beim absoluten Nullpunkt*. Für diese ergibt sich wegen (279)

$$(287) \qquad -\,\Phi_0(V_0) = \frac{A}{V_0^{\frac{m}{3}}} - \frac{B_i}{V_0^{\frac{n}{3}}} = \frac{A}{V_0^{\frac{m}{3}}}\left(1 - \frac{m}{n}\right),$$

oder wegen (282) und (283″)

$$(287') \qquad -\,\Phi_0(V_0) = \frac{9}{m\,n} \cdot \frac{V_0}{\varkappa_0} = \frac{9\,\gamma}{m\,n} \cdot \frac{C_v}{3\,\alpha}.$$

Nach *Grüneisen* ist diese Beziehung annähernd erfüllt, wenn man mit *Mie van der Waals*sche Kohäsionskräfte annimmt $\left(m = 3,\ \gamma = \dfrac{n+2}{6}\right)$; dann wird der Zahlenfaktor $\dfrac{9\,\gamma}{m\,n}$ ungefähr $= 0{,}6$.

Alle diese von *Grüneisen* gefundenen Zusammenhänge sind später von der elektrostatischen Gittertheorie aufgegriffen und auf die zwei- oder mehratomigen Ionengitter übertragen worden. Bei diesen wird die universelle, aber schwache *van der Waals*sche Anziehung durch die elektrostatischen Kräfte bei weitem überwogen; der Anziehungsexponent m wird also gleich 1, und die Konstante a in der Formel (267) (bzw. A, (269)) läßt sich exakt berechnen. Dadurch wird die in der *Mie-Grüneisen*schen Theorie noch steckende Willkür für diese Ionengitter beseitigt (s. Nr. **38**).

29. Quantentheorie der Zustandsgleichung. Während die *Grüneisen*sche Theorie die Abhängigkeit der thermischen Energie $2\bar{L}$ von der Temperatur unbestimmt läßt, haben *Ratnowsky*[168], *Ornstein*[169], *Debye*[170] und andere den Weg eingeschlagen, durch Modifikation der quantentheoretischen Formel für die Temperaturabhängigkeit der Energie zur Zustandsgleichung zu gelangen.

---

168) *S. Ratnowsky*, Ann. d. Phys. 38 (1912), p. 637; Verh. d. Deutsch. Phys. Ges. 15 (1913), p. 75.

169) *L. S. Ornstein*, Proc. Amst. Akad. 1912, p. 983.

170) *P. Debye*, Phys. Ztschr. 14 (1913), p. 259; Wolfskehl-Kongreß, Göttingen 1913 (B. G. Teubner, Leipzig 1913), Vortrag über Zustandsgleichung und Quantenhypothese mit einem Anhang über Wärmeleitung.

Ratnowsky und *Ornstein* wenden die monochromatische Formel für die thermische Energie an. Dabei ist es bequem, nach dem Vorgange von *Ornstein* von der *freien Energie* eines Resonators auszugehen; diese beträgt nach *Planck*[171]

$$(288) \qquad f = kT\mathsf{F}\left(\frac{h\nu}{kT}\right), \quad \text{wo } \mathsf{F}(x) = \ln\left(1 - e^{-x}\right).$$

Hieraus ergibt sich die Energie des Resonators nach der thermodynamischen Formel

$$(288') \qquad u = f - T\frac{\partial f}{\partial T} = kT\mathsf{P}\left(\frac{h\nu}{kT}\right), \quad \mathsf{P}(x) = \frac{x}{e^x - 1}$$

in Übereinstimmung mit (232); ferner ist die Entropie des Resonators:

$$(288'') \qquad s = -\frac{\partial f}{\partial T} = \frac{u - f}{T} = k\left\{\mathsf{P}\left(\frac{h\nu}{kT}\right) - \mathsf{F}\left(\frac{h\nu}{kT}\right)\right\}.$$

Sieht man die Atome eines Mols als unabhängige Resonatoren von je 3 Freiheitsgraden an, so wird die freie Energie des Mols

$$(289) \qquad F = \Phi_0 + 3RT\mathsf{F}\left(\frac{h\nu}{kT}\right).$$

Um die Zustandsgleichung zu bekommen, muß man außer Φ_0 auch die Frequenz ν als Funktion des Volumens ansehen; dann erhält man nach bekannten thermodynamischen Formeln für den Druck p und die Entropie S die Ausdrücke:

$$(289') \qquad \begin{cases} p = -\dfrac{\partial F}{\partial V} = -\dfrac{d\Phi_0}{dV} - 3RT \cdot \dfrac{1}{\nu}\dfrac{d\nu}{dV}\mathsf{P}\left(\dfrac{h\nu}{kT}\right), \\[2ex] S = -\dfrac{\partial F}{\partial T} = 3R\left\{\mathsf{P}\left(\dfrac{h\nu}{kT}\right) - \mathsf{F}\left(\dfrac{h\nu}{kT}\right)\right\}. \end{cases}$$

Die erste dieser Relationen stimmt mit der *Mie-Grüneisen*schen Zustandsgleichung (272) überein, wenn man darin für die Schwingungsenergie $2\overline{L}$ den Ausdruck (234) der Quantentheorie (nach *Einstein*) einsetzt und die Definition von γ nach (278) benutzt.

Nachdem bei der spezifischen Wärme die Notwendigkeit erwiesen worden war, die monochromatische Theorie zu verlassen und das elastische Spektrum zu berücksichtigen, übertrug *Debye* seine dort (s. Nr. 27) bewährte Methode auf die Berechnung der freien Energie. Mit dem Verteilungsgesetz (155) der Schwingungszahlen ergibt sich

$$(290) \qquad F = \Phi_0 + 3RT \cdot 3\left(\frac{T}{\Theta}\right)^3 \int_0^{\frac{\Theta}{T}} \mathsf{F}(x)\, x^2\, dx,$$

wo Θ der Maximalfrequenz ν_m des elastischen Spektrums proportional

---

171) S. etwa *M. Planck,* Theorie der Wärmestrahlung 4. Aufl. (Leipzig 1921), § 127, Formel (189), (190), p. 127 und § 178, Formel (429), p. 203.

ist: $\Theta = \dfrac{h\,v_m}{k}$. Mit Hilfe einer partiellen Integration wird

$$(290') \qquad F = \Phi_0 + 3RT\left\{ \mathsf{F}\left(\frac{\Theta}{T}\right) - \frac{1}{3}\,\mathsf{D}\left(\frac{\Theta}{T}\right) \right\}.$$

Debye nimmt nun in rationeller Verallgemeinerung der monochromatischen Theorie an, daß v_m, und damit Θ, vom Volumen V abhängen. Dann ergibt sich für den Druck

$$(291) \qquad p = -\frac{\partial F}{\partial V} = -\frac{d\Phi_0}{dV} - 3RT\mathsf{D}\left(\frac{\Theta}{T}\right)\frac{1}{\Theta}\frac{d\Theta}{dV}.$$

Wenn nun analog zu (278)

$$(291') \qquad \frac{V}{\Theta}\cdot\frac{d\Theta}{dV} = \frac{V}{v_m}\frac{dv_m}{dV} = -\gamma$$

gesetzt wird, so hat die gewonnene Zustandsgleichung die von *Mie* und *Grüneisen* angenommene Form (272), wobei für die Schwingungsenergie $2\,\overline{L}$ die *Debye*sche Formel (239) einzusetzen ist.

Für die Entropie erhält man ebenso

$$(291'') \qquad S = -\frac{\partial F}{\partial T} = 3R\left\{ \frac{4}{3}\,\mathsf{D}\left(\frac{\Theta}{T}\right) - \mathsf{F}\left(\frac{\Theta}{T}\right) \right\}.$$

Die allgemeinen Folgerungen aus diesen Gesetzen sind dieselben, die *Grüneisen* gezogen hat, sofern er nicht das besondere Potenz-Kraftgesetz benutzt.

Debye insbesondere setzt Φ_0 dem Quadrat der Volumenänderung ΔV, vom absoluten Nullpunkt gezählt, proportional und entwickelt Θ nach ΔV bis zu Gliedern zweiter Ordnung. Wegen (273a), (279), (282) ist dann

$$(292) \qquad \Phi_0 = \frac{\Delta V}{2\,\varkappa_0 V_0};$$

ferner setzt *Debye*

$$(292') \qquad \Theta = \Theta_0\left(1 - a\,\frac{\Delta V}{V_0} + \frac{b}{2}\left(\frac{\Delta V}{V_0}\right)^2 + \cdots\right),$$

wo die Konstante a offenbar mit dem Werte identisch ist, den die *Grüneisen*sche Größe γ für $T = 0$, d. h. $V = V_0$, annimmt.

Die *Debye*sche Theorie führt also nicht wesentlich über die *Grüneisen*sche heraus; sie ist einerseits allgemeiner, sofern sie das *Mie-Grüneisen*sche Potenz-Kraftgesetz fallen läßt und es durch eine Reihe mit unbestimmten Koeffizienten ersetzt, andererseits spezieller, indem sie die Temperaturabhängigkeit der thermischen Energie festlegt. Die Hauptleistung der *Debye*schen Arbeit aber liegt in der Klärung der Grundlagen, nämlich in der Erkenntnis, daß die thermische Ausdehnung nur dadurch zustande kommt, daß die Kräfte zwischen den Atomen nicht genau den Verrückungen proportional sind, daß also das *Hooke*sche Gesetz nicht exakt gilt. Denn nur dann kann die Maximalfrequenz ν_m, die nach Nr. **26**, Formeln (154′), (238), (240), von den Elastizitätskonstanten abhängt, und damit Θ eine Funktion der Deformation, also insbesondere der Volumenänderung ΔV sein. Allerdings kann man gegen diese *Debye*sche Auffassung wiederum das Bedenken erheben, wie es erlaubt sein kann, die Atomschwingungen mit Hilfe der Formeln für den gewöhnlichen Oszillator zu behandeln, wenn doch die zurückziehenden Kräfte nicht den Verrückungen proportional sind. Die kritische Behandlung dieser Frage erfolgt im nächsten Abschnitt (Nr. **30**); sie führt zu dem Ergebnis, daß die *Debye*sche Methode richtig ist, solange man sich bei der Entwicklung von Θ nach ΔV (allgemeiner nach den Komponenten der Deformation) auf die linearen Glieder beschränkt.

Hier soll zunächst ohne Rücksicht auf diese Kritik die formale Ausgestaltung der *Debye*schen Theorie besprochen werden.

R. Ortvay[172]) hat angegeben, wie man verfahren muß, wenn man nicht nur Volumenänderungen, sondern beliebige Deformationen, auch von Kristallen, behandeln will.

Dazu braucht man nur Φ_0 als quadratische Form der 6 Deformationskomponenten x_x, y_y, z_z, y_z, z_x, x_y anzusetzen und entsprechend Θ nach diesen Größen zu entwickeln, ebenfalls bis auf Glieder zweiter Ordnung einschließlich. Dann wird auch die freie Energie F eine Funktion der x_x, ..., die man bis auf Glieder zweiter Ordnung einschließlich zu entwickeln hat; statt der einen Zustandsgleichung (291) hat man dann die 6 Spannungsgleichungen

$$(293) \begin{cases} X_x = -\dfrac{\partial F}{\partial x_x} = X_x{}^0 - c_{11}x_x - c_{12}y_y - c_{13}z_z - c_{14}y_z - c_{15}z_x - c_{16}x_y, \\[2mm] \cdots \cdots \cdots \cdots \cdots \cdots \cdots \cdots \cdots \cdots \cdots , \end{cases}$$

deren Koeffizienten $X_x{}^0$, ...; c_{11}, ... von der Temperatur abhängen. Die $X_x{}^0$ sind die Komponenten der thermischen Spannungen; sie hängen offenbar von den linearen Gliedern der Entwicklung von Θ nach den x_x, ... ab. Die c_{11}, ... sind die Elastizitätskonstanten; sie werden nur dann Funktionen der Temperatur, wenn man in Θ die Glieder 2. Ordnung in den x_x, ... mitnimmt. Die folgende Kritik der Methode wird zeigen, daß dieses nicht ohne weiteres erlaubt ist, weil dann die Quantentheorie des harmonischen Oszillators nicht mehr ausreicht.

Um die Wärmeausdehnung zu erhalten, hat man die äußeren Spannungen X_x, ... gleich Null zu setzen und die Gleichungen nach

---

172) *R. Ortvay*, Verh. d. Deutsch. Phys. Ges. 15 (1913), p. 773.

den $x_x, \ldots$ aufzulösen; man bekommt dann Ausdrücke der Form

$$(293') \qquad \begin{cases} x_x = s_{11} X_x{}^0 + s_{12} Y_y{}^0 + \cdots + s_{16} X_y{}^0, \\ \cdots \cdots \cdots \cdots \cdots \cdots \cdots \cdots \cdots \end{cases}$$

wo die s_{ij} die in (53''), Nr. 8, eingeführten Elastizitätsmoduln sind.

Ortvay entwickelt diese Theorie insbesondere für einen isotropen Körper; dann wird die Zahl der Koeffizienten dadurch beschränkt, daß die Entwicklungen von Φ_0 und Θ nach den $x_x, \ldots$ nur von den Orthogonalinvarianten dieser Größen abhängen. Es ergibt sich leicht, daß $X_x{}^0 = Y_y{}^0 = Z_z{}^0 = p^0$, $Y_z{}^0 = Z_x{}^0 = X_y{}^0 = 0$, und daraus folgt gleichförmige Dilatation bei Temperaturerhöhung.

Wesentlich ausgestaltet wurde die Theorie durch Arbeiten von *van Everdingen*[173]), *Lorentz*[174]), *Ornstein* und *Zernike*[175]), *Tresling*[176]). Nach der *Debye*schen Theorie der spezifischen Wärme ist nämlich Θ ausdrückbar durch die Schallgeschwindigkeiten der elastischen Wellen (s. Nr. 26, Formel (154'), (238), (240)), bei isotropen Körpern direkt durch die Elastizitätskonstanten (s. Nr. 26, Formel (245), (246)). Die Deformationsenergie eines elastischen Kontinuums wird nun bis auf Glieder von höherer als 3. Ordnung in den Deformationskomponenten entwickelt; bei isotropen Körpern hängt sie nur von den Orthogonalinvarianten der Deformationsgrößen

$$J_1 = x_x + y_y + z_z,$$
$$J_2 = y_y z_z + z_z x_x + x_x y_y - \tfrac{1}{4}(y_z{}^2 + z_x{}^2 + x_y{}^2),$$
$$J_3 = x_x y_y z_z + \tfrac{1}{4}(z_y x_z y_x - x_x y_z{}^2 - y_y z_x{}^2 - z_z x_y{}^2),$$

ab, und zwar erhält man nach *Tresling*, der die Ansätze von *Debye*, *Ortvay*, *van Everdingen* als unzulässig nachweist, den Ausdruck

$$\Phi = A J_1{}^2 + B J_2 + C J_1{}^3 + D J_1 J_2 + E J_3.$$

Dabei darf man aber nicht die Formeln (35) (Nr. 6) für die $x_x, \ldots$ gebrauchen, sondern die für „endliche" Deformationen[177]) gültigen

$$2 x_x + 1 = \left(\frac{\partial x}{\partial \xi}\right)^2 + \left(\frac{\partial y}{\partial \xi}\right)^2 + \left(\frac{\partial z}{\partial \xi}\right)^2, \ldots$$

$$y_z = \frac{\partial x}{\partial \eta}\frac{\partial x}{\partial \zeta} + \frac{\partial y}{\partial \eta}\frac{\partial y}{\partial \zeta} + \frac{\partial z}{\partial \eta}\frac{\partial z}{\partial \zeta}, \ldots;$$

---

173) *M. J. M. van Everdingen*, De toestandvergelijking van het isotrope, vaste lichaam, Proefschrift Utrecht 1914.

174) *H. A. Lorentz*, Versl. Kon. Ak. van Wetensch. te Amsterdam, Nov. 1915, 24, p. 671.

175) *L. S. Ornstein* u. *F. Zernike*, Versl. Kon. Ak. van Wetensch. te Amsterdam; I, II, III. Febr.-März 1916, 24, p. 1689, 1561; Juni 1916, 25, p. 396.

176) *J. Tresling*, Deformaties en trillingen in het vaste lichaam by afwijkingen van de wet van Hooke, ook in verband met de toestandsvergelijking. Proefschrift Leiden 1919.

177) S. diese Encyklop. IV 23 (*C. H. Müller* u. *A. Timpe*) Nr. 6 (Anhang).

hier bedeuten ξ, η, ζ die Koordinaten eines Teilchens vor der Deformation, das nach derselben die Koordinaten x, y, z hat. (Bei kleinen Verrückungen $\mathfrak{u}_x = x - \xi$, ... gehen diese Ausdrücke in die einfachen $x_x = \dfrac{\partial \mathfrak{u}_x}{\partial x} = u_{xx}$, ... $y_z = \dfrac{\partial \mathfrak{u}_y}{\partial z} + \dfrac{\partial \mathfrak{u}_z}{\partial y} = u_{yz} + u_{zy}$, ... über.)

Nun denke man sich zunächst eine unendlich kleine Deformation gegeben; von dieser aus werde eine zweite Deformation vorgenommen. Dann kann man „relative Elastizitätskonstanten" für die letztere definieren, und diese werden ihrerseits lineare Funktionen der Komponenten der ersten Deformation sein.

Es werden also auch die Geschwindigkeiten der Schallwellen lineare Funktionen der ersten Deformationsgrößen, und dasselbe gilt von Θ. Auf diese Weise findet *Tresling* für den Koeffizienten der thermischen Ausdehnung einen der Schwingungsenergie proportionalen Ausdruck (Gesetz von *Grüneisen*), der von den Koeffizienten A, B, C, D, E abhängt; von diesen sind A, B als gewöhnliche Elastizitätskonstanten bekannt, C, D, E werden aus den beobachteten Abweichungen vom *Hooke*schen Gesetz bestimmt.[178])

Der Gedanke, welcher der im folgenden dargestellten Ableitung aus der Gittertheorie zugrunde liegt, stimmt mit dieser Methode im wesentlichen überein; nur muß die schon erwähnte Kritik der Anwendbarkeit der Oszillatorformeln vorausgeschickt werden, durch welche der Gültigkeitsbereich der Theorie eingeschränkt wird.

In den genannten holländischen Arbeiten findet sich eine zweite Methode zur Aufstellung der Zustandsgleichung entwickelt, die nicht von der Energie ausgeht, sondern direkt die thermischen Spannungen durch Mittelbildung über die von den Atomen ausgeübten Kräfte zu berechnen sucht.[179]) Beide Methoden führen natürlich bei konsequenter Anwendung auf dieselben Endformeln.

Alle diese Theorien [180]) bewegen sich im Rahmen der Kontinuumsphysik. Demgegenüber hat die Gittertheorie die Aufgabe, die in der

---

178) *Tresling* führt diese Rechnung für Stahl nach Messungen von *J. H. Poynting* (Proc. Roy. Soc. (A) 86 (1912), p. 534) aus und erhält für die thermische Ausdehnung Übereinstimmung der Größenordnung.

179) Die Methode der direkten Berechnung der thermischen Spannungen ist auch von *K. Försterling* in den früher zitierten Arbeiten (Anm. 155, 161) angewandt worden; derselbe Autor diskutiert in einer andern Abhandlung (Ann. d. Phys. (4) 47 (1915), p. 1127) das Problem der Zustandsgleichung vom Standpunkt der *Helmholtz*schen Theorie der zyklischen Systeme.

180) Abhandlungen von *E. Rasch* (Mitt. aus. d. kgl. Materialprüfungsamt, Berlin 1912, p. 321), *M. B. Weinstein* (Ann. d. Phys. (4) 51 (1916), p. 465; 52 (1917), p. 203, 506) u. a. sind teils fehlerhaft, teils ohne Bedeutung für die Entwicklung der Theorie.

thermischen Zustandsgleichung (der freien Energie) vorkommenden Parameter auf die Atomkräfte explizite zurückzuführen (s. Nr. **31**).

30. Anharmonische Oszillatoren. Ein „idealer" fester Körper ist nach *Debye* ein solcher, bei dem die potentielle Energie exakt durch eine quadratische Form der Verrückungen dargestellt wird (bei dem also das *Hooke*sche Gesetz streng gilt). *Debye* hebt hervor, daß ein solcher Körper *keine* thermische Ausdehnung zeigen würde; denn wenn sich die Atomkräfte einer Annäherung je zweier Atome ebenso stark widersetzen als einer Entfernung, kann keine spontane Dilatation der Mittellagen mit wachsender Schwingungsenergie eintreten.

Die thermische Ausdehnung beruht also wesentlich auf der Abweichung von der „Idealität", auf den Gliedern 3. Ordnung in der potentiellen Energie. Es wurde schon oben darauf hingewiesen, daß dann die Frage entsteht, warum es erlaubt ist, die für ein System harmonischer Oszillatoren gültigen Formeln der Quantentheorie auf diesen Fall anzuwenden.

Debye macht die Sachlage an einem einzigen linearen Oszillator klar, dessen potentielle Energie bis auf Glieder 3. Ordnung der Schwingungsamplitude x einschließlich entwickelt wird:

$$(294) \qquad \varphi(x) = m \frac{\omega^2}{2} x^2 + g x^3.$$

Die Bewegungsgleichung lautet

$$m \ddot{x} + \frac{\partial \varphi}{\partial x} = m(\ddot{x} + \omega^2 x) + 3 g x^2 = 0.$$

Vernachlässigt man zunächst die Glieder von höherem als 1. Grade, so ist die Lösung

$$x = A \cos(\omega t - \alpha),$$

wobei A, α Integrationskonstanten sind. Sodann ergibt sich in 2. Näherung die inhomogene Gleichung

$$m(\ddot{x} + \omega^2 x) = -3 g A^2 \cos^2(\omega t - \alpha) = -\frac{3 g A^2}{2} - \frac{3 g A^2}{2} \cos 2(\omega t - \alpha),$$

deren Lösung ist

$$x = A \cos(\omega t - \alpha) - \frac{3 g A^2}{2 m \omega^2} + \frac{g A^2}{2 m \omega^2} \cos 2(\omega t - \alpha).$$

Der zeitliche Mittelwert der Schwingungsamplitude ist

$$\bar{x} = -\frac{3 g A^2}{2 m \omega^2}.$$

Andererseits ist die Gesamtenergie des Oszillators bei der Schwingung in 1. Näherung

$$u = \frac{m}{2}(\dot{x}^2 + \omega^2 x^2) = \frac{A^2}{2} m \omega^2,$$

also wird

$$(295) \qquad \bar{x} = -\frac{3 g}{m^2 \omega^4} u.$$

Die Verlagerung des Schwingungsmittelpunktes ist also in 1. Näherung der Schwingungsenergie proportional; hierin sieht *Debye* mit Recht die Wurzel des *Grüneisen*schen Satzes von der Proportionalität der thermischen Ausdehnung mit der Energie.

Die Berechnung der Temperaturabhängigkeit der Lage des Schwingungsmittelpunktes erfordert nun aber die Anwendung der statistischen Mechanik bzw. der Quantentheorie auf den asymmetrischen Oszillator, der streng genommen keine Sinusschwingungen ausführt. Um auch auf solche Systeme wenigstens näherungsweise die bekannten Methoden der Quantentheorie anwenden zu können, schlägt *Debye* folgenden Weg ein:

Er denkt sich eine konstante äußere Kraft K angebracht, die den ruhenden Oszillator um die Strecke $\bar{x}$ aus seiner natürlichen Gleichgewichtslage entfernt; zwischen K und $\bar{x}$ muß dann die Gleichung

$$K = \left(\frac{d\varphi}{dx}\right)_{x=\bar{x}} = m\omega^2\bar{x} + 3g\bar{x}^2$$

bestehen. Um diese neue Gleichgewichtslage werden nun wegen der Wärmebewegung Schwankungen auftreten, gemessen durch die Koordinate

$$\xi = x - \bar{x}.$$

Die gesamte Energie im Felde der konstanten Kraft K wird dann

$$u = \frac{m}{2}\dot{\xi}^2 + \varphi(\bar{x} + \xi) - K\xi$$

$$= \left(\frac{m\omega^2}{2}\bar{x}^2 + g\bar{x}^3\right) + \frac{m}{2}\dot{\xi}^2 + \frac{1}{2}(m\omega^2 + 6g\bar{x})\xi^2 + g\xi^3.$$

Debye läßt nun einfach das Glied mit ξ^3 weg; dann kann man

$$u - \left(\frac{m\omega^2}{2}\bar{x}^2 + g\bar{x}^3\right) = \frac{m}{2}(\dot{\xi}^2 + \bar{\omega}^2\xi^2), \quad \bar{\omega}^2 = \omega^2 + \frac{6g\bar{x}}{m}$$

als Energie eines gewöhnlichen, harmonischen Oszillators ansehen und die bekannten statistischen Methoden darauf anwenden. Die Frequenz $\bar{\omega} = \omega\left(1 + \frac{3g}{m\omega^2}\bar{x}\right)$ wird von der Mittellage $\bar{x}$ abhängig, und man erhält für die freie Energie einen Ausdruck der Form (288):

$$F = \frac{m\omega^2}{2}\bar{x}^2 + g\bar{x}^3 + kT\mathsf{F}\left(\frac{h\bar{\nu}}{kT}\right), \quad \bar{\nu} = \nu\left(1 + \frac{3g}{m\omega^2}\bar{x}\right).$$

Debye streicht nachträglich noch das Glied mit $\bar{x}^3$, das eine Abweichung vom *Hooke*schen Gesetz bei einer Veränderung der Mittellage $\bar{x}$ bedeuten würde. Hiergegen muß man ein Bedenken vorbringen; denn nachdem vorher schon das Glied mit ξ^3 fortgelassen worden ist, hat es den Anschein, als ob in dem Ausdruck $(\bar{x} + \xi)^3$ näherungsweise die Glieder mit $\bar{x}^3$ und ξ^3 *zugleich* vernachlässigt würden. Das Verfahren von *Debye* erfordert also eine besondere Rechtfertigung.

In der Tat beruht die Möglichkeit, das Glied mit ξ^3 fortzulassen, nicht darauf, daß die Schwingungsamplitude ξ klein ist gegen die Verschiebung der Mittellage $\bar{x}$ (bei den wirklichen Körpern ist stets das Umgekehrte der Fall), sondern auf einem Satze der statistischen Mechanik, der sowohl in ihrer klassischen Gestalt als auch bei Einführung der Quanten gilt. Dieser Satz bezieht sich auf ein System von asymmetrischen Oszillatoren mit der Energie

$$(296) \qquad W = \tfrac{1}{2}(p^2 + \omega^2 q^2) + a q^3$$

und besagt, daß die freie Energie, nach Potenzen der kleinen Größe a entwickelt, keine Glieder 1. Ordnung in a enthält. (Hier ist die Masse gleich 1 gesetzt; durch die Substitution

$$q = x\sqrt{m}, \qquad p = \dot{x}\sqrt{m}, \qquad a = m^{-\frac{3}{2}} g$$

gelangt man zum allgemeinen Fall zurück.)

Für die klassische statistische Mechanik ergibt sich der Beweis sofort aus der Definition der freien Energie durch das Zustandsintegral Z:

$$(297) \qquad F = -kT \log Z, \qquad Z = \iint e^{-\frac{W}{kT}}\, dp\, dq.$$

Entwickelt man Z nach a, so wird

$$Z = \iint e^{-\frac{1}{2kT}(p^2 + \omega^2 q^2)} \left(1 - \frac{a}{kT} q^3 + \frac{1}{2}\left(\frac{a}{kT}\right)^2 q^6 - \cdots\right) dp\, dq,$$

und man sieht ohne weiteres, daß das in a lineare Glied Null ist.

In der Quantentheorie tritt an die Stelle des Zustandsintegrals die Quantensumme [181]

$$(297') \qquad Z = \sum_{n=0}^{\infty} e^{-\frac{W_n}{kT}},$$

wo W_n die Energien der quantenmäßig ausgezeichneten Zustände (stationäre Bewegungen) sind. Für ein System von einem Freiheitsgrade, wie das vorliegende, werden diese Quantenzustände durch die Bedingung

$$(298) \qquad J = \int p\, dq = nh$$

festgelegt, wo die Integration über eine Periode zu erstrecken ist. Wenn man p aus der Energiegleichung entnimmt, erhält man ein elliptisches Integral

$$J = \int \sqrt{2W - \omega^2 q^2 - 2 a q^3}\, dq,$$

---

181) S. etwa *M. Planck*, Theorie der Wärmestrahlung, 4. Aufl. (Leipzig 1921), § 127, p. 126. Ferner *C. G. Darwin* und *R. H. Fowler*, Proc. Cambridge Phil. Soc. **21**, Pt. 3 (1922), p. 262.

die Integration erstreckt hin und zurück zwischen den beiden Wurzeln des Integranden, die die positiven Werte des Integranden begrenzen.

Die erste Behandlung des asymmetrischen Oszillators nach dieser Methode findet sich in einer Arbeit von *Boguslawski*[182]) über Pyroelektrizität. Diese Erscheinung ist mit der thermischen Ausdehnung eng verwandt und muß wie diese auf der Verschiebung des Schwingungsmittelpunktes bei wachsenden Amplituden beruhen. *Boguslawski* behandelt sie nach dem Vorbild der monochromatischen Theorie der spezifischen Wärme, indem er voneinander unabhängige, elektrisch geladene Oszillatoren annimmt, deren Energie ein kubisches Glied enthält (s. **Nr. 32**).

Die Auswertung des Integrals J ergibt nach *Boguslawski* folgende Reihe nach Potenzen von W:

$$J = \frac{W}{v}\left(1 + \frac{15}{4}\,\frac{a^2\,W}{(2\,\pi\,v)^6} + \cdots\right) = nh, \quad v = \frac{\omega}{2\,\pi},$$

und hieraus erhält man für die ausgezeichneten Energiewerte

$$(299) \qquad W = W_n = nh\,v\left(1 - \frac{15}{4}\,\frac{a^2}{(2\,\pi\,v)^6}\,nh\,v + \cdots\right).$$

Da hier kein lineares Glied in a auftritt, gilt dasselbe für Z und damit für F.

Hieraus erhellt die Berechtigung des *Debye*schen Verfahrens: Solange man alle höheren Potenzen von a (sowie die Glieder von höherer als 3. Ordnung der potentiellen Energie) vernachlässigt, ist es erlaubt, die Schwingungen um die verschobene Gleichgewichtslage mit den gewöhnlichen Formeln für Systeme harmonischer Oszillatoren zu behandeln.

Eine strenge Begründung der Theorie der Zustandsgleichung erfordert die Übertragung jenes Satzes auf ein System von vielen Freiheitsgraden.

Das Problem der Schwingungen eines mechanischen Systems um eine Gleichgewichtslage bei Berücksichtigung der Glieder von höherer als 2. Ordnung in der potentiellen Energie ist von Lord *Rayleigh*[183]) mit Hilfe eines auf die *Lagrange*schen Bewegungsgleichungen an-

---

182) *S. Boguslawski,* Phys. Ztschr. 15 (1914), p. 283, 569, 805. Eine Behandlung des anharmonischen Oszillators findet sich auch in einer Arbeit über Bandenspektren der Halogenwasserstoffe von *A. Kratzer* (Ztschr. f. Phys. 3 (1920), p. 289). S. ferner *A. Sommerfeld,* Atombau und Spektrallinien, 3. Aufl. (Braunschweig 1922), Anhang 17.

183) Lord *Rayleigh,* Theory of Sound (London 1894). Der Fall eines Freiheitsgrades in Bd. I, Chap. IV, § 67, 68, der beliebig vieler Freiheitsgrade in Bd. II, Appendix to Chap. V.

gewandten Verfahrens sukzessiver Approximation behandelt worden. Der Ansatz ist etwas allgemeiner, als in der Gittertheorie notwendig ist, da die Koeffizienten der Geschwindigkeits- (bzw. Impuls-)Komponenten in der kinetischen Energie als Funktionen der Koordinaten angesehen werden. Doch führt *Rayleigh* die Rechnung allgemein nur bis zur zweiten Annäherung; die dritte Annäherung, die für die Anwendung der Quantentheorie maßgebend ist, gibt er nur für den Fall zweier Freiheitsgrade und konstanter Koeffizienten der kinetischen Energie. *J. Horn*[184]) gibt die Lösung der Bewegungsgleichungen durch trigonometrische Reihen an und untersucht einen speziellen Fall genau, in dem sich die Variabeln separieren lassen. *Born* und *Brody*[185]) haben das Problem mit Hilfe einer Methode gelöst, die aus der Störungstheorie der Himmelsmechanik stammt und direkt die Quantenbedingungen liefert. Sie nehmen an, daß die Koeffizienten der Impulse in der kinetischen Energie konstant sind (die Methode läßt sich ohne Schwierigkeit auch ohne diese Annahme durchführen); sie führen die Normalkoordinaten $q_1, \ldots q_f$ und zugehörigen kanonischen Impulse $p_1, \ldots p_f$ des ungestörten Systems (potentielle Energie quadratisch in den q_k) ein und denken sich die Störungsfunktion (höhere Glieder der potentiellen Energie) nach Potenzen eines Parameters λ entwickelt:

$$(300) \quad H = \tfrac{1}{2}\sum_{k=1}^{f}(p_k^2 + \omega_k^2 q_k^2) + \lambda f_3(q_1, \ldots q_f) + \lambda^2 f_4(q_1, \ldots q_f) + \cdots$$

Dabei bedeuten $f_3, f_4, \ldots$ Polynome 3., 4., $\ldots$ Grades in $q_1, \ldots q_f$.

Sodann kann man nach *Schwarzschild*[186]) für das ungestörte System Wirkungsvariable $2\pi x_k$ und Winkelvariable $\dfrac{y_k}{2\pi}$ einführen mit Hilfe einer von *Poincaré*[187]) angegebenen kanonischen Substitution:

$$q_k = \sqrt{\frac{2 x_k}{\omega_k}} \cos y_k, \quad p_k = -\sqrt{2\omega_k x_k}\,\sin y_k.$$

184) *J. Horn*, Crelles J. f. d. reine u. angew. Math. 126 (1903), p. 194.

185) *M. Born* u. *E. Brody*, Ztschr. f. Phys. 6 (1921), p. 140. *H. Poincaré* behandelt in seinem Werke Les Méthodes nouvelles de la mécanique céleste, Bd. II, Chap. XV, § 159 p. 160, (Paris 1893) das Problem des gestörten Oszillatorensystems für eine beliebige Störungsfunktion nach einer etwas anderen Methode, die für Anwendung der Quantenbedingungen ungeeignet ist. Auch findet sich in diesem Werke die von *Born* u. *Brody* benutzte Methode (Bd. II, Chap. XI, § 125, p. 17) ganz allgemein für beliebige mechanische Systeme entwickelt; die Verbindung dieses Verfahrens mit den Quantenregeln haben *M. Born* u. *W. Pauli* [Ztschr. f. Phys. 10 (1922), p. 137] hergestellt.

186) *K. Schwarzschild*, Berl. Ber. 1916, p. 548.

187) *H. Poincaré*, Leçons de Mécanique Céleste (Paris 1905), Tome I, Chap. I, § 6, p. 5.

Damit wird der Ausdruck der Energie:

$$H = \sum_k \omega_k x_k + \lambda f_3\left(\sqrt{\tfrac{2\,x_k}{\omega_k}}\cos y_k\right) + \lambda^2 f_4\left(\sqrt{\tfrac{2\,x_k}{\omega_k}}\cos y_k\right) + \cdots$$

und die *Hamilton-Jacobi*sche partielle Differentialgleichung für die Wirkungsfunktion S lautet:

$$\sum_k \omega_k \frac{\partial S}{\partial y_k} + \lambda f_3\left(\sqrt{\tfrac{2}{\omega_k}\tfrac{\partial S}{\partial y_k}}\cos y_k\right) + \lambda^2 f_4\left(\sqrt{\tfrac{2}{\omega_k}\tfrac{\partial S}{\partial y_k}}\cos y_k\right) + \cdots = W.$$

Wenn man eine Lösung dieser Gleichung finden kann, die Konstante $\alpha_1, \ldots \alpha_f$ enthält und die Form

$$S = \sum_k \alpha_k y_k + \mathfrak{P}(y_k,\, \alpha_k)$$

hat, wo die Funktion $\mathfrak{P}$ periodisch in den y_k ist, so sind nach *Schwarzschild* die Größen $J_k = 2\pi\alpha_k$ die Wirkungsvariabeln des gestörten Problems, und die zugehörigen Winkelvariabeln erhält man durch Differentiation: $w_k = \dfrac{\partial S}{\partial J_k}$.

Die Lösung der Differentialgleichung wird als Potenzreihe nach λ angesetzt:
$$S = S_0 + \lambda S_1 + \lambda^2 S_2 + \cdots$$
und zugleich die Energiekonstante:
$$W = W_0 + \lambda W_1 + \lambda^2 W_2 + \cdots$$
Dann ergeben sich die folgenden Näherungsgleichungen:

$$\sum_k \omega_k \frac{\partial S_0}{\partial y_k} = W_0,$$

$$\sum_k \omega_k \frac{\partial S_1}{\partial y_k} = W_1 - f_3\left(\sqrt{\tfrac{2}{\omega_k}\tfrac{\partial S_0}{\partial y_k}}\cos y_k\right),$$

$$\sum_k \omega_k \frac{\partial S_2}{\partial y_k} = W_2 - \sum_k \frac{\partial f_3}{\partial q_k}\cdot\frac{1}{2}\frac{\frac{\partial S_1}{\partial y_k}}{\frac{\partial S_0}{\partial y_k}}\sqrt{\tfrac{2}{\omega_k}\tfrac{\partial S_0}{\partial y_k}}\cos y_k - f_4\left(\sqrt{\tfrac{2}{\omega_k}\tfrac{\partial S_0}{\partial y_k}}\cos y_k\right),$$

$$\cdots \cdots \cdots \cdots \cdots \cdots \cdots \cdots \cdots \cdots \cdots \cdots$$

Diese lassen sich der Reihe nach lösen; denn die linke Seite ist immer derselbe lineare Differentialausdruck, und die rechte Seite ist bekannt, wenn die vorhergehenden Gleichungen gelöst sind. Die erste Näherungsgleichung hat die Lösung

$$(301)\qquad S_0 = \sum_k \alpha_k y_k, \quad \text{wenn} \quad W_0 = \sum_k \alpha_k \omega_k = \sum_k J_k \nu_k, \quad (\omega_k = 2\pi\nu_k).$$

Daher müssen die Funktionen $S_1, S_2, \ldots$ sämtlich periodisch in den y_k sein, und durch Mittelbildung über die zweite Gleichung folgt:

$$(302)\qquad W_1 = \overline{f_3\left(\sqrt{\tfrac{2\,\alpha_k}{\omega_k}}\cos y_k\right)} = 0.$$

Dann läßt sich S_1 als trigonometrische Summe ohne konstantes Glied aus der zweiten Gleichung berechnen, und dieser Wert ist in die dritte Gleichung einzusetzen. Mittelbildung über diese liefert

$$(303) \qquad W_2 = \sum_k \frac{1}{\sqrt{2\,\omega_k \alpha_k}} \; \overline{\frac{\partial f_3}{\partial q_k} \frac{\partial S_1}{\partial y_k} \cos y_k} - \overline{f_4 \left(\sqrt{\frac{2\,\alpha_k}{\omega_k}} \cos y_k \right)}.$$

Nun läßt sich S_2 berechnen und das Verfahren in gleicher Weise beliebig fortsetzen.

Das Wesentliche desselben besteht darin, daß man, um die Energie in einer bestimmten Ordnung λ^p zu berechnen, nur die Näherungs-Differentialgleichungen bis zur Ordnung $p - 1$ zu integrieren braucht. So genügt zur Berechnung von W_2 die Bestimmung von S_1 aus der entsprechenden Differentialgleichung.

Das Resultat der Ausrechnung von W_2 ist von der Form

$$(304) \qquad W_2 = \tfrac{1}{2} \sum_{kl} \omega_{kl}\, \alpha_k\, \alpha_l = \tfrac{1}{2} \sum_{kl} \nu_{kl} J_k J_l, \qquad (\omega_{kl} = 4\pi^2 \nu_{kl})$$

Dabei zerfallen die Koeffizienten ν_{kl} in zwei Summanden

$$(305) \qquad \nu_{kl} = \nu_{kl}{'} + \nu_{kl}{''},$$

von denen der erste nur von den Koeffizienten von f_3, der zweite von denen von f_4 abhängt. Schreibt man

$$(306) \qquad \begin{cases} f_3 = \sum_l a_l q_l^3 + \sum_{lm} a_{lm} q_l^2 q_m + \sum_{lmn} a_{lmn} q_l q_m q_n, \\[2mm] f_4 = \sum_l b_l q_l^4 + \sum_{lm} b_{lm} q_l^2 q_m^2 + \sum_{lm} b_{lm}^{*} q_l^3 q_m \\[2mm] \qquad + \sum_{lmn} b_{lmn} q_l^2 q_m q_n + \sum_{lmnr} b_{lmnr} q_l q_m q_n q_r \end{cases}$$

mit der Bestimmung, daß verschieden bezeichnete Indizes auch immer verschiedene Werte der Reihe $1, 2, \ldots f$ annehmen sollen, und daß die Indizes eines Koeffizienten a oder b vertauschbar sein sollen, wenn das zugehörige Produkt der q bei der Vertauschung ungeändert bleibt, so erhält man[188]

$$(305\,\text{a}) \qquad \begin{cases} \nu_{kk}{'} = - \dfrac{1}{2(2\pi)^6 \nu_k^2} \left\{ \dfrac{15\, a_k^2}{\nu_k^2} + \sum_l a_{kl}^2 \left(\dfrac{2}{\nu_l^2} - \dfrac{1}{4\,\nu_k^2 - \nu_l^2} \right) \right\}, \\[4mm] \nu_{kl}{'} = - \dfrac{1}{2(2\pi)^6 \nu_k \nu_l} \left\{ 6 \left(\dfrac{a_k\, a_{lk}}{\nu_k^2} + \dfrac{a_l\, a_{kl}}{\nu_k^2} \right) + 4 \left(\dfrac{a_{kl}^2}{4\,\nu_k^2 - \nu_l^2} + \dfrac{a_{lk}^2}{4\,\nu_l^2 - \nu_k^2} \right) \right. \\[4mm] \qquad \left. + \sum_m{'} \left[2 \dfrac{a_{km}\, a_{lm}}{\nu_m^2} + 18\, a_{klm}^2 \left(\dfrac{1}{\nu_m^2 - (\nu_k - \nu_l)^2} + \dfrac{1}{\nu_m^2 - (\nu_k + \nu_l)^2} \right) \right] \right\}, \end{cases}$$

<hr>

[188] Wegen eines in der zit. Arbeit von *M. Born* u. *E. Brody* (Anm. 185) untergelaufenen Rechenfehlers vgl. die Bemerkung dieser Autoren in der Ztschr. f. Phys. 8 (1922), p. 205. *E. Schrödinger* [Ztschr. f. Phys. 11 (1922). p. 170] hat ein anderes Rechenverfahren angegeben; Berichtigung eines Irrtums hierzu ebenda p. 396.

$$(305\,\mathrm{b}) \qquad \nu''_{kk} = \frac{3\,b_k}{(2\,\pi)^4\,\nu_k^2}, \qquad \nu''_{kl} = \frac{2\,b_{kl}}{(2\,\pi)^4\,\nu_k\,\nu_l}.$$

Man sieht, daß die ν'_{kl} nur von den Quadraten und Produkten der Koeffizienten des Polynoms f_3 abhängen.

Die Quantenbedingungen lauten

$$J_k = n_k h,$$

wo die n_k ganze Zahlen sind. Daher wird die gesamte Energie (mit $\lambda = 1$) nach (301), (302), (304):

$$(307) \qquad W = h \sum_k \nu_k n_k + \tfrac{1}{2} h^2 \sum_{kl} \nu_{kl} n_k n_l + \cdots.$$

Das ist die Verallgemeinerung der für einen Freiheitsgrad gültigen Formel (299) und enthält diese als Spezialfall. Aus dem oben über die ν''_{kl} Gesagten geht hervor, daß die ausgezeichneten Energiewerte und damit auch die freie Energie nach (297') von den Koeffizienten der kubischen Terme nur quadratisch abhängen. Vernachlässigt man also die Quadrate und Produkte der kubischen Terme sowie alle höheren Glieder der potentiellen Energie, so gilt in dieser Annäherung die einfache Formel für ungekoppelte, harmonische Oszillatoren:

$$(308) \qquad W = h \sum_k \nu_k n_k.$$

Damit ist das *Debye*sche Verfahren soweit gerechtfertigt, als es sich auf die erlaubten Glieder beschränkt; man sieht jetzt, daß die Mitführung der Terme von höherer als erster Ordnung in der Entwicklung der Frequenzen nach den Deformationskomponenten nicht zulässig ist (insbesondere das Glied mit b in der *Debye*schen Entwicklung (292') für Θ). Die freie Energie wird bei Benutzung der Formel (308) durch Addition der zu den einzelnen Eigenfrequenzen gehörigen Anteile gewonnen; sie ist also mit Benutzung der durch (288) definierten Funktion

$$(309) \qquad F = kT \sum_k \mathsf{F}\!\left(\frac{h\,\nu_k}{k\,T}\right).$$

Man kann das durch direktes Ausrechnen der Zustandssumme leicht bestätigen.

31. Die freie Energie des Gitters. Um nach dem *Debye*schen Prinzip die freie Energie eines Gitters zu berechnen[189], muß man zur potentiellen Energie die Glieder dritten Grades in den Verrückungen

---

189) **M. Born**, Ztschr. f. Phys. 7 (1921), p. 217, 327. Ein in der ersten Mitteilung begangener Fehler wird in der zweiten berichtigt.

hinzunehmen; mit Beachtung von (18), (18′), (18″) hat man:

$$(310) \qquad \Phi = \Phi_0 + \Phi_2 + \Phi_3$$

$$= \Phi_0 + \tfrac{1}{2}\sum_{kk'}\mathop{S}_{ll'}\left\{\tfrac{1}{2}\sum_{xy}(\varphi_{kk'}^{l-l'})_{xy}\,\mathfrak{u}_{kk'x}^{ll'}\mathfrak{u}_{kk'y}^{ll'} + \tfrac{1}{6}\sum_{xyz}(\varphi_{kk'}^{l-l'})_{xyz}\,\mathfrak{u}_{kk'x}^{ll'}\mathfrak{u}_{kk'y}^{ll'}\mathfrak{u}_{kk'z}^{ll'}\right\}.$$

Hier sind die Koeffizienten 2. Ordnung durch (14), (15), (16) definiert, und es gilt in analoger Weise:

$$(311) \qquad (\varphi_{kk'}^l)_{xyz} = \left(\frac{\partial^3 \varphi_{kk'}}{\partial x\,\partial y\,\partial z}\right)_{\mathfrak{r}_{kk'}^l} = (x_{kk'}^l\,\delta_{yz} + y_{kk'}^l\,\delta_{zx} + z_{kk'}^l\,\delta_{xy})\,Q_{kk'}^l$$
$$+\; x_{kk'}^l\,y_{kk'}^l\,z_{kk'}^l\,R_{kk'}^l,$$

$$(312) \qquad R_{kk'}^l = \left\{\frac{1}{r}\frac{d}{dr}\left[\frac{1}{r}\frac{d}{dr}\left(\frac{1}{r}\frac{d\varphi_{kk'}}{dr}\right)\right]\right\}_{\mathfrak{r}_{kk'}^l}.$$

Nun denke man zunächst eine homogene Verzerrung $\mathfrak{u}_k^l$ hergestellt durch Anbringung eines Systems äußerer Kräfte $\mathfrak{K}_k^l$; damit Gleichgewicht herrscht, muß

$$\mathfrak{K}_{kx}^l = \frac{\partial \Phi}{\partial \mathfrak{u}_{kx}^l} = \sum_{k'}\mathop{S}_{l'}\left\{\sideset{}{'}\sum_{y}(\varphi_{kk'}^{l-l'})_{xy}\,\mathfrak{u}_{kk'y}^{ll'} + \tfrac{1}{2}\sideset{}{'}\sum_{yz}(\varphi_{kk'}^{l-l'})_{xyz}\,\mathfrak{u}_{kk'y}^{ll'}\mathfrak{u}_{kk'z}^{ll'}\right\}$$

sein.

Um die neue Gleichgewichtslage sollen die Partikel des Gitters beliebige Schwingungen $\mathfrak{v}_k^l$ ausführen, stets unter der zusätzlichen Wirkung der konstanten Kräfte $\mathfrak{K}_k^l$; diese leisten dabei die Arbeit

$$\sum_k\mathop{S}_l\mathfrak{K}_k^l\mathfrak{v}_k^l = \tfrac{1}{2}\sum_{kk'}\mathop{S}_{ll'}\left\{\sum_{xy}(\varphi_{kk'}^{l-l'})_{xy}\,\mathfrak{u}_{kk'y}^{ll'}\mathfrak{v}_{kk'x}^{ll'} + \tfrac{1}{2}\sum_{xyz}(\varphi_{kk'}^{l-l'})_{xyz}\,\mathfrak{u}_{kk'y}^{ll'}\mathfrak{u}_{kk'z}^{ll'}\mathfrak{v}_{kk'x}^{ll'}\right\}.$$

Diese ist von der potentiellen Energie des Gitters abzuziehen, nachdem darin die Verrückungen $\mathfrak{u}_k^l$ durch $\mathfrak{u}_k^l + \mathfrak{v}_k^l$ ersetzt sind; dann heben sich die linearen Glieder genau auf, und man erhält

$$\Psi = \Phi - \sum_k\mathop{S}_l\mathfrak{K}_k^l\mathfrak{v}_k^l$$

$$= \Phi_0 + \tfrac{1}{2}\sum_{kk'}\mathop{S}_{ll'}\left\{\tfrac{1}{2}\sum_{xy}(\varphi_{kk'}^{l-l'})_{xy}\left[\mathfrak{u}_{kk'x}^{ll'}\mathfrak{u}_{kk'y}^{ll'} + \mathfrak{v}_{kk'x}^{ll'}\mathfrak{v}_{kk'y}^{ll'}\right]\right.$$

$$+ \tfrac{1}{6}\sum_{xyz}(\varphi_{kk'}^{l-l'})_{xyz}\left[\mathfrak{u}_{kk'x}^{ll'}\mathfrak{u}_{kk'y}^{ll'}\mathfrak{u}_{kk'z}^{ll'} + 3\,\mathfrak{u}_{kk'x}^{ll'}\mathfrak{v}_{kk'y}^{ll'}\mathfrak{v}_{kk'z}^{ll'}\right.$$

$$\left.\left. + \mathfrak{v}_{kk'x}^{ll'}\mathfrak{v}_{kk'y}^{ll'}\mathfrak{v}_{kk'z}^{ll'}\right]\right\}.$$

Hier denke man sich die Ausdrücke für die homogene Verzerrung $\mathfrak{u}_k^l$ (28) eingesetzt. Da alle Deformationen, die man durch mechanische oder thermische Einwirkung auf einen Kristall erzielen kann, äußerst klein sind, so wird es erlaubt sein, mit *Debye* die Glieder 3. Grades in $\mathfrak{u}_k^l$ zu streichen. Der Ausdruck Ψ ist als Funktion der $\mathfrak{v}_k^l$ betrachtet ein Polynom 3. Grades. Man kann daher auf ihn den in Nr. **30** bewiesenen Satz von *Born* und *Brody* anwenden. Dieser besagt, daß bei Vernachlässigung der in $\left(\varphi_{kk'}^{l-l'}\right)_{xyz}$ quadratischen Terme (sowie aller höheren, hier nicht angeschriebenen Entwicklungsglieder mit $\left(\varphi_{kk'}^{l-l'}\right)_{xy\bar{x}\bar{y}}$, ...) für die Anwendung der Quantentheorie auf das Oszillatorensystem, dessen potentielle Energie Ψ ist, die Terme dritten Grades in $\mathfrak{v}_k^l$ fortgelassen werden können. Mit Benutzung der Ausdrücke (11) und (31) kann man daher schreiben:

$$(313) \qquad \Psi = N\varDelta(U_0 + U_2) + \tfrac{1}{4}\sum_{kk'}\mathop{S}_{ll'}\sum_{xy}\left(\varphi_{kk'}^{l-l'}\right)_{xy}^{*}\,\mathfrak{v}_{kk'x}^{ll'}\,\mathfrak{v}_{kk'y}^{ll'},$$

wo

$$(314) \qquad \left(\varphi_{kk'}^{l}\right)_{xy}^{*} = \left(\varphi_{kk'}^{l}\right)_{xy} + \sum_{z}\left(\varphi_{kk'}^{l}\right)_{xyz}\mathfrak{u}_{kk'z}^{l}$$

$$= \left(\varphi_{kk'}^{l}\right)_{xy} + \sum_{z}\left(\varphi_{kk'}^{l}\right)_{xyz}\left[\mathfrak{u}_{kz} - \mathfrak{u}_{k'z} + {\sum_{z}}'\mathfrak{u}_{z\bar{z}}\,\bar{z}_{kk'}^{l}\right].$$

Auf die thermischen Schwingungen $\mathfrak{v}_k^l$ kann man nun die Quantentheorie eines Systems harmonischer Oszillatoren anwenden. Dazu muß man sämtliche Frequenzen bestimmen. Nun hat die quadratische Form

$$\Psi - N\varDelta(U_0 + U_2)$$

der $\mathfrak{v}_k^l$ genau dieselbe Gestalt, wie die Glieder 2. Ordnung Φ_2 (18') der potentiellen Energie selbst, nur daß die Koeffizienten eine etwas andere Bedeutung haben. Daher gelten alle in Nr. **14—19** durchgeführten Überlegungen auch für den deformierten Kristall; insbesondere werden die Frequenzen durch die $3s$ Zweige ω_j^{*} der Frequenzfunktion im Phasenraum dargestellt, und es gilt der Verteilungssatz (Nr. **18**). Daher wird nach (309) die freie Energie (pro Volumeneinheit des *undeformierten* Zustandes):

$$(315) \qquad F = U_0 + U_2 + \frac{kT}{(2\pi)^3\varDelta}\int\sum_{j}\mathsf{F}\left(\frac{h\,v_j^{*}}{kT}\right)d\varphi,$$

wo das Integral über den Würfel $-\pi < \varphi < \pi$ des Phasenraums zu erstrecken ist. Hier hängen die v_j^{*} wegen (314) von den Komponenten $\mathfrak{u}_k,\ u_{xy}$ der homogenen Deformation ab.

Die weitere Behandlung des Ausdrucks (315) ist in voller Strenge nicht möglich. Es kann sein, daß in Zukunft ein Gedanke von *O. Stern*[190] weiterführt, der darauf beruht, daß wenigstens bei hohen Temperaturen die freie Energie nur das Produkt aller Eigenfrequenzen enthält, das

---

190) *O. Stern*, Ann. d. Phys. (4) 51 (1916), p. 237. *Stern* betrachtet die Schwingungsgleichungen des *endlichen* Gitters und führt die freie Energie auf die Determinante derselben zurück. Eine Ausrechnung gelingt aber nur in dem einfachsten Falle der Punktreihe (eindimensionales Gitter).

sich rational durch die Determinante der Schwingungsgleichungen ausdrücken läßt; wendet man diese Idee auf den Ausdruck (315) an, so erhält man

$$(315') \qquad F = U_0 + U_2 + \frac{p k T}{\varDelta}\, ln\, \frac{h\,\overline{v*}}{k T}\,,$$

wo

$$(315'') \qquad ln\, \overline{v*} = \frac{1}{(2\,\pi)^3 p} \int ln\,(v_1{}^* v_2{}^* \ldots v_{3p}^*)\, d\varphi$$

$$= \frac{1}{2\,(2\,\pi)^3 p} \int ln\, \left(\text{Det.}\begin{bmatrix} k\,k' \\ x\,y \end{bmatrix}^*\right) d\varphi + \text{konst.}\,,$$

wo die $\begin{bmatrix} k\,k' \\ x\,y \end{bmatrix}^*$ aus den $(\varphi_{k\,k'}^{\,l})_{x\,y}^*$ nach der Regel (101) gebildet sind.

Doch scheint es vorläufig nicht möglich, selbst in einfachen Fällen auf diesem Wege zu übersichtlichen Ergebnissen zu gelangen.

Daher bleibt nur derselbe Weg, der in der Theorie der spezifischen Wärme (Nr. 27) zu brauchbaren Näherungsformeln führt und der darin besteht, daß man die Frequenzen $v_j{}^*$ durch die ersten Glieder ihrer Reihenentwicklung nach τ ersetzt; ganz analog zu Nr. **14**, (103), (104) ist in erster Näherung

$$(316) \qquad \begin{cases} v_j{}^* = \dfrac{c_j{}^*}{2\,\pi}\,\tau\,, & (j = 1, 2, 3), \\[2mm] v_j{}^* = v_j{}^{0}{}^*, & (j = 4, 5, \ldots 3p). \end{cases}$$

Dieses Verfahren wird bei tiefen Temperaturen wohl genügen, weil dort die Abhängigkeit der Frequenzen von Wellenlänge und Wellenrichtung nicht stark in Betracht kommt; aber bei höheren Temperaturen muß man auf Abweichungen gefaßt sein. Man sieht das am besten an dem Grenzfall eines zweiatomigen Gitters mit nahezu gleichen Massen der beiden Atome; dieses wird sich fast wie ein einatomiger Körper verhalten; d. h. sämtliche Frequenzen werden sich in Spektren vom Charakter der „akustischen" Zweige anordnen, und es würde ganz verfehlt sein, die „optischen" Zweige durch konstante Schwingungszahlen zu approximieren (vgl. auch Nr. **33, 38**). In Wirklichkeit werden alle Übergänge zwischen diesem Grenzfall und praktisch monochromatischer Schwingung vorkommen; aber man ist heute noch nicht in der Lage, diese Verhältnisse theoretisch zu beherrschen.

Wenn nun im folgenden gleichwohl das Verfahren angewandt wird, das in der Anwendung der Gleichungen (316) besteht, so muß betont werden, daß dabei die optischen Frequenzen in einer Weise bevorzugt sind, die sich als ungerechtfertigt herausstellen kann. Spätere numerische Rechnungen (s. Nr. **33, 38**) werden in der Tat zeigen, daß die auf diesem Wege gefundenen Ausdehnungskoeffizienten von regulären Kristallen zu groß ausfallen.

Man erhält nun mit Rücksicht auf die an (290) anschließende Umformung:

$$(317) \quad F = U_0 + U_2 + \frac{kT}{\varDelta}\left\{ \sum_{j=1}^{3}\left[\mathsf{F}\left(\overline{\frac{\varTheta_j{}^*}{T}}\right) - \tfrac{1}{3}\mathsf{D}\left(\overline{\frac{\varTheta_j{}^*}{T}}\right)\right] + \sum_{j=4}^{3p}\mathsf{F}\left(\frac{\varTheta_j{}^*}{T}\right)\right\}.$$

Dabei bedeutet der Strich Mittelbildung über die Einheitskugel, und es ist

$$(318) \quad \begin{cases} \varTheta_j{}^* = \dfrac{h\,v_j'{}^*}{k}, & v_j'{}^* = c_j{}^*\sqrt[3]{\dfrac{3}{4\,\pi\,\varDelta}}, & (j = 1, 2\ 3) \\[2ex] \varTheta_j{}^* = \dfrac{h\,v_j{}^{0*}}{k}, & & (j = 4, 5, \ldots 3p) \end{cases}$$

gesetzt; die $c_j{}^*$ und $v_j^0{}^*$ sind lineare Funktionen der Deformationskomponenten $\mathfrak{u}_k$, u_{xy}.

Um die letzteren zu ermitteln, hat man in den Formeln für die Schallgeschwindigkeiten und die Grenzfrequenzen überall die $\left(\varphi_{kk'}^l\right)_{xy}$ durch $\left(\varphi_{kk'}^l\right)_{xy}^*$ nach (314) zu ersetzen. Dazu hat man zunächst die (32) entsprechenden Größen zu bilden; dabei treten aber nicht nur die Deformationskomponenten $x_x = u_{xx}, \ldots y_z = u_{yz} + u_{zy}, \ldots$ auf, sondern auch die Drehungskomponenten $u_{yz} - u_{zy}, \ldots$ Von letzteren kann man offenbar absehen, also $u_{xy} = u_{yx}$ voraussetzen; dann erhält man an Stelle der Größen (32) die folgenden:

$$(319) \quad \begin{cases}
\text{a)} \quad \begin{bmatrix} k\,k' \\ xy \end{bmatrix}^* = \begin{bmatrix} k\,k' \\ xy \end{bmatrix} + \sum_{z}(\mathfrak{u}_{kz} - \mathfrak{u}_{k'z})\begin{bmatrix} kk' \\ xyz \end{bmatrix} \\[2ex]
\qquad\qquad\qquad\qquad + \sum_{\overline{x}\,\overline{y}} u_{\overline{x}\,\overline{y}}\begin{bmatrix} kk' \\ xy\,|\,\overline{x}\,\overline{y} \end{bmatrix}, \\[3ex]
\text{b)} \quad \begin{bmatrix} k \\ xy\,|\,z \end{bmatrix}^* = \begin{bmatrix} k \\ xyz \end{bmatrix} - \sum_{k'}\sum_{\overline{z}} \mathfrak{u}_{k'\overline{z}}\begin{bmatrix} kk' \\ xy\,\overline{z}\,|\,z \end{bmatrix} \\[2ex]
\qquad\qquad\qquad\qquad + \sum_{\overline{x}\,\overline{y}} u_{\overline{x}\,\overline{y}}\begin{bmatrix} k \\ xy\,\|\,\overline{x}\,\overline{y}\,\|\,z \end{bmatrix}, \\[3ex]
\text{c)} \quad [xy\,|\,\overline{x}\,\overline{y}]^* = [xy\,\overline{x}\,\overline{y}] + \sum_{k}\sum_{s} \mathfrak{u}_{kz}\begin{bmatrix} k \\ xy\,|\,\overline{x}\,\overline{y}\,\|\,z \end{bmatrix} \\[2ex]
\qquad\qquad\qquad\qquad + \sum_{z\,\overline{z}} u_{z\,\overline{z}}\,[xy\,|\,\overline{x}\,\overline{y}\,\|\,z\,\overline{z}].
\end{cases}$$

Dabei haben die als Koeffizienten auftretenden Klammersymbole folgende Bedeutung:

$$(320)\quad\begin{cases}
\begin{bmatrix} k\,k' \\ x\,y\,z \end{bmatrix} = \frac{1}{\varDelta}\,\underset{l}{S}\,(\varphi^l_{kk'})_{xyz} = \frac{1}{\varDelta}\left\{ \delta_{yz}\,\underset{l}{S}\,Q^l_{kk'}\,x^l_{kk'} + \delta_{zx}\,\underset{l}{S}\,Q^l_{kk'}\,y^l_{kk} \right. \\[2mm]
\qquad\qquad \left. + \delta_{xy}\,\underset{l}{S}\,Q^l_{kk'}\,z^l_{kk'} + \underset{l}{S}\,R^l_{kk'}\,x^l_{kk'}\,y^l_{kk'}\,z^l_{kk'} \right\}, \\[4mm]
\begin{bmatrix} k\,k' \\ x\,y\,z\,|\,\bar z \end{bmatrix} = \frac{1}{\varDelta}\,\underset{l}{S}\,(\varphi^l_{kk'})_{xyz}\,\bar z^l_{kk'} = \delta_{yz}\begin{bmatrix} k\,k' \\ x\,\bar z \end{bmatrix} + \delta_{zx}\begin{bmatrix} k\,k' \\ y\,\bar z \end{bmatrix} \\[2mm]
\qquad + \delta_{xy}\begin{bmatrix} k\,k' \\ z\,\bar z \end{bmatrix} - (\delta_{yz}\delta_{x\bar z} + \delta_{zx}\delta_{y\bar z} + \delta_{xy}\delta_{z\bar z})\frac{1}{\varDelta}\,\underset{l}{S}\,P^l_{kk'} \\[2mm]
\qquad + \frac{1}{\varDelta}\,\underset{l}{S}\,R^l_{kk'}\,x^l_{kk'}\,y^l_{kk'}\,z^l_{kk'}\,\bar z^l_{kk'}, \\[4mm]
\begin{bmatrix} k\,k' \\ x\,y\,|\,\bar x\,\bar y \end{bmatrix} = \tfrac{1}{2}\left\{ \begin{bmatrix} k\,k' \\ x\,y\,\bar x\,|\,\bar y \end{bmatrix} + \begin{bmatrix} k\,k' \\ x\,y\,\bar y\,|\,\bar x \end{bmatrix} \right\}, \\[4mm]
\begin{bmatrix} k \\ x\,y\,z\,|\,\bar x\,\bar y \end{bmatrix} = \frac{1}{\varDelta}\,\underset{l}{S}\,{\sum_{k'}}'\,(\varphi^l_{\cdot\,kk'})_{xyz}\,\bar x^l_{kk'}\,\bar y^l_{kk'} = \delta_{yz}\begin{bmatrix} k \\ x\,\bar x\,\bar y \end{bmatrix} + \delta_{zx}\begin{bmatrix} k \\ y\,\bar x\,\bar y \end{bmatrix} \\[2mm]
\qquad + \delta_{xy}\begin{bmatrix} k \\ z\,\bar x\,\bar y \end{bmatrix} + \frac{1}{\varDelta}\,\underset{l}{S}\,\sum_{k'} R^l_{kk'}\,x^l_{kk'}\,y^l_{kk'}\,z^l_{kk'}\,\bar x^l_{kk'}\,\bar y^l_{kk'}, \\[4mm]
\begin{bmatrix} k \\ x\,y\,\|\,\bar x\,\bar y\,\|\,z \end{bmatrix} = \tfrac{1}{2}\left\{ \begin{bmatrix} k \\ x\,y\,\bar x\,|\,z\,\bar y \end{bmatrix} + \begin{bmatrix} k \\ x\,y\,\bar y\,|\,z\,\bar x \end{bmatrix} \right\}, \\[4mm]
\begin{bmatrix} k \\ x\,y\,|\,\bar x\,\bar y\,\|\,z \end{bmatrix} = \tfrac{1}{2}\left\{ \begin{bmatrix} k \\ x\,y\,z\,|\,\bar x\,\bar y \end{bmatrix} + \begin{bmatrix} k \\ \bar x\,\bar y\,z\,|\,x\,y \end{bmatrix} \right\}, \\[4mm]
[x\,y\,z\,|\,\bar x\,\bar y\,\bar z] = \frac{1}{2\varDelta}\,\underset{l}{S}\,\sum_{kk'}\,(\varphi^l_{kk'})_{xyz}\,\bar x^l_{kk'}\,\bar y^l_{kk'}\,\bar z^l_{kk'} \\[2mm]
\qquad = \delta_{yz}[x\,\bar x\,\bar y\,\bar z]\,' + \delta_{zx}[y\,\bar x\,\bar y\,\bar z] + \delta_{xy}[z\,\bar x\,\bar y\,\bar z] \\[2mm]
\qquad + \frac{1}{2\varDelta}\,\underset{l}{S}\,\sum_{kk'} R^l_{kk'}\,x^l_{kk'}\,y^l_{kk'}\,z^l_{kk'}\,\bar x^l_{kk'}\,\bar y^l_{kk'}\,\bar z^l_{kk'}, \\[4mm]
[x\,y\,|\,\bar x\,\bar y\,\|\,z\,\bar z] = \tfrac{1}{4}\left\{ [x\,y\,z\,|\,\bar x\,\bar y\,\bar z] + [\bar x\,\bar y\,z\,|\,x\,y\,\bar z] + [x\,y\,\bar z\,|\,\bar x\,\bar y\,z] \right. \\[2mm]
\qquad \left. + [\bar x\,\bar y\,\bar z\,|\,x\,y\,z] \right\}.
\end{cases}$$

Diese Formeln setzen in Evidenz, wie weit die Indizes x, y, ... vertauschbar sind; in den Symbolen sind diese Verhältnisse durch Striche und Doppelstriche angedeutet. Ferner kehrt $\begin{bmatrix} k\,k' \\ x\,y\,z \end{bmatrix}$ bei Vertauschung von k, k' sein Vorzeichen um, verschwindet also für $k = k'$.

$\begin{bmatrix} k\,k' \\ x\,y\,z\,|\,\bar z \end{bmatrix}$ bleibt bei Vertauschung von k, k' ungeändert; für $k = k'$ ist es zunächst nicht definiert, man definiere es durch die Forderung

$$(321)\qquad\qquad \sum_{k'}\begin{bmatrix} k\,k' \\ x\,y\,z\,|\,\bar z \end{bmatrix} = 0.$$

Außerdem gelten die Identitäten

$$(321') \qquad \sum_{k'} \begin{bmatrix} k\,k' \\ x\,y\,z \end{bmatrix} = 0, \qquad \sum_{k} \begin{bmatrix} k \\ x\,y\,z \end{bmatrix} \overline{x}\,\overline{y} = 0.$$

Man bilde nun nach den Vorschriften von Nr. 8 durch Auflösen der linearen Gleichungen (44), wobei die $\begin{bmatrix} k\,k' \\ x\,y \end{bmatrix}$ durch die $\begin{bmatrix} k\,k' \\ x\,y \end{bmatrix}^*$ ersetzt sind, die Symbole $\left\{ \begin{matrix} k\,k' \\ x\,y \end{matrix} \right\}^*$ und aus diesen nach (49b) die Elastizitätskonstanten $[|\,xy\,|\,\overline{x}\,\overline{y}\,|]^*$ des deformierten Gitters; auch diese werden lineare Funktionen von $\mathfrak{u}_k$ und u_{xy}. Die Schallgeschwindigkeiten c_j^* sind aus den zu (128') analogen Gleichungen

$$(322) \qquad \varrho\,c_j^{*\,2}\,\mathfrak{U}_x - \sum_y \mathfrak{U}_y \sum_{\overline{x}\,\overline{y}} [|\,x\overline{x}\,|\,y\overline{y}\,|]^* \, \mathfrak{z}_{\overline{x}}\,\mathfrak{z}_{\overline{y}} = 0$$

zu berechnen; auch sie werden bis auf Glieder von höherer als 1. Ordnung nach $\mathfrak{u}_k$, u_{xy} entwickelt. Die Grenzfrequenzen ν_j^{0*} bestimmen sich aus den zu (100a) analogen Schwingungsgleichungen:

$$(323) \qquad (2\pi\nu^{0*})^2 m_k \mathfrak{U}_{kx} + \varDelta \sum_{k'} \sum_y \begin{bmatrix} k\,k' \\ x\,y \end{bmatrix}^* \mathfrak{U}_{k'y} = 0.$$

Auf diese Weise erhält man schließlich Ausdrücke der Form

$$(324) \qquad \varTheta_j^* = \varTheta_j \left(1 - \sum_k \mathfrak{B}_k{}^j \mathfrak{u}_k - \sum_{xy} B_{xy}^j u_{xy} \right),$$

wo die Komponenten der Vektoren $\mathfrak{B}_k{}^j$ und der Tensoren B_{xy}^j für $j = 1, 2, 3$ Funktionen der Wellenrichtung $\mathfrak{z}$, für $j = 4, 5, \ldots 3p$ Konstante sind.

Die Tensoren sind symmetrisch:

$$(324') \qquad B_{xy}^j = B_{yx}^j,$$

und von den p Vektoren $\mathfrak{B}_k{}^j$ $(k = 1, 2, \ldots p)$ sind nur $p - 1$ unabhängig, da die Identität

$$(324'') \qquad \sum_k \mathfrak{B}_k{}^j = 0$$

gelten muß.

Entwickelt man nun die von der Temperatur abhängigen Terme des Ausdrucks (317) für F ebenfalls nach $\mathfrak{u}_k$, u_{xy} bis auf Glieder von höherer als 1. Ordnung, so erhält man nach leichter Rechnung

$$(325) \qquad F = F_0 - \sum_k \mathfrak{R}_k{}^0 \mathfrak{u}_k - \sum_{xy} K_{xy}^0 u_{xy} + U_2,$$

wo folgende Abkürzungen gebraucht sind:

$$(326)\quad \begin{cases} F_0 = U_0 + \dfrac{kT}{\varDelta}\left\{\displaystyle\sum_{j=1}^{3}\left[\overline{\mathsf{F}\left(\dfrac{\Theta_j}{T}\right)} - \tfrac{1}{3}\overline{\mathsf{D}\left(\dfrac{\Theta_j}{T}\right)}\right] + \displaystyle\sum_{j=4}^{3p}\mathsf{F}\left(\dfrac{\Theta_j}{T}\right)\right\}, \\[2.5em] \mathfrak{K}_k^{0} = \dfrac{kT}{\varDelta}\left\{\displaystyle\sum_{j=1}^{3}\overline{\mathfrak{B}_k{}^{j}\,\mathsf{D}\left(\dfrac{\Theta_j}{T}\right)} + \displaystyle\sum_{j=4}^{3p}\mathfrak{B}_k{}^{j}\,\mathsf{P}\left(\dfrac{\Theta_j}{T}\right)\right\}, \\[2.5em] K_{xy}^{0} = \dfrac{kT}{\varDelta}\left\{\displaystyle\sum_{j=1}^{3}\overline{B_{xy}^{j}\,\mathsf{D}\left(\dfrac{\Theta_j}{T}\right)} + \displaystyle\sum_{j=4}^{3p}B_{xy}^{j}\,\mathsf{P}\left(\dfrac{\Theta_j}{T}\right)\right\}. \end{cases}$$

Außerdem ist für U_2 der früher ermittelte Ausdruck (31) einzusetzen; die Temperaturabhängigkeit der darin vorkommenden Konstanten, welche die Elastizität und Piezoelektrizität bestimmen, wird in der hier angestrebten Annäherung nicht festgelegt.

Aus der freien Energie F erhält man durch Differentiations- und Eliminationsprozesse sämtliche mechanischen und thermischen Größen.

Die *spezifische Entropie* ist

$$(327)\qquad S = -\frac{\partial F}{\partial T} = -\frac{\partial F_0}{\partial T} + \sum_k\left(\frac{\partial\mathfrak{K}_k^{0}}{\partial T}\mathfrak{u}_k\right) + \sum_{xy}\frac{\partial K_{xy}^{0}}{\partial T}u_{xy}.$$

Die *spezifische Energie* ist durch

$$E = F + TS$$

gegeben; setzt man

$$(328)\quad E_0 = F_0 - T\frac{dF_0}{dT},\quad \mathfrak{K}_k^{*} = \mathfrak{K}_k^{0} - T\frac{d\mathfrak{K}_k^{0}}{dT},\quad K_{xy}^{*} = K_{xy}^{0} - T\frac{dK_{xy}^{0}}{dT},$$

dann wird

$$(328')\qquad E = E_0 - \sum_k\mathfrak{K}_k^{*}\,\mathfrak{u}_k - \sum_{xy}K_{xy}^{*}\,u_{xy} + U_2.$$

Die *inneren Kräfte*, die sich den Verrückungen $\mathfrak{u}_k$ widersetzen, sind

$$(329)\qquad \mathfrak{K}_{kx} = -\frac{\partial F}{\partial\mathfrak{u}_{kx}} = \mathfrak{K}_{kx}^{0} - \frac{\partial U_2}{\partial\mathfrak{u}_{kx}}$$

und die *Spannungen*

$$(329')\qquad K_{xy} = -\frac{\partial F}{\partial u_{xy}} = K_{xy}^{0} - \frac{\partial U_2}{\partial u_{xy}}.$$

Mit Hilfe von (329) kann man, wie in Nr. 8, die Verrückungen eliminieren; die freie Energie des Gitters unter der Wirkung konstanter äußerer Kräfte $\mathfrak{F}_k = -\mathfrak{K}_k$ ist

$$(330)\qquad F^{*} = F - \sum_k(\mathfrak{F}_k\mathfrak{u}_k) = F + \sum_k(\mathfrak{K}_k\mathfrak{u}_k),$$

und man erhält mit Benutzung der in Nr. 8 entwickelten Formeln

$$(330')\qquad F^{*} = F_0^{*} + \sum_k(\mathfrak{u}_k^{0}\mathfrak{K}_k) - \sum_{xy}\widetilde{K}_{xy}^{0}u_{xy} + U_2^{*},$$

$$(331) \quad \begin{cases} \text{a)} \;\; \mathfrak{u}_{kx} = \dfrac{\partial F^*}{\partial \mathfrak{R}_{kx}} = \mathfrak{u}^0_{kx} + \dfrac{\partial U^*_2}{\partial \mathfrak{R}_{kx}}, \\[2ex] \text{b)} \;\; K_{xy} = -\dfrac{\partial F^*}{\partial u_{xy}} = \widetilde{K}^0_{xy} - \dfrac{\partial U^*_2}{\partial u_{xy}}, \end{cases}$$

wo U^*_2 durch (52′) gegeben ist und folgende Abkürzungen gebraucht sind:

$$(332) \quad \begin{cases} \mathfrak{u}^0_{kx} = -\displaystyle\sum_{k'}\sum_{y} \left\{ \begin{matrix} k\,k' \\ x\,y \end{matrix} \right\} \mathfrak{R}^0_{k'y} \quad \text{oder} \quad \mathfrak{R}^0_{kx} = -\displaystyle\sum_{k'}\sum_{y} \left[\begin{matrix} k\,k' \\ x\,y \end{matrix} \right] \mathfrak{u}^0_{k'y}, \\[3ex] \widetilde{K}^0_{xy} = K^0_{xy} + \displaystyle\sum_{k}\sum_{z}{}' \left[\; \begin{matrix} k \\ z \,|\, x\,y \end{matrix} \;\right] \mathfrak{R}^0_{kz} = K^0_{xy} - \displaystyle\sum_{k}\sum_{z} \left[\begin{matrix} k \\ x\,y\,z \end{matrix} \right] \mathfrak{u}^0_{kz}, \\[3ex] F^*_0 = F_0 + \dfrac{1}{2}\displaystyle\sum_{k}{}' \mathfrak{R}^0_k \mathfrak{u}^0_k = F_0 - \dfrac{1}{2}\displaystyle\sum_{kk'}\sum_{xy} \left\{ \begin{matrix} k\,k' \\ x\,y \end{matrix} \right\} \mathfrak{R}^0_{kx}\mathfrak{R}^0_{k'y} \\[3ex] \qquad\qquad\qquad = F_0 - \dfrac{1}{2}\displaystyle\sum_{kk'}\sum_{xy} \left[\begin{matrix} k\,k' \\ x\,y \end{matrix} \right] \mathfrak{u}^0_{kx}\mathfrak{u}^0_{k'y}. \end{cases}$$

Das Zusatzglied in F^*_0 ist offenbar 2. Ordnung in $(\varphi^l_{kk'})_{xyz}$ und müßte bei konsequenter Durchführung der Näherung weggelassen werden.

Aus F^* gewinnt man die spezifische Entropie und Energie durch die Formeln:

$$(333) \quad \begin{cases} S = -\dfrac{\partial F^*}{\partial T} = -\dfrac{dF^*_0}{dT} - \displaystyle\sum_{k}\left(\dfrac{d\mathfrak{u}^0_k}{dT}\mathfrak{R}_k\right) + \displaystyle\sum_{xy}{}' \dfrac{d\widetilde{K}^0_{xy}}{dT} u_{xy}, \\[3ex] E^* = F^* + TS = E^*_0 + \displaystyle\sum_{k}(\mathfrak{u}^*_k\mathfrak{R}_k) - \displaystyle\sum_{xy}\widetilde{K}^*_{xy}u_{xy} + U^*_2, \end{cases}$$

mit den Abkürzungen:

$$(333') \quad \begin{cases} E^*_0 = F^*_0 - T\dfrac{dF^*_0}{dT}, \\[2.5ex] \mathfrak{u}^*_k = \mathfrak{u}^0_k - T\dfrac{d\mathfrak{u}^0_k}{dT}, \\[2.5ex] \widetilde{K}^*_{xy} = \widetilde{K}^0_{xy} - T\dfrac{d\widetilde{K}^0_{xy}}{dT}. \end{cases}$$

Für die zugeführte Wärme erhält man

$$(333'') \quad dQ = TdS = \left\{ \dfrac{dE^*_0}{dT} + \displaystyle\sum_{k}\left(\dfrac{d\mathfrak{u}^*_k}{dT}\mathfrak{R}_k\right) - \displaystyle\sum_{xy}\dfrac{d\widetilde{K}^*_{xy}}{dT}u_{xy} \right\} dT$$

$$- T\displaystyle\sum_{k}\left(\dfrac{d\mathfrak{u}^0_k}{dT}d\mathfrak{R}_k\right) + T\displaystyle\sum_{xy}\dfrac{d\widetilde{K}^0_{xy}}{dT}du_{xy}.$$

32. Thermische Ausdehnung, Pyroelektrizität und ihre Umkehreffekte. Es soll nun die Wechselwirkung zwischen den elastischen, elektrischen und thermischen Eigenschaften des Gitters behandelt

werden. In einem homogenen elektrischen Felde $\mathfrak{E}$ gilt nach (39)
$\mathfrak{R}_k = -\frac{e_k}{\varDelta}\mathfrak{E}$. Setzt man ferner

$$(334) \qquad \mathfrak{p}^0 = \frac{1}{\varDelta}\sum_k e_k \mathfrak{u}_k^0,$$

so erhält man aus (331) ausführlich (s. Nr. **11**, (66)):

$$(335) \quad \begin{cases} \text{a)} \quad \mathfrak{p}_x = \mathfrak{p}_x^0 + \sum_y [|xy|]\,\mathfrak{E}_y + \sum_{yz} [|x|yz|]\,u_{yz}, \\[2mm] \text{b)} \quad K_{xy} = \widetilde{K}_{xy}^0 + \sum_z [|z|xy|]\,\mathfrak{E}_z + \sum_{\overline{xy}} [|xy|\overline{x}\overline{y}|]\,u_{\overline{x}\overline{y}}, \end{cases}$$

oder mit der gewöhnlichen Bezeichnungsweise:

$$(335') \quad \begin{cases} \text{a)} \begin{cases} \mathfrak{p}_x = \mathfrak{p}_x^0 + a_{11}\mathfrak{E}_x + a_{12}\mathfrak{E}_y + a_{13}\mathfrak{E}_z + e_{11}x_x + e_{12}y_y + e_{13}z_z \\ \qquad\qquad\qquad\qquad\qquad\quad + e_{14}y_z + e_{15}z_x + e_{16}x_y, \\ \cdots\cdots\cdots\cdots\cdots\cdots\cdots\cdots\cdots \end{cases} \\[5mm] \text{b)} \begin{cases} X_x = \widetilde{K}_1^0 + e_{11}\mathfrak{E}_x + e_{21}\mathfrak{E}_y + e_{31}\mathfrak{E}_z - c_{11}x_x - c_{12}y_y - c_{13}z_z \\ \qquad\qquad\qquad\qquad\qquad\quad - c_{14}y_z - c_{15}z_x - c_{16}x_y, \\ \cdots\cdots\cdots\cdots\cdots\cdots\cdots\cdots\cdots \end{cases} \end{cases}$$

Dabei ist statt $\widetilde{K}_{xx}^0$, $\widetilde{K}_{yy}^0$, ... hier $\widetilde{K}_1^0$, $\widetilde{K}_2^0$, ... geschrieben.

Die zugeführte Wärme wird nach (333''):

$$(336) \quad dQ = \left\{\frac{dE_0^*}{dT} - \left(\frac{d\mathfrak{p}^*}{dT}\,\mathfrak{E}\right) - \left(\frac{d\widetilde{K}_1^*}{dT}x_x + \cdots + \frac{d\widetilde{K}_4^*}{dT}y_z + \cdots\right)\right\}dT$$

$$+ T\left(\frac{d\mathfrak{p}^0}{dT}\,d\mathfrak{E}\right) + T\left(\frac{d\widetilde{K}_1^0}{dT}\,dx_x + \cdots + \frac{d\widetilde{K}_4^0}{dT}\,dy_z + \cdots\right),$$

wo

$$(337) \qquad \mathfrak{p}^* = \frac{1}{\varDelta}\sum_k e_k \mathfrak{u}_k^* = \mathfrak{p}^0 - T\frac{d\mathfrak{p}^0}{dT}$$

gesetzt ist.

Man kann nun (335'b) nach den x_x, ... auflösen und die gefundenen Werte in (335'a), (336) einsetzen; dann erhält man:

$$(338) \quad \begin{cases} \text{a)} \begin{cases} x_x = u_1^0 + d_{11}\mathfrak{E}_x + d_{21}\mathfrak{E}_y + d_{31}\mathfrak{E}_z - s_{11}X_x - \cdots s_{14}Y_z - \cdots \\ \cdots\cdots\cdots\cdots\cdots\cdots\cdots\cdots\cdots \end{cases} \\[4mm] \text{b)} \begin{cases} \mathfrak{p}_x = \widetilde{\mathfrak{p}}_x^0 + b_{11}\mathfrak{E}_x + b_{12}\mathfrak{E}_y + b_{13}\mathfrak{E}_z - d_{11}X_x - \cdots - d_{14}Y_z \cdots \\ \cdots\cdots\cdots\cdots\cdots\cdots\cdots\cdots\cdots \end{cases} \end{cases}$$

und

$$(339) \quad dQ = \left\{\frac{d\widetilde{E}_0}{dT} - \left(\frac{d\widetilde{\mathfrak{p}}^*}{dT}\,\mathfrak{E}\right) + \left(\frac{du_1^*}{dT}X_x + \cdots + \frac{du_4^*}{dT}Y_z + \cdots\right)\right\}dT$$

$$+ T\left(\frac{d\widetilde{\mathfrak{p}}^0}{dT}\,d\mathfrak{E}\right) - T\left(\frac{du_1^0}{dT}\,dX_x + \cdots + \frac{du_4^0}{dT}\,dY_z + \cdots\right).$$

Hier sind (außer den in **Nr. 11** bereits definierten) folgende Bezeichnungen eingeführt:

$$(340)\quad\begin{cases}
\text{a)}\quad u_i^0 = \sum_{j=1}^{6} s_{ij}\,\widetilde{K}_j^0 \qquad \widetilde{K}_i^0 = \sum_{j=1}^{6} c_{ij}\,u_j^0, \\[2ex]
\text{b)}\quad u_i^* = u_i^0 - T\,\dfrac{d\,u_i^0}{dT}, \\[2ex]
\text{c)}\quad \widetilde{\mathfrak{p}}_x^0 = \mathfrak{p}_x^0 + \sum_{j=1}^{6} d_{ij}\,\widetilde{K}_j^0, \\[2ex]
\text{d)}\quad \widetilde{\mathfrak{p}}_x^* = \widetilde{\mathfrak{p}}_x^0 - T\,\dfrac{d\,\widetilde{\mathfrak{p}}_x^0}{dT}, \\[2ex]
\text{e)}\quad K = \tfrac{1}{2}\sum_i u_i^0\,\widetilde{K}_i^0 = \tfrac{1}{2}\sum_{ij} s_{ij}\,\widetilde{K}_i^0\,\widetilde{K}_j^0 = \tfrac{1}{2}\sum_{ij} c_{ij}\,u_i^0\,u_j^0, \\[2ex]
\text{f)}\quad \widetilde{E}_0^* = E_0^* - \left(K - T\,\dfrac{dK}{dT}\right) = (F_0^* - K) - T\,\dfrac{d\,(F_0^* - K)}{dT}.
\end{cases}$$

Die Größe K ist offenbar 2. Ordnung in $(\varphi_{kk'}^l)_{xyz}$ und müßte eigentlich fortgelassen werden.

Die Formeln lehren uns über die Bedeutung der neu eingeführten Größen folgendes:

I. Die $\widetilde{K}_i^0$ sind die *thermischen Spannungen*[191].

II. Die u_i^0 sind die Komponenten der *thermischen Deformation* bei fehlenden äußeren Spannungen (und $\mathfrak{E} = 0$)[191].

III. $\mathfrak{p}^0$ ist das sogenannte *„wahre" pyroelektrische Moment*, nämlich das, welches bei fehlender Deformation (und $\mathfrak{E} = 0$) auftritt. $\widetilde{\mathfrak{p}}^0$ ist das direkt der Messung zugängliche *pyroelektrische Moment bei fehlenden Spannungen* (und $\mathfrak{E} = 0$), das durch Zusammenwirken der wahren Pyroelektrizität mit der durch die thermische Ausdehnung erzeugten Piezoelektrizität entsteht.[192])

IV. Die Koeffizienten von dT in (336) und (339) sind die *Wärmekapazitäten der Volumeneinheit bei konstanter Deformation bzw. bei konstanter Spannung*. Nennt man diese in Analogie zu der bei isotropen Körpern gebräuchlichen Bezeichnungsweise C_v bzw. C_p, so wird

$$(341)\quad\begin{cases}
\text{a)}\quad C_v = \dfrac{d\,E_0^*}{dT} - \left(\dfrac{d\,\mathfrak{p}^*}{dT}\,\mathfrak{E}\right) - \left(\dfrac{d\,\widetilde{K}_1^*}{dT}\,x_x + \cdots + \dfrac{d\,\widetilde{K}_4^*}{dT}\,y_z + \cdots\right), \\[2.5ex]
\text{b)}\quad C_p = \dfrac{d\,\widetilde{E}_0^*}{dT} - \left(\dfrac{d\,\widetilde{\mathfrak{p}}^*}{dT}\,\mathfrak{E}\right) + \left(\dfrac{d\,u_1^*}{dT}\,X_x + \cdots + \dfrac{d\,u_4^*}{dT}\,Y_z + \cdots\right).
\end{cases}$$

Die Wärmekapazitäten hängen also von der absoluten Größe der Deformation bzw. der Spannung ab, außerdem von dem elektrischen Felde, in dem der Kristall sich befindet; bestimmend hierfür sind die Temperaturkoeffizienten der aus den thermischen Spannungen bzw.

---

191) *S. Voigt*, Kristallphysik, V. Kap., § 149 ff. Man findet dort Angaben über die Meßmethoden und ihre Ergebnisse.

192) Über die phänomenologische Theorie der Pyroelektrizität s. diese Encykl. V 16 (*F. Pockels*), Nr. 11. Ferner *Voigt*, Kristallphysik, IV. Kap., § 125 ff.

Deformationen und den pyroelektrischen Momenten abgeleiteten Größen $\widetilde{K}_i^*$, $\mathfrak{p}^*$ bzw. u_i^*, $\tilde{\mathfrak{p}}^*$.

Ist kein Feld vorhanden, und ist der Kristall undeformiert, so hat man $\mathfrak{E} = 0$, $x_x = 0$, $\ldots$, also $X_x = \widetilde{K}_1^0$, $\ldots$ und man erhält die Formeln

$$(342) \quad \begin{cases} \text{a)} \quad C_v = \dfrac{dE_0^*}{dT} \\[2ex] \text{b)} \quad C_p = \dfrac{d\widetilde{E}_0^*}{dT} + \sum_{i=1}^{6} \dfrac{du_i^*}{dT}\,\widetilde{K}_i^0. \end{cases}$$

Hieraus folgt unter Benutzung von (340b, e, f):

$$(343) \qquad C_p - C_v = T\left(\frac{d^2 K}{dT^2} \quad \sum_{i=1}^{6} \widetilde{K}_i^0\,\frac{d^2 u_i^0}{dT^2}\right)$$

$$= T\sum_{i=1}^{6}\frac{d\widetilde{K}_i^0}{dT}\frac{du_i^0}{dT} = T\sum_{i,j=1}^{6} c_{ij}\,\frac{du_i^0}{dT}\,\frac{du_j^0}{dT}.$$

Diese Formel ist eine Verallgemeinerung der für reguläre Kristalle und isotrope Körper gültigen (229) (s. Nr. **25**); denn bei regulärer Symmetrie gilt für den linearen Ausdehnungskoeffizienten

$$\alpha = \frac{du_1^0}{dT} = \frac{du_2^0}{dT} = \frac{du_3^0}{dT},$$

während $u_4^0 = u_5^0 = u_6^0 = 0$ sind, und nach Nr. **13** sind

$$c_{11} = c_{22} = c_{33}, \quad c_{12} = c_{23} = c_{31}, \quad c_{11} + 2c_{12} = \frac{3}{\varkappa},$$

also
$$C_p - C_v = \frac{9\,\alpha^2\,T}{\varkappa},$$

in Übereinstimmung mit (229), wenn man diese Formel auf die Volumeneinheit ($V = 1$) bezieht.

Hierzu ist aber zu bemerken, daß der Unterschied $C_p - C_v$ von 2. Ordnung in $(\varphi_{kk'}^l)_{xyz}$ ist, also bei konsequenter Durchführung der Annäherung vernachlässigt werden müßte. Jedenfalls muß man beachten, daß die Zusatzglieder, die bei der Berücksichtigung der nächsten Näherung zu C_p und C_v einzeln hinzutreten, von derselben Größenordnung sein werden wie die Differenz $C_p - C_v$ (s. hierzu Nr. **34**).

V. Aus (336) und (339) erhält man für $dT = 0$, $d\mathfrak{E} = 0$ die *isotherme Deformationswärme* als Funktion der Änderungen der Deformations- bzw. Spannungskomponenten:

$$(344) \quad \begin{cases} \text{a)} \quad dQ_v = \quad T\left(\dfrac{d\widetilde{K}_1^0}{dT}dx_x + \cdots + \dfrac{d\widetilde{K}_4^0}{dT}dy_z + \cdots\right), \\[2ex] \text{b)} \quad dQ_p = -T\left(\dfrac{du_1^0}{dT}dX_x + \cdots + \dfrac{du_4^0}{dT}dY_z + \cdots\right). \end{cases}$$

VI. Die Formeln (336) und (339) enthalten auch den sogenannten *elektrokalorischen Effekt*[193]), d. h. eine Erwärmung bei Erregung eines elektrischen Feldes; sie beträgt bei konstanter Deformation bzw. Spannung

$$(345) \quad \begin{cases} \text{a)} \quad d\,Q_v^{(e)} = T\left(\dfrac{d\,\mathfrak{p}^0}{d\,T}\,d\mathfrak{E}\right), \\[2ex] \text{b)} \quad d\,Q_p^{(e)} = T\left(\dfrac{d\tilde{\mathfrak{p}}^0}{d\,T}\,d\mathfrak{E}\right). \end{cases}$$

Dieser Effekt wurde auf Grund thermodynamischer Betrachtungen von *W. Thomson*[194]) (*Lord Kelvin*) vorhergesagt und von *R. Straubel*[195]) experimentell nachgewiesen.

VII. Die Temperaturabhängigkeit aller Parameter ist durch die voranstehenden Formeln auf die der Größen (326) F_0, $\mathfrak{K}_k^0$, K_{xy}^0 zurückgeführt. Man hat zu beachten, daß hier alle Parameter auf die Volumeneinheit des *unverzerrten* Kristalls bezogen sind; will man sie auf die Volumeneinheit des tatsächlichen, deformierten Zustandes beziehen, so hat man entsprechend umzurechnen. Dann werden z. B. die Elastizitätskonstanten, die hier von der Temperatur nicht abhängen, infolge der thermischen Dilatation Funktionen der Temperatur. Doch ist diese Veränderlichkeit so gering, daß man meist von der Umrechnung absehen kann. Wir geben hier die Formeln für den Energieinhalt E_0^*, die thermischen Spannungen $\widetilde{K}_i^0$ und das wahre pyroelektrische Moment $\mathfrak{p}^0$ an; dabei wollen wir den Unterschied zwischen F_0 und F_0^*, der zweiter Ordnung in $(\varphi_{kk'}^l)_{xyz}$ ist und überdies bei zentrischer Symmetrie exakt verschwindet, vernachlässigen und demgemäß E_0^* mit $E_0 = F_0 - T\dfrac{dF_0}{dT}$ identifizieren. Dann erhält man

$$(346) \quad \begin{cases} \text{a)} \quad E_0^* = U_0 + \dfrac{kT}{\varDelta}\left\{\displaystyle\sum_{j=1}^{3}\overline{\mathsf{D}\left(\dfrac{\Theta_j}{T}\right)} + \sum_{j=4}^{3p}\mathsf{P}\left(\dfrac{\Theta_j}{T}\right)\right\}, \\[3ex] \text{b)} \quad \widetilde{K}_{xy}^0 = \dfrac{kT}{\varDelta}\left\{\displaystyle\sum_{j=1}^{3}\overline{C_{xy}^j\,\mathsf{D}\left(\dfrac{\Theta_j}{T}\right)} + \sum_{j=4}^{3p}C_{xy}^j\,\mathsf{P}\left(\dfrac{\Theta_j}{T}\right)\right\}, \\[3ex] \text{c)} \quad \mathfrak{p}^0 = \dfrac{kT}{\varDelta}\left\{\displaystyle\sum_{j=1}^{3}\overline{\mathfrak{E}^j\,\mathsf{D}\left(\dfrac{\Theta_j}{T}\right)} + \sum_{j=4}^{3p}\mathfrak{E}^j\,\mathsf{P}\left(\dfrac{\Theta_j}{T}\right)\right\}, \end{cases}$$

193) *S. Voigt*, Kristallphysik, IV. Kap., § 140, 141.

194) *W. Thomson*, Math. Phys. Pap. Bd. I, p. 316.

195) *R. Straubel*, Gött. Nachr. 1902, p. 161; s. auch *Fr. Lange*, Diss. Jena 1905.

wo

$$(347) \quad \begin{cases} \text{a)} \quad C_{xy}^j = B_{xy}^j + \sum_k \sum_z \left[\begin{smallmatrix} & k \\ z & xy \end{smallmatrix} \right] \mathfrak{B}_{kz}^j, \\[2mm] \text{b)} \quad \mathfrak{C}_x^j = -\frac{1}{\varDelta} \sum_{kk'} \sum_y \left\{ \begin{smallmatrix} kk' \\ xy \end{smallmatrix} \right\} e_k \mathfrak{B}_{k'y}^j \end{cases}$$

gesetzt ist.

Die Formel (346a) stimmt mit (253) überein, wenn man dort die Dichte der potentiellen Energie U_0 hinzufügt und $N\varDelta = 1$ setzt. Für den Faktor $\frac{k}{\varDelta}$ kann man auch $\frac{R}{pV}$ schreiben, wo $V = \frac{M}{\varrho}$ das Atomvolumen bedeutet ($M =$ mittleres Atomgewicht einer Zelle).

Bezüglich der Formeln (346) ist an das oben (Nr. **31**, p. 677) Gesagte zu erinnern; die Ersetzung der „optischen" Zweige des elastischen Spektrums durch eine konstante Frequenz kann besonders bei $\widetilde{K}_{xy}^0$ und $\mathfrak{p}^0$ zu beträchtlichen Fehlern führen.

VIII. Bei *hohen Temperaturen* ist $\mathsf{D} = \mathsf{P} = 1$; man erhält für die Energie den *Dulong-Petit*schen Wert $E_0^* = \frac{3pk}{\varDelta} T$ (Atomwärme $VE_0^* = \frac{N\varDelta}{p} E_0^* = 3RT$) und außerdem

$$(348) \quad \widetilde{K}_{xy}^0 = \frac{kT}{\varDelta}(\overline{C_{xy}^*} + C_{xy}^0), \qquad \mathfrak{p}^0 = \frac{kT}{\varDelta}(\mathfrak{C}^* + \mathfrak{C}^0),$$

wo

$$(349) \quad \begin{cases} C_{xy}^* = \sum_{j=1}^{3} C_{xy}^j, & C_{xy}^0 = \sum_{j=4}^{3p} C_{xy}^j, \\[3mm] \mathfrak{C}^* = \sum_{j=1}^{3} \mathfrak{C}^j, & \mathfrak{C}^0 = \sum_{j=4}^{3p} \mathfrak{C}^j \end{cases}$$

gesetzt ist. Führt man hier die Ausdrücke (347) ein, so sieht man, daß es auf die Berechnung der Summen

$$\sum_{j=1}^{3} B_{xy}^j, \qquad \sum_{j=4}^{3p} B_{xy}^j, \qquad \sum_{j=1}^{3} \mathfrak{B}_k^j, \qquad \sum_{j=4}^{3p} \mathfrak{B}_k^j$$

ankommt. Diese lassen sich nach dem oben erwähnten Gedanken von *Stern*[190]) rational durch die Koeffizienten der Schwingungsgleichungen ausdrücken. Denn nach (324) ist

$$(350) \quad \mathfrak{B}_k^j = -\frac{\partial \ln \Theta_j^*}{\partial u_k}, \qquad B_{xy}^j = -\frac{\partial \ln \Theta_j^*}{\partial u_{xy}}.$$

Definiert man nun die Mittelwerte $\Theta^* = \frac{h\nu^*}{k}$, $\Theta^0 = \frac{h\nu^0}{k}$ durch

$$(351) \quad \begin{cases} \overline{\Theta^{*3}} = \left(\frac{h\overline{\nu^*}}{k}\right)^3 = \Theta_1^* \Theta_2^* \Theta_3^* = \left(\frac{h}{k}\right)^3 \nu_1^* \nu_2^* \nu_3^*, \\[3mm] \overline{\Theta^0}^{3(p-1)} = \left(\frac{h\nu^0}{k}\right)^{3(p-1)} = \Theta_4^* \ldots \Theta_{3p}^* = \left(\frac{h}{k}\right)^{3(p-1)} \nu_4^* \ldots \nu_{3p}^*, \end{cases}$$

so wird

$$(352) \quad \begin{cases} \sum_{j=1}^{3} B_{xy}^{j} = -3\,\dfrac{\partial \ln \overline{\Theta}^{*}}{\partial u_{xy}}, \quad \sum_{j=4}^{3p} B_{xy}^{j} = -3(p-1)\dfrac{\partial \ln \overline{\Theta}^{0}}{\partial u_{xy}}, \\[2ex] \sum_{j=1}^{3} \mathfrak{B}_{k}{}^{j} = -3\,\dfrac{\partial \ln \overline{\Theta}^{*}}{\partial \mathfrak{u}_{k}}, \quad \sum_{j=4}^{3p} \mathfrak{B}_{k}{}^{j} = -3(p-1)\dfrac{\partial \ln \overline{\Theta}^{0}}{\partial \mathfrak{u}_{k}}. \end{cases}$$

Setzt man nun

$$(353) \quad \begin{cases} \Pi^{*} = \mathrm{Det.}\,\Big(\sum_{\bar{x}\bar{y}}[\,x\bar{x}\mid y\bar{y}\,]^{*}\,\mathfrak{z}_{\bar{x}}\mathfrak{z}_{\bar{y}}\Big), \\[2ex] \Pi^{0} = \mathrm{Det.}\,\left(\begin{bmatrix} k\,k' \\ x\,y \end{bmatrix}^{*}_{\ k,k'=1,2,\ldots(p-1)}\right), \end{cases}$$

so wird
$$(\nu_{1}^{*}\nu_{2}^{*}\nu_{3}^{*})^{2} \qquad \text{proportional } \Pi^{*},$$
$$(\nu_{4}^{*}\nu_{5}^{*}\ldots\nu_{3p}^{*})^{2} \qquad \text{"} \qquad \Pi^{0},$$

also
$$3\ln \overline{\Theta}^{*} = \tfrac{1}{2}\ln \Pi^{*} + \text{konst.},$$
$$3(p-1)\ln \overline{\Theta}^{0} = \tfrac{1}{2}\ln \Pi^{0} + \text{konst.}$$

Nun sind Π^{*} und Π^{0} Funktionen der $\mathfrak{u}_{k}$, u_{xy}; entwickelt man sie nach diesen und setzt

$$(353') \quad \begin{cases} \Pi^{*} = \Pi_{0}^{*}\big(1 - \sum_{k}\mathfrak{B}_{k}^{*}\mathfrak{u}_{k} - \sum_{xy}B_{xy}^{*}u_{xy}\big), \\[2ex] \Pi^{0} = \Pi_{0}^{0}\big(1 - \sum_{k}\mathfrak{B}_{k}^{0}\mathfrak{u}_{k} - \sum_{xy}B_{xy}^{0}u_{xy}\big), \end{cases}$$

so erhält man

$$(354) \quad \begin{cases} \sum_{j=1}^{3} B_{xy}^{j} = \tfrac{1}{2}B_{xy}^{*}, \quad \sum_{j=4}^{3p} B_{xy}^{j} = \tfrac{1}{2}B_{xy}^{0}, \\[2ex] \sum_{j=1}^{3} \mathfrak{B}_{k}{}^{j} = \tfrac{1}{2}\mathfrak{B}_{k}^{*}, \quad \sum_{j=4}^{3p} \mathfrak{B}_{k}{}^{j} = \tfrac{1}{2}\mathfrak{B}_{k}^{0}. \end{cases}$$

Hier hängen die B_{xy}^{*} und $\mathfrak{B}_{k}^{*}$ noch von $\mathfrak{z}$ ab, während B_{xy}^{0}, $\mathfrak{B}_{k}^{0}$ konstant sind.

IX. Bei *tiefen Temperaturen*, im Bereich des *Debye*schen T^{3}-Gesetzes der spezifischen Wärme, wo D durch $\dfrac{\pi^{4}}{5\,x^{3}}$, P durch 0 zu ersetzen ist (s. Nr. **26**, Formel (241')), gilt

$$(355) \quad \begin{cases} E_{0}^{*} = U_{0} + \dfrac{\pi^{4}}{5}\,\dfrac{k}{\varDelta}\sum_{j=1}^{3}\overline{\dfrac{1}{\Theta_{j}^{3}}}\,T^{4}, \\[3ex] \widetilde{K}_{xy}^{0} = \dfrac{\pi^{4}}{5}\,\dfrac{k}{\varDelta}\sum_{j=1}^{3}\overline{\dfrac{C_{xy}^{j}}{\Theta_{j}^{3}}}\,T^{4}, \\[3ex] \mathfrak{p}^{0} = \dfrac{\pi^{4}}{5}\,\dfrac{k}{\varDelta}\sum_{j=1}^{3}\overline{\dfrac{\mathfrak{C}^{j}}{\Theta_{j}^{3}}}\,T^{4}. \end{cases}$$

In diesem Bereiche gilt also das *Grüneisen*sche Gesetz von der Proportionalität zwischen thermischer Ausdehnung und Energie in Strenge für alle Kristalle[196]); und ein entsprechendes Gesetz gilt für die Pyroelektrizität. Näherungsweise kann man schreiben:

$$(356) \quad \begin{cases} E_0^* = U_0 + \dfrac{3\,\pi^4}{5}\,\dfrac{k}{\varDelta}\,\dfrac{T^4}{\overline{\Theta}^3}, \\[2ex] \widetilde{K}_{xy}^0 = \qquad \dfrac{\pi^4}{5}\,\dfrac{k}{\varDelta}\,\sum_{j=1}^{3}\,\overline{C_{xy}^j}\,\dfrac{T^4}{\overline{\Theta}^3}, \\[2ex] p^0 = \qquad \dfrac{\pi^4}{5}\,\dfrac{k}{\varDelta}\,\sum_{j=1}^{3}\,\overline{\mathfrak{S}^j}\,\dfrac{T^4}{\overline{\Theta}^3}, \end{cases}$$

wo $\overline{\Theta}$ der durch

$$(356') \qquad \frac{3}{\overline{\Theta}^3} = \sum_{j=1}^{3}\,\overline{\frac{1}{\Theta_j^3}}$$

definierte Mittelwert ist. Die hier auftretenden Summen lassen sich wiederum auf die Entwicklungskoeffizienten der Determinante $\varPi^*$ (353) zurückführen.

Bei höheren Temperaturen verliert das Gesetz seine allgemeine Gültigkeit, wie ein Vergleich der Formeln (346 a) und (346 b) zeigt. Es gilt dann noch für einatomige Körper, für die es *Grüneisen* selbst zuerst ausgesprochen hat, mit guter Annäherung, da es meist erlaubt ist, die drei elastischen Schwingungen durch *eine* mittlere Schallgeschwindigkeit darzustellen.

Eine Prüfung der hier angegebenen Verallgemeinerung des *Grüneisen*schen Gesetzes ist noch nicht vorgenommen worden.

X. *Die Temperaturabhängigkeit der Pyroelektrizität* ist in der ersten Zeit der Entwicklung der Quantentheorie auf Anregung von *W. Voigt* experimentell von *Ackermann*[197]) untersucht worden, und zwar herab ·bis zum Siedepunkt des flüssigen Wasserstoffs. Dabei hat sich ergeben, daß das pyroelektrische Moment in ganz ähnlicher Weise mit sinkender Temperatur abfällt, wie die thermische Energie.

Zur Deutung dieser Versuche hat *Boguslawski*[198]) eine „monochromatische" Theorie entwickelt; er stellt sich vor, daß die in den Gitterpunkten sitzenden Ionen unabhängig voneinander Schwingungen um ihre Gleichgewichtslagen ausführen, die bei azentrischen Kristallen infolge unsymmetrischer Bindung zu einem elektrischen Mo-

---

196) S. hierzu *M. Planck*, Vorlesungen über Thermodynamik, 6. Aufl. (Berlin-Leipzig 1921), § 285, p. 276.

197) *W. Ackermann*, Diss. Göttingen 1914; Ann. d. Phys. (4) **46** (1915), p. 197.

198) Zit. in Anm. 182).

mente führen. So gelangt· er zu einer Formel der Gestalt

$$\mathfrak{p}^* = \frac{kT}{\varDelta}\,\mathfrak{C}\,\mathsf{P}\left(\frac{\Theta}{T}\right)$$

entsprechend einem einzelnen der Eigenschwingungsterme in (346c). In einer weiteren Arbeit[199]) stellt *Boguslawski* fest, daß dieses Gesetz bei tieferen Temperaturen versagt, und zwar in derselben Weise, wie die *Einstein*sche Formel der spezifischen Wärme. Er versucht sodann die Theorie zu verbessern, indem er die *Planck*sche Funktion durch eine *Debye*sche ersetzt:

$$\mathfrak{p}^* = \frac{kT}{\varDelta}\,\mathfrak{C}\,\mathsf{D}\left(\frac{\Theta}{T}\right).$$

Doch fällt auch diese Kurve noch immer mit sinkender Temperatur wesentlich steiler gegen Null ab, als die Beobachtungen; *Boguslawski* schließt aus diesen, daß in der Nähe des absoluten Nullpunktes $\mathfrak{p}^*$ proportional T^2 (nicht T^4) sein wird. Er ersetzt daher die *Debye*sche Funktion $\mathsf{D}(x)$ durch die ähnlich gebaute

$$\frac{1}{x}\int\limits_0^x \mathsf{P}(\xi)\,d\xi = \frac{1}{x}\int\limits_0^x \frac{\xi\,d\xi}{e^{\xi}-1},$$

die für große x sich verhält wie $\dfrac{1}{x}$ (während die *Debye*sche Funktion mit $\dfrac{1}{x^3}$ proportional ist). Dann wird in der Tat bei tiefen Temperaturen $\mathfrak{p}^*$ mit T^2 proportional.

M. Born[200]) hat geglaubt, diese Formel von *Boguslawski* mit Hilfe der Gittertheorie begründen zu können; doch beruhte diese Ableitung auf einem (schon oben erwähnten) Fehler. Nach der hier entwickelten Theorie muß auch für die pyroelektrischen Momente das T^4-Gesetz gelten. Der Widerspruch dieser theoretischen Forderung gegen die *Ackermann*schen Messungen harrt noch der Aufklärung.

XI. Das Auftreten der gewöhnlichen, polaren Pyroelektrizität ist nur bei gewissen Gruppen azentrischer Kristalle möglich. Verschwinden die Momente 1. Ordnung, so können Momente 2. Ordnung bemerkbar werden; man erhält für diese aus (79), Nr. **12**:

$$(357)\qquad M_{xy}^0 = M_i^0 = \frac{1}{2\varDelta}\sum_k (x_k\mathfrak{u}_{ky}^0 + y_k\mathfrak{u}_{kx}^0)e_k \qquad (i = 1, 2, \ldots 6).$$

Das sind die Komponenten der sogenannten „*wahren*" tensoriellen (*oder zentrischen*) *Pyroelektrizität*[201]), nämlich derjenigen elektrischen Erre-

199) *S. Boguslawski*, Phys. Ztschr. 15 (1914), p. 805.

200) S. die in Anm. 189) zit. Abhandlung; ferner *M. Born,* Phys. Ztschr. 23 (1922), p. 125.

201) S. hierzu diese Encykl. V 16 (*F. Pockels*), Nr. **13**; ferner *W. Voigt,* Kristallphysik, V. Kap., III. Abschn., §§ 160—163.

gung, die bei Verhinderung der thermischen Deformation bei Temperaturänderung eintritt. Diese sind nicht der direkten Beobachtung zugänglich, sondern die Größen

$$(357') \qquad \widetilde{M}_i^0 = M_i^0 + \sum_{j=1}^{6} \alpha_{ij} u_j^0 ,$$

wo die α_{ij} die durch (77') definierten Konstanten der tensoriellen Piezoelektrizität sind.

Die Existenz dieser zentrischen Pyroelektrizität ist von *W. Voigt* wahrscheinlich gemacht worden.[202]

Als Umkehreffekt muß man die Erscheinung erwarten, daß zentrische Kristalle in starken elektrischen, inhomogenen Feldern eine Erwärmung zeigen. Die Formeln hierfür sind leicht aus dem allgemeinen Ausdruck (333'') für die zugeführte Wärme unter Berücksichtigung der in Nr. **12** dargelegten Verhältnisse zu gewinnen. Diese Erscheinung ist noch nicht beobachtet worden.

33. Beispiel. Zentrische D-Gitter. Als Beispiel sollen die holoedrischen D-Gitter behandelt werden. Für diese ist aus Symmetriegründen

$$\widetilde{K}_{xx}^0 = \widetilde{K}_{yy}^0 = \widetilde{K}_{zz}^0 , \quad \widetilde{K}_{yz}^0 = \widetilde{K}_{zx}^0 = \widetilde{K}_{xy}^0 = 0 ,$$

und aus (340a) folgt für den Koeffizienten der linearen thermischen Ausdehnung

$$(358) \qquad \alpha = \frac{du_1^0}{dT} = (s_{11} + 2s_{12}) \frac{d\widetilde{K}_1^0}{dT} = \frac{\varkappa}{3} \frac{d\widetilde{K}_1^0}{dT} ,$$

wo $\varkappa$ die kubische Kompressibilität bedeutet. Mit *Mie* und *Grüneisen* bilde man nun aus α, der Atomwärme C_v und dem Atomvolumen V die Größe (274)

$$(359) \qquad \gamma = \frac{3V\alpha}{\varkappa C_v} .$$

Wegen der zentrischen Symmetrie sind die C_{xy}^j mit den B_{xy}^j identisch. Daher folgt für tiefe Temperaturen aus (356) und (354)

$$C_v = V \frac{dE_0^*}{dT} = V \frac{12\pi^4}{5} \frac{k}{\varDelta} \frac{T^3}{\Theta^3} ,$$

$$\alpha = \frac{\varkappa}{3} \frac{d\widetilde{K}_{xx}^0}{dT} = \frac{\varkappa}{3} \frac{4\pi^4}{5} \frac{k}{\varDelta} \frac{1}{2} B_{xx}^* \frac{T^3}{\Theta^3} ,$$

also

$$(359') \qquad \gamma_0 = \tfrac{1}{6} \overline{B}_{xx}^* ,$$

und für hohe Temperaturen aus (348) und (354)

$$C_v = V \frac{3pk}{\varDelta} = 3R ,$$

$$\alpha = \frac{\varkappa}{3} \frac{k}{\varDelta} \frac{1}{2} (\overline{B}_{xx}^* + B_{xx}^0) ,$$

---

202) *W. Voigt*, Gött. Nachr. 1905, p. 394.

also

$$(359'') \qquad \gamma_\infty = \frac{1}{6p}\left(\overline{B^*_{xx}} + B^0_{xx}\right).$$

Man kann auch den Übergang der Größe γ von γ_0 zu γ_∞ durch eine einfache Näherungsformel darstellen, indem man in den allgemeinen Formeln (346) statt der akustischen Θ_j den Mittelwert $\overline{\Theta}$ nach (356') einführt; dann erhält man

$$(359\,\mathrm{a}) \qquad \gamma = \frac{\displaystyle\sum_{j=1}^{3} \overline{B^j_{xx}} + \sum_{j=4}^{3p} B^j_{xx}\,\Psi_j(T)}{3 + \displaystyle\sum_{j=4}^{3p} \Psi_j(T)},$$

wo

$$(359\,\mathrm{b}) \qquad \Psi_j(T) = \frac{\mathsf{S}\left(\frac{\Theta_j}{T}\right)}{4\,\mathsf{D}\left(\frac{\overline{\Theta}}{T}\right) - 3\,\mathsf{P}\left(\frac{\overline{\Theta}}{T}\right)}$$

gesetzt ist. Da $\Psi_j(0) = 0$, $\Psi_j(\infty) = 1$ ist, kommt man mit Rücksicht auf (354) leicht zu den Grenzfällen (359'), (359'') zurück. Doch ist diese Verallgemeinerung ohne Bedeutung; denn, wie schon oben hervorgehoben, haben bei dieser Art der Annäherung die ultraroten Eigenfrequenzen (Reststrahlen) ein zu großes Gewicht.

Wir beschränken uns von jetzt an auf zweiatomige Gitter ($p = 2$). Aus Symmetriegründen gilt für rein thermische Deformation:

$$\mathfrak{u}_k = 0, \quad u_{xx} = u_{yy} = u_{zz} = u, \quad u_{yz} = u_{zx} = u_{xy} = 0.$$

Daher reduzieren sich unter Benutzung der in Nr. **13**, II eingeführten Bezeichnungen die Größen (319) auf

$$(360) \qquad \begin{cases} A^* = A + uA', & B^* = B + uB', \\ C^* = 0, & D^* = D + uD'; \end{cases}$$

A, B, D sind durch (84) definiert, und außerdem ist gesetzt

$$(361) \quad \begin{cases} A' = [xx\,|\,xx\,\|\,xx] + 2[xx\,|\,xx\,\|\,yy] \\ \qquad = 3A + 2B + \dfrac{1}{2\varDelta}\,\mathsf{S}_l\sum_{kk'} R^l_{kk'}(r^l_{kk'})^2(x^l_{kk'})^4, \\[2mm] B' = |xx\,|\,yy\,|\,xx] + [xx\,|\,yy\,\|\,yy] + [xx\,|\,yy\,\|\,zz] \\ \qquad = A + 4B + \dfrac{1}{2\varDelta}\,\mathsf{S}_l\sum_{kk'} R^l_{kk'}(r^l_{kk'})^2(x^l_{kk'})^2(y^l_{kk'})^2, \\[2mm] D' = \begin{bmatrix} {}^{1,\,2} \\ xx\,|\,xx \end{bmatrix} + 2\begin{bmatrix} {}^{1,\,2} \\ xx\;yy \end{bmatrix} = 5D - \dfrac{5}{\varDelta}\,\mathsf{S}_l P^l_{12} + \dfrac{1}{3\varDelta}\,\mathsf{S}_l R^l_{12}(r^l_{12})^4. \end{cases}$$

Statt B' kann man bequemer die Größe

$$(361') \qquad A' + 2B' = 5(A + 2B) + \frac{1}{6\varDelta}\mathop{S}\sum_{l}\sum_{k\,k'} R^l_{k\,k'}(r^l_{k\,k'})^6$$

benützen. Ferner erkennt man leicht die Gültigkeit der Relation[203]

$$(361'') \qquad D' = \frac{1}{\delta^2}\frac{d\varDelta D}{d\delta}.$$

Nach $(88')$ sind die Elastizitätskonstanten $c_{11} = A$, $c_{12} = c_{44} = B$, also

$$c^*_{11} = A^* = A + uA', \quad c^*_{12} = c^*_{44} = B^* = B + uB'.$$

Für die weitere Rechnung soll die vereinfachende Annahme gemacht werden, daß der Kristall elastisch nahezu isotrop ist; das ist bei Steinsalz (NaCl) einigermaßen erfüllt. Es soll demgemäß die in Nr. 27 (258) definierte Größe $K = 1$ gesetzt werden, also $c_{11} = 3c_{12}$.

Nun wird die Determinante der elastischen Schwingungen (353):

$$\varPi^* = B^{*\,3}\begin{vmatrix} 1 + p^*\mathfrak{s}_x^{\,2} & 2\,\mathfrak{s}_x\mathfrak{s}_y & 2\,\mathfrak{s}_x\mathfrak{s}_z \\ 2\,\mathfrak{s}_y\mathfrak{s}_x & 1 + p^*\mathfrak{s}_y^{\,2} & 2\,\mathfrak{s}_y\mathfrak{s}_z \\ 2\,\mathfrak{s}_z\mathfrak{s}_x & 2\,\mathfrak{s}_z\mathfrak{s}_y & 1 + p^*\mathfrak{s}_z^{\,2} \end{vmatrix},$$

wo

$$p^* = \frac{A^*}{B^*} - 1$$

gesetzt ist. Entwickelt man nach u, so hat man wegen der Annahme $A = 3B$:

$$p^* = 2 + 3u\left(\frac{A'}{A} - \frac{B'}{B}\right),$$

also

$$\varPi^* = 3B^3\left\{1 + u\left[\frac{A'}{A} + 2\frac{B'}{B} + 4\left(\frac{A'}{A} - \frac{B'}{B}\right)(\mathfrak{s}_y^{\,2}\mathfrak{s}_z^{\,2} + \mathfrak{s}_z^{\,2}\mathfrak{s}_x^{\,2} + \mathfrak{s}_x^{\,2}\mathfrak{s}_y^{\,2})\right]\right\}.$$

---

203) **Man** kann diese Formel auch direkt begründen. Es sei s irgendeine Gittersumme und $s^* = s + us'$ der Wert, den sie annimmt, wenn man $(\varphi^l_{k\,k'})_{xy}$ durch $(\varphi^l_{k\,k'})^*_{xy}$ ersetzt; da bei regulären Gittern s nur von δ abhängt, so ist andererseits

$$s^* = s + \left(\frac{ds}{d\delta}\right)_0(\delta - \delta_0), \quad u = \frac{\delta - \delta_0}{\delta_0},$$

also

$$s' = \left(\delta\frac{ds}{d\delta}\right)_0.$$

Nun entsteht $\varDelta D^*$ aus $\varDelta D$ durch die angegebene Ersetzung; man kann also diesen Schluß darauf anwenden und erhält

$$\varDelta D' = \delta\frac{d\varDelta D}{d\delta},$$

was mit $(361'')$ übereinstimmt.

Ähnliche Überlegungen lassen sich auf A und B nicht anwenden, weil bei den Ausdrücken (84) dieser Größen die Gleichgewichtsbedingungen (81b) benützt sind; es fehlen daher Glieder, die vor dem Differenzieren nach δ hinzugefügt werden müssen.

Nach (354) folgt nun:

$$B^*_{xx} = -\frac{1}{3}\left[\frac{A'}{A} + 2\frac{B'}{B} + 4\left(\frac{A'}{A} - \frac{B'}{B}\right)(\mathfrak{Z}_y{}^2\mathfrak{Z}_z{}^2 + \mathfrak{Z}_z{}^2\mathfrak{Z}_x{}^2 + \mathfrak{Z}_x{}^2\mathfrak{Z}_y{}^2)\right].$$

Der Mittelwert hiervon ist:

$$\overline{B^*_{xx}} = -\frac{1}{3}\left[\frac{A'}{A} + 2\frac{B'}{B} + \frac{4}{5}\left(\frac{A'}{A} - \frac{B'}{B}\right)\right] = -\frac{1}{5}\left(3\frac{A'}{A} + 2\frac{B'}{B}\right).$$

Die Determinante der Gitterschwingungen wird:

$$\Pi^0 = D^{*3} = (D + uD')^3,$$

also nach (354)

$$B^0_{xx} = -\frac{D'}{D}.$$

Nun folgt aus (359′), (359″) mit $p = 2$:

$$(362)\qquad \begin{cases} \gamma_0 = -\frac{1}{30}\left(3\frac{A'}{A} + 2\frac{B'}{B}\right), \\[2mm] \gamma_\infty = -\frac{1}{60}\left(3\frac{A'}{A} + 2\frac{B'}{B} + 5\frac{D'}{D}\right). \end{cases}$$

Zur weiteren Verdeutlichung sollen die Konstanten A, B, C, A', B', C' für das NaCl-Gitter unter der Annahme berechnet werden, daß sich das elementare Potential in einer Reihe der Form

$$(363)\qquad \varphi_{kk'}(r) = \sum_{p=1}^{\infty}\frac{b_{kk'}^{(p)}}{r^p}\qquad\qquad (k, k' = 1, 2)$$

entwickeln läßt; dieser Ansatz enthält das Kraftgesetz (267) von *Mie* und *Grüneisen* (s. Nr. 28) als Spezialfall. Die kleinste Zelle ist das Rhomboeder mit den Kanten (s. die Aufzählung der D-Gitter in Nr. **13**)

$$(364)\qquad \mathfrak{a}_1 = r_0(\mathfrak{i}_2 + \mathfrak{i}_3),\quad \mathfrak{a}_2 = r_0(\mathfrak{i}_3 + \mathfrak{i}_1),\quad \mathfrak{a}_3 = r_0(\mathfrak{i}_1 + \mathfrak{i}_2);$$

dabei sind $\mathfrak{i}_1$, $\mathfrak{i}_2$, $\mathfrak{i}_3$ die Einheitsvektoren parallel zu den Würfelkanten und r_0 der Abstand eines Paares benachbarter Na- und Cl-Atome, für den die Beziehung

$$(365)\qquad r_0{}^3 = \tfrac{1}{2}\delta^3 = \tfrac{1}{2}\varDelta$$

gilt. Diese Zelle enthält je ein Na- und ein Cl-Atom, deren Lage man so wählen kann:

$$(366)\qquad \mathfrak{r}_1 = 0,\quad \mathfrak{r}_2 = r_0(\mathfrak{i}_1 + \mathfrak{i}_2 + \mathfrak{i}_3).$$

Es wird demnach

$$(367)\qquad \begin{cases} \mathfrak{r}_{11}^l = \mathfrak{r}_{22}^l = r_0\{\mathfrak{i}_1(l_2 + l_3) + \mathfrak{i}_2(l_3 + l_1) + \mathfrak{i}_3(l_1 + l_2)\}, \\[2mm] \mathfrak{r}_{21}^l = -\mathfrak{r}_{12}^l = r_0\{\mathfrak{i}_1(1 + l_2 + l_3) + \mathfrak{i}_2(1 + l_3 + l_1) + \mathfrak{i}_3(1 + l_1 + l_2)\}. \end{cases}$$

Aus dem Potentialgesetz (363) folgt

$$(368)\qquad \begin{cases} \varphi_{kk'}^l = \displaystyle\sum_{p=1}^{\infty}\frac{b_{kk'}^{(p)}}{(r_{kk'}^l)^p}, & P_{kk'}^l = -\displaystyle\sum_{p=1}^{\infty}\frac{p\,b_{kk'}^{(p)}}{(r_{kk'}^l)^{p+2}}, \\[4mm] Q_{kk'}^l = \displaystyle\sum_{p=1}^{\infty}\frac{p(p+2)b_{kk'}^{(p)}}{(r_{kk'}^l)^{p+4}}, & R_{kk'}^l = -\displaystyle\sum_{p=1}^{\infty}\frac{p(p+2)(p+4)b_{kk'}^{(p)}}{(r_{kk'}^l)^{p+6}}. \end{cases}$$

Man setze nun:

(369) $$b_{12}^{(p)} = b_p, \qquad \frac{b_{11}^{(p)} + b_{22}^{(p)}}{2\,b_{12}^{(p)}} = \beta_p,$$

ferner

$$(370)\quad\begin{cases} S_0{'}(p) = \underset{l}{S}\big((1 + l_2 + l_3)^2 + (1 + l_3 + l_1)^2 + (1 + l_1 + l_2)^2\big)^{-\frac{p}{2}}, \\[2mm] S_0{''}(p) = \underset{l}{S}{'}\big((l_2 + l_3)^2 + (l_3 + l_1)^2 + (l_1 + l_2)^2\big)^{-\frac{p}{2}}, \\[2mm] S_1{'}(p) = 3\,\underset{l}{S}\big((1 + l_2 + l_3)^2 + \cdots\big)^{-\frac{p+4}{2}}(1 + l_2 + l_3)^4, \\[2mm] S_1{''}(p) = 3\,\underset{l}{S}{'}\big((l_2 + l_3)^2 + \cdots\big)^{-\frac{p+4}{2}}(l_2 + l_3)^4, \end{cases}$$

und

$$(370')\quad\begin{cases} S_0(p) = S_0{'}(p) + \beta_p\, S_0{''}(p), \\[1mm] S_1(p) = S_1{'}(p) + \beta_p\, S_1{''}(p); \end{cases}$$

dann wird nach (10), Nr. **3**, und (84), Nr. **13**:

$$(371)\quad\begin{cases} \varphi_0 = 2 \sum_{p=1}^{\infty} \frac{1}{r_0^p}\, b_p\, S_0(p), \\[3mm] A = \frac{1}{3\varDelta} \sum_{p=1}^{\infty} \frac{1}{r_0^p}\, b_p\, p(p+2) S_1(p), \\[3mm] A + 2B = \frac{1}{3\varDelta} \sum_{p=1}^{\infty} \frac{1}{r_0^p}\, b_p\, p(p+2) S_0(p), \\[3mm] B = \frac{1}{6\varDelta} \sum_{p=1}^{\infty} \frac{1}{r_0^p}\, b_p\, p(p+2)\{S_0(p) - S_1(p)\}, \\[3mm] D = \frac{1}{3\varDelta} \sum_{p=1}^{\infty} \frac{1}{r_0^{p+2}}\, b_p\, p(p-1) S_0{'}(p+2). \end{cases}$$

Zwischen den Konstanten b_p, β_p muß die Bedingung (83'), Nr. **13**, bestehen, die hier lautet:

$$(372)\quad \frac{d\varphi_0}{dr_0} = -\frac{2}{r_0} \sum_{p=1}^{\infty} \frac{1}{r_0^p}\, b_p\, p\, S_0(p) = 0.$$

Sodann erhält man weiter nach (361) mit Rücksicht auf (371):

$$(373)\quad\begin{cases} A' = -\frac{1}{3\varDelta} \sum_{p=1}^{\infty} \frac{1}{r_0^p}\, b_p\, p(p+2)\{(p+2)S_1(p) - S_0(p)\}, \\[3mm] B' = -\frac{1}{6\varDelta} \sum_{p=1}^{\infty} \frac{1}{r_0^p}\, b_p\, p(p+2)\{p\,S_0(p) - (p+2)S_1(p)\}, \\[3mm] D' = -\frac{1}{3\varDelta} \sum_{p=1}^{\infty} \frac{1}{r_0^{p+2}}\, b_p\, p(p+2)(p-1) S_0{'}(p+2). \end{cases}$$

Das zweigliedrige, von *Mie* und *Grüneisen* benutzte Kraftgesetz (267) erhält man durch folgende Spezialisierung:

$$(374) \quad \begin{cases} b_m = -a, & a > 0, & \beta_m = \alpha, \\ b_n = b, & b > 0, & \beta_n = \beta, \\ b_p = 0 \ \text{für} \ p \neq m, n; & & \beta_p = 0 \ \text{für} \ p \neq m, n. \end{cases} \quad m < n$$

Dann kann man noch b mit Hilfe von (372) eliminieren:

$$(372') \qquad \frac{am}{r_0^m} S_0(m) = \frac{bn}{r_0^n} S_0(n),$$

und erhält damit:

$$(375) \quad \begin{cases} \text{a)} & \varphi_0 = -2 \frac{am}{r_0^m} S_0(m) \left(\frac{1}{m} - \frac{1}{n} \right), \\[2mm] \text{b)} & A = \frac{1}{3\varDelta} \frac{am}{r_0^m} S_0(m) f_1(n, m), \\[2mm] \text{c)} & A + 2B = \frac{1}{3\varDelta} \frac{am}{r_0^m} S_0(m)(n - m), \\[2mm] \text{d)} & B = \frac{1}{6\varDelta} \frac{am}{r_0^m} S_0(m) f_2(n, m), \\[2mm] \text{e)} & D = \frac{1}{3\varDelta} \frac{am}{r_0^{m+2}} S_0(m) f_3(n, m). \end{cases}$$

Dabei ist gesetzt:

$$(376) \quad \begin{cases} f_1(n, m) = (n + 2) \frac{S_1(n)}{S_0(n)} - (m + 2) \frac{S_1(m)}{S_0(m)}, \\[2mm] f_2(n, m) = (n - m) - f_1(n, m), \\[2mm] f_3(n, m) = (n - 1) \frac{S_0'(n + 2)}{S_0(n)} - (m - 1) \frac{S_0'(m + 2)}{S_0(m)}. \end{cases}$$

Da der Abstoßungsexponent n sicher größer ist als der Anziehungsexponent m, so sieht man sofort, daß $\varphi_0 < 0$, $A > 0$, $A + 2B > 0$, $D > 0$ ist, während das Vorzeichen von B nicht ohne weiteres anzugeben ist.

Diese Formeln präzisieren die von *Grüneisen* angegebenen Gesetzmäßigkeiten. Insbesondere hat man für die Kompressibilität $\varkappa$:

$$\frac{1}{\varkappa} = \frac{1}{3}(A + 2B) = \frac{1}{9\varDelta} \frac{am}{r_0^m} S_0(m)(n - m),$$

ein Ausdruck, der mit dem *Grüneisen*schen (282), Nr. **28**, übereinstimmt, wenn man r_0^3 durch V_0 ersetzt und die Gittersumme mit a zu der Konstanten A vereinigt. Ferner ergibt sich aus (375a) und (375c)

$$(377) \qquad \varkappa \varphi_0 = -18 \varDelta \frac{1}{mn};$$

nun ist nach (11) $U_0 = \frac{\varphi_0}{2\varDelta}$ die Energiedichte im Gleichgewicht, also $-U_0$ die zur Zerlegung des Gitters in seine Atome pro Volumeneinheit aufzuwendende Arbeit, die Sublimationswärme beim absoluten Nullpunkt, für die aus der *Grüneisen*schen Theorie die Formel (287′) herauskam. Man hat also übereinstimmend:

$$(378) \qquad -U_0 = -\frac{\Phi_0(V_0)}{V_0} = -\frac{\varphi_0}{2\varDelta} = \frac{9}{mn} \cdot \frac{1}{\varkappa}.$$

Die hier dargelegte Theorie aber führt weiter als die *Grüneisen*sche, indem sie einmal die vorkommenden Gittersummen aus der Struktur zu berechnen erlaubt, sobald die Konstanten r_0, a, m, n gegeben sind, sodann auch die Elastizitätskonstanten

$$c_{11} = A, \quad c_{12} = c_{44} = B,$$

die für die ultrarote Eigenschwingung maßgebende Konstante D und schließlich auch die Konstanten A', B', C' der thermischen Ausdehnung liefert. Für die letzteren erhält man:

$$(379) \qquad \begin{cases} A' = -\dfrac{1}{3\varDelta}\,\dfrac{am}{r_0^m}\,S_0(m)\,f_1{}'(n,m), \\[2mm] B' = \dfrac{1}{6\varDelta}\,\dfrac{am}{r_0^m}\,S_0(m)\,f_2{}'(n,m), \\[2mm] D' = -\dfrac{1}{3\varDelta}\,\dfrac{am}{r_0^{m+2}}\,S_0(m)\,f_3{}'(n,m), \end{cases}$$

wo gesetzt ist:

$$(380) \quad \begin{cases} f_1{}'(n,m) = (n+2)\Big[(n+2)\dfrac{S_1(n)}{S_0(n)}-1\Big] - (m+2)\Big[(m+2)\dfrac{S_1(m)}{S_0(m)}-1\Big], \\[2mm] f_2{}'(n,m) = (n-m)(n+m+1) - f_1{}'(n,m), \\[2mm] f_3{}'(n,m) = (n+2)(n+1)\dfrac{S_0{}'(n+2)}{S_0(n)} - (m+2)(m-1)\dfrac{S_0{}'(m+2)}{S_0(m)}. \end{cases}$$

Nun wird

$$(381) \qquad \begin{cases} \gamma_0 = \dfrac{1}{30}\Big(3\dfrac{f_1{}'}{f_1} + 2\dfrac{f_2{}'}{f_2}\Big), \\[2mm] \gamma_\infty = \dfrac{1}{60}\Big(3\dfrac{f_1{}'}{f_1} + 2\dfrac{f_2{}'}{f_2} + 5\dfrac{f_3{}'}{f_3}\Big). \end{cases}$$

Diese Formeln sind in ihrer Struktur ganz analog den von *Mie* und *Grüneisen* für einatomige Körper aufgestellten Gesetzen (Nr. **28**).

Nimmt man an, daß n sehr groß gegen m, also auch gegen 1 ist, so folgt aus beiden Formeln (381)

$$(381') \qquad \gamma_0 = \gamma_\infty = \frac{n+2}{6},$$

in Übereinstimmung mit dem ersten Ansatze von *Mie* (Nr. **28**).

Im allgemeinen Falle hängt γ von den beiden Exponenten m, n des Kraftgesetzes ab (wie auch bei *Grüneisen*), außerdem aber von den Konstanten α und β, die das Verhältnis der Kräfte zwischen gleichartigen und ungleichartigen Ionen bestimmen.

Über die numerische Berechnung der elastischen und thermischen Konstanten auf Grund der Annahme elektrostatischer Kohäsionskräfte s. Nr. **38**.

34. Spezifische Wärme bei hohen Temperaturen. Die Quantenformeln von *Born* und *Brody* (s. Nr. **30**, (305), (306), (307)) erlauben im Prinzip, die Annäherung einen Schritt weiter zu treiben und die Glieder vierter Ordnung sowie die Quadrate und Produkte der Glieder dritter Ordnung der potentiellen Energie zu berücksichtigen. Hierzu wäre es notwendig, diese Störungsglieder durch die Normalkoordinaten des ungestörten Systems (quadratische Energie) auszudrücken. Doch sind diese verwickelten Rechnungen noch nicht ausgeführt worden. Nur der Energieinhalt des undeformierten Gitters ist unter Berücksichtigung der höheren Glieder von *Born* und *Brody*[203a]) berechnet worden. Der Einfluß des anharmonischen Charakters der Schwingungen macht sich natürlich erst bei höheren Temperaturen stärker geltend; dann führt aber bereits die klassische statistische Mechanik zum Ziele.[203b]) Die Aufstellung der exakten Quantenformeln hat immerhin den Wert, daß sie den Verlauf der Energie von den tiefsten bis zu den höchsten Temperaturen einheitlich darstellen.

Die Zustandssumme (297′) wird in diesem Falle nach (307) mit genügender Annäherung

$$Z = \sum e^{-\frac{W}{kT}} = \sum_{n_1=0}^{\infty} \sum_{n_2=0}^{\infty} \cdots \sum_{n_f=0}^{\infty} e^{-\frac{h}{kT}\sum_{l=1}^{f} \nu_l n_l} \left(1 - \frac{h^2}{2kT} \sum_{l,m=1}^{f} \nu_{lm} n_l n_m \right),$$

wo $f = 3N$ die Anzahl der Freiheitsgrade ist. Eine einfache Rechnung führt zu

$$Z = \prod_{l=1}^{f} \frac{1}{1 - e^{-\frac{h\nu}{kT}}} \left\{ 1 - \frac{h^2}{2kT} \left[\sum_{l=1}^{f} \nu_{ll} \frac{e^{-\frac{h\nu_l}{kT}}\left(1 + e^{-\frac{h\nu_l}{kT}}\right)}{\left(1 - e^{-\frac{h\nu_l}{kT}}\right)^2} \right. \right.$$

$$\left. \left. + \sum_{\substack{l,m=1 \\ l \neq m}}^{f} \frac{\nu_{lm} e^{-\frac{h(\nu_l + \nu_m)}{kT}}}{\left(1 - e^{-\frac{h\nu_l}{kT}}\right)\left(1 - e^{-\frac{h\nu_m}{kT}}\right)} \right] \right\}.$$

Hieraus folgt für die freie Energie:

$$(382) \qquad F = - k \ln Z = kT \sum_l \ln \left(1 - e^{-\frac{h\nu_l}{kT}}\right)$$

$$+ \frac{h^2}{2} \left\{ \sum_l \frac{\nu_{ll}\left(1 + e^{-\frac{h\nu_l}{kT}}\right)}{\left(e^{\frac{h\nu_l}{kT}} - 1\right)^2} + \sum_{l \neq m} \frac{\nu_{lm}}{\left(e^{\frac{h\nu_l}{kT}} - 1\right)\left(e^{\frac{h\nu_m}{kT}} - 1\right)} \right\}.$$

203 a) *M. Born* u. *E. Brody*, Ztschr. f. Phys. 6 (1921), p. 132.

203 b) Die klassische Rechnung ist von *E. Schrödinger* [Ztschr. f. Phys. 11 (1922), p. 170, 393] mitgeteilt worden; in derselben Abhandlung findet sich eine andere Ableitung der *Born-Brody*schen Quantenformeln.

Das erste Glied stimmt mit dem für harmonische Oszillatoren gültigen Ausdruck (309) überein; das zweite wird nur dann beträchtlich, wenn für hinreichend viele Frequenzen $\frac{h\nu_l}{kT} \ll 1$ ist. Für den Grenzfall hoher Temperaturen erhält man:

$$(383) \quad F = kT \sum_l \ln\frac{h\nu_l}{kT} + \frac{h^2}{2}\Big\{ \sum_l 2\nu_{ll}\Big(\frac{kT}{h\nu_l}\Big)^2 + \sum_{l \neq m} \nu_{lm}\frac{kT}{h\nu_l}\frac{kT}{h\nu_m}\Big\}.$$

Man führe nun die Mittelwerte ein:

$$(384) \quad \begin{cases} \text{a)} \quad \ln\nu = \frac{1}{3N}\sum_l \ln\nu_l, \\[2mm] \text{b)} \quad \sigma = \frac{1}{9N^2}\Big(2\sum_l \frac{\nu_{ll}}{\nu_l^2} + \sum_{l \neq m} \frac{\nu_{lm}}{\nu_l\nu_m}\Big); \end{cases}$$

dann wird

$$(383') \quad F = 3kNT\ln\frac{h\nu}{kT} + \frac{9}{2}\sigma k^2 N^2 T^2.$$

Sodann erhält man die Entropie und Energie:

$$(385) \quad \begin{cases} S = -\dfrac{\partial F}{\partial T} = 3Nk\Big(1 - \ln\dfrac{h\nu}{kT}\Big) - 9\sigma k^2 N^2 T, \\[2mm] E = F + TS = 3NkT - \dfrac{9}{2}\sigma N^2 k^2 T^2 \end{cases}$$

und die spezifische Wärme bei fehlender Deformation:

$$(385') \quad C_v = \frac{dE}{dT} = 3Nk(1 - 3\sigma NkT).$$

Genau dieselben Formeln kann man aber auch mit Hilfe der klassischen statistischen Mechanik gewinnen. Dabei scheint sich zunächst eine Schwierigkeit zu ergeben; denn die Größen ν_{ll}, ν_{lm} werden nach (305a) für $\nu_l = 2\nu_m$ und $\nu_l = \nu_m + \nu_k$ unendlich, während bei der klassischen Rechnung natürlich keine Brüche auftreten können, deren Nenner die angegebenen Nullstellen haben. Die genaue Rechnung zeigt aber, daß in dem Ausdruck (384b) für σ die Nenner sich gerade aufheben; man erhält

$$(386) \quad \sigma = \sigma' + \sigma'',$$

wo

$$(387) \quad \begin{cases} \sigma' = -\dfrac{1}{9N^2(2\pi)^6}\Big\{15\sum_k \dfrac{a_k^2}{\nu_k^6} + 3\sum_{k \neq l} \dfrac{a_{kl}^2 + 2a_k a_{lk}}{\nu_k^4\nu_l^2} \\[3mm] \qquad\qquad\qquad\qquad + \sum_{k \neq l \neq m} \dfrac{a_{km}a_{lm} + 6a_{klm}^2}{\nu_k^2\nu_l^2\nu_m^2}\Big\}, \\[4mm] \sigma'' = \dfrac{2}{9N^2(2\pi)^4}\Big\{3\sum_k \dfrac{b_k}{\nu_k^4} + \sum_{k \neq l} \dfrac{b_{kl}}{\nu_k^2\nu_l^2}\Big\}. \end{cases}$$

σ' ist negativ, also auch σ, wenn $|\sigma''| < |\sigma'|$; man kann annehmen, daß das immer der Fall ist. Denn die Tatsache der thermischen Ausdehnung zeigt, daß die Glieder 3. Ordnung der potentiellen Energie (Koeffizienten a) merkliche Beträge haben.

Nach (385') muß dann C_v bei hohen Temperaturen einen linearen Anstieg zeigen, der, auf den Nullpunkt extrapoliert, gerade auf den *Dulong-Petit*schen Wert ($3R$ pro Atom) führt. Diese Folgerung wird qualitativ bei vielen Substanzen (Metallen) bestätigt[204]); quantitative Vergleiche sind wegen der Unsicherheit der Umrechnung von C_p auf C_v nur in wenigen Fällen möglich. Schon lange vor der Entwicklung der Theorie haben *Magnus* und *Lindemann*[205]) darauf hingewiesen, daß die bei höheren Temperaturen bestimmten geradlinigen Temperaturkurven für die Atomwärmen der Metalle gegen einen gemeinsamen Wert beim absoluten Nullpunkt konvergieren; dieser wurde zu 5,5. cal angegeben. Daß er so tief liegt, rührt nach *Magnus*[206]) erstens davon her, daß C_p statt C_v extrapoliert wurde, und zweitens von systematischen Meßfehlern bei den älteren Beobachtern.

Born und *Brody* haben in der zitierten Arbeit[203a]) Messungen von *A. Magnus*[207]) an Platin herangezogen, die tatsächlich jenen linearen Anstieg von C_v mit dem richtigen Grenzwert bei $T = 0$ zeigen; *Magnus*[206]) selbst hat mit neueren Daten betr. der Umrechnung von C_p auf C_v das Resultat bestätigt: er findet durch Extrapolation auf $T = 0$ den Wert $(C_v)_0 = 5{,}957$ cal in ausgezeichneter Übereinstimmung mit dem theoretischen Werte $3R = 5{,}956$ cal. Bei Kupfer findet *Magnus* $(C_v)_0 = 5{,}93$ cal, ein Wert, der in Anbetracht der Unsicherheit der Beobachtungswerte hinreichend gut stimmt.[207a])

In der Nähe des Schmelzpunktes wird ein rasches Ansteigen der spezifischen Wärme beobachtet.[208]) *A. Wigand*[209]) deutet dieses als

---

204) Eine Übersicht über die neueren Messungen findet sich in der zit. Arbeit von *Born* u. *Brody* (Anm. 203 a).

205) *A. Magnus* u. *F. A. Lindemann*, Ztschr. f. Elektrochem. 16 (1910), p. 269.

206) *A. Magnus*, Ztschr. f. Phys. 7 (1921), p. 141.

207) *A. Magnus*, Ann. d. Phys. (4) 48 (1915). p. 983.

207 a) Betreffs Kalium und Natrium s. *G. v. Hevesy*, Ztschr. f. phys. Chem. 101 (1922), p. 337.

208) *E. Schrödinger* teilt in seinem Bericht über den Energiegehalt der Festkörper [Phys. Ztschr. 20 (1919), p. 420, 450, 474, 523] Formeln mit, durch die dem anomalen Anstieg der spezifischen Wärme vor dem Schmelzpunkt Rechnung getragen werden soll. Für Natrium kann man die Anomalie einer Zusammenstellung von *R. Ladenburg* und *R. Minkowski* [Ztschr. f. Phys. 8 (1922), p. 137) entnehmen.

209) *A. Wigand*, Ann. d. Phys. (4) 22 (1907), p. 99 (insbes. p. 105); Jahrb. d. Rad. u. Elektr. 10 (1913), p. 54 (insbes. p. 75).

„Unschärfe" des Umwandlungspunktes. *E. Brody*[210]) sucht die genannten Anomalien mit den Energieschwankungen in Zusammenhang zu bringen.

35. Verdampfen, Schmelzen. Irreversible Vorgänge. Durch die quantentheoretische Formel (309) für die freie Energie ist nicht nur die Abhängigkeit von Temperatur und Deformation dargestellt, sondern auch ein bestimmter Nullpunkt für die Entropie festgelegt, auf den man jeden Zustand der Substanz einschließlich des flüssigen und gasförmigen beziehen kann. Insbesondere gelangt man, wie *Stern*[211]) zuerst gezeigt hat, durch eine einfache kinetische Betrachtung zur Bestimmung der Entropiekonstante eines Dampfes (Gases), bezogen auf die Entropie des festen Kondensats beim absoluten Nullpunkt. Diese Größe spielt in der Theorie der chemischen Gleichgewichte von Gasgemischen eine Rolle und wird daher nach *Nernst* „chemische Konstante" des Gases genannt.[211a]) Nach dem *Nernst*schen Theorem gehen nämlich Zustandsänderungen von festen Körpern beim absoluten Nullpunkt ohne Änderung der Entropie vor sich; bezieht man nun die Entropien der reagierenden Gase sämtlich auf die Kondensate beim absoluten Nullpunkt, so ist dadurch ihre Entropieänderung in jedem Zustande und damit das Gleichgewicht eindeutig festgelegt. Schon vor *Stern* haben *Sackur*[212]) und *Tetrode*[213]) die chemische Konstante durch eine direkte Anwendung der Quantentheorie auf das Gas selbst berechnet.[214]) Den Ausgangspunkt bildet die *Boltzmann*sche Beziehung, wonach die Entropiedifferenz $S_1 - S_2$ zweier Zustände dem Logarithmus des Verhältnisses ihrer Wahrscheinlichkeiten $\frac{W_1}{W_2}$ proportional sein soll; diese Formel wird nun auf einen einzelnen Zustand angewandt, in der Form

$$S = k \ln W.$$

---

210) *E. Brody*, Phys. Ztschr. 23 (1922), p. 197.

211) *O. Stern*, Phys. Ztschr. 14 (1913), p. 629; auch wiedergegeben bei *W. Nernst*, Die theoretischen und experimentellen Grundlagen des neuen Wärmesatzes (Halle 1918), p. 139; Ztschr. f. Elektrochem. 25 (1919), p. 66. Eine andere Ableitung gibt *Stern* in der schon zitierten Abhandlung Ann. d. Phys. 51 (1916), p. 237.

211 a) Über die Beziehungen zur Chemie s. diese Encykl. V 11 (*K. F. Herzfeld*), insbes. Nr. 4. 5, 8.

212) *O. Sackur*, Ann. d. Phys. 36 (1911), p. 958; Nernst-Festschrift 1912, p. 405; Ann. d. Phys. 40 (1913), p. 67; Jahresb. d. Schles. Ges. f. vaterl. Kultur 1913.

213) *H. Tetrode*, Ann. d. Phys. 38 (1912), p. 434; 39 (1912), p. 255.

214) *L. Schames* [Phys. Ztschr. 21 (1920), p. 38, 39] hat später eine Ableitung nach derselben Methode versucht, doch ist sie nicht korrekt.

Dabei ist nach *Planck*[215]) die „thermodynamische Wahrscheinlichkeit" kein echter Bruch, sondern eine ganze Zahl, die angibt, auf wieviele Weisen ein makroskopischer Zustand durch Verteilung der Elementargebilde (Atome) auf die Elemente des Zustandsraumes (Koordinaten q, Impulse p) realisiert werden kann. Dabei ist wesentlich, daß diese Elemente $\int dq\, dp$ des Phasenraumes endlich sind; nach *Sackur* und *Tetrode* haben sie in jeder Koordinatenrichtung die Ausdehnung h (*Planck*sches Wirkungsquantum). Bei dieser Ableitung bleibt vieles willkürlich, vor allem die Einführung der Atomzahl N.

Ein anderer Weg wurde von *Tetrode*[216]), *Keesom*[217]), *Sommerfeld* und *Lenz*[218]), *Planck*[219]), *Scherrer*[220]), *Brody*[221]) eingeschlagen. Diese Arbeiten laufen darauf heraus, die Bewegungsvorgänge in einem Gase irgendwie als periodisch oder quasi-periodisch aufzufassen und dann direkt die Quantenregeln auf sie anzuwenden. Die nächstliegende Annahme, diese Periode zur freien Weglänge in Beziehung zu setzen, führt zu absolut falschen Resultaten und gibt nicht einmal die richtige Abhängigkeit der Entropie vom Volumen. Daher behandeln diese Theorien zum Teil ohne Berücksichtigung der wirklichen Atombewegungen das Gas als isotropen, elastischen Körper mit Eigenschwingungen, zum Teil wählen sie bestimmte Gefäßformen, die bei regulärer Reflexion der Atome und hinreichender Verdünnung periodische, bzw. mehrfach periodische Bewegungen der Atome bedingen. Auch hier ist viel Willkür unvermeidlich, doch hat der Erfolg gezeigt, daß ein richtiger Kern darin steckt. Die Schwierigkeiten, die in der Definition des absoluten Wertes der Entropie liegen, sind von *Ehrenfest* und *Trkal*[222]) betont worden; sie haben Wert daraufgelegt, die Ableitung so einzurichten, daß nicht die Einzelwerte der chemischen Konstanten, sondern ihre Differenzen, die allein für das chemische Gleichgewicht maßgebend

215) *M. Planck*, Vorles. über die Theorie der Wärmestrahlung, 4. Aufl. (Leipzig 1921), 3. Abschn., p. 111 ff.

216) *H. Tetrode*, Phys. Ztschr. 14 (1913), p. 212.

217) *W. H. Keesom*, Leiden Comm. Suppl. 33 (Dez. 1913); Phys. Ztschr. 15 (1914), p. 217, 695.

218) *A. Sommerfeld*, Wolfskehl-Vorträge zu Göttingen (Leipzig 1914), p. 125, 134, 137.

219) *M. Planck*, Berl. Ber. 1916, p. 653.

220) *P. Scherrer*, Gött. Nachr. 1916, p. 159.

221) *E. Brody*, Ztschr. f. Physik 6 (1921), p. 79.

222) *P. Ehrenfest* u. *V. Trkal*, Versl. Ak. Amsterdam 28 II (1920) [= Proc. Amsterdam 23 (1920), p. 162]; Ann. d. Phys. 65 (1921), p. 609. *M. Planck* [Ann. d. Phys. 66 (1922), p. 365] hat den älteren Standpunkt gegen diese Autoren verteidigt. S. auch *W. Schottky*, Ann. d. Phys. (4) 68 (1922), p. 481; *K. F. Herzfeld*, Ann. d. Phys. (4) 69 (1922), p. 54.

sind, durch statistische Betrachtungen auf Grund der Quantentheorie bestimmt werden.

Bei der sicherlich einwandfreien Ableitung von *Stern* kommt auch dem Einzelwerte der chemischen Konstanten auf Grund des *Nernst*schen Theorems ein Sinn zu, nämlich als die Entropiekonstante des Gases, bezogen auf das Kondensat beim absoluten Nullpunkt. *Stern* hat seine Theorie zunächst für einatomige Substanzen unter der vereinfachenden Annahme entwickelt, daß den Atomen des festen Körpers *eine* bestimmte Eigenfrequenz zukommt (wie in der *Einstein*schen Theorie der Atomwärme, s. Nr. 26). Später hat *Tetrode*[223]) die Existenz des elastischen Spektrums berücksichtigt; wir schließen uns dieser Fassung an.

Der zweite Hauptsatz der Thermodynamik führt für den Verdampfungsprozeß zu der *Clausius-Clapeyron*schen Gleichung[224])

$$\frac{d \ln p}{d T} = \frac{\lambda}{R T^2},$$

wo λ die Verdampfungswärme pro Mol beim Sättigungsdruck ist. Für diese hat man

$$\lambda = \lambda_0 + c_p T - E;$$

dabei bedeutet c_p die Atomwärme des Gases bei konstantem Druck und E die Energie des festen Körpers, vom absoluten Nullpunkt an gezählt. Ist E als Funktion von T bekannt, so erhält man durch Integration die Dampfdruckformel

$$(388) \qquad \ln p = -\frac{\lambda_0}{R T} + \frac{c_p}{R} \ln T - \int_0^T \frac{E}{R T^2} dT + C.$$

Die Integrationskonstante C ist die von *Nernst* als „chemische Konstante" bezeichnete Größe. Das hier auftretende Integral läßt sich auf die freie Energie F, ebenfalls vom absoluten Nullpunkt gezählt, zurückführen; denn es ist

$$E = F - T \frac{\partial F}{\partial T},$$

also

$$\frac{E}{T^2} = - \frac{d}{d T}\left(\frac{F}{T}\right),$$

$$(388') \qquad \ln p = -\frac{\lambda_0}{R T} + \frac{c_p}{R} \ln T + \frac{F}{R T} + C,$$

da $\frac{F}{T}$ nach (309) für $T = 0$ verschwindet. Für $x \ll 1$ ist

$$\mathsf{F}(x) = \ln x - \frac{x}{2} \cdots;$$

---

223) *H. Tetrode*, Amsterdam Proc. 17 (1915), p. 1167.

224) S. etwa *M. Planck*, Vorles. über Thermodynamik, 6. Aufl. (Berlin-Leipzig 1921), § 174, 178, Formeln (111), (112).

also erhält man für hinreichend hohe Temperaturen aus (309)

$$F = 3RT\left(\ln\frac{h\tilde{\nu}}{kT} - \frac{1}{2}\frac{h\bar{\nu}}{kT}\right),$$

wo $\bar{\nu}$, $\tilde{\nu}$ das arithmetische und geometrische Mittel aller Frequenzen sind:

$$(389) \qquad \begin{cases} 3N\bar{\nu} = \nu_1 + \nu_2 + \nu_3 + \cdots \\ \tilde{\nu}^{3N} = \nu_1\nu_2\nu_3\cdots \end{cases}$$

Für große T wird also

$$(390) \qquad \ln p = -\frac{\lambda_0'}{RT} - \left(3 - \frac{c_p}{R}\right)\ln T + C + 3\ln\frac{h\tilde{\nu}}{k};$$

dabei bedeutet

$$(390') \qquad \lambda_0' = \lambda_0 + 3N\frac{h\bar{\nu}}{2}$$

die Verdampfungswärme beim absoluten Nullpunkt; daß diese sich von der Energiekonstanten λ_0 unterscheidet, spricht für die Existenz einer „Nullpunktsenergie", die für den Freiheitsgrad von der Frequenz ν den Betrag $\frac{h\nu}{2}$ hat.[225])

Die Dampfdruckformel (390) läßt sich nun direkt kinetisch gewinnen; diese Ableitung nebst ausführlicher Diskussion findet sich schon in einer älteren Arbeit von *Mie*[225a]) und wurde von *Stern* (bzw. *Tetrode*) unabhängig auf das vorliegende Problem angewandt. Dabei soll hier nur der Fall betrachtet werden, daß der Dampf einatomig ist ($c_p = \frac{5}{2}R$). Die Koordinaten $x_1, y_1, z_1, \ldots x_N, y_N, z_N$ der N Atome seien durchlaufend mit $q_1, \ldots q_{3N}$, die zugehörigen Impulse mit $p_1, \ldots p_{3N}$ bezeichnet. Die Atome $1, 2, \ldots n$ seien im gasförmigen, die Atome $n + 1, \ldots N$ im festen Zustand, und es sei $n' = N - n$. Es werde angenommen, daß die Arbeit, die zur Überführung eines Atoms aus dem festen Zustand in den gasförmigen beim absoluten Nullpunkt nötig ist, unabhängig von der Anfangs- und Endlage gleich φ_0 sei (Vernachlässigung der Oberflächenenergie); dann ist die Energie der Gasatome insgesamt

$$E_g = \frac{1}{2m}\left(p_1^2 + \cdots + p_{3n}^2\right) + n\varphi_0.$$

Für den festen Körper seien die Normalkoordinaten $q_1', \ldots q_{3n'}'$ eingeführt; dann ist seine Energie (s. Nr. **19**):

$$E_f = \frac{1}{2}\left\{(p_1'^2 + \omega_1^2 q_1'^2) + \cdots + (p_{3n'}'^2 + \omega_{3n'}^2 q_{3n'}'^2)\right\}.$$

---

225) *M. Planck*, Vorles. über die Theorie der Wärmestrahlung, 2. Aufl. (Leipzig 1913), § 140, p. 140.

225 a) *G. Mie*, Ann. d. Phys. (4) 11 (1903), p. 657; dort ist auch ältere Literatur zitiert.

Sodann wird die Wahrscheinlichkeit des betrachteten Zustandes (die Atome $1, 2, \ldots n$ bilden das Gas, die Atome $n + 1, \ldots N$ den festen Körper) nach dem *Boltzmann*schen Theorem

$$W_n' = A \int e^{-\frac{1}{kT}(E_g + E_f)} dq_1 \ldots dp_{3n} \, dq_1' \ldots dp_{3n'}'$$

$$= A\, e^{-\frac{n\varphi_0}{kT}} V^n (2\pi m k T)^{\frac{3n}{2}} \left(\frac{kT}{\tilde{\nu}}\right)^{3n'}.$$

Dabei ist V das Volumen des Gasraums (neben dem das des festen Körpers vernachlässigt werden kann); die Integrationen nach den q_k' sind von $-\infty$ bis $+\infty$ erstreckt, was wegen des scharfen Maximums der Exponentialfunktion nur eine geringe Vernachlässigung bedeutet (abgeschätzt bei *Stern*). $\tilde{\nu}$ ist das durch (389) definierte geometrische Mittel aller $\nu_k = \frac{\omega_k}{2\pi}$.

Um die gesuchte Wahrscheinlichkeit W_n zu erhalten, daß irgendwelche n Atome im Gasraum und irgendwelche n' Atome im festen Zustande sind, hat man erstens (wegen der verschiedenen Anordnungsmöglichkeiten der letzteren im Gitter) mit $n'!$, zweitens (wegen der verschiedenen Möglichkeiten der Teilung von N Dingen in zwei Gruppen von n und n' Dingen) mit $\frac{N!}{n!\,n'!}$ zu multiplizieren. Dann erhält man

$$W_n = A\,\frac{N!}{n!}\, V^n e^{-\frac{n\varphi_0}{kT}} (2\pi m k T)^{\frac{3n}{2}} \left(\frac{kT}{\tilde{\nu}}\right)^{3(N-n)}$$

Das Gleichgewicht ist durch das Maximum der Wahrscheinlichkeit gekennzeichnet; man hat also $\frac{dW_n}{dn} = 0$, oder bequemer $\frac{d\ln W_n}{dn} = 0$ zu setzen. Benutzt man dabei die *Stirling*sche Formel $\ln n! = n \ln n - n$, so erhält man für die Anzahl n der Gasatome die Bestimmungsgleichung

$$\ln n = -\frac{\varphi_0}{kT} + \ln V - \frac{3}{2}\ln T + \frac{3}{2}\ln\frac{2\pi\tilde{\nu}^2 m}{k}.$$

Aus der Zustandsgleichung $pV = nkT$ gewinnt man endlich die Dampfdruckformel

(391) $$\ln p = -\frac{\varphi_0}{kT} - \frac{1}{2}\ln T + \frac{3}{2}\ln\frac{2\pi\tilde{\nu}^2 m}{k^{\frac{1}{3}}}.$$

Diese ist mit (390) zu vergleichen. Man hat für $\lambda_0' = N\varphi_0$ und $c_p = \frac{5}{2}R$ Übereinstimmung der von T abhängigen Glieder; also folgt

(392) $$C = \ln\frac{(2\pi m)^{\frac{3}{2}} k^{\frac{5}{2}}}{h^3}.$$

Diese Formel kann als eines der gesichertsten Resultate der Quantentheorie angesehen werden. Führt man statt der Atommasse das Atomgewicht M ein, so wird

$$(393) \qquad C = C_0 + \tfrac{3}{2}\ln M,$$

wo

$$(393') \qquad C_0 = \ln \frac{(2\pi)^{\frac{3}{2}} R^{\frac{5}{2}}}{N^4 h^3} = 10,17 \quad \text{(in C.G.S.-Einheiten)}$$

eine universelle Konstante ist.[226])

Auch für zweiatomige Gase hat *Stern*[227]) auf diesem Wege die chemische Konstante berechnet; dabei ist die Schwierigkeit zu überwinden, daß zur Beziehung der Entropie des Gases auf den festen Zustand im absoluten Nullpunkt bekannt sein muß, wie die Rotationsenergie der Molekeln sich als Funktion der Temperatur verhält. Da die Aussagen der Quantentheorie hierüber noch nicht vollständig mit· der Erfahrung stimmen[228]), schlägt *Stern* einen Umweg ein; er denkt sich alle Molekeln mit magnetischen Momenten versehen, so daß sie wechselseitig Magnetfelder aufeinander ausüben und sich parallel zu stellen suchen. Dann schwingen sie jedenfalls bei tiefen Temperaturen

---

226) Die Größe C_0 besitzt keine „Dimension" im gewöhnlichen Sinne, da sie sich bei einer Änderung der Einheiten nicht um Faktoren, sondern um additive Konstanten ändert. So benutzt *Nernst* als Druckeinheit nicht dyn cm^{-2}, sondern Atmosphären und statt der natürlichen Logarithmen *Brigg*sche. Da eine Atm. $= 1,0132 \cdot 10^6$ dyn cm^{-2} ist, so ist die *Nernst*sche chemische Konstante $C' = C_0' + \tfrac{1}{2}\log M$, wo

$$C_0' = \frac{C}{2,3026} - \log 1,0132 \cdot 10^6 = -1,587$$

ist. Über die Prüfung dieser Zahl durch die Erfahrung s. das in Anm. 211) zit. Buch von *Nernst*; folgende aus diesem stammende Tabelle diene zur Illustration:

	C' beob.	M	C_0' beob.
A	$0,75 \pm 0,06$	39,88	$-1,65 \pm 0,06$
Hg	$1,83 \pm 0,03$	200,6	$-1,62 \pm 0,03$

Ferner: *G. Heidhausen*, Ztschr. f. Elektrochem. 1921, p. 69; *R. Ladenburg* u. *R. Minkowski*, Ztschr. f. Phys. 8 (1922), p. 137.

227) *O. Stern*, Ann. d. Phys. 44 (1914), p. 497.

228) S. *A. Einstein* u. *O. Stern*, Ann. d. Phys. 40 (1913), p. 551; *O. Sackur*, Jahresber. d. Schles. Ges. f. vaterl. Kultur 1913; *P. Ehrenfest*, Verh. d. Deutsch. Phys. Ges. 15 (1913), p. 451; *E. Holm*, Ann. d. Phys. 42 (1913), p. 1311; *J. v. Weyssenhoff*, Ann. d. Phys. 51 (1916); p. 285; *M. Planck*, Verh. d. Deutsch. Phys. Ges. 17 (1915), p. 407; *S. Rotszajn*, Ann. d. Phys. 57 (1918), p. 81; *P. S. Epstein*, Verh. d. Deutsch. Phys. Ges. 18 (1916), p. 398; Phys. Ztschr. 20 (1919), p. 289; *F. Reiche*, Ann. d. Phys. 58 (1919), p. 657; s. auch *A. Eucken*, Jahrb. d. Rad. 16 (1920), p. 361; *F. Reiche*, Die Quantentheorie (Berlin 1921), Kap. V; *N. Bohr*, Abhandl. über Atombau (übers. von *H. Stinzing*), Braunschweig 1921, X. Abh., § 3, p. 140.

um Gleichgewichtslagen, man kann also ihre Entropie nach den Resonatorformeln der Quantentheorie berechnen; außerdem kennt man aber auch nach der Theorie des Ferromagnetismus von *Weiß*[229]) das Verhalten eines solchen Systems bei allen Temperaturen, kann also den Verlauf der Rotationsenergie vom Nullpunkt bis zu hohen Temperaturen angeben. Auf diese Weise findet *Stern*, daß infolge der Atomschwingungen und der Rotation zu der chemischen Konstanten (392) noch der Betrag

$$(394) \qquad -\ln\frac{h\nu}{k} + \ln\frac{8\pi^2 Jk}{h^2}$$

hinzutritt, wo J das Trägheitsmoment der Molekel und ν die Schwingungszahl der beiden Atome gegeneinander ist. Auch diese Formel ist von *Stern* am Beispiel der Dissoziation des Joddampfes bestätigt worden.

Eine zu der rationellen Dampfdruckformel (388) analoge *Theorie des Schmelzens* ist nicht entwickelt worden; nur einzelne Ansätze sind vorhanden, zu denen die *Lindemann*sche Beziehung zwischen Schmelztemperatur und Eigenschwingung zu rechnen ist (s. Nr. 24, Formel (228)). Die *Molekulartheorie der irreversiblen Prozesse* in festen Körpern steckt ebenfalls erst in den Anfängen oder ist, wie die Lehre von der elektrischen Leitfähigkeit der Metalle und der damit zusammenhängenden Erscheinungen, noch voller Widersprüche in sich und mit der Erfahrung. Von großem Interesse ist ein Versuch *Debyes*[230]), die Wärmeleitfähigkeit von elektrischen Isolatoren kinetisch zu erklären. Nach experimentellen Untersuchungen von *Eucken*[231]) wächst nämlich die Wärmeleitfähigkeit von Kristallen bei abnehmender absoluter Temperatur ungefähr umgekehrt proportional zu dieser; sie sollte also bei $T = 0$ unendlich groß werden. Hiermit stimmt die Vorstellung der Gittertheorie, daß bei sehr tiefen Temperaturen, also sehr kleinen Schwingungsamplituden, die quasielastischen Bindungskräfte zwischen den Atomen den Ausschlägen derselben exakt proportional sind, so daß der Transport von Schwingungsenergie mit Schallgeschwindigkeit, also praktisch unendlich schnell vor sich geht. Bei höheren Temperaturen treten Abweichungen von diesem idealen Verhalten ein, die sich u. a. in der thermischen Ausdehnung äußern. Es liegt nahe, anzunehmen, daß diese Abweichungen eine ungestörte Fortpflanzung der elastischen Wellen verhindern und dadurch eine

229) *P. Weiß*, Verh. d. Deutsch. Phys. Ges. 13 (1911), p. 718.

230) *P. Debye*, Wolfskehl-Vorträge zu Göttingen (Leipzig 1914), Anhang p. 46.

231) *A. Eucken*, Phys. Ztschr. 12 (1911), p. 1005; Ann. d. Phys. (4) 34 (1911), p. 185.

Energiezerstreuung bewirken, die schließlich das als Wärmeleitung aufgefaßte langsame Vorrücken der mittleren Energie verursacht. Die Arbeit von *Debye* zerfällt in zwei Teile, von denen der erste die formalen Gesetze der Fortpflanzung von elastischen Wellen in dem als (isotropes) Kontinuum gedachten Körper bei Vorhandensein einer Zerstreuung behandelt, der zweite diese Zerstreuung mit der Nichtlinearität der Bewegungsgleichungen in Verbindung bringt. Der Gedanke ist der: Durch die sich kreuzenden Wellenzüge der Molekularbewegung entstehen Dichteschwankungen, deren statistische Gesetze schon durch die Arbeiten von *Smoluchowski*[231a]) über die Opaleszenz bekannt sind; da sich nun die Wellen nicht exakt superponieren, erfährt jeder Wellenzug an diesen Verdichtungsstellen eine Zerstreuung, die ihm Energie entzieht. Man kann dann für jeden Wellenzug eine Art „mittlere Weglänge" definieren und man findet diese umgekehrt proportional der Temperatur; daraus folgt dasselbe für den mittleren Wärmestrom, entsprechend dem Versuchsergebnis *Euckens*. *Debye* schätzt auch die absolute Größe der Wärmeleitungskonstante ab, indem er die Abweichungen von der Linearität des Kraftgesetzes aus der thermischen Ausdehnung (bei Steinsalz) entnimmt, und gelangt zu einem in Anbetracht der stark vereinfachten Rechnung nicht schlechten Ergebnis. Diese Theorie soll hier nicht ausführlich wiedergegeben werden, nicht nur, weil sie von der Gitterstruktur der Kristalle keinen Gebrauch macht, sondern hauptsächlich, weil ihr Grundgedanke angefochten wird. Zuerst hat *Schrödinger*[232]) auf Grund einer ausführlichen Betrachtung des eindimensionalen Kristalles (Punktreihe) die Behauptung aufgestellt, daß auch bei streng linearen Schwingungsgleichungen keine unendlich große Wärmeleitfähigkeit zu erwarten ist; bei einer diskreten Punktfolge erfolgt nämlich die Ausbreitung einer lokalen Störung ganz anders als bei einem Kontinuum und hängt wesentlich davon ab, ob die anfängliche Störung benachbarter Punkte gesetzmäßig oder regellos verteilt ist. *Schrödinger* glaubt schließen zu dürfen, daß im letzteren Falle, der einer lokalen Erwärmung entspricht, keine Ausbreitung der Störung mit Schallgeschwindigkeit zu erwarten ist. Diesen Schluß haben wiederum *Ornstein* und *Zernike*[233]) angegriffen; sie zeigen, daß in einem eindimensionalen, elastischen Konti-

---

231a) *M. v. Smoluchowski*, Boltzmann-Festschrift 1904, p. 626; Ann. d. Phys. (4) 25 (1908), p. 205. Ferner *A. Einstein*, Ann. d. Phys. 33 (1910), p. 1275. Weitere Literatur s. II. Conseil Solvay 1911, deutsch von *A. Eucken* (Halle 1914), Bericht *Perrin*, Nr. 39, 40, p. 177 ff.

232) *E. Schrödinger*, Ann. d. Phys. 44 (1914), p. 916.

233) *L. S. Ornstein* u. *F. Zernike*, Amsterdam Proc. 19 (1916), p. 1295.

nuum, durch das ein Energiestrom hindurchläuft, keine örtlichen Differenzen der mittleren Energiedichte auftreten, sobald die Schwingungsgleichungen linear sind. Überdies behaupten diese Autoren, daß das Ergebnis von *Debye* auf einem Fehler beruht, wonach in einem Kontinuum bei nichtlinearen Bewegungsgleichungen eine endliche Wärmeleitungskonstante herauskommt; sie zeigen nämlich, daß in einem solchen eindimensionalen Kontinuum Wellen entgegengesetzter Richtung sich ungestört durchkreuzen.

Die Ursache der langsamen Ausbreitungsgeschwindigkeit der Energie in Kristallen ist also noch nicht endgültig aufgeklärt. Wahrscheinlich erscheint nur, daß sie als Zerstreuung der elastischen Wellen gedeutet werden muß.[234] Die Lösung des Problems der Wärmeleitung der Kristalle und damit zusammenhängender Aufgaben (Absorption der ultraroten Eigenschwingungen[234a]) usw.) erscheint als das nächste und wichtigste Ziel der kinetischen Theorie fester Körper.

V. Elektromagnetische Gitterpotentiale.

36. Entwicklung der Lehre von der elektrostatischen Kohäsion. Die ältere Physik hat die Kohäsionskräfte, welche die Festigkeit und Elastizität der festen Körper erzeugen, als eigentümliche Wirkungen der Elementarmassen aufeinander angesehen, die ganz anderen Gesetzen genügen, als Gravitation, Elektrizität und Magnetismus, und daher von diesen wesensverschieden sind.

Das wichtigste Merkmal dieser Kohäsionskräfte ist ihre geringe „Reichweite", die sich beim Zerbrechen eines Körpers in dem plötzlichen Übergang vom festen Zusammenhang zu völliger Unabhängigkeit der Stücke, ferner bei den Erscheinungen der Elastizität[235]), Kapillarität[236]) usw. in charakteristischer Weise äußert; es muß sich also um Kräfte handeln, die viel schneller mit der Entfernung abnehmen, als dem *Newton*schen bzw. *Coulomb*schen Gesetz entspricht Obwohl bereits früh zahlreiche Erscheinungen bekannt waren, die auf das Vorhandensein elektrischer Ladungen in den Atomen deuteten, wurden diese doch nicht mit der Existenz der Kohäsion in Zusammenhang gebracht. Erst als die Elektronentheorie in den Händen von

---

234) Auf anderen Annahmen beruht ein Erklärungsversuch von *K. T. Compton* [Phys. Rev. 7 (1916), p. 341], der von *Yositosi Endo* [Science Reports of the Tôhoku Imperial University 1. Ser. 11 (1922), p. 181] weiter entwickelt worden ist.

234a) S. hierzu *H. Rubens* u. *G. Hertz,* Berl. Ber. 1912, p. 256; *P. P. Ewald,* Die Naturwissenschaften 10 (1922), p. 1057.

235) S. diese Encykl. IV 23 (*C. H. Müller* u. *A. Timpe*).

236) S. diese Encykl. V 9 (*H. Minkowski*).

Lorentz, Wiechert, Larmor, Abraham u. a. ernstlich den Versuch machte, die Materie als elektrisches Phänomen zu deuten, mußte die Erklärung des Zusammenhalts der Festkörper jedenfalls in das Programm des „elektromagnetischen Weltbildes" aufgenommen werden. Aber lange ehe die moderne Atomphysik damit Ernst machte, hatte die Chemie mehrere Anläufe gemacht, ihre Verwandtschaftskräfte auf elektrische Anziehungen zurückzuführen. Der erste Versuch dieser Art wurde von *Berzelius* unternommen[237]); seine dualistische Theorie der Affinität mußte scheitern, als die organische Chemie Beispiele für die Ersetzbarkeit eines elektropositiven durch ein elektronegatives Atom beibrachte. Gleichwohl schlief die elektrische Affinitätstheorie niemals ganz ein; so wurde sie in neuerer Zeit durch *J. Stark*[238]) vertreten, der über die Verteilung der wirksamen Ladungen (Valenzelektronen) auf den Atomoberflächen und die von ihnen ausgehenden Kraftlinien ausführliche Bilder entwarf. Ein Fortschritt in der Richtung einer quantitativen Theorie war aber erst möglich, als man es aufgab, die chemische Bindung überall durch ein und denselben Mechanismus erklären zu wollen, und man eine rationelle Einteilung der Verbindungen nach ihrem elektrochemischen Verhalten vornahm. *Abegg*[239]) unterschied *homöopolare* und *heteropolare* (oder ionogene) Verbindungen. Nur die letzteren haben die Tendenz, in Ionen zu spalten; nur bei ihnen wird man die chemische Affinität auf die unmittelbare *Coulomb*sche Anziehung freier Ladungen zurückführen dürfen. *W. Kossel*[240]) hat diese Vorstellungen mit der *Bohr*schen Atomtheorie in Verbindung gebracht und konsequent zur Erklärung der anorganischen Verbindungen, insbesondere der Komplexverbindungen, herangezogen. Nach ihm bestehen die homöopolaren Verbindungen in wesentlichen Umlagerungen und Verschmelzungen der die Atomkerne umgebenden Elektronensysteme; ihre theoretische Erfassung ist also von der genauen Kenntnis dieser Systeme und ihrer Gesetze abhängig. Die heteropolaren Verbindungen aber beruhen darauf, daß einige Atome an andere Elektronen abgeben. Der Mechanismus dieses Vorgangs

---

237) Über die Entwicklung der älteren Theorien der Affinität s. diese Encykl. V 6 (*F. W. Hinrichsen* u. *L. Mamlock*), insbes Nr. 7 u. 9.

238) *J. Stark,* Die Prinzipien der Atomdynamik (Leipzig 1915).

239) *R. Abegg,* Ztschr. f. anorg. Chem. 39 (1904), p. 330; s. a. *F. W. Hinrichsen,* Ann. d. Chem. 336 (1904), p. 168.

240) *W. Kossel,* Ann. d. Phys. 49 (1916), p. 229. Ähnliche Vorstellungen sind unabhängig von *G. N. Lewis* [Proc. of the nat. acad. of sc. 2 (1916), p. 586; J. am. chem. soc. 38 (1916), p. 762; Science, N. S. 46 (1917), p. 297] und *J. Langmuir* [J. am. chem. soc. 41 (1919), p. 868, 1543; J. of the Franklin Inst., March 1919, p. 359] entwickelt worden.

ist wiederum nicht ohne eingehende Kenntnis der Atomstruktur zu verstehen; nimmt man aber die entstehenden Ionen als gegeben hin, so erhält man allein durch die zwischen ihnen wirksamen *Coulomb*schen Kräfte ein für viele Zwecke ausreichendes Bild der chemischen Anziehungen.

Während die *Kossel*sche Theorie in der Hauptsache qualitativer Art war[240a]), konnte durch Anwendung ihrer Gedanken auf die inzwischen erforschte Gitterstruktur der Kristalle nicht nur eine quantitative Theorie der polaren chemischen Verwandtschaft begründet, sondern auch die elektrostatische Natur der Kohäsion der polar gebauten festen Körper bewiesen werden.

Schon vor der *Laue*schen Entdeckung, durch welche die Analyse der Kristallstruktur mit Röntgenstrahlen ermöglicht wurde, hat *Madelung*[107]) in seiner grundlegenden Arbeit von 1910 über das Wesen der Reststrahlen aus der Existenz dieser ultraroten Resonanzgebiete den Schluß gezogen, daß die Kristalle vom Typus des Steinsalzes nicht aus Molekeln, sondern aus geladenen Atomen aufgebaut sein müssen, und hat das bekannte Würfelgitter angegeben, das später durch die Röntgenanalyse bestätigt worden ist (s. Nr. 24). Hierdurch verlor der Begriff der chemischen Molekel für diese festen Ionenverbindungen seine ursprüngliche Bedeutung; ein ganzer Kristall aus heteropolarer Substanz war danach als einzige, riesige Molekel aufzufassen.[241]) Der Gedanke, daß dann die Eigenschaften des Kristalls wesentlich von den *Coulomb*schen Kräften zwischen den Ionen bestimmt sein müßten, wurde von *Haber*[242]) 1911 gefaßt; er und durch ihn angeregt *Linde-*

---

240 a) *W. L. Bragg* u. *H. Bell* [Nature 107 (1921), p. 107] haben auf Grund der allgemeinen Vorstellungen von *Lewis, Langmuir* und *Kossel* die Durchmesser der Ionen aus den Gitterstrukturen bestimmt.

241) Zu einem ganz ähnlichen Ergebnis für homöopolare Verbindungen gelangten *W. Nernst* u. *F. A. Lindemann* (Berl. Ber. 1912, p. 1160, 1172; s. auch Göttinger Wolfskehl-Vorträge, Leipzig 1914, *W. Nernst*, Kinetische Theorie fester Körper, § 2, p. 64). Sie schlossen aus der spezifischen Wärme des Diamanten, daß dieser einatomig sein müßte, und konstruierten unter Mitarbeit von *Nernsts* Assistenten *v. Siemens* ein Modell des Diamantgitters, das die Tetraedersymmetrie des Kohlenstoffatoms als Grundelement enthielt. *A. Schönflies* machte darauf aufmerksam, daß es ein einfacheres Gitter aus Tetraeder-Atomen gebe, welches in seinem Buche Kristallsysteme und Kristallstruktur (Leipzig 1890) innerhalb der Gesamtheit aller möglichen Strukturen bereits diskutiert sei (p. 539); es ist in diesem Art. Nr. **13** als Beispiel eines *D*-Gitters aufgeführt worden. *Nernst* erkannte die Vorzüge dieses Modells an, das bald darauf von *W. H.* und *W. L. Bragg* [Proc. Roy. Soc. 89 (1913), p. 284] mit Hilfe der Röntgenstrahlenanalyse abgeleitet wurde.

242) *F. Haber* Verh. d. Deutsch. Phys. Ges. 13 (1911), p. 1117.

mann[243]) haben versucht, zwischen dem Abstand benachbarter Atome im Gitter, der Sublimationswärme, dem Schmelzpunkt, der ultraroten Eigenfrequenz usw. auf diese Weise Beziehungen herzustellen. Die Resultate dieser Betrachtungen sind jedoch mangels einer hinreichenden mathematischen Theorie nur als Dimensionsformeln zu betrachten, die aus den im folgenden mitgeteilten strengeren Formeln abgelesen werden können.

Die 1913 von *N. Bohr*[244]) begründete Atomtheorie gab den Ausgangspunkt für einen von *Born* und *Landé*[245]) unternommenen Versuch, die Kristalle vom Steinsalztypus aus Atommodellen aufzubauen. Bei seinen ersten Modellen hatte *Bohr* angenommen, daß die Elektronen ebene „Ringe" (Polygone) um den Kern als Zentrum bilden und mit konstanter Winkelgeschwindigkeit so um diesen rotieren, daß das Impulsmoment jedes Elektrons gleich $\frac{h}{2\pi}$ ist. Die Konfigurationen wurden von *Sommerfeld, Debye, Kroo* u. a.[246]) zur Erklärung der Röntgenspektren herangezogen, und es schien eine Zeit lang, als ob sie hierdurch eine empirische Bestätigung fänden. Daher gingen *Born* und *Landé* von solchen Ringmodellen aus. Zunächst betrachteten sie die Molekelbildung aus einem elektronegativen und einem elektropositiven Atom, und zwar die Verbindungen der Alkalimetalle Li und Na mit den Halogenen K, F, Cl. Das Metallatom gibt ein Elektron an das Halogenatom ab; die entstehenden Ionen haben einen inneren Ring von zwei Elektronen und darauf folgende Ringe von je 8 Elektronen. Ihre Wechselwirkung wird in der Weise

---

243) *F. A. Lindemann*, Verh. d. Deutsch. Phys. Ges. 13 (1911), p. 1107.

244) Die ersten Arbeiten *Bohrs* erschienen im Phil. Mag. 26 (1913), p. 1, 476, 857. Diese und einige folgende sind ins Deutsche übersetzt von *H. Stinzing*, als Buch erschienen unter dem Titel *N. Bohr*, Abhandlungen über Atombau (Braunschweig 1921). S. ferner diese Encykl. V 26 (*A. Smekal*).

245) *M. Born* u. *A. Landé*, Berl. Ber. 1918, p. 1048. Schon vorher hat *A. C. Crehore* [Phil. Mag. (6) 29 (1915), p. 750] eine Untersuchung veröffentlicht, die ein ähnliches Ziel hat. Doch geht er nicht von *Bohr*schen Elektronenringen aus, sondern von seinen eigenen Atommodellen, die sich an das *Thomson*sche Atommodell anlehnen, betrachtet die Atome als elektrisch neutral (auch bei Kristallen wie NaCl!) und muß daher mit elektrodynamischen Anziehungen operieren. Seine äußerst undurchsichtigen Rechnungen scheinen überdies fehlerhaft zu sein.

246) *A. Sommerfeld*, Ann. d. Phys. 51 (1916), p. 125, Teil III; Phys. Ztschr. 19 (1918), p. 297; *P. Debye*, Phys. Ztschr. 18 (1917), p. 276; *J. Kroo*, Phys. Ztschr. 19 (1918), p. 307; s. ferner *L. Vegard*, Verh. d. Deutsch. Phys. Ges. 19 (1917), p. 328, 344; Phil. Mag. 35 (1918), p. 294; 37 (1919), p. 237; Phys. Ztschr. 20 (1919), p. 97, 121; *A. Smekal*, Wiener Ber. IIa 128 (1920), p. 639; 129 (1920), p. 635; Phys. Ztschr. 21 (1920), p. 505; 22 (1921), p. 400.

berechnet, daß die potentielle Energie in eine Potenzreihe nach dem reziproken Kernabstand r entwickelt wird; dann ist das erste Glied die *Coulomb*sche Anziehung der überschüssigen Ladungen, das nächste Glied ist bei geeigneter Stellung der Ringe eine Abstoßung, proportional r^{-3}. An dieser Stelle wird die Reihe abgebrochen, und das Gleichgewicht für verschiedene ausgezeichnete Stellungen der Ringebenen gegen die Kernachse (parallel und senkrecht) berechnet. Da die so erhaltenen Molekeldurchmesser sich nicht an der Erfahrung prüfen lassen, wird sodann die analoge Rechnung für die regulären Kristalle ausgeführt. Wegen der axialen Symmetrie der einzelnen Ionen müssen dabei ihre Achsen geeignet angeordnet werden; bei der einfachsten Konfiguration besteht die Basis des Gitters aus acht Ringatomen, deren Achsen den Raumdiagonalen parallel sind. Sodann wird die Gitterenergie φ_0 als Funktion der Gitterkonstanten δ berechnet. Wiederum rührt das erste Glied von der *Coulomb*schen Anziehung der Ionen her (welche die Abstoßung überwiegt, weil Nachbarionen entgegengesetzt geladen sind); die Berechnung dieser mit δ^{-1} proportionalen Energie war dadurch möglich, daß gleichzeitig *Madelung* seine nachher zu besprechende Methode fand und sie den Autoren mündlich mitteilte. Das zweite Glied ergab sich als proportional δ^{-5}. Unter den oben angegebenen Annahmen über die Ringstruktur der Atome konnten sodann der Gleichgewichtsabstand δ_0 für die Halogen-Alkali-Salze[247]) (nach Formel (83′), Nr. **13**) berechnet werden. Es ergab sich eine überraschend gute Übereinstimmung mit dem aus der gemessenen Dichte bestimmten Werte von δ_0, wenn man annahm, daß der innerste Ring einquantig (1 Quant pro Elektron), *alle* folgenden aber zweiquantig seien. Dieses Resultat, wonach die äußersten Elektronen jedes Atoms in Bahnen laufen, die zweiquantigen *Kepler*bahnen sehr ähnlich sein müssen, hat in der neuesten Entwicklung der *Bohr*schen Atomtheorie eine Bestätigung gefunden; *Bohr*[248]) konnte zeigen, daß die für die Dimensionen der äußeren Elektronenbahnen maßgebende „effektive Quantenzahl" ungefähr gleich 2 ist.

Einen vollständigen Widerspruch mit der Erfahrung aber ergab die Berechnung der Kompressibilität $\varkappa$ (aus dem 2. Differentialquotienten von φ_0 nach δ, Formel (90′), Nr. **13**); die berechneten Werte fielen nämlich rund doppelt so groß aus wie die beobachteten.

247) Die Resultate der numerischen Rechnung für *alle* Alkali-Halogensalze finden sich bei *M. Born* u. *A. Landé*, Verh. d. Deutsch. Phys. Ges. 20 (1918), p. 202.

248) *N. Bohr*, Vorträge über Atomtheorie, Göttingen, Juni 1922 (ungedruckt); Ann. d. Phys. (4) 71 (1923), p. 228.

Diese Tatsache gab den Ausgangspunkt für die weitere Entwicklung der Theorie. Sie erwies die Unzulänglichkeit der ebenen Ringmodelle, die dann auch aus anderen theoretischen und experimentellen Tatsachen (vor allem aus den Röntgenspektren) gefolgert werden konnte. Da bessere Atommodelle nicht vorlagen, mußte man auf eine eingehende Berücksichtigung der Atomstruktur verzichten und sich mit einem halbphänomenologischen Ansatze begnügen. Das ist deswegen möglich, weil der weitaus größte Anteil der Energie und der Kräfte in einem Ionengitter elektrostatischer Natur ist; man würde keinen allzu großen Fehler begehen, wenn man die Energie so berechnete, als wenn die Ionen starre Kugeln wären. Für die Abstoßung genügt daher ein relativ roher Ansatz, der auf die feinere Struktur der Ionen keine Rücksicht nimmt. Die Hauptsache ist die Berechnung der elektrostatischen Kräfte, die jetzt im Zusammenhange dargestellt werden soll.

37. Elektrostatische Gitterpotentiale. Das *elektrostatische Potential* eines Gitters im Punkte $\mathfrak{r}$ ist

$$(395) \qquad \varphi(\mathfrak{r}) = \mathop{S}\limits_{l}\sum_{k} \frac{e_k}{R_k^l}, \quad R_k^l = |\,\mathfrak{r}_k^l - \mathfrak{r}\,|.$$

Die dreifach unendliche Reihe (395) ist nur bedingt konvergent; man darf die Summationen nach l und k nicht ohne weiteres vertauschen.

Unter dem „*erregenden Potential*" verstehen wir mit *Ewald* das Potential aller Gitterpunkte außer einem; diesen kann man als Basispunkt $\mathfrak{r}_{k'}$ annehmen. Wir schreiben:

$$(396) \qquad \varphi_{k'}(\mathfrak{r}) = \mathop{S}\limits_{l}\sideset{}{'}\sum_{k} \frac{e_k}{R_k^l},$$

wo der Strich am Summenzeichen bedeutet, daß die Indexkombination $l = 0$, $k = k'$ wegzulassen ist.

Als „*Selbstpotential*" des Gitters für einen Gitterpunkt $\mathfrak{r}_{k'}$ bezeichnen wir den Wert des erregenden Potentials in dem Punkte $\mathfrak{r}_{k'}$:

$$(396') \quad \varphi_{k'} = \varphi_{k'}(\mathfrak{r}_{k'}) = \mathop{S}\limits_{l}\sideset{}{'}\sum_{k} \frac{e_k}{R_{kk'}^l}, \quad R_{kk'}^l = |\,\mathfrak{r}_k^l - \mathfrak{r}_{k'}\,| = |\,\mathfrak{r}_{kk'}^l\,|.$$

Das elektrostatische Potential φ_0 aller Gitterpunkte auf eine Zelle ist gleich der *doppelten elektrostatischen Energie des Gitters pro Zelle*:

$$(397) \qquad \varphi_0 = \sum_{k'} e_{k'} \varphi_{k'} = \mathop{S}\limits_{l}\sideset{}{'}\sum_{kk'} \frac{e_k e_{k'}}{R_{kk'}^l}.$$

Die Berechnung dieser Größen erfordert die Umwandlung der schlecht (bedingt) konvergenten Reihen in rasch konvergente.

Das Problem der Bestimmung der Funktion $\varphi(\mathfrak{r})$ ist in etwas anderer Formulierung wohl zuerst von *Riemann*[249]) behandelt worden, als *Green*sche Funktion eines rechtwinkligen Parallelepipedons. Sucht man nämlich eine Lösung der *Laplace*schen Differentialgleichung

$$(398) \qquad \nabla^2 \psi = \frac{\partial^2 \psi}{\partial x^2} + \frac{\partial^2 \psi}{\partial y^2} + \frac{\partial^2 \psi}{\partial z^2} = 0$$

innerhalb eines Raumteils, welche auf der Oberfläche vorgegebene Werte annimmt, so läßt sich diese Aufgabe auf die andere zurückführen, eine Lösung der Gleichung zu finden, die an der Oberfläche verschwindet und im Innern eine Singularität (Pol) vom Charakter $\frac{1}{r}$ hat; das ist die *Greensche Funktion.*[250]) Für das rechtwinklige Parallelepiped läßt sich diese nun leicht durch ein Spiegelungsverfahren bestimmen; man spiegelt das Innere an den Begrenzungsebenen wiederholt, bis der ganze Raum erfüllt ist. Dabei soll ein Pol vom Charakter $+\frac{1}{r}$ durch die Spiegelung in einen Pol vom Charakter $-\frac{1}{r}$ übergehen. Faßt man nun zwei benachbarte Parallelepipede als Zelle eines Gitters und die beiden darin liegenden Pole von entgegengesetztem Residuum als elektrische Ladungen von entgegengesetztem Vorzeichen auf, so erfüllt offenbar die zugehörige Funktion $\varphi(\mathfrak{r})$ alle Bedingungen, ist also die *Green*sche Funktion. *Riemann* hat die *Fourier*sche Entwicklung dieser Funktion angegeben. Dasselbe Problem in der Ebene hat er in einer Abhandlung „Zur Theorie der *Nobili*schen Farbenringe"[251]) behandelt.

Anknüpfend an diese Arbeiten hat *Appell*[252]) eine vollkommen strenge und sehr elegante Methode zur Behandlung elektrostatischer Gitterpotentiale entwickelt, in engster Anlehnung an die Theorie der elliptischen Funktionen. Er betrachtet die Funktionen, die

1. im Gitter periodisch,
2. harmonisch sind, d. h. der Differentialgleichung (398) genügen,
3. keine anderen Singularitäten im Endlichen haben als Pole.

Diese Funktionen sind offenbar gerade die Gitterpotentiale (395). Sodann zeigt er, daß alle solche Funktionen durch eine bestimmte Funk-

---

249) *B. Riemann*, Schwere, Elektrizität und Magnetismus, bearbeitet von *K. Hattendorff*, 2. Ausg. (Hannover 1880), § 23.

250) S. diese Encykl. II A 7b (*Heinrich Burkhardt* u. *W. Franz Meyer*), Nr. **18**; II C 3 (*L. Lichtenstein*), Nr. **20**.

251) *B. Riemann*, Pogg. Ann. Phys. Chem. 95 (1855), p. 130.

252) *P. Appell*, Acta·Math.· 4 (1884), p. 313; 8 (1886), p. 265; J. de math. (4) 3 (1887), p. 5; Palermo Rend. 22 (1906), p. 361. — Neuere rein mathematische Literatur über diesen Gegenstand ist zitiert in dieser Encykl. II C 3 (*L. Lichtenstein*), Nr. **31**, Anm. 400), p. 290.

tion Z ausdrückbar sind, in der Form

$$(399) \qquad \varphi(\mathfrak{r}) = \sum_k e_k\, Z(\mathfrak{r} - \mathfrak{r}_k).$$

Diese Funktion $Z(\mathfrak{r})$ ist durch die außerhalb der Punkte des einfachen Gitters

$$\mathfrak{r}^l = l_1\mathfrak{a}_1 + l_2\mathfrak{a}_2 + l_3\mathfrak{a}_3, \quad |\mathfrak{r}^l_i| = r^l$$

absolut und gleichmäßig konvergente Reihe

$$(400) \quad Z(\mathfrak{r}) = \frac{1}{r} + \underset{l}{S}' \left\{ \frac{1}{R^l} - \frac{1}{r^l} - \frac{(\mathfrak{r}\,\mathfrak{r}^l)}{(r^l)^3} - \frac{3}{2\,(r^l)^3}\left[\frac{(\mathfrak{r}\,\mathfrak{r}^l)^2}{(r^l)^2} - \frac{1}{3}\,r^2\right] \right\}$$

definiert, wo

$$(400') \qquad R^l = |\mathfrak{r}^l - \mathfrak{r}|$$

gesetzt ist und der Strich am Summationszeichen bedeutet, daß die Indexkombination $l_1 = l_2 = l_3 = 0$ wegzulassen ist. Die Bildung dieser Z-Funktion entspricht genau der Konstruktion der *Weierstraß-Hermite*schen ζ-Funktion in der Theorie der elliptischen Transzendenten mit Hilfe des *Mittag-Leffler*schen Satzes; man bildet die formale Reihe $\underset{l}{S}\,\frac{1}{R^l}$, die die Gitterpunkte $\mathfrak{r}^l$ zu Polen hat, und macht sie konvergent, indem man von jedem Gliede ein Polynom 2. Grades abzieht. (Physikalisch bedeutet das, daß man zu den gleichnamigen Ladungen $+ 1$ in den Gitterpunkten eine kompensierende, entgegengesetzte Ladung im Unendlichen hinzufügt.) *Appell* diskutiert die Eigenschaften seiner Z-Funktion und gibt insbesondere ihre *Fourier*sche Entwicklung an, aus der man die eines beliebigen Gitterpotentials nach der Formel (399) erhält. Das Resultat stimmt mit dem von *Ewald* auf etwas anderem Wege gefundenen (s. u.) überein.

Appell gab auch die trigonometrischen Reihen für das Potential einer Punktreihe, eines ebenen rechtwinkligen Netzes und eines räumlichen rechtwinkligen Gitters an; hierbei wendet er die später von *Ewald* benutzte (s. u.) ϑ-Transformationsformel an, die schon in der einfachsten Gestalt bei *Riemann* (l. c. Anm. 249, 251) vorkommt. Diese Arbeiten, die hinsichtlich mathematischer Strenge und Klarheit nichts zu wünschen übrig lassen, wurden aber von der Physik nicht beachtet. Die physikalische Anwendung der Gitterpotentiale auf die Theorie der Kristalle datiert von dem Tage, als *Madelung*[253]) die

---

253) *E. Madelung*, Phys. Ztschr. 19 (1918), p. 524. — *Madelung* behandelt Punktreihen, Netze und Gitter mit gleichnamigen Ladungen, deren Potential offenbar divergiert. Er muß daher seinen Reihen eine „unendlich große Konstante" hinzufügen. Zur strengeren Begründung der Theorie schlägt er bei Betrachtung der Punktreihe vor, die in den Punkten $x = na$ angebrachten gleichen

schon von *Appell* angegebenen Reihen wiederfand.[253a]) Bald darauf hat *Ewald*[254]) seine schon vorher für die elektromagnetischen (optischen) Gitterpotentiale entwickelte, sehr elegante Methode zur Berechnung elektrostatischer Potentiale hergerichtet. Beide Verfahren sollen hier im Zusammenhang dargestellt werden; die *Madelung*sche Methode erfordert dabei ein Aufsteigen vom eindimensionalen Gebilde (Punktreihe) über das zweidimensionale (ebenes Netz) zum dreidimensionalen (Raumgitter).

I. *Potential der Punktreihe.* Auf der x-Achse sei eine periodische, neutrale (zunächst als kontinuierlich vorgestellte) Ladungsverteilung von der linearen Dichte $\varrho(x)$ gegeben; die Periode sei a, also $\varrho(x+a)=\varrho(x)$ und man hat die *Fourier*sche Reihe ohne konstantes Glied

$$\varrho(x)=\sum_{-\infty}^{+\infty}{}'_n \varrho_n e^{\frac{2\pi i n x}{a}}.$$

Das Potential wird dieselbe Periodizität haben, also eine Entwicklung der Form

$$\varphi^{(1)}(x,r)=\sum_{-\infty}^{+\infty}{}'_n f_n(r)\cdot e^{\frac{2\pi i n x}{a}}, \qquad (r=\sqrt{y^2+z^2})$$

zulassen. Die *Laplace*sche Differentialgleichung (398) in Zylinderkoordinaten lautet bei Achsensymmetrie

$$\frac{\partial^2\varphi^{(1)}}{\partial r^2}+\frac{1}{r}\frac{\partial\varphi^{(1)}}{\partial r}+\frac{\partial^2\varphi^{(1)}}{\partial x^2}=0$$

und fordert für die $f_n(r)$ die Bedingungen

$$\frac{d^2 f_n(r)}{dr^2}+\frac{1}{r}\frac{df_n(r)}{dr}-\frac{4\pi^2 n^2}{a^2}f_n(r)=0.$$

Die $f_n(r)$ sind also Zylinderfunktionen; da sie im Unendlichen ver-

---

Ladungen durch die exponentiell nach beiden Seiten abnehmende Ladungsverteilung

$$e_n=e\frac{\beta}{\sqrt{\pi}}e^{-\beta^2(na)}$$

zu ersetzen, deren Potential konvergiert, und dann zur Grenze $\beta=0$ überzugehen. Einen ähnlichen Ausweg hat auch *Ewald* (s. u.) eingeschlagen. Doch ist dann noch der Beweis erforderlich, daß die Reihenfolge der vorgenommenen Operationen und des Limes $\beta=0$ vertauscht werden darf. Hier soll die Betrachtung auf neutrale Gebilde beschränkt werden.

253a) Bei einer Untersuchung über magnetische Eigenschaften kubischer Gitter benutzen *L. S. Ornstein* und *F. Zernike* [Amsterdam Proc. 21 (1918), p. 911] eine Methode zur Berechnung von Gitterpotentialen, die mit der *Madelung*schen im wesentlichen identisch ist.

254) *P. P. Ewald*, Ann. d. Phys. 64 (1921), p. 253. Über die Entwicklung der *Ewald*schen Methode und ihre Anwendung auf die Optik der Gitter wird später berichtet (s. Nr. **41—44**).

schwinden müssen, sind es die *Hankel*schen Funktionen[255])

$$f_n(r) = c_n K_0\left(\frac{2\pi n r}{a}\right).$$

Nun ist die lineare Dichte mit der Ableitung des Potentials durch die Relation

$$\varrho(x) = -\frac{1}{2}\left[r\frac{d\varphi^{(1)}}{dr}\right]_{r=0}$$

verbunden; daraus folgt

$$\varrho_n = -\frac{1}{2}\left[r\frac{df_n(r)}{dr}\right]_{r=0} = -\frac{1}{2}c_n\left[r\frac{dK_0}{dr}\right]_{r=0} = \frac{1}{2}c_n.$$

Daher ist die *Fourier*sche Entwicklung des Potentials

$$\varphi^{(1)}(x,r) = 2\sum_{-\infty}^{+\infty}{}_n \varrho_n K_0\left(\frac{2\pi n r}{a}\right)e^{\frac{2\pi i n x}{a}}.$$

Ist die Ladung punktförmig verteilt, nämlich die Ladung e_k an der Stelle x_k, $\sum_k e_k = 0$, so kann man die Darstellung des Potentials durch einen Grenzübergang gewinnen; man denke sich $\varrho(x)$ für alle x gegen Null konvergieren außer für $x = x_k$, wo $\varrho(x)$ so unendlich werden soll, daß

$$\lim_{\delta=0}\int_{x_k-\delta}^{x_k+\delta}\varrho(x)\,dx = e_k$$

endlich bleibt. Dann wird

$$\varrho_n = \frac{1}{a}\int_0^a \varrho(x)\cdot e^{-\frac{2\pi i n x}{a}}\,dx = \frac{1}{a}\sum_k e_k e^{-\frac{2\pi i n x_k}{a}},$$

also

$$(401)\qquad \varphi^{(1)}(x,r) = \frac{2}{a}\sum_{-\infty}^{+\infty}{}_n\sum_k e_k K_0\left(\frac{2\pi n r}{a}\right)e^{\frac{2\pi i n}{a}(x-x_k)}.$$

Diese Reihe konvergiert überall, außer in den Ladungen, und zwar außerhalb der x-Achse sehr schnell.

II. *Selbstpotential und Energie der Punktreihe.* Das Selbstpotential der Punktreihe läßt sich auf verschiedene Weise berechnen. *Madelung* führt es auf die *Gauß*sche Γ-Funktion zurück. Es ist bekanntlich[256])

---

255) S. *E. Jahnke* u. *F. Emde*, Funktionentafeln (Leipzig 1909). Dort ist $K_0(x)$ mit $\frac{i\pi}{2}H_0^{(1)}(ix)$ bezeichnet; eine Tabelle der Funktion findet sich auf p. 135, Tafel XIV. Für kleine x ist $K_0(x) = \ln\frac{2}{\gamma x}$, wo $\ln\gamma = 0{,}5772\ldots$ die *Euler*sche Konstante ist.

256) S. etwa *E. Jahnke* u. *F. Emde*, Funktionentafeln (Leipzig 1909), p. 27. Tafel von $\Psi(x+1)$ auf p. 30. — *E. T. Whittaker*, Modern Analysis (Cambridge 1902), Kap. IX, § 99, p. 180.

$$(402) \qquad \varPsi(z) = \frac{d \ln \varGamma(z)}{dz} = -\gamma + (z-1) \sum_{p=1}^{\infty} \frac{1}{p(z+p-1)}$$

$$= -\gamma + \sum_{p=0}^{\infty} \left(\frac{1}{p+1} - \frac{1}{p+z} \right),$$

wo γ die *Euler*sche Konstante ist. Es werde vorausgesetzt, daß der Punkt $x_{k'}$, für den das Selbstpotential dargestellt werden soll, *links* von allen übrigen Basispunkten liegt (d. h. $x_k \geqq x_{k'}$); ist diese Voraussetzung für ein x_k nicht erfüllt, so muß es vor dem Einsetzen in die folgende Formel um a vergrößert werden. Dann wird

$$\varphi_{k'}^{(1)} = \sum_{l=0}^{\infty} \sum_{k}{}' e_k \left\{ \frac{1}{x_k - x_{k'} + la} + \frac{1}{a - (x_k - x_{k'}) + la} \right\};$$

wobei der Strich am Summenzeichen bedeutet, daß für den *ersten* Summanden die Kombination $k = k'$, $l = 0$ auszuschließen ist. Daher wird mit Rücksicht auf $\sum_k e_k = 0$:

$$(403) \qquad \psi_{k'}^{(1)} = -\frac{1}{a} \sum_{k \neq k'} e_k \left\{ \varPsi\left(\frac{x_k - x_{k'}}{a} \right) + \varPsi\left(1 - \frac{x_k - x_{k'}}{a} \right) \right\} + \frac{2\gamma e_{k'}}{a}.$$

Die Funktion $\varPsi$ wird hier im Intervall $(0, 1)$ gebraucht; tabuliert ist sie gewöhnlich im Intervall $(1, 2)$; zur Umrechnung dient die Beziehung

$$(402') \qquad \qquad \varPsi(z) = \varPsi(z+1) - \frac{1}{z}$$

Man kann auch die *Ewald*sche Methode, die unten für das räumliche Gitter dargestellt wird, auf das eindimensionale anwenden.

Ausgezeichnet ist der Fall äquidistanter Punktladungen; jede willkürliche periodische Ladungsverteilung läßt sich offenbar durch diesen mit beliebiger Annäherung approximieren. Das Selbstpotential lautet in diesem Falle für n Ladungen $e_1, e_2, \ldots e_n$

$$(404) \qquad \varphi_{k'}^{(1)} = \frac{1}{\delta} \sum_{-\infty}^{+\infty} \sum_{k=1}^{n}{}' \frac{e_{k'+k}}{|nl+k|} = \frac{1}{\delta} \sum_{l=0}^{\infty} \sum_{k=1}^{n} (e_{k'+k} + e_{k'+n-k}) \frac{1}{nl+k},$$

wo $\delta = \dfrac{a}{n}$ der Abstand der Punkte ist und der Strich am Summenzeichen bedeutet, daß das Wertepaar $l = 0$, $k = 0$ wegzulassen ist. Nun ist

$$\frac{1}{ln+k} = \int_0^1 x^{ln+k-1} \, dx.$$

Setzt man das ein, so erhält man leicht

$$\varphi_{k'}^{(1)} = \frac{1}{\delta} \int_0^1 \sum_{k=1}^{n} (e_{k'+k} + e_{k'+n-k}) x^{k-1} \frac{dx}{1 - x^n} - \frac{1}{\delta} \lim_{L=\infty} R_L,$$

wo

$$R_L = \int_0^1 \sum_{k=1}^n (e_{k'+k} + e_{k'+n-k})\, x^{k-1}\, \frac{x^{(L+1)n}}{1-x^n}\, dx.$$

Nun ist $\sum_{k=1}^n e_k = 0$, also hat das Polynom $\sum_{k=1}^n (e_{k'+k} + e_{k'+n-k})\, x^{k-1}$ die Nullstelle $x = 1$ und ist durch $1 - x$ teilbar. Mithin hat R_L die Form

$$R_L = \int_0^1 x^{(L+1)\cdot n}\, \frac{f(x)}{g(x)}\, dx,$$

wo $g(x)$ im Intervall $0 \leq x \leq 1$ nicht verschwindet; also gibt es eine obere Schranke M für $\frac{f(x)}{g(x)}$ in diesem Intervall und es wird

$$R_L \leq M \int_0^1 x^{(L+1)n}\, dx = \frac{M}{1+(L+1)n}, \quad \lim_{L=\infty} R_L = 0.$$

Das Selbstpotential ist also als Integral einer rationalen Funktion darstellbar:

$$(404')\qquad \varphi_k^{(1)} = \frac{1}{\delta} \int_0^1 \frac{\sum_{k=1}^n (e_{k'+k} + e_{k'+n-k})\, x^{k-1}}{1-x^n}\, dx.$$

Die Nullstellen des Nenners sind die n^{ten} Einheitswurzeln. Durch Zerlegung in Partialbrüche kann man leicht die Integration ausführen und erhält

$$(405)\qquad \varphi_{k'}^{(1)} = -\frac{1}{\delta} \sum_{k=1}^n \xi_{k'k} \log\left(2 \sin \frac{\pi k}{n}\right),$$

wo

$$(405')\ \ \xi_{k'k} = \frac{1}{n} \sum_{q=1}^n (e_{k'+q} + e_{k'+n-q})\, e^{\frac{2\pi i k q}{n}} = \frac{2}{n} \sum_{q=1}^n e_{k'+q} \cos \frac{2\pi k q}{n}$$

gesetzt ist.

Man kann zu dieser Formel auch auf folgendem Wege gelangen: Jede beliebige periodische, äquidistante Ladungsverteilung läßt sich in der Form

$$(406)\qquad e_k = \sum_{q=1}^n \xi_q e^{-\frac{2\pi i k q}{n}}$$

darstellen; die Koeffizienten ξ_q haben die Werte

$$(406')\qquad \xi_q = \frac{1}{n} \sum_{k=1}^n e_k e^{\frac{2\pi i q k}{n}}.$$

Für ·obigen Ausdruck $\xi_{k'k}$ erhält man

$$\xi_{k'k} = \xi_k e^{-\frac{2\pi i}{n} k'k} + \xi_{-k} e^{+\frac{2\pi i}{n} k'k}.$$

Das Selbstpotential wird

$$\varphi_{k'}^{(1)} = \frac{1}{\delta} \sum_{l=0}^{\infty} \sum_{k=1}^{n} (e_{k'+k} + e_{k'+n-k}) \frac{1}{nl+k}$$

$$= \frac{1}{\delta} \sum_{q=1}^{n} \xi_q\, e^{-\frac{2\pi i k' q}{n}} \sum_{l=0}^{\infty} \sum_{k=1}^{n} \frac{2 \cos \frac{2\pi q k}{n}}{nl+k}$$

$$= \frac{1}{2\delta} \sum_{q=1}^{n} \xi_{k'q} \sum_{l=1}^{\infty} \frac{2 \cos \frac{2\pi q l}{n}}{l}.$$

Die hier auftretende Summe ist der Wert, den die Funktion

$$(407) \qquad \Pi(z) = 2 \sum_{l=1}^{\infty} \frac{\cos 2\pi l z}{l} = -2 \log (2 \sin \pi z)$$

in dem rationalen Punkte $z = \frac{q}{n}$ annimmt; diese ist ein Spezialfall des von *Born* in anderem Zusammenhange untersuchten „Grundpotentials" (s. u.). Man bekommt

$$(408) \quad \varphi_{k'}^{(1)} = \frac{1}{2\delta} \sum_{q=1}^{n} \xi_{k'q}\, \Pi\left(\frac{q}{n}\right) = -\frac{1}{\delta} \sum_{q=1}^{n} \xi_{k'q} \log \left(2 \sin \frac{\pi q}{n}\right),$$

in Übereinstimmung mit (405).

Für die äquidistante Punktreihe wird die Berechnung der Energie besonders einfach; nach (397) und (405), (405') läuft sie nämlich darauf heraus, daß man $e_{k'+q}$ durch

$$(409) \qquad s_{k'} = \sum_{k=1}^{n} e_k e_{k'+k}$$

ersetzt; dann ist

$$(410) \qquad \frac{1}{2}\, \varphi_0^{(1)} = -\frac{1}{\delta} \sum_{q=1}^{n} \sigma_q \log \left(2 \sin \frac{\pi q}{n}\right),$$

wo

$$(410') \qquad \sigma_q = \frac{1}{2} \sum_{k'} e_{k'} \xi_{k'q} = \frac{1}{n} \sum_{k=1}^{n} s_k \cos \frac{2\pi k q}{n}.$$

III. *Potential des ebenen Netzes.* In der xy-Ebene sei ein ebenes Netz mit den Grundvektoren $\mathfrak{a}_1$, $\mathfrak{a}_2$ ausgespannt. Die elektrische Flächendichte $\varrho(xy)$ sei periodisch (zunächst kontinuierlich) im Netze verteilt und habe die *Fourier*entwicklung

$$\varrho = \sum_{l,m}{}' \varrho_{lm}\, e^{i(\mathfrak{f}_{lm}\mathfrak{r})};$$

dabei ist $\mathfrak{r}$ der Vektor $(x, y, 0)$ und

$$(411) \qquad \mathfrak{f}_{lm} = 2\pi (l\mathfrak{b}_1 + m\mathfrak{b}_2),$$

13*

wo $\mathfrak{b}_1$, $\mathfrak{b}_2$ die Grundvektoren des „reziproken Netzes" sind, die sich aus den Gleichungen

$$(412) \qquad (\mathfrak{a}_i \mathfrak{b}_k) = \delta_{ik} \qquad\qquad (i,\, k = 1,\, 2)$$

bestimmen:

$$(412') \quad \left\{ \begin{aligned} \mathfrak{b}_{1x} &= \frac{\mathfrak{a}_{2y}}{|\mathfrak{a}_1 \mathfrak{a}_2|}, & \mathfrak{b}_{1y} &= \frac{-\mathfrak{a}_{2x}}{|\mathfrak{a}_1 \mathfrak{a}_2|}, \\ \mathfrak{b}_{2x} &= \frac{-\mathfrak{a}_{1y}}{|\mathfrak{a}_1 \mathfrak{a}_2|}, & \mathfrak{b}_{2y} &= \frac{\mathfrak{a}_{1x}}{|\mathfrak{a}_1 \mathfrak{a}_2|}; \end{aligned} \right\} \quad |\mathfrak{a}_1 \mathfrak{a}_2| = \mathfrak{a}_{1x}\mathfrak{a}_{2y} - \mathfrak{a}_{2x}\mathfrak{a}_{1y}.$$

Mit *Madelung* setze man das Potential an in der Form

$$\varphi^{(2)} = \sum_{lm}{}' c_{lm}\, e^{i(\mathfrak{k}_{lm}\mathfrak{r}) - |\mathfrak{k}_{lm}| \cdot |z|};$$

diese Funktion erfüllt die *Laplace*sche Differentialgleichung und verschwindet für $z = \pm \infty$. Zwischen Flächendichte und Potential besteht die Beziehung

$$\left(\frac{d\varphi^{(2)}}{dz}\right)_{z=0} = -2\pi\varrho;$$

daraus folgt

$$c_{lm} = \frac{2\pi\varrho_{lm}}{|\mathfrak{k}_{lm}|}.$$

Sind insbesondere punktförmige Ladungen e_k an den Stellen $\mathfrak{r}_k(x_k, y_k, 0)$, so erhält man durch einen ähnlichen Grenzübergang wie oben unter I:

$$\varrho_{lm} = \frac{1}{|\mathfrak{a}_1 \mathfrak{a}_2|} \int\!\!\int \varrho\, e^{-i(\mathfrak{k}_{lm}\mathfrak{r})}\, dx\, dy = \sum_k{}' \frac{e_k}{|\mathfrak{a}_1 \mathfrak{a}_2|}\, e^{-i(\mathfrak{k}_{lm}\mathfrak{r}_k)},$$

und das Potential wird

$$(413) \qquad \varphi^{(2)}(x,\, y,\, z) = \frac{2\pi}{|\mathfrak{a}_1 \mathfrak{a}_2|} \sum_k \sum_{lm}{}' e_k\, \frac{e^{-|\mathfrak{k}_{lm}| \cdot |z|}}{|\mathfrak{k}_{lm}|}\, e^{i(\mathfrak{k}_{lm},\, \mathfrak{r} - \mathfrak{r}_k)}.$$

Die Reihe konvergiert außerhalb der Ebene $z = 0$ sehr gut.

IV. *Selbstpotential des ebenen Netzes.* Das *Madelung*sche Verfahren ist auf den Fall beschränkt, wo sich das Netz als Folge paralleler (nicht notwendig äquidistanter) Punktreihen auffassen läßt. Man kann das Selbstpotential $\varphi_k^{(2)}$ zusammensetzen aus dem der neutralen Punktreihe, die durch den betrachteten Punkt $\mathfrak{r}_{k'}$ geht (Formel (403)), und den Werten der Potentiale der übrigen, parallelen Punktreihen in $\mathfrak{r}_{k'}$. Wählt man die x-Achse und den Vektor $\mathfrak{a}_1$ parallel zu der neutralen Punktreihe ($\mathfrak{a}_{1x} = a$, $\mathfrak{a}_{1y} = 0$), so erhält man:

$$(414)\ \varphi_{k'}^{(2)} = \varphi_{k'}^{(1)} + \frac{2}{a} \sum_{-\infty}^{\infty}{}_{n,\, l} \sum_k{}' e_k\, K_0\!\left(\frac{2\pi n\,|y_{k'} - y_k + l\mathfrak{a}_{2y}|}{a}\right) e^{\frac{2\pi i n}{a}(x_{k'} - x_k + l\mathfrak{a}_{2x})}$$

Man kann diese Größe auch mit Hilfe des nachher für räumliche Gitter dargestellten *Ewald*schen Verfahrens berechnen. Die Energie der Netzebene spielt keine praktische Rolle.

V. *Potential des Raumgitters.* Man kann auch hier von einer kontinuierlichen, periodischen Dichteverteilung

$$\varrho = \underset{l}{S}{}' \varrho^l e^{i(\mathfrak{q}^l \mathfrak{r})}$$

ausgehen; dabei ist $\mathfrak{r}$ der Vektor (x, y, z) und

$$(415) \qquad \mathfrak{q}^l = 2\pi (l_1 \mathfrak{b}_1 + l_2 \mathfrak{b}_2 + l_3 \mathfrak{b}_3),$$

wo $\mathfrak{b}_1, \mathfrak{b}_2, \mathfrak{b}_3$ die Grundvektoren des *reziproken Gitters*[256a] sind, die sich aus den Gleichungen

$$(416) \qquad (\mathfrak{a}_i \mathfrak{b}_k) = \delta_{ik}$$

bestimmen:

$$(416') \qquad \mathfrak{b}_1 = \frac{1}{\varDelta}[\mathfrak{a}_2 \mathfrak{a}_3], \; \mathfrak{b}_2 = \frac{1}{\varDelta}[\mathfrak{a}_3 \mathfrak{a}_1], \; \mathfrak{b}_3 = \frac{1}{\varDelta}[\mathfrak{a}_1 \mathfrak{a}_2].$$

Setzt man das Potential $\varphi^{(3)}$, oder einfach φ, als *Fourier*sche Reihe an:

$$\varphi = \underset{l}{S}\, c^l e^{i(\mathfrak{q}^l \mathfrak{r})},$$

so gibt die *Poisson*sche Differentialgleichung $\nabla^2 \varphi = -4\pi\varrho$:

$$c^l = \frac{4\pi \varrho^l}{|\mathfrak{q}^l|^2}.$$

Sind insbesondere punktförmige Ladungen $e_k \left(\sum_k e_k = 0 \right)$ an den Stellen $\mathfrak{r}_k$, so gibt derselbe Grenzübergang wie oben:

$$\varrho^l = \frac{1}{\varDelta}\int \varrho\, e^{-i(\mathfrak{q}^l \mathfrak{r})}\, dx\, dy\, dz = \sum_k \frac{e_k}{\varDelta} e^{-i(\mathfrak{q}^l \mathfrak{r}_k)},$$

also wird das Potential

$$(417) \qquad \varphi = \frac{4\pi}{\varDelta} \underset{l}{S}{}' \sum_k \frac{e_k}{|\mathfrak{q}^l|^2} e^{i(\mathfrak{q}^l,\, \mathfrak{r} - \mathfrak{r}_k)}.$$

Das kann man so schreiben:

$$(417') \qquad \varphi = \sum_k e_k \psi(\mathfrak{r} - \mathfrak{r}_k),$$

wo

$$(418) \qquad \psi = \frac{4\pi}{\varDelta} \underset{l}{S}{}' \frac{e^{i(\mathfrak{q}^l \mathfrak{r})}}{|\mathfrak{q}^l|^2}.$$

Diese Reihe konvergiert überall außer in den durch die Gitterpunkte $\mathfrak{r}^l$ gehenden, zu den Zellenkanten parallelen Geraden[257]; doch ist die Konvergenz langsam und die Reihe läßt sich nicht gliedweise differenzieren. Man muß daher nach andern Darstellungen von ψ suchen.

256a) Siehe *P. P. Ewald,* Ztschr. f. Kristallogr. 56 (1921), p. 129.

257) Eine Untersuchung der Konvergenz von *Fourier*schen Reihen im Raume findet sich bei *M. Born,* Dynamik der Kristallgitter, Anhang, p. 114. Die dabei benützte Methode hat *D. Hilbert* in einer Vorlesung 1914 mitgeteilt.

Die analytischen Eigenschaften dieser Funktion, durch welche sie eindeutig festgelegt ist, sind die folgenden:

ψ ist periodisch im Gitter (ohne konstantes Glied), wird im Nullpunkt unendlich wie $\dfrac{1}{r}$ und genügt der Differentialgleichung

$$(418') \qquad \nabla^2 \psi = \frac{4\pi}{\varDelta}.$$

In der Tat folgt hieraus die Darstellung (418). Dazu wende man die *Green*sche Formel

$$\iiint (f \nabla^2 g - g \nabla^2 f)\, dx\, dy\, dz = \iint \left(f \frac{\partial g}{\partial \nu} - g \frac{\partial f}{\partial \nu} \right) d\sigma,$$

in der $d\sigma$ ein Oberflächenelement des Integrationsraumes und ν die äußere Normale bedeutet, auf die Zelle an und setze

$$f = e^{-i(\mathfrak{q}^l,\, \mathfrak{r})}, \quad g = \psi.$$

Wegen der Periodizität verschwinden die Oberflächenintegrale an den Zellengrenzen; man muß aber wegen der Singularität von ψ eine kleine Kugel um den Nullpunkt ausschneiden, und diese liefert zum Oberflächenintegral den Beitrag 4π.

Da ferner $\nabla^2 f = - |\mathfrak{q}^l|^2 f$ ist, so folgt

$$|\mathfrak{q}^l|^2 \int \psi\, e^{-i(\mathfrak{q}^l,\, \mathfrak{r})}\, dx\, dy\, dz = 4\pi.$$

Also ist der Koeffizient der *Fourier*schen Reihe von ψ gleich $\dfrac{4\pi}{\varDelta |\mathfrak{q}^l|^2}$ und man erhält in der Tat die Darstellung (418).

Um diese in eine schnell konvergente Reihe zu verwandeln, geht man nach *Ewald* so vor. Mit Hilfe der Identität

$$\frac{1}{a} = \int\limits_0^\infty e^{-a\xi}\, d\xi$$

schreibt man

$$\psi = \frac{4\pi}{\varDelta} \int\limits_0^\infty \sum_l{}' \, e^{-|\mathfrak{q}^l|^2 \xi + i(\mathfrak{q}^l \mathfrak{r})}\, d\xi$$

und zerlegt das Integral in zwei Teile:

$$(419) \qquad \begin{cases} \psi = \psi_1 + \psi_2, \quad \psi_1 = \dfrac{4\pi}{\varDelta} \int\limits_\eta^\infty \sum_l{}' \, e^{-|\mathfrak{q}^l|^2 \xi + i(\mathfrak{q}^l \mathfrak{r})}\, d\xi, \\[3ex] \psi_2 = \dfrac{4\pi}{\varDelta} \int\limits_0^\eta \sum_l{}' \, e^{-|\mathfrak{q}^l|^2 \xi + i(\mathfrak{q}^l \mathfrak{r})}\, d\xi. \end{cases}$$

Das erste Teilintegral läßt sich elementar ausführen:

$$(420) \qquad \psi_1 = \frac{4\pi}{\varDelta} \sum_l{}' \, \frac{e^{-\eta |\mathfrak{q}^l|^2 + i(\mathfrak{q}^l \mathfrak{r})}}{|\mathfrak{q}^l|^2}.$$

Das zweite läßt sich nach *Ewald* mit Hilfe der Transformations-formel der dreifachen Theta-Reihen[258]) umformen. Es seien $\mathfrak{A}$, $\mathfrak{A}_1$, $\mathfrak{A}_2$, $\mathfrak{A}_3$ vier beliebige Vektoren und

$$(421) \qquad \mathfrak{G}_l = \mathfrak{A} + l_1\mathfrak{A}_1 + l_2\mathfrak{A}_2 + l_3\mathfrak{A}_3;$$

ferner sei

$$(421') \qquad \mathfrak{D}_l = \frac{\pi}{|\mathfrak{A}_1\mathfrak{A}_2\mathfrak{A}_3|}\{l_1[\mathfrak{A}_2\mathfrak{A}_3] + l_2[\mathfrak{A}_3\mathfrak{A}_1] + l_3[\mathfrak{A}_1\mathfrak{A}_2]\}.$$

Dann gilt identisch in dem Vektor $\mathfrak{B}$ die Transformationsformel:

$$(422) \qquad \mathop{S}_{l} e^{-\mathfrak{G}_l{}^2 + i(\mathfrak{G}_l\mathfrak{B})} = \frac{\pi^{\frac{3}{2}}}{|\mathfrak{A}_1\mathfrak{A}_2\mathfrak{A}_3|}\mathop{S}_{l} e^{-(\mathfrak{D}_l + \frac{1}{2}\mathfrak{B})^2 - 2i(\mathfrak{D}_l\mathfrak{A})}.$$

Diese wenden wir in der Weise an, daß wir setzen

$$(423) \qquad \mathfrak{A} = -\frac{\mathfrak{r}}{2\sqrt{\xi}}, \quad \mathfrak{A}_1 = \frac{\mathfrak{a}_1}{2\sqrt{\xi}}, \quad \mathfrak{A}_2 = \frac{\mathfrak{a}_2}{2\sqrt{\xi}}, \quad \mathfrak{A}_3 = \frac{\mathfrak{a}_3}{2\sqrt{\xi}},$$

also

$$(423') \qquad \mathfrak{G}_l = \frac{1}{2\sqrt{\xi}}(\mathfrak{r}^l - \mathfrak{r}), \quad \mathfrak{D}_l = \sqrt{\xi}\,\mathfrak{q}^l;$$

dann wird:

$$\mathop{S}_{l} e^{-\frac{1}{4\xi}(\mathfrak{r}l - \mathfrak{r})^2} = \frac{8\pi^{\frac{3}{2}}\xi^{\frac{3}{2}}}{\varDelta}\mathop{S}_{l} e^{-|\mathfrak{q}^l|^2\xi + i(\mathfrak{q}^l\mathfrak{r})}.$$

Mithin erhält man mit $\mathfrak{B} = 0$:

$$\psi_2 = \frac{1}{2\sqrt{\pi}}\int_0^\eta \mathop{S}_{l} e^{-\frac{1}{4\xi}(\mathfrak{r}l - \mathfrak{r})^2}\frac{d\xi}{\xi^{\frac{3}{2}}} - \frac{4\pi}{\varDelta}\eta.$$

Setzt man

$$(424) \qquad \alpha = \frac{1}{2\sqrt{\xi}}, \quad \varepsilon = \frac{1}{2\sqrt{\eta}},$$

so wird

$$(425) \qquad \psi_2 = \frac{2}{\sqrt{\pi}}\int_\varepsilon^\infty \mathop{S}_{l} e^{-\alpha^2(\mathfrak{r}l - \mathfrak{r})^2}\,d\alpha - \frac{\pi}{\varDelta\varepsilon^2}.$$

---

258) Über die Transformationsformel der einfachen ϑ-Reihen, s. diese Encykl. II B 3 (*R. Fricke*), Nr. 72, p. 323; II A 12 (*H. Burkhardt*), Nr. 107, p. 1339. Über allgemeine ϑ-Funktionen s. II B 7 (*A. Krazer* u. *W. Wirtinger*), Nr. 15—45, p. 636 bis 686. S. ferner *A. Krazer*, Lehrbuch der Thetafunktionen (Leipzig 1903). *Ewald* teilt in der Anm. 254) zit. Arbeit einen einfachen Beweis der hier benutzten Transformationsformel sowohl für den eindimensionalen, als auch für den dreidimensionalen Fall mit; er beruht darauf, daß die Differentialgleichung der Wärmeleitung, welche im Grundbereich (Periode der Punktreihe, Zelle des Gitters) periodisch ist, auf zwei Weisen gelöst wird: einmal durch die Methode der Wärmepole (*d'Alembert*sche Lösung), sodann durch die Methode der Eigenschwingungen (*Fourier*sche Reihen). Die Gleichsetzung beider Ausdrücke liefert die Transformationsformel. Diese Ableitung für einfache ϑ-Reihen findet sich schon bei *S. D. Poisson*, Théorie mathématique de la chaleur (Paris 1835), suppl. p. 51.

Hier kann man die *Gauß*sche Fehlerfunktion

$$(426) \qquad F(x) = \frac{2}{\sqrt{\pi}} \int_0^x e^{-\alpha^2}\, d\alpha$$

einführen; wir setzen

$$(426') \qquad G(x) = 1 - F(x) = \frac{2}{\sqrt{\pi}} \int_x^\infty e^{-\alpha^2}\, d\alpha.$$

Ersetzen wir auch in ψ_1 das η durch ε, so erhalten wir schließlich:

$$(427) \qquad \begin{cases} \psi_1 = \dfrac{4\pi}{\varDelta} \underset{l}{S}{}' \dfrac{e^{-\frac{1}{4\varepsilon^2}|q^l|^2 + i(q^l r)}}{|q^l|^2}, \\[2ex] \psi_2 = \underset{l}{S}\, \dfrac{G(\varepsilon|r^l - r|)}{|r^l - r|} - \dfrac{\pi}{\varDelta\,\varepsilon^2}. \end{cases}$$

Die Summe $\psi = \psi_1 + \psi_2$ ist natürlich von der willkürlichen Trennungsstelle ε unabhängig. Für $\varepsilon = \infty$ wird $\psi_2 = 0$ und ψ_1 verwandelt sich in die ursprüngliche *Fourier*sche Reihe (418). Für $\varepsilon = 0$ wird $\psi_1 = 0$ und ψ_2 wird eine divergente Reihe; das Potential φ selbst geht bei geeigneter Anordnung der Summationsfolge in seine ursprüngliche quellenmäßige Form

$$\varphi = \sum_k e_k \psi_k(r - r_k) = \underset{l}{S}\sum_k \frac{e_k}{|r_k^l - r|}$$

über.

ψ_1 konvergiert um so besser, je kleiner ε ist, ψ_2 um so besser, je größer ε ist; durch geeignete Wahl von ε kann man erreichen, daß beide Reihen sehr schnell konvergieren. Man findet leicht Zwischenwerte, für die beide Reihen praktisch berechenbar sind.

Die Einführung der Trennungsstelle ε ist *Ewalds* Verdienst, da in der älteren Literatur etwas Analoges nicht zu finden ist.

VI. *Selbstpotential und Energie des Raumgitters.* Nach *Madelung* lassen sich solche Gitter behandeln, die sich als Folge neutraler Netzebenen auffassen lassen, von denen jede selbst wieder eine Folge neutraler Punktreihen ist. Legt man die x-Achse in eine dieser Punktreihen und die y-Achse in die hindurchgehende neutrale Netzebene, ferner den Grundvektor $\mathfrak{a}_1$ parallel zur x-Achse $(\mathfrak{a}_{1x}, 0, 0)$, $\mathfrak{a}_2$ parallel zur xy-Ebene $(\mathfrak{a}_{2x}, \mathfrak{a}_{2y}, 0)$, so kann man das Selbstpotential des Raumgitters $\varphi_{k'}^{(3)}$, oder einfach $\varphi_{k'}$, aus dem einer Netzebene (414) und den Potentialen der parallelen Netzebenen zusammensetzen:

$$(428) \quad \varphi_{k'} = \varphi_{k'}^{(2)}$$
$$+ \frac{2\pi}{|\mathfrak{a}_1 \mathfrak{a}_2|} \sum_{\substack{l,m.p \\ =-\infty}}^{\infty} {\sum_k}' e_k \frac{1}{|\mathfrak{t}_{lm}|} e^{-|\mathfrak{t}_{lm}|\cdot|z_{k'} - z_k + p\,\mathfrak{a}_{3z}| + i(\mathfrak{t}_{lm}, r_{k'} - r_k + p\,\mathfrak{a}_3)}.$$

Die Summation über p führt übrigens auf eine geometrische Reihe und läßt sich ausführen.

In ganz ähnlicher Weise lassen sich auch die elektrostatischen Anteile der Gittersummen (20), Nr. **3**, (26), Nr. **5** und (32), Nr. **6**, die bei der Bestimmung des Gleichgewichts und der elastischen und piezoelektrischen Größen auftreten, berechnen, soweit sie sich aus Beiträgen neutraler Netzebenen zusammensetzen lassen. Das ist aber bei den Größen (32) nicht durchweg möglich, nämlich nur bei (32b) $\begin{bmatrix} k \\ x\,y\,z \end{bmatrix}$ und (32c) $[x y\,\bar{x}\bar{y}]$, bei denen Summationen über k vorkommen; ein Beispiel hierfür s. unten (Nr. **39**, (450)). Dagegen lassen sich die Größen (32a) $\begin{bmatrix} k\,k' \\ x y \end{bmatrix}$ auf diesem Wege nicht finden, da es Summen über einzelne einfache Gitter sind.

Die *Ewald*sche Methode ist in jedem Falle anwendbar. Um das erregende Potential zu bilden, hat man von φ (417') abzuziehen $\dfrac{e_{k'}}{|\mathfrak{r} - \mathfrak{r}_{k'}|}$; man kann daher setzen:

$$(429) \qquad \varphi_{k'}(\mathfrak{r}) = e_{k'}\bar{\psi}(\mathfrak{r} - \mathfrak{r}_{k'}) + \sum_{k}' e_k \psi(\mathfrak{r} - \mathfrak{r}_k),$$

wo

$$(430) \qquad \bar{\psi}(\mathfrak{r}) = \psi(\mathfrak{r}) - \frac{1}{r}.$$

Diese Funktion teile man durch eine Trennungsstelle ε wie in (427); ferner setze man entsprechend

$$\frac{1}{r} = \frac{2}{\sqrt{\pi}}\int_0^\varepsilon e^{-r^2\alpha^2}\,d\alpha + \frac{2}{\sqrt{\pi}}\int_\varepsilon^\infty e^{-r^2\alpha^2}\,d\alpha.$$

Das erste Integral, das von ψ_1 abzuziehen ist, hat den Wert $\dfrac{1}{r}F(\varepsilon r)$; das zweite ist nach (425) genau gleich dem Gliede $l = 0$ von ψ_2. Daher wird:

$$(430') \qquad \begin{cases} \psi = \bar{\psi}_1 + \bar{\psi}_2, \\[2mm] \bar{\psi}_1 = \dfrac{4\pi}{\varDelta}\,\underset{l}{S}'\,\dfrac{e^{-\frac{1}{4\varepsilon^2}|\mathfrak{q}^l|^2 + i(\mathfrak{q}^l\mathfrak{r})}}{|\mathfrak{q}^l|^2}\,\dfrac{F(\varepsilon r)}{r}, \\[4mm] \bar{\psi}_2 = \underset{l}{S}'\,\dfrac{G(\varepsilon\,|\mathfrak{r}^l - \mathfrak{r}|)}{|\mathfrak{r}^l - \mathfrak{r}|} - \dfrac{\pi}{\varDelta\varepsilon^2}. \end{cases}$$

Das Selbstpotential in $\mathfrak{r}_{k'}$ wird nun

$$(431) \qquad \varphi_{k'} = \varphi_{k'}(\mathfrak{r}_{k'}) = e_{k'}\bar{\psi}(0) + \sum_{k}' e_k \psi(\mathfrak{r}_{kk'}),$$

wo

$$(432) \qquad \begin{cases} \bar{\psi}_1(0) = \dfrac{4\pi}{\varDelta}\,\underset{l}{S}'\,\dfrac{e^{-\frac{1}{4\varepsilon^2}|\mathfrak{q}^l|^2}}{|\mathfrak{q}^l|^2} - \dfrac{2\varepsilon}{\sqrt{\pi}}, \\[4mm] \bar{\psi}_2(0) = \underset{l}{S}'\,\dfrac{G(\varepsilon r^l)}{r^l} - \dfrac{\pi}{\varDelta\varepsilon^2}, \end{cases}$$

während $\psi(\mathfrak{r}_{k'} - \mathfrak{r}_k)$ ohne weiteres aus (427) gebildet werden kann. Die Reihen (427), (430′) lassen sich gliedweise differenzieren; daher kann man ohne weiteres die elektrostatischen Anteile der Größen $\mathfrak{K}_k^{(0)}$ nach (20), Nr. **3**, und $\begin{bmatrix} k\,k' \\ x\,y \end{bmatrix}$ für $k \neq k'$ nach (32a), Nr. **6**, bilden. Man findet

$$(433) \quad \begin{cases} \text{a)} \quad (\mathfrak{K}_{kx}^{(0)})^{(e)} = -\dfrac{e_k}{\varDelta}\left\{ e_k\left(\dfrac{\partial \overline{\psi}}{\partial x}\right)_0 + \sum_{k'} e_{k'}\left(\dfrac{\partial \psi}{\partial x}\right)_{\mathfrak{r}_{k\,k'}} \right\}, \\[4mm] \text{b)} \quad \begin{bmatrix} k\,k' \\ x\,y \end{bmatrix}^{(e)} = \quad \dfrac{1}{\varDelta}\, e_k e_{k'}\left(\dfrac{\partial^2 \psi}{\partial x\,\partial y}\right)_{\mathfrak{r}_{k\,k'}} \end{cases} \qquad (k \neq k').$$

Letztere Größe bestimmt die elektrostatische Kraft, die zwei *einfache* Gitter bei einer relativen Verrückung aufeinander ausüben; es ist bemerkenswert, daß diese sich nicht aus dem Potential des einen Gitters auf das andere ableitet (denn dieses ist ja für das unendliche Gitter eine divergente Reihe), sondern aus der Funktion ψ, die dieselben Pole hat, aber nicht der *Laplace*schen Differentialgleichung $\nabla^2 \varphi = 0$, sondern der *Poisson*schen (418′) genügt. Mit Hilfe dieser Gleichung kann man die Größe (433b) sehr einfach für alle solchen Punktepaare regulärer Gitter berechnen, die folgende Eigenschaft haben: Wenn man einen Punkt $\mathfrak{r}_k$ festhält und die Operationen der Tetraedergruppe anwendet, so sollen die zu $\mathfrak{r}_k$ und $\mathfrak{r}_k{}'$ gehörigen einfachen Gitter in sich transformiert werden. Insbesondere gilt das bei D-Gittern (s. Nr. **13**) für *jedes* Punktepaar. Dann gilt

$$\begin{bmatrix} k\,k' \\ x\,x \end{bmatrix}^{(e)} = \begin{bmatrix} k\,k' \\ y\,y \end{bmatrix}^{(e)} = \begin{bmatrix} k\,k' \\ z\,z \end{bmatrix}^{(e)} = D_{k\,k'}^{(e)}, \quad \begin{bmatrix} k\,k' \\ y\,z \end{bmatrix}^{(e)} = \begin{bmatrix} k\,k' \\ z\,x \end{bmatrix}^{(e)} = \begin{bmatrix} k\,k' \\ x\,y \end{bmatrix}^{(e)} = 0.$$

Also wird

$$3\,D_{k\,k'}^{(e)} = \sum_x \begin{bmatrix} k\,k' \\ x\,x \end{bmatrix}^{(e)} = \frac{1}{\varDelta}\, e_k e_{k'}(\nabla^2 \psi)_{\mathfrak{r}_{k\,k'}} = \frac{4\pi\, e_k e_{k'}}{\varDelta^2},$$

$$(434) \qquad\qquad D_{k\,k'}^{(e)} = \frac{4\pi}{3}\,\frac{e_k e_{k'}}{\varDelta^2}.$$

Diese Größen sind nur für $k \neq k'$ definiert; ergänzt man sie vermöge $\sum_{k'} D_{k\,k'}^{(e)} = 0$ für $k = k'$, so sieht man sogleich, daß die Formel (434) auch für $k = k'$ gilt. Die von dem einen Gitter auf das andere ausgeübte Kraft bei einer Verrückung des zweiten beträgt

$$(434') \qquad\qquad \mathfrak{K}_{k\,k'}^{(e)} = D_{k\,k'}^{(e)}\mathfrak{u}_{k'} = \frac{e_k}{\varDelta}\,\frac{4\pi}{3}\,\mathfrak{p}_{k'},$$

wo $\mathfrak{p}_{k'} = \dfrac{1}{\varDelta}\, e_{k'}\mathfrak{u}_{k'}$ das Moment pro Volumeneinheit ist, das dabei entsteht. Die Wirkung der Verrückung ist also dieselbe, als wenn ein elektrisches Feld $\dfrac{4\pi}{3}\,\mathfrak{p}_{k'}$ herrschte; das ist die bekannte, sogenannte *Lorentz*sche *Kraft*, die sich hier als strenge Folge aus der Gittertheorie für die oben gekennzeichneten Punktepaare regulärer Kristalle, insbesondere für alle Punktepaare der D-Gitter ergibt [s. diese Encykl. V 14 (*H. A. Lorentz*), Nr. **36**, Formel (113)]. Zugleich gibt die allgemeine Formel (433b) die richtige Verallgemeinerung für beliebige Kristalle.

Die Berechnung der elektrostatischen Anteile an den elastischen und piezoelektrischen Konstanten nach der *Ewald*schen Methode findet sich in der Literatur nicht. Ein einfacher Weg sei hier angedeutet.

Man gehe aus von der elektrostatischen Energiedichte

$$(435) \qquad U_0 = \frac{1}{2\varDelta}\,\varphi_0 = \frac{1}{2\varDelta}\left(\overline{\psi}(0)\sum_k e_k^2 + \sum_{kk'}' e_k e_{k'} \psi(\mathfrak{r}_{kk'})\right)$$

und denke sich eine homogene Deformation nach Nr. 5, (28) ausge führt; diese kann man in der Weise zerlegen, daß

$$x_k \text{ ersetzt wird durch } x_k + u_{kx} + \sum_y u_{xy}\,y_k,$$

$$x^l \text{ ersetzt wird durch } x^l + \sum_y u_{xy}\,y^l.$$

Letzteres läßt sich wieder zerlegen in die Aussagen, daß

$$\mathfrak{a}_{ix} \text{ ersetzt wird durch } \mathfrak{a}_{ix} + \sum_y u_{xy}\,\mathfrak{a}_{iy} \quad (i = 1,\,2,\,3).$$

Hieraus folgt für die reziproken Vektoren $\mathfrak{b}$ bis auf Glieder von höherer als 1. Ordnung in den u_{xy}, daß

$$\mathfrak{b}_{ix} \text{ ersetzt wird durch } \mathfrak{b}_{ix} - \sum_y u_{yx}\,\mathfrak{b}_{iy},$$

also

$$\mathfrak{q}_x{}^l \text{ ersetzt wird durch } \mathfrak{q}_x{}^l - \sum_y u_{yx}\,\mathfrak{q}_y{}^l.$$

Nun ersetze man in $\psi(\mathfrak{r}_{kk'})$ nach (427) und $\overline{\psi}(0)$ nach (430) die $\mathfrak{r}_k$, $\mathfrak{r}^l$, $\mathfrak{q}^l$ durch die hier angegebenen Ausdrücke; dann erhält man die Energiedichte U im verzerrten Zustande als Funktion der $\mathfrak{u}_k$, u_{xy}, und indem man sie nach diesen entwickelt, bekommt man nach Nr. 5, 6 die gesuchten Größen als Koeffizienten der Reihe.

VII. *Potential des Halbgitters und Energie zweier Gitterhälften.* Die elektrostatische Energie der beiden, durch eine Netzebene getrennten Gitterhälften aufeinander spielt in der Theorie der Oberflächenenergie (s. Nr. 4) eine Rolle.

Wenn alle zur Grenzebene parallelen Netzebenen neutral sind, läßt sich das Potential des Halbgitters auf einen äußeren Punkt leicht nach dem *Madelung*schen Verfahren konstruieren. Man kann die Grundvektoren $\mathfrak{a}_1$, $\mathfrak{a}_2$ parallel zur Grenzebene annehmen; der Vektor $\mathfrak{a}_3$ sei in den freien Raum $z > 0$ gerichtet. Für die wechselseitige

Energie der beiden Gitterhälften pro Flächeneinheit bekommt man:

$$(436)\quad \Phi = \frac{2\pi}{|\mathfrak{a}_1\,\mathfrak{a}_2|}\sum_{k\,k'} e_k e_{k'} \sideset{}{'}\sum_{l,m}^{+\infty}_{-\infty} \sum_{p=0}^{\infty} \frac{p}{|\mathfrak{t}_{l\,m}|}\, e^{-|\mathfrak{t}_{l\,m}|\cdot|z_{k'}-z_k+p\,a_{3\,z}|}\, e^{i(\mathfrak{t}_{l\,m},\,\mathfrak{r}_{k'}-\mathfrak{r}_k+p\,\mathfrak{a}_3)}.$$

Ewald hat eine Methode zur Behandlung von Halbgittern[259]) angegeben und auf das optische Reflexionsproblem angewandt; die Übertragung auf den elektrostatischen Fall führt, wie man leicht sieht, zu derselben Formel, wenn man darin die Summation über p (geometrische Reihe) ausführt (s. Nr. **44**).

VIII. *Das Gitter kleinster elektrostatischer Energie und das Grundpotential.* Die Tatsache, daß in der Natur die Ionengitter vom Typus des Steinsalzes (NaCl) besonders häufig auftreten, hat *Born*[260]) zu der Frage geführt, ob dieses Gitter durch eine Extremaleigenschaft der elektrostatischen Energie (die den Hauptanteil der Gesamtenergie ausmacht) ausgezeichnet ist. In der Tat ist das der Fall.

Um das zu sehen, betrachte man ein einfaches Gitter mit der Zelle $\mathfrak{a}_1, \mathfrak{a}_2, \mathfrak{a}_3$ vom Volumen 1, $\varDelta = 1$, dessen Gitterpunkte also durch

$$\mathfrak{r}_k = k_1\mathfrak{a}_1 + k_2\mathfrak{a}_2 + k_3\mathfrak{a}_3 \qquad (k_1,\,k_2,\,k_3 = 0,\,1,\,\ldots n-1)$$

gegeben sind. Sodann fasse man n^3 Zellen dieses Gitters zu einer Zelle $\mathfrak{A}_1 = n\mathfrak{a}_1$, $\mathfrak{A}_2 = n\mathfrak{a}_2$, $\mathfrak{A}_3 = n\mathfrak{a}_3$ zusammen; innerhalb dieser setze man die beliebigen Ladungen $e_k = e_{k_1 k_2 k_3}$ in die Punkte $\mathfrak{r}_k$ und wiederhole diese dann periodisch in dem mit $\mathfrak{A}_1$, $\mathfrak{A}_2$, $\mathfrak{A}_3$ aufgebauten Gitter (zyklisches Gitter, s. Nr. **18**):

$$e_{k_1+n,\,k_2,\,k_3} = e_{k_1,\,k_2+n,\,k_3} = e_{k_1,\,k_2,\,k_3+n} = e_{k_1 k_2 k_3} \quad \text{oder kurz} \quad e_{k+n} = e_k.$$

Ferner ist

$$\mathfrak{r}_{k k'} = \mathfrak{r}_{k-k'}.$$

Daher erhält man für die doppelte elektrostatische Energie pro Zelle nach (435)

$$(437)\qquad \varphi_0 = \sum_{k,\,k'=0}^{n-1} e_k e_{k'} C_{k-k'},$$

wo

$$(437')\qquad C_0 = \overline{\psi}(0),\ C_k = \psi(\mathfrak{r}_k)$$

gesetzt ist.

φ_0 ist also eine quadratische Form der e_k vom Charakter einer dreidimensionalen Zyklante. Fragt man nach dem Minimum von φ_0

---

259) *P. P. Ewald*, Ann. d. Phys. 49 (1916), p. 1, 117; s. insbes. Teil II, § 2, p. 119.

260) *M. Born*, Ztschr. f. Phys. 7 (1921), p. 124. — In dieser Arbeit wird die Betrachtung nur für reguläre Gitter durchgeführt.

mit den Nebenbedingungen

$$(438) \qquad \sum_{k=0}^{n-1} e_k = 0, \qquad \sum_{k=0}^{n-1} e_k{}^2 = n^3,$$

so erhält man die linearen Gleichungen

$$\sum_{k'=0}^{n-1} C_{k-k'}\, e_{k'} + \lambda e_k + \mu = 0.$$

Durch Summation nach k folgt $\mu = 0$; die Lösung kann man in der Form

$$(439) \qquad e_{kp} = c \cos \frac{2\pi}{n}(pk), \quad (p\,k) = p_1 k_1 + p_2 k_2 + p_3 k_3$$

ansetzen, und man erhält für λ die $n^3 - 1$ Werte

$$(440) \qquad \lambda_p = -\sum_{k=0}^{n-1} C_k \cos \frac{2\pi}{n}(pk), \quad (k_1{}^2 + k_2{}^2 + k_3{}^2 \neq 0).$$

Aus den linearen Gleichungen und der zweiten Nebenbedingung (438) folgt andererseits, daß

$$(440') \qquad \lambda_p = -\frac{1}{n^3}\, \varphi_{0p}$$

ist, wo φ_{0p} der Wert von φ_0 für die Lösung e_{kp} (439) ist. Der gesuchte Minimalwert der Energie wird also von einer der $n^3 - 1$ periodischen Ladungsverteilungen (439) erreicht; sie heißen „Normalverteilungen", die zugehörigen Größen φ_{0p} „Normalpotentiale". Diese lassen sich nämlich als Potentialwerte im Nullpunkt der Normalverteilungen ansehen, wenn $c = \frac{n^3}{2}$ gesetzt wird; denn es ist, wie leicht zu zeigen,

$$(441) \qquad \varphi_{0p} = \underset{l}{S} \underset{kk'}{\sum}{}' \frac{e_{kp}\, e_{k'p}}{R_{kk'}^l} = n^3\, \underset{l}{S}{}' \frac{\cos \frac{2\pi}{n}(p\,l)}{r_l}.$$

Die hier auftretenden Summen sind die Werte, die die Funktion von 3 Variabeln $z_1,\, z_2,\, z_3$

$$(442) \qquad \Pi(z) = \underset{l}{S}{}' \frac{\cos 2\pi\,(lz)}{r_l}$$

in den rationalen Gitterpunkten $z = \frac{p}{n}$ annimmt; es gilt

$$(441') \qquad \varphi_{0p} = n^3\, \Pi\!\left(\frac{p}{n}\right).$$

Diese Funktion Π hat *Born* „Grundpotential" genannt; sie ist periodisch mit der Periode 1 für jede der 3 Variabeln $z_1,\, z_2,\, z_3$ und wird in den Ecken des Würfelgitters unendlich. Aus (437) und (441') folgt für Π leicht die Darstellung

$$\Pi(z) = \sum_k C_k \cos 2\pi (kz) = \overline{\psi}(0) + \sum_k{}' \psi(\mathfrak{r}_k) \cos 2\pi (kz).$$

Zerlegt man hier ψ nach (427), so läßt sich in ψ_1 die Summation über k ausführen und man bekommt die einheitlichen Ausdrücke

$$(442')\qquad\qquad\qquad \Pi = \Pi_1 + \Pi_2$$

$$(442'')\qquad
\begin{cases}
\Pi_1 = \dfrac{1}{\pi} \mathop{S}\limits_{l} \dfrac{e^{-\frac{\pi^2}{\varepsilon^2}(\mathfrak{b},\, l - z)^2}}{(\mathfrak{b},\, l - z)^2} - \dfrac{2\varepsilon}{\sqrt{\pi}}, \\[3ex]
\Pi_2 = \mathop{S}\limits_{l} \mathop{\sum}\limits_{k}{}' \cos 2\pi (kz) \dfrac{G(\varepsilon r_{k+nl})}{r_{k+nl}}.
\end{cases}$$

Man kann nun zeigen, daß diese Funktion $\Pi(z)$ im Punkte $z_1 = z_2 = z_3 = \frac{1}{2}$ ein Minimum hat und es ist sehr wahrscheinlich, daß es das absolute Minimum ist. Im Falle des eindimensionalen Gitters (Punktreihe) ist nämlich $\Pi(z)$ mit der in II, (407) eingeführten Funktion identisch, deren absolut kleinster Wert $\Pi(\frac{1}{2}) = -2 \ln 2$ ist. Ein strenger Beweis des Satzes für 3 Dimensionen steht noch aus.[261]

Der Punkt $z_i = \dfrac{1}{2}$ entspricht dem Indextripel $p_i = \dfrac{n}{2}$, zu dem die Normalverteilung (439)

$$e_{k,\,\frac{n}{2}} = c \cos \pi (k_1 + k_2 + k_3) = c\, (-1)^{k_1 + k_2 + k_3}$$

gehört, die von n unabhängig ist. Im Falle einer kubischen Zelle ist das aber gerade die Ladungsverteilung des Steinsalzgitters; dieser kommt also die kleinste elektrostatische Energie zu unter allen Ladungsverteilungen, die den Nebenbedingungen (438) genügen, also insbesondere solchen, die durch bloße Umstellungen der Ladungen $\pm e$ im Steinsalzgitter innerhalb eines beliebig großen Würfels entstehen.

Wichtiger als dieser Minimalsatz ist die Tatsache, daß durch die Funktion Π alle Selbstpotentiale und Gitterenergien mit beliebiger Genauigkeit ausgedrückt werden können.

Jede beliebige periodische Ladungsverteilung e_k, $\mathfrak{r}_k$ in der Zelle $(\mathfrak{A}_1 \mathfrak{A}_2 \mathfrak{A}_3)$ läßt sich nämlich durch eine solche approximieren, wo die Ladungen in den rationalen Punkten

$$\mathfrak{r}_k = \frac{k_1}{n} \mathfrak{A}_1 + \frac{k_2}{n} \mathfrak{A}_2 + \frac{k_3}{n} \mathfrak{A}_3 = k_1 \mathfrak{a}_1 + k_2 \mathfrak{a}_2 + k_3 \mathfrak{a}_3$$

---

261) Für 2 Dimensionen ist der Beweis von *O. Emersleben* (Diss. Göttingen) geführt worden. Dieser hat auch eine Tafel des Grundpotentials berechnet und sie zur Bestimmung der elektrostatischen Gittertheorien einiger Kristalle verwendet. S. auch *G. Emersleben*, Phys. Ztschr. 24 (1923), p. 73, 97.

sitzen. Eine solche aber läßt sich (analog wie in dem unter I behandelten eindimensionalen Falle) als Summe sinusförmiger Ladungsverteilungen auffassen:

$$(443) \qquad e_k = \sum_q \xi_q e^{-\frac{2\pi i}{n}(kq)}, \qquad \xi_q = \frac{1}{n^3} \sum_k e_k e^{\frac{2\pi i}{n}(kq)},$$

wo die Summenzeichen, wie immer, dreifache Summen bedeuten. Dann wird das Selbstpotential

$$\varphi_{k'} = S \sum_{l \; k}' \frac{e_k}{R_{kk'}^l} = S \sum_{l \; q}' \frac{e_{k'+q}}{r_{q+ln}} = \sum_p \xi_p e^{-\frac{2\pi i}{n}(k'p)} S_l' \frac{e^{-\frac{2\pi i}{n}(pl)}}{r_l},$$

$$(444) \qquad \varphi_{k'} = \sum_p \xi_{pk'} \, \Pi\!\left(\frac{p}{n}\right) = \frac{1}{n^3} \sum_p \xi_{pk'} \, \varphi_{0p},$$

wo

$$(444') \qquad \xi_{pk'} = \xi_p e^{-\frac{2\pi i}{n}(pk')} + \xi_{-p} e^{\frac{2\pi i}{n}(pk')}.$$

Für die elektrostatische Energie bekommt man:

$$(445) \qquad \frac{1}{2}\varphi_0 = \sum_p \sigma_p \, \Pi\!\left(\frac{p}{n}\right) = \frac{1}{n^3} \sum \sigma_p \, \varphi_{0p},$$

wo

$$(445') \qquad \sigma_p = \frac{1}{n^3} \sum_k s_k \cos\frac{2\pi}{n}(pk), \qquad s_k = \sum_{k'} e_{k'} e_{k'+k}.$$

Wenn also die Funktion Π für eine Zelle $\mathfrak{a}_1, \mathfrak{a}_2, \mathfrak{a}_3$ tabuliert ist, so hat man damit die Selbstpotentiale und Energien aller, zu dieser Zelle gehörigen Gitter mit rationalen Gitterpunkten und damit approximativ auch für beliebige Lage der Gitterpunkte in der Zelle. Für reguläre Gitter ist Π von *Emersleben*[261]) tabuliert; der Minimalwert von Π ist[262])

$$(446) \qquad \Pi\!\left(\frac{1}{2}\right) = S_l' \frac{(-1)^{l_1+l_2+l_3}}{\sqrt{l_1^2 + l_2^2 + l_3^2}} = -\,1{,}747\,557\,8\ldots$$

Einige andere numerische Werte sollen bei den Anwendungen mitgeteilt werden.

38. Physikalische Folgerungen aus der Annahme elektrostatischer Kohäsion. Das Verfahren, das *Born* und *Landé* bei der Berechnung der Dimensionen und der Kompressibilität von Ionengittern aus den Ringmodellen der Ionen benutzt haben, bestand darin, daß außer der *Coulomb*schen Anziehung noch das erste Glied der nach fallenden Potenzen von r fortschreitenden Reihe mitgenommen wurde,

---

262) Dieser Wert ist mit geringerer Genauigkeit schon von *Madelung* in seiner ersten Arbeit (Anm. 253) berechnet, ferner von *Born* u. *Landé* (Anm. 245) und *Ewald* (Anm. 254).

die die Abstoßung der Elektronenringe darstellt. Mit dieser Annäherung handelt es sich also um ein Kraftgesetz der alten, von *Mie* und *Grüneisen* benutzten zweigliedrigen Form (267), deren Konsequenzen für zweiatomige, reguläre Kristalle vom Steinsalztypus hier systematisch in Nr. **33** entwickelt worden sind. Die Anziehungskraft ist aber jetzt völlig bekannt; man hat für die *Coulomb*schen Kräfte in (374) offenbar

$$(447) \qquad m = 1, \quad a = e^2, \quad \alpha = -1$$

zu setzen, wo e die Ionenladung ist. Die Abstoßungskraft (die drei Konstanten n, b, β) aber hängen von dem Bau der äußeren Elektronenschalen der Ionen ab; für die Ringmodelle hatte sich $n = 5$ ergeben. *Born* und *Landé*[263]) erkannten nun, daß die Kompressibilität ein scharfes Kriterium für die Größe des Abstoßungsexponenten n liefert.

Man hat nämlich nach (90) und (375) mit Rücksicht auf (447)

$$(448) \quad \frac{1}{\varkappa} = \frac{1}{3}(A + 2B) = \frac{e^2 S_0(1)}{9 \varDelta r_0}(n-1) = \frac{e^2 S_0(1)}{18 r_0{}^4}(n-1).$$

Für $\alpha = -1$ folgt aus (370')

$$S_0(1) = S_0{}'(1) - S_0{}''(1),$$

und diese Gittersumme geht nach (370) durch die ganzzahligen Substitutionen

$$(449) \quad \begin{cases} l_1' = 1 + l_2 + l_3 & \qquad l_1'' = l_2 + l_3 \\ l_2' = 1 + l_3 + l_1 & \text{bzw.} \quad l_2'' = l_3 + l_1 \\ l_3' = 1 + l_1 + l_2 & \qquad l_3'' = l_1 + l_2 \end{cases}$$

gerade in die Größe $- \Pi(\tfrac{1}{2})$ nach (442) über:

$$(450) \quad S_0(1) = - \underset{l}{S}' \frac{(-1)^{l_1 + l_2 + l_3}}{\sqrt{l_1{}^2 + l_2{}^2 + l_3{}^2}} = - \Pi\left(\frac{1}{2}\right) = 1{,}747.$$

Indem man r_0 durch die Atomgewichte M_1, M_2 der beiden Ionen und die Dichte ϱ des Kristalls ausdrückt ($e = 4{,}774 . 10^{-10}$ E. S. E):

$$(451) \qquad r_0 = \sqrt[3]{\frac{M_1 + M_2}{2 \varrho N}}, \quad \frac{e^2}{r_0{}^4} = 2{,}947 . 10^{13} \left(\frac{\varrho}{M_1 + M_2}\right)^{\frac{4}{3}},$$

erhält man die Formel

$$(452) \qquad n = 1 + 3{,}496 . 10^{-13} . \frac{1}{\varkappa}\left(\frac{M_1 + M_2}{\varrho}\right)^{\frac{4}{3}},$$

durch welche der Abstoßungsexponent auf die Messung von ϱ und $\varkappa$ zurückgeführt wird.

---

263) *M. Born* u. *A. Landé*, Verh. d. Deutsch. Phys. Ges. 20 (1918), p. 210; s. ferner *M. Born* u. *E. Brody*, Ztschr. f. Phys. 7 (1922), p. 217. — Für die numerischen Angaben des Textes wird diese neuere Abhandlung zugrunde gelegt

Die folgende Tabelle zeigt, daß n wesentlich größer als 5 herauskommt, nämlich ungefähr bei 9 liegt.

Tabelle X.

	ϱ beob.	$\varkappa$ beob.	n
NaCl	2,17	$4,13.10^{-12}$	7,84
NaBr	3,01	5,1	8,61
NaJ	3,55	6,9	8,45
KCl	1,98	5,62	8,86
KBr	2,70	6,2	9,78
KJ	3,07	8,6	9,31

Damit ist bewiesen, daß die ebenen Ringmodelle nicht ausreichen, um die Elastizität der Salzkristalle zu erklären. *Born* und *Landé* zogen hieraus den Schluß, daß die Ionen räumliche Elektronengebilde sein müßten, weil der Exponent der gegenseitigen Abstoßung um so größer ist, je symmetrischer die den Kern umgebenden Ladungen im Raume verteilt sind.

Born[264]) hat dieses Ergebnis mit der Grundannahme der *Kossel*schen Theorie der Elektrovalenz[240]) in Verbindung gebracht; nach dieser sollen die Atome der Edelgase und die Ionen der den Edelgasen benachbarten Atome eine Außenschale von acht Elektronen haben. Es liegt nahe, diese acht Elektronen in den Ecken eines Würfels[265]) anzunehmen oder wenigstens dem System ihrer Bahnen im Zeitmittel Würfelsymmetrie zuzuschreiben. Damit versteht man sogleich, warum sich diese Ionen gerade in kubischen Kristallen aneinanderlegen, was bei den Ringmodellen nicht recht begreiflich ist; ferner aber kann man auch den Exponenten $n = 9$ der Abstoßungskraft ableiten. Hierzu berechnet *Born* die elektrostatische Energie zweier einfacher Ionenmodelle, bestehend aus je einem positiven Kern, der eine mit sieben, der andere mit neun Ladungen, und je acht Elektronen in den Ecken eines den Kern als Mittelpunkt umgebenden Würfels. Sind a, a' die Radien der den Würfeln umschriebenen Kugeln, r der Kernabstand, so erhält man für parallele Orientierung der Kanten

$$\varphi = \frac{-e^2}{r} + \frac{e^2(a^4 - a'^4)}{r^5} f_5 + \frac{e^2 a^4 a'^4}{r^9} f_9 + \cdots,$$

---

264) *M. Born*, Verh. d. Deutsch. phys. Ges. 20 (1918), p. 230. Die Wechselwirkung von „Polsystemen" hat schon *E. Riecke* [Ann. d. Phys. (4) 3 (1900), p. 545; Phys. Ztschr. 1 (1900), p. 277] zur Erklärung der Kristallstruktur, insbesondere der piezo- und pyroelektrischen Erscheinungen herangezogen (s. Nr. **10**).

265) Zu der Annahme statischer Würfelmodelle sind kurz vorher und unabhängig auf Grund rein chemischer Überlegungen *G. N. Lewis* u. *J. Langmuir* gelangt (zit. Anm. 240).

wo f_5, f_9, ... Funktionen der Richtung der Zentrallinie gegen die Würfelkanten (Kugelfunktionen 5., 9., ... Grades) sind. Man sieht, daß für genau gleich große Würfel ($a = a'$) das erste nicht verschwindende Glied der Reihe, welches auf die *Coulomb*sche Anziehung folgt, den Exponenten $n = 9$ hat. Damit ist die Größenordnung des Abstoßungsexponenten (Tabelle X) plausibel gemacht.

Landé[266]) hat den Versuch gemacht, Atommodelle mit Würfel-, allgemeiner Polyeder-Symmetrie auf Grund der Quantentheorie zu konstruieren; dabei bewegen sich die Elektronen so, daß sie in jedem Augenblick eine symmetrische Konfiguration bilden. So interessant die Feststellung ist, daß es solche ausgezeichneten Lösungen des n-Körperproblems gibt, so mißt man Modellen dieser Art wegen ihrer mechanischen Labilität heute keine Bedeutung mehr bei.

Haber[267]) hat versucht, die Deformierbarkeit der Ionen zu berücksichtigen; da er mit ruhenden Elektronen und elektrostatischen Kräften operiert, ist auch hier der Einwand zu machen, daß es sich um labile Systeme handelt.

Fajans und *Herzfeld*[268]) haben neben dem Glied mit $n = 9$ auch das mit $n = 5$ berücksichtigt; durch geeignete Wahl der Ionenradien a, a' von vier Halogenionen und drei Alkaliionen konnten sie Gitterkonstanten von 11 Salzen befriedigend darstellen. (Die Anwendung auf die chemischen Eigenschaften der Salze s. Nr. **39**.)

Die von *Born* nur für parallele Orientierung der Würfel ausgeführte Berechnung der elektrostatischen Energie wurde von *Smekal*[268a]) für beliebige Stellung der Würfel verallgemeinert. *Rella*[269]) hat die entsprechenden Formeln angegeben für Atome von Würfel- bzw. Tetraedersymmetrie, sonst aber beliebigem Bau; diese Formeln lassen sich auch auf den Fall kreisender Elektronen anwenden; *H. Schwendenwein*[269a]) hat mit ihrer Hilfe die Ionengröße und die Gitterenergie der Alkalihalogenide für Ionenmodelle vom *Landé*schen Würfeltypus berechnet.

Da sich nach bekannten Sätzen der Potentialtheorie elektrische

266) *A. Landé*, Verh. d. Deutsch. Phys. Ges. 21 (1919), p. 2, 644, 653; Berl. Ber. 1919, p. 101; Ztschr. f. Phys. 1 (1920), p. 191; 2 (1920), p. 83, 87, 380. *E. Madelung* u. *A. Landé*, Ztschr. f. Phys. 2 (1920), p. 230.

267) *F. Haber*, Verh. d. Deutsch. Phys. Ges. 21 (1919), p. 750.

268) *K. Fajans* u. *K. F. Herzfeld*, Ztschr. f. Phys. 2 (1920), p. 309.

268a) *A. Smekal*, Ztschr. f. Phys. 1 (1920), p. 309.

269) *T. Rella*, Ztschr. f. Phys. 3 (1920), p. 157.

269a) *H. Schwendenwein*, Ztschr. f. Phys. 4 (1921), p. 73; s. hierzu auch *A. Landé*, ebenda, p. 450.

Punktladungen niemals zu stabilen Konfigurationen anordnen, so muß die Stabilität sowohl der Atome und Ionen, als auch der aus ihnen aufgebauten Gitter auf den Bewegungen der Elektronen beruhen. Da die *Bohr*sche Atomtheorie noch keine handlichen Modelle bereitstellt, hat *Born*[270]) unter Verzicht auf die absolute Berechnung der Kristalleigenschaften die Abstoßungskraft als Zentralkraft angesetzt[270a]), (also ohne Berücksichtigung der Kugelfunktionen, welche die Abhängigkeit der Kraft von der Orientierung der Atome gegeneinander ausdrücken); dabei entnahm er den Abstoßungsexponenten aus der Formel (452) und eliminierte die Konstante b mit Hilfe der Gleichgewichtsbedingungen (372'). Es handelt sich also um die Anwendung der hier in Nr. **33** zusammengestellten Formeln (375) auf den Fall $m = 1$. Während *Born* ursprünglich mit dem mittleren Exponenten $n = 9$ für alle Alkalihalogenide rechnete, sollen hier die einzelnen Werte von n für die verschiedenen Salze (Tabelle X) nach einer neueren Arbeit von *Born* und *Brody*[271]) berücksichtigt werden.

Um die Größen (375) für $m = 1$ zu berechnen, hat man außer der schon angegebenen Gittersumme $S_0(1)$ (450) noch die Summe $S_1(1) = S_1'(1) - S_1''(1)$ zu berechnen; diese nimmt durch die Sub-

---

270) *M. Born*, Ann. d. Phys. 61 (1919), p. 87; Verh. d. Deutsch. Phys. Ges. 21, p. 199, 533.

270a) *W. Schottky* (Phys. Ztschr. 21 (1920), p. 232) hat gegen diesen Ansatz folgendes Bedenken vorgebracht: Nach einem bekannten Satze der statistischen Mechanik (Literatur bei *Schottky* l. c.) verteilt sich bei einem, durch elektromagnetische Kräfte zusammengehaltenen System eine Energiezufuhr ΔU in der Weise auf die potentielle und kinetische Energie, daß erstere um $2\Delta U$ zunimmt, letztere um ΔU abnimmt. Wenn ein Kristall aus *Bohr*schen Atomen aufgebaut ist, müßte dieser Satz anwendbar sein; danach dürfte man nicht die Gitterenergie als potentielle Energie zwischen ungeänderten Atomen auffassen, sondern müßte berücksichtigen, daß beim Aufbau des Gitters aus seinen Atomen (Ionen) diese selbst sich wesentlich ändern, weil die kinetische Energie der umlaufenden Elektronen um den vollen Betrag der gesamten Energieänderung abnimmt. — Tatsächlich ist aber diese Änderung (im folgenden kurz als Gitterenergie bezeichnet) klein gegen den gesamten Energieinhalt der Atome; also wird auch die Änderung der Atome beim Aufbau des Gitters aus den freien Atomen relativ klein sein. Denkt man sich nun diesen Aufbau unendlich langsam (adiabatisch im Sinne der Qantentheorie) vollzogen, so ist die Gesamtenergie aller Atome in jedem Augenblick nur Funktion der Lage der Kerne; *diese Funktion* ist es, die in der Gittertheorie als „potentielle Energie" der ganzen Atome aufeinander eingeführt wird. Bedenken können sich nur dagegen erheben, ob es erlaubt ist, den nach Abspaltung der elektrostatischen Anziehung übrig bleibenden Teil dieser Energie durch ein Potenzgesetz (proportional r^{-n}) anzunähern; doch kann darüber nur der Erfolg entscheiden.

271) *M. Born* u. *E. Brody*, Ztschr. f. Phys. 7 (1922), p. 217.

stitution (449) die Form an

$$(453) \qquad S_1(1) = -3 \mathop{S}_{l} \frac{(-1)^{l_1+l_2+l_3} l_1{}^4}{(\sqrt{l_1{}^2 + l_2{}^2 + l_3{}^2})^5}$$

und läßt sich leicht umformen in

$$(453') \qquad S_1(1) = \frac{1}{3} S_0(1) - 2 \sum_{p=1}^{\infty} (-1)^p \cdot p^2 \left(\frac{\partial^2 \varphi^{(2)}}{\partial z^2} \right)_{\substack{x=0 \\ y=0 \\ z=p}},$$

wo $\varphi^{(2)}$ das durch (413) gegebene Potential der Netzebene $x = 0$ des Steinsalzgitters ist:

$$\varphi^{(2)} = 8 \sum_{\substack{m \\ \text{ungerade}}} \sum_{n} \frac{e^{-\pi \sqrt{m^2 + n^2} \cdot |z|}}{\sqrt{m^2 + n^2}} \cos m\pi x \cos n\pi y.$$

Daher wird

$$(453'') \quad S_1(1) = \tfrac{1}{3} S_0(1) + 16\pi^2 \sum_{p=1}^{\infty} (-1)^p p^2 \sum_{\substack{m \quad n \\ \text{ungerade}}} \sqrt{m^2 + n^2}\, e^{-\pi\sqrt{m^2+n^2}\cdot p}$$

$$= 3{,}226.$$

Das in f_3, f_3' vorkommende Glied $(m-1) S_0'(m+2)$, dessen erster Faktor für $m = 1$ verschwindet, ist der Anteil der elektrostatischen Kräfte an den Größen D bzw. D'. In Nr. 37, VI wurde gezeigt, daß diese Größe *nicht* aus dem gewöhnlichen elektrostatischen Potential abgeleitet werden darf, sondern aus der dort definierten Funktion ψ nach der Formel (434); hier wird wegen $e_1 = c$, $c_2 = -e$:

$$(454) \qquad\qquad D^{(e)} = D_{12}^{(e)} = -\frac{4\pi}{3} \frac{e^2}{\varDelta^2}.$$

Der Vergleich mit (375e) zeigt, daß

$$(455) \qquad\qquad (m-1) S_0'(m+2) \text{ durch } 2\pi$$

zu ersetzen ist.

Die Gittersummen (370) gehen durch die Substitution (445) über in[272]:

---

272) Die Bezeichnung in der ersten Arbeit von *Born* (Anm. 270) war etwas anders:

jetzt: $S_0'(n)$,	$S_0''(n)$,	$S_1'(n)$,	$S_1''(n)$;
früher: $S_1(n)$,	$S_2(n)$,	$3 C_1(n+4)$,	$3 C_2(n+4)$.

Diese Funktionen sind von *Born* durch direkte Summierung berechnet worden (Tabelle XI). *O. Emersleben* (zit. Anm. 261) hat gezeigt, daß man sie nach demselben Verfahren, das *Ewald* auf die elektrostatischen Gittersummen angewandt hat (s. Nr. 37, V), in schnell konvergierende Reihen verwandeln kann. Diese Reihen hat *P. Epstein* als „allgemeine Z-Funktionen" [Math. Ann. 56 (1903), p. 615; 63 (1906), p. 205] eingeführt und ausführlich studiert.

$$(456) \quad \begin{cases} S_0'(n) = \underset{\substack{l_1+l_2+l_3 \\ \text{ungerade}}}{S} (l_1{}^2 + l_2{}^2 + l_3{}^2)^{-\frac{n}{2}}, \\[2em] S_0''(n) = \underset{\substack{l_1+l_2+l_3 \\ \text{gerade}}}{S}{}' (l_1{}^2 + l_2{}^2 + l_3{}^2)^{-\frac{n}{2}}, \\[2em] S_1'(n) = 3 \underset{\substack{l_1+l_2+l_3 \\ \text{ungerade}}}{S} (l_1{}^2 + l_2{}^2 + l_3{}^2)^{-\frac{n+4}{2}} l_1{}^4, \\[2em] S_1''(n) = 3 \underset{\substack{l_1+l_2+l_3 \\ \text{gerade}}}{S}{}' (l_1{}^2 + l_2{}^2 + l_3{}^2)^{-\frac{n+4}{2}} l_1{}^4. \end{cases}$$

Folgende Tabelle gibt einen Überblick über ihre Werte:

Tabelle XI.

n	$S_0'(n)$	$S_0''(n)$	$S_0'(n+2)$	$S_1'(n)$	$S_1''(n)$
7	6,231	1,149	6,065	6,084	0,5739
8	6,144	0,785	6,036	6,045	0,3942
9	6,065	0,544	6,020	6,021	0,2730
10	6,036	0,381	6,011	6,012	0,1908

Die aus der Kompressibilität der Alkalihalogenide bestimmten Werte von n (Tab. X) fallen zwischen 7 und 10; man kann also die zugehörigen Werte der Gittersummen durch (graphische) Interpolation bestimmen und dann die Funktionen $f_1, f_2, f_3, f_1', f_2', f_3'$ nach (376) und (380) für verschiedene Werte von β berechnen.[273]

Für zwei Kristalle des hier behandelten Typus ist die Elastizitätskonstante $c_{11} = A$ von *Voigt*[274] gemessen worden; und zwar ist in C. G. S.-Einheiten

$$\text{für NaCl} \qquad c_{11} = 4,68 \cdot 10^{11},$$
$$\text{für KCl} \qquad c_{11} = 3,68 \cdot 10^{11}.$$

Born hatte ursprünglich in (374) $\beta = 1$ gesetzt und den damit erhaltenen theoretischen Wert in recht guter Übereinstimmung mit den Beobachtungen gefunden. Man kann aber die Übereinstimmung nach *Born* und *Brody* durch geeignete Wahl von β noch verbessern. Nach (375 b) ist

$$(457) \qquad c_{11} = A = \frac{e^2 S_0(1)}{6\, r_0{}^4} f_1(n, 1);$$

---

273) Tabellen von $f_1, f_2, f_3, f_1', f_2', f_3'$ finden sich in der zit. (Anm. 271) Arbeit von *Born* und *Brody*.

274) *W. Voigt*, Lehrbuch der Kristallphysik, § 373, p. 774. Eine Berechnung der ebenfalls gemessenen Konstanten c_{12} liefert keine unabhängige Prüfung der Theorie, da sich c_{12} durch $\varkappa$ und c_{11} ausdrücken läßt $\left(\dfrac{3}{\varkappa} = c_{11} + 2\,c_{12}\right)$.

mit Benutzung von (450), (451) folgt daraus

$$(457') \qquad f_1 = 1{,}168 \cdot 10^{-13} c_{11} \left(\frac{M_1 + M_2}{\varrho} \right)^{\frac{4}{3}},$$

und man erhält

$$\text{für NaCl} \qquad f_1 = 4{,}42,$$
$$\text{für KCl} \qquad f_1 = 5{,}43.$$

Folgende Tabelle gibt die Werte von f_1 für diese beiden Salze als Funktionen von β:

Tabelle XII.

$\beta =$	$-1{,}5$	$-1{,}0$	$-0{,}5$	0	0,5	1,0	1,5
NaCl	5,28	4,83	4,45	4,10	3,81	3,54	3,30
KCl	6,08	5,76	5,47	5,22	4,99	4,75	4,56

Man sieht, daß man für $\beta = -0{,}5$ sehr gute Übereinstimmung bekommt. Der negative Wert von β bedeutet nach (369), daß bezüglich der mit r^{-n} proportionalen Kraft gleichartige und ungleichartige Ionen sich verschieden verhalten: Ungleichartige Ionen müssen als nächste Nachbarn im Gitter sich natürlich abstoßen, weil sonst das Gitter zusammenbräche; gleichartige Ionen aber ziehen sich an. Die mit r^{-n} proportionalen Strukturkräfte verhalten sich also hinsichtlich der Richtung gerade entgegengesetzt wie die mit r^{-1} proportionalen *Coulomb*schen Kräfte.[275]) Dieses Ergebnis scheint für das Verständnis der Natur dieser Kräfte von Bedeutung zu sein.

Mit diesem Werte $\beta = -0{,}5$ soll nun die Wellenlänge der Reststrahlen berechnet werden. Nach (223') ist die Eigenfrequenz

$$\omega^{(0)} = \sqrt{\left(\frac{1}{m_1} + \frac{1}{m_2} \right) \varDelta D};$$

dabei ist nach (375e) für $m = 1$:

$$\varDelta D = \frac{S_0(1)}{3} \frac{e^2}{r_0{}^3} f_3.$$

Führt man die Dichte $\varrho = \frac{m_1 + m_2}{2 r_0{}^3}$, die *Faraday*sche Konstante $F = Ne = 2{,}90 \cdot 10^{14}$ E.S.E., die Atomgewichte $M_1 = N m_1$, $M_2 = N m_2$ und die Wellenlänge $\lambda_0 = \frac{2 \pi c}{\omega^{(0)}}$ ein, so erhält man

$$(458) \qquad \omega^{(0)\,2} = \frac{4 \pi^2 c^2}{\lambda_0{}^2} = \frac{2 S_0(1) F^2 \varrho}{3 M_1 M_2} f_3,$$

$$(458') \qquad \lambda_0 = \sqrt{ \frac{6 \pi^2 c^2}{S_0(1) F^2} \frac{M_1 M_2}{\varrho f_3} } = 6{,}03 \sqrt{ \frac{M_1 M_2}{\varrho f_3} }.$$

---

275) Dasselbe Ergebnis haben *M. Born* und *E. Bormann* [Ann. d Phys. 62 (1920), p. 218] auch bei Zinkblende ZnS erhalten.

Daraus folgt nach (225') für $p = 1$, $z = 1$:

$$(459) \qquad K = \varepsilon - \varepsilon_0 = \frac{6\pi}{S_0(1)} \cdot \frac{1}{f_3} = \frac{10{,}78}{f_3}.$$

Aus λ_0 kann man mit der *Försterling*schen Korrektion (227') die Wellenlänge λ_m der maximalen Reflexion berechnen

$$(460) \qquad \lambda_m = \frac{\lambda_0}{\sqrt{1 + \dfrac{K}{2(\varepsilon - K)}}}.$$

Die Tabelle enthält die berechneten Werte von f_3, daraus λ_0 nach (358'), sodann die gemessenen Dielektrizitätskonstanten ε und daraus λ_m nach (360). Zum Vergleich sind die von *Rubens* gemessenen Wellenlängen λ_R der Reststrahlen daneben gesetzt.

Tabelle XIII.

	f_3	λ_0	ε	λ_m	λ_R
NaCl	3,60	61,6	5,82	50	52,0
KCl	4,59	74,5	4,75	61	63,4
KBr	5,44	88,0	4,66	75	82,6
KJ	5,01	108,3	5,10	93	94,1

Die Übereinstimmung ist befriedigend.

Endlich soll die thermische Ausdehnung berechnet werden. Setzt man für die Atomwärme den *Dulong-Petit*schen Wert $C_v = 3R$, so erhält man für

$$(461) \qquad \gamma = \frac{3V\alpha}{\varkappa C_v} = \frac{M_1 + M_2}{2R\varrho} \cdot \frac{\alpha}{\varkappa}$$

die Werte[276] der Tabelle XIV, die von den theoretischen Werten von γ_0 und γ_∞ nach (381) mit $\beta = -0{,}5$ umrahmt sind.

Tabelle XIV.

	$\varkappa \cdot 10^{12}$	$\alpha \cdot 10^{15}$	γ_0	γ	γ_∞
NaCl	4,13	4,04	1,47	1,59	2,12
KCl	5,62	3,80	1,47	1,53	2,15
KBr	6,2	4,20	1,49	1,80	2,21
KJ	8,6	4,27	1,46	1,61	2,17

Wie die Theorie es verlangt, fällt γ zwischen γ_0 und γ_∞, und zwar

---

276) Dieselbe Größe γ findet sich bei *Grüneisen* (2. Conseil de Physique Solvay 1913; *E. Grüneisen*, Molekulartheorie der festen Körper) tabuliert, unter der Bezeichnung $\left(\dfrac{\partial p}{\partial \mathfrak{E}}\right)_0$, Tab. 8, p. 44. Die Abweichungen von unseren Zahlen rühren davon her, daß *Grüneisen* mit individuellen C_v-Werten rechnet, während hier $C_v = 3R$ gesetzt ist.

etwas näher an γ_0; das bedeutet, daß die ultraroten Schwingungen durchaus nicht als monochromatisch behandelt werden dürfen (s. Nr. **33**).

In ganz ähnlicher Weise wie die Alkalihalogenide haben *Born* und *Bormann*[277]) den Kristall Zinkblende ZnS behandelt. Dieser ist piezoelektrisch, und man konnte daran denken, auch die piezoelektrische Konstante zu berechnen; doch wurde bereits in Nr. **13**, II gezeigt, daß ohne alle Annahmen über die Natur der Molekularkräfte, nur aus der zweiatomigen Struktur eine Beziehung (96) zwischen den Konstanten der Elastizität, Dielektrizität, Piezoelektrizität resultiert, die bei Zinkblende *nicht* erfüllt ist. Der Grund ist in der Deformierbarkeit der Ionen zu suchen. Da in der zitierten Arbeit bei der Berechnung des elektrostatischen Anteils der Konstante c_{11} ein Fehler untergelaufen ist, soll das Resultat nicht vollständig wiedergegeben werden. Nur soviel sei gesagt, daß sich hier der Abstoßungsexponent zu $n = 4{,}92$ (rund $n = 5$) ergibt; das läßt auf einen weniger symmetrischen Bau der zweiwertigen Ionen Zn^{++}, S^{--} schließen, als bei den Alkalien und Halogenen. Wichtig ist auch, daß die Größenordnung der Elastizitätskonstanten und der Eigenfrequenz nur dann herauskommt, wenn man die Ionen als zweiwertig annimmt. Diese Tatsache ist eine sehr starke Stütze der elektrostatischen Kohäsionstheorie.

Eine weitere Anwendung derselben haben *Born* und *Stern*[278]) auf die Oberflächenenergie von Kristallflächen gemacht (s. Nr. **4**). Nach (22), (23) ist allgemein die spezifische Oberflächenenergie (Oberflächenspannung) beim absoluten Nullpunkt

$$\sigma = - \frac{\Phi_{12}}{2F} = - \frac{1}{2\,|a_1\,a_2|} \sum_{kk'} \mathop{S}_{l_3 > 0} l_3 \varphi_{kk'}^l.$$

Wenn man hier für das Elementarpotential das Gesetz (267) bzw. (374) mit $m = 1$, $a = e^2$, $\alpha = -1$, $\beta = 1$ nimmt, also

$$\varphi_{kk'} = \pm \frac{e^2}{r} + \frac{b}{r^n},$$

so kann man den ersten, elektrostatischen Anteil von σ nach der *Madelung*schen Methode (Nr. **37**, VII), den zweiten durch direkte Summation finden. So wird z. B. für die Würfelfläche (100) des Steinsalzgitters

$$(462) \qquad \sigma_{100} = - \frac{1}{2r_0^2}\left\{ \frac{e^2}{r_0} s_0(1) + \frac{b}{r_0^n} s_0(n) \right\},$$

<hr>

277) *M. Born* u. *E. Bormann,* Ann. d. Phys. 62 (1920), p. 218; Verh. d. Deutsch. Phys. Ges. 21 (1919), p. 733.

278) *M. Born* u. *O. Stern,* Berl. Ber. 1919, p. 901.

wo

$$(462')\qquad s_0(1) = \underset{l_1 \geqq 1}{S}\,\frac{l_1(-1)^{l_1+l_2+l_3}}{\sqrt{l_1{}^2 + l_2{}^2 + l_3{}^2}}, \qquad s_0(n) = \underset{l_1 \geqq 1}{S}\,\frac{l_1}{(\sqrt{l_1{}^2 + l_2{}^2 + l_3{}^2})^n}.$$

Die erste dieser Summen[278a] läßt sich nun so darstellen (s. Nr. 37 (428')):

$$s_0(1) = -\sum_{p-1}^{\infty}(-1)^p\,p\,\varphi_p^{(2)},$$

wo

$$\varphi_p^{(2)} = 8\sum_{m}\sum_{n}\frac{e^{-\pi\sqrt{m^2+n^2}}}{\sqrt{m^2+n^2}}$$
$$\text{ungerade}$$

das Potential einer Netzebene (100) auf die im Absande p senkrecht über einem gleichnamigen Punkte der Netzebene gelegene Einheitsladung ist. Man erhält

$$s_0(1) = -\,0{,}0650.$$

Durch direkte Summierung folgt für $n = 9$:

$$s_0(9) = 1{,}226.$$

Die Konstante b kann man mit Hilfe von (372') eliminieren und erhält

$$(463)\qquad \sigma_{100} = -\,\frac{e^2}{r_0{}^3}\,\frac{s_0(1)}{2}\left(1 + \frac{1}{n}\,\frac{s_0(n)\,S_0(1)}{s_0(1)\,S_0(n)}\right);$$

dabei findet man nach (450) und Tabelle XI (für $\beta = 1$, $n = 9$):

$$S_0(1) = 1{,}747, \quad S_0(9) = S_0{}'(9) + S_0{}''(9) = 6{,}609.$$

Mit Rücksicht auf (451) wird

$$(463')\qquad \sigma_{100} = 0{,}145\,\frac{e^2}{r_0{}^3} = 4030\,\frac{\varrho}{M_1+M_2}\ \text{erg cm}^{-2}.$$

Die folgende Tabelle enthält die nach dieser Formel berechneten Werte von σ für einige Salze. Zum Vergleich sind die Werte der Oberflächenspannung für die geschmolzenen Salze daneben gesetzt, die entsprechend der hohen Temperatur des Schmelzpunktes viel kleiner sind.

Tabelle XV.

	σ ber. Kristall	σ beob. Schmelze		σ ber. Kristall	σ beob. Schmelze
NaCl	150,2	66,5	KBr	91,6	48,4
NaBr	118,7	49,0	KJ	74,9	59,3
KCl	107,5	69,3			

In ganz derselben Weise kann man σ für andere Flächen derselben Kristalle berechnen. *Born* und *Stern* finden für die durch eine

---

278a) Die Bezeichnung bei *Born* und *Stern* ist etwas abweichend:

$$s_0(1) = -\frac{\alpha'}{4}, \qquad s_0(n) = s.$$

Würfelkante und eine Diagonale der Würfelfläche gehende Ebene (011)

$$(464) \qquad \sigma_{011} = 10900 \,\frac{\varrho}{M_1 + M_2}\, \mathrm{erg\,cm}^{-2}.$$

Also wird

$$(465) \qquad \frac{\sigma_{011}}{\sigma_{100}} = \frac{10900}{4030} = 2,71.$$

Diese Zahl gibt nach dem in Nr. 4 erwähnten Satz von *Wulff* an, um wievielmal im thermodynamischen Gleichgewicht die Fläche (011) vom Würfelzentrum weiter entfernt sein müßte, als die Würfelfläche (100); da $2,71 > \sqrt{2}$ ist, folgt also, daß die Fläche (011) nicht auftreten kann.

Es ist wohl kaum ein Zweifel, daß das Verhältnis der Kapillarkonstanten irgendeiner Fläche zu der der Würfelfläche um so größer sein wird, je schiefer die Fläche gegen die Würfelfläche geneigt ist. Doch steht ein Beweis hierfür noch aus. Selbst für die Oktaederfläche (111) ist die Rechnung noch nicht durchgeführt worden, weil parallel zu dieser Netzebenen mit lauter positiven und lauter negativen Ionen aufeinanderfolgen, wobei die *Madelung*sche Methode versagt. Man könnte das Halbgitter aus neutralen Halbstrahlen aufgebaut denken, deren Potential sich einfach (etwa mit der *Gauß*schen Ψ-Funktion) darstellen läßt, oder die *Ewald*schen Methoden anwenden; doch sind diese Rechnungen noch nicht versucht worden. Auch eine Theorie der Temperaturabhängigkeit der Oberflächenspannung von Kristallflächen ist noch nicht vorhanden. Endlich soll hier nochmals betont werden, daß für die Flächenausbildung größerer Kristallstücke wahrscheinlich die Kapillarkräfte eine weit geringere Rolle spielen als die Wachstumsgeschwindigkeit, da es sich nicht um Gleichgewichtszustände handelt.

Born und *Stern* haben auch die Kantenenergie für die Würfelkante des Steinsalzgitters berechnet und finden (s. Nr. 4 (24), (25)):

$$(466) \qquad \varkappa = 0,01191 \,\frac{e^2}{r_0^{\,2}} = 0,00001945 \left(\frac{\varrho}{M_1 + M_2}\right)^{\frac{2}{3}} \mathrm{erg\,cm}^{-1}.$$

$\varkappa$ verhält sich also zu σ_{100} der Größenordnung nach wie $r_0 : 1$, wie es die allgemeinen Überlegungen von Nr. 4 schon ergaben.

W. Eitel[279]) hat in ähnlicher Weise die Oberflächenenergie einiger Flächen von *Zinkblende* untersucht.

Das *Zerreißen* von Stäben aus binären Kristallen ist nach Messungen von *Voigt* und *Sella*[279a]) ein gesetzmäßiger Vorgang.

Wenn man aber versucht, die Zerreißfestigkeit einfach statisch zu

---

279) *W. Eitel*, Senckenbergiana 2 (1920), p. 81.

279 a) *W. Voigt* und *Sella*, Wied. Ann. d. Phys. 48 (1893), p. 636.

berechnen (als der Wert der Kraft, bei der der Differentialquotient der Kraft nach der Verlängerung verschwindet), erhält man viel hundertmal größere Werte als die beobachteten.[279 b]) Ansätze zur Erklärung dieser Tatsache haben *Griffith, Polanyi* und *Smekal*[280]) gegeben. *Polanyi* weist auch auf Schwierigkeiten hin, die dadurch entstehen, daß die beim Zerreißen geleistete Deformationsarbeit gar nicht ausreicht, die Oberflächenenergie der beiden neu entstehenden Kristallflächen zu liefern; er will den Zerreißvorgang als „Quantensprung" aufgefaßt wissen.[280 a])

39. Chemische Folgerungen aus der Annahme elektrostatischer Kohäsion. Auf den engen Zusammenhang zwischen der Kohäsion der festen (heteropolaren) Verbindungen und der chemischen Energie wurde schon in Nr. **36** hingewiesen. Während für einatomige Körper die Energie Φ_0 als Sublimationswärme (beim absoluten Nullpunkt) direkt der Beobachtung zugänglich ist, gilt dasselbe bei den binären Salzen nicht. Vielmehr ist hier $-\Phi_0$ die Arbeit, die aufgewendet werden muß, um das Gitter in die voneinander unendlich entfernten Ionen (Ionengas) aufzulösen; diese Größe, bezogen auf 1 Mol, soll kurzweg „Gitterenergie" genannt und mit U bezeichnet werden.[281]) Bei Annahme einer mit r^{-n} proportionalen Abstoßungskraft wird für einen beliebigen regulären heteropolaren Kristall

$$(467) \qquad \mathsf{U} = -\,\Phi_0 = -\,\frac{1}{2z}\,\mathsf{N}\,\varphi_0 = \frac{1}{z}\,\mathsf{N}\left(\frac{\alpha\,e^2}{\delta} - \frac{\beta}{\delta^n}\right),$$

wobei z die Anzahl der Molekeln in der Zelle ist. Die Konstante α bedeutet den Absolutwert der elektrostatischen Energie pro Zelle, reduziert auf $e = 1$, $\delta = 1$.

Die Größen β und n bestimmen sich aus den Gleichungen $(83')$, $(90')$:

$$(468) \qquad \frac{d\varphi_0}{d\delta} = 0, \qquad \frac{1}{18\delta}\,\frac{d^2\varphi_0}{d\delta^2} = \frac{1}{\varkappa},$$

aus denen folgt[281a]):

$$(468') \qquad \beta = \frac{\alpha e^2}{n}\,\delta^{n-1}, \qquad n = 1 + \frac{9}{\alpha e^2}\cdot\frac{\delta^4}{\varkappa}\cdot$$

Dann wird

$$(469) \qquad \mathsf{U} = \left(1 - \frac{1}{n}\right)\mathsf{N}\,\frac{\alpha}{z}\,\frac{e^2}{\delta}\cdot$$

279b) *F. Zwicky*, Phys. Ztschr. 24 (1923), p. 131.

280) Zitiert in Anm. 22).

280a) Weitere Literatur zur dynamischen Strukturtheorie s. *A. Johnsen*, Fortschritte im Bereich der Kristallstruktur (Ergebnisse der exakten Naturwissenschaften, Bd. 1, Berlin 1922), Nr. XII, p. 270.

281) S. *M. Born*, Verh. d Deutsch. Phys. Ges. 21 (1919), p. 13.

281a) Hier wird die Kompressibilität $\varkappa$ als Konstante behandelt; sie hängt tatsächlich nur wenig von Druck und Temperatur ab. Neuere Untersuchungen hierüber hat *P. W. Bridgman* [Proc. Nat. Acad. of Sc. 8 (1922), p. 361] angestellt.

Drückt man δ durch die Dichte ϱ und das Molekulargewicht M aus,

$$\delta^3 N \varrho = M z,$$

so erhält man zur Bestimmung von n mit $N = 6{,}06 \cdot 10^{23}$ und $c = 4{,}774 \cdot 10^{-10}$ E. S. E.:

$$(470) \qquad n = 1 + \frac{9}{\alpha e^2 \varkappa}\left(\frac{M z}{N \varrho}\right)^{\frac{4}{3}} = 1 + \frac{7{,}701 \cdot 10^{-13}}{\alpha \varkappa}\left(\frac{M z}{\varrho}\right)^{\frac{4}{3}},$$

und für die Gitterenergie

$$(471) \quad \mathsf{U} = \left(1 - \frac{1}{n}\right)\frac{\alpha}{z}\, e^2 N^{\frac{4}{3}}\left(\frac{\varrho}{M}\right)^{\frac{1}{3}} = 1{,}169 \cdot 10^{13} \frac{\alpha}{z}\left(1 - \frac{1}{n}\right)\left(\frac{\varrho}{M}\right)^{\frac{4}{3}} \text{ erg}$$

oder in thermischem Maße:

$$(471') \qquad \mathsf{U} = 279{,}1\,\frac{\alpha}{z}\left(1 - \frac{1}{n}\right)\left(\frac{\varrho}{M}\right)^{\frac{1}{3}} \text{ kcal.}$$

Die Konstante α ist für fünf Gittertypen berechnet worden, die durch die Kristalle Steinsalz $NaCl$, Flußspat CaF_2, Zinkblende ZnS, Caesiumchlorid $CsCl$ und Cuprit Cu_2O repräsentiert werden.

Für das $NaCl$-Gitter ist α aus (469) und (375a) zu berechnen.

Das elektrostatische Potential des CaF_2-Gitters wurde zuerst von *A. Landé*[282]) berechnet. Das Potential des ZnS-Gitters findet sich in der schon zitierten Arbeit von *Born* und *Bormann*.[275]) Alle drei

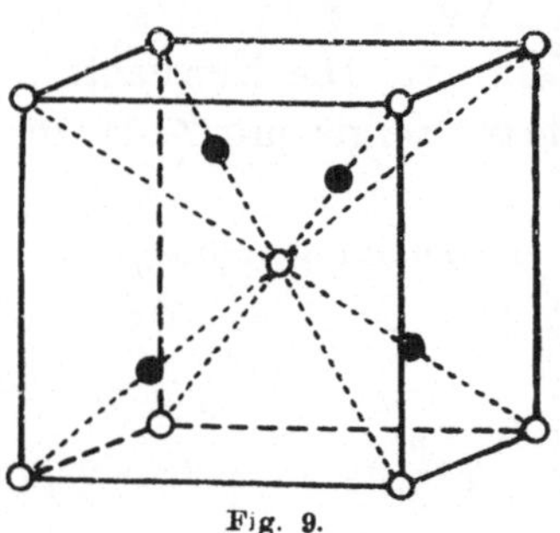

Fig. 9.

Werte wurden später mit größerer Genauigkeit von *Emersleben*[261]) bestimmt, der auch die Konstanten für Caesiumchlorid $CsCl$ und Cuprit Cu_2O angegeben hat. Die Gitter von $NaCl$, CaF_2, ZnS und $CsCl$ sind schon in Nr. **13** beschrieben worden (vgl. Fig. 5, 6, 7, 8). Das von Cu_2O besteht aus einem raumzentrierten O-Gitter und einem flächenzentrierten Cu-Gitter, welches gegen das erstere um $\frac{1}{4}$ der Würfeldiagonale verschoben ist. Die Zelle ist ein Würfel, der zwei Molekeln enthält (vgl. Fig. 9).

Bezeichnen wir in Verallgemeinerung der gebrauchten Definition mit r_0 je die kleinste Koordinatendifferenz zweier Gitterpartikel und wie stets mit $\delta^3 = \varDelta$ das Zellvolum, so ergibt sich als elektrostatischer Energieanteil *pro Molekel* für

---

282) *A. Landé*, Verh. d. Deutsch. Phys. Ges. 20 (1918), p. 217. Bezüglich eines Rechenfehlers vgl. *E. Bormann*, Ztschr. f. Phys. 1 (1920), p. 55.

$$(472)\begin{cases} \text{NaCl}\,(z=1)\colon\ \tfrac{1}{2}\,\varphi_0^{(e)} = -\dfrac{e^2}{2\,r_0}\cdot 3{,}495\,115 = -\dfrac{e^2}{\delta}\sqrt[3]{2}\cdot 1{,}747\,558, \\[2.5ex] \text{CaF}_2\,(z=1)\colon\ \tfrac{1}{2}\,\varphi_0^{(e)} = -\dfrac{e^2}{2\,r_0}\cdot 5{,}818\,28\ = -\dfrac{e^2}{\delta}\sqrt[3]{2}\cdot 5{,}818\,28, \\[2.5ex] \text{ZnS}\,(z=1)\colon\ \tfrac{1}{2}\,\varphi_0^{(e)} = -\dfrac{e^2}{2\,r_0}\cdot 7{,}565\,84\ = -\dfrac{e^2}{\delta}\sqrt[3]{2}\cdot 7{,}565\,84, \\[2.5ex] \text{CsCl}\,(z=1)\colon\ \tfrac{1}{2}\,\varphi_0^{(e)} = -\dfrac{e^2}{2\,r_0}\cdot 2{,}035\,356 = -\dfrac{e^2}{\delta}\cdot 2{,}035\,356, \\[2.5ex] \text{Cu}_2\text{O}\,(z=2)\colon\ \tfrac{1}{4}\,\varphi_0^{(e)} = -\dfrac{e^2}{2\,r_0}\cdot 4{,}752\,19\ = -\dfrac{e^2}{\delta}\cdot 9{,}504\,38. \end{cases}$$

Also wird für

$$(472')\begin{cases} \text{NaCl:}\quad \alpha = \sqrt[3]{2}\cdot 1{,}747\,558 = 2{,}2017, \\[1.5ex] \text{CaF}_2\text{:}\quad \alpha = \sqrt[3]{2}\cdot 5{,}818\,28\ = 7{,}3305, \\[1.5ex] \text{ZnS:}\quad \alpha = \sqrt[3]{2}\cdot 7{,}565\,84\ = 9{,}5324, \\[1.5ex] \text{CsCl:}\quad \alpha = 2{,}035\,356, \\[1.5ex] \text{Cu}_2\text{O:}\quad \alpha = 19{,}008\,76. \end{cases}$$

Der Exponent n ist für die Alkali-Halogenide schon in Nr. **38** bestimmt worden (Tab. X); hier soll mit dem mittleren Werte $n=9$ gerechnet werden. Für CaF_2 erhält man mit $\varkappa=1{,}16\cdot 10^{-12}$ aus (470) $n=7{,}4$; für ZnS mit $\varkappa=1{,}44\cdot 10^{-12}$ ist $n=4{,}92$, also rund $n=5$ (s. o. Nr. **38**). Damit wird für den

$$(473)\begin{cases} \text{Typus NaCl:}\quad \mathbf{U} = \ \ 545\ \sqrt[3]{\dfrac{\varrho}{M}}\ \text{kcal}, \\[2.5ex] \text{Typus CaF}_2\text{:}\quad \mathbf{U} = 1770\ \sqrt[3]{\dfrac{\varrho}{M}}\ \text{kcal}, \\[2.5ex] \text{Typus ZnS:}\quad \mathbf{U} = 2120\ \sqrt[3]{\dfrac{\varrho}{M}}\ \text{kcal}. \end{cases}$$

Einige hiernach berechnete Werte finden sich in der Tabelle XVII unter $\mathbf{U}_{\text{ber.}}$[284]).

Die Prüfung dieser theoretischen Werte an der Erfahrung ist mit Hilfe eines von *Born*[285]) angegebenen Kreisprozesses möglich, den

---

284) In dieser Tabelle fehlen die Li- und Cs-Salze. Bei den ersteren ist es wahrscheinlich, daß der Exponent $n=9$ nicht zutrifft, weil das Li-Ion, das nur zwei Elektronen hat, keine kubische Symmetrie aufweisen kann. Bei den letzteren ist vermutlich das Gitter von dem des NaCl verschieden; jedenfalls ist das für CsCl bei Zimmertemperatur von *Davey* und *Wick* [Phys. Rev. 17 (1921), p. 402] röntgenometrisch nachgewiesen worden.

285) *M. Born*, Verh. d. Deutsch. Phys. Ges. 21 (1919), p. 679. Der Inhalt dieser Arbeit wurde schon im April 1919 im Berliner Kolloquium mitgeteilt. Gleichzeitig mit der zit. Arbeit erschien eine Abhandlung von *K. Fajans* (ebenda p. 714), der unabhängig zu denselben Ergebnissen gelangt ist.

man nach *Haber*[286]) durch folgendes Schema darstellen kann:

$$(474) \qquad \begin{array}{ccc} [M], \tfrac{1}{2}X_2 & \xrightarrow{\quad Q_{MX} \quad} & [MX] \\[2ex] \Big\uparrow\, S_M \ \Big|\ D_X & & \Big\downarrow\ -\,\mathsf{U}_{MX} \\[2ex] M,\,X & \xleftarrow[\ -\,E_X\ ]{\quad J_M \quad} & M^+,\,X^- \end{array}$$

Dabei bedeutet

M ein einwertiges Metallatom,

X ein Halogenatom.

Der gasförmige Zustand ist durch das chemische Symbol des Körpers ohne besondere Kennzeichen, der feste Zustand durch das Symbol in eckigen Klammern angedeutet. Ferner bedeuten:

Q_{MX} die Bildungswärme des Salzes aus festem Metall und gasförmigem Halogen,

S_M die Sublimationswärme des Metalls,

J_M die Ionisierungsenergie des Metalls,

D_X die Dissoziationswärme des Halogens,

E_X die Elektronenaffinität des Halogens, d. h. die Arbeit, die nötig ist, dem Halogenion X^- das überschüssige Elektron zu entreißen.

Alle Energiewerte beziehen sich auf 1 Grammatom des Halogens oder Metalls und gelten für den absoluten Nullpunkt; als Einheit soll die kcal benutzt werden.

Der Kreisprozeß liefert die Gleichung

$$(475) \qquad \mathsf{U}_{MX} = Q_{MX} + Z_M + Z_X,$$

wo

$$(475') \qquad \begin{cases} Z_M = S_M + J_M, \\ Z_X = D_X - E_X. \end{cases}$$

Ein analoger Kreisprozeß gilt für zweiwertige Metalle und führt zu der Relation:

$$(476) \qquad \mathsf{U}_{MX_2} = Q_{MX_2} + Z_M + 2Z_X.$$

Die erste Prüfung bestand in der Berechnung der Wärmetönung von Umsetzungen des Typus

$$M_1X_1 + M_2X_2 = M_2X_1 + M_1X_2,$$

die sich offenbar aus den Bildungswärmen so zusammensetzt:

$$(477') \qquad Q = Q_{M_1X_1} + Q_{M_2X_2} - Q_{M_2X_1} - Q_{M_1X_2}.$$

---

286) *F. Haber*, Verh. d. Deutsch. Phys. Ges. **21** (1919), p. 750.

Bildet man den analogen Ausdruck

$$(477'') \qquad \mathsf{U} = \mathsf{U}_{M_1 X_1} + \mathsf{U}_{M_2 X_2} - \mathsf{U}_{M_2 X_1} - \mathsf{U}_{M_1 X_2},$$

so ergibt die Formel (475)

$$(477) \qquad Q = \mathsf{U}.$$

In der Tat haben die beiden Größen Q und U deutlich einen parallelen Gang; doch sind die absoluten Werte wegen der doppelten Differenzbildung so klein (< 10 kcal), daß der relative Fehler den Wert selbst erreicht. Eine Verbesserung brachte *Fajans*[287]) an, indem er erkannte, daß man statt der Bildungswärmen die direkt und sicher meßbaren Lösungswärmen nehmen kann, da sich der Einfluß des Wassers auf die Wärmetönung heraushebt.

Eine bessere Prüfung gestattet die Betrachtung von Umsetzungen des Typus $\qquad M_1 X + M_2 = M_2 X + M_1,$

deren Wärmetönung nach (475)

$$(478) \qquad Q_{M_1 X} - Q_{M_2 X} = \mathsf{U}_{M_1 X} - \mathsf{U}_{M_2 X} - Z_{M_1} + Z_{M_2}$$

beträgt. Die Größen Z_M sind nach (475') als bekannt anzusehen; denn die Sublimationswärme S_M ist direkt meßbar und die Ionisierungsenergie läßt sich nach der Quantengleichung $J_M = Nh\nu$ aus der Grenzfrequenz derjenigen Serie berechnen, die der Metalldampf im normalen (nicht elektrisch erregten) Zustande absorbiert.[288]) Auch die Prüfung der Formel (478) gab eine befriedigende Übereinstimmung.

Hierdurch ermutigt, berechneten *Born* und *Fajans*[285]) aus den theoretischen U_{MX}-Werten nach (475), (475') die Elektronenaffinitäten der Halogenatome. Diese waren zwar damals noch nicht auf anderem Wege bestimmbar, doch konnte man aus ihnen eine direkt meßbare Größe ableiten, die Ionisierungsenergie U_{HX} der (gasförmigen) Halogenwasserstoffe. Für die Bildung dieser gilt nämlich ein ganz analoger Kreisprozeß, der zu der Formel führt

$$(479) \qquad \mathsf{U}_{HX} = Q_{HX} + Z_H + Z_X;$$

---

287) *K. Fajans*, Verh. d. Deutsch. Phys. Ges. 21 (1919), p. 539. Anschließend an diese Überlegungen (ebenda p. 549, 709) hat *Fajans* den Begriff der Hydratationswärme der Ionen eingeführt und interessante Beziehungen zwischen dieser Größe und den Ionenradien gefunden. S. auch *M. Born*, Ztschr. f. Phys. 1 (1920), p 45.

288) S. hierüber folgende zusammenfassende Berichte: *J. Franck* u. *G. Hertz*, Phys. Ztschr. 17 (1916), p. 409, 430; 20 (1919), p. 132; *J. Franck*, Phys. Ztschr. 22 (1921), p. 388, 409, 441, 466; *R. Ladenburg*, Jahrb. d. Rad. u. Elektr. 17 (1921), p. 93; *W. Gerlach*, Die experimentellen Grundlagen der Quantentheorie (Sammlung Vieweg Nr. 58, Braunschweig 1921).

289) *P. D. Foote* u. *F. L. Mohler*, J. Amer. Soc. 42 (1920), p. 1832.

dabei ist

$$(479') \qquad Z_H = D_H + J_H,$$

wo D_H die Dissoziationswärme des Wasserstoffs pro Grammatom und J_H die Ionisierungswärme des H-Atoms bedeuten. D_H ist durch direkte Messungen, wenn auch nicht sehr genau, bekannt; J_H läßt sich mit großer Genauigkeit aus dem *Bohr*schen Modell des H-Atoms entnehmen. Wenn nun Z_X mit Hilfe der festen Salze nach (475) bestimmt ist, so kann man aus (479) die Ionisierungsenergie U_{HX} berechnen. Man findet Werte in der Nähe von 300 kcal, fallend mit wachsendem Atomgewicht des Halogens.

Diese Größen U_{HX} konnten nun durch die Methode des Elektronenstoßes direkt bestimmt werden; *Foote* und *Mohler*[289]) fanden $\mathsf{U}_{HCl} = 323$, *Knipping*[290]) mit etwas größerer Genauigkeit $\mathsf{U}_{HCl} = 331$, $\mathsf{U}_{HBr} = 317$, $\mathsf{U}_{HJ} = 308\ (\pm 7)$ kcal. Letzterer stützte sich dabei auf Helium als Eichgas, dessen Ionisierungsspannung er zu 25,3 Volt annahm; nun hat aber *Lyman*[291]) die Hauptserie des He gefunden und die Größe der Terme mit optischer Genauigkeit bestimmt, woraus hervorgeht, daß die Ionisierungsspannung um 0,8 Volt oder 18,4 kcal zu verkleinern ist. Bringt man diese Korrektion an den *Knipping*schen Zahlen an, so erhält man

$$(480) \qquad \mathsf{U}_{HCl} = 313, \quad \mathsf{U}_{HBr} = 299, \quad \mathsf{U}_{HJ} = 290\ (\pm 7)\ \text{kcal.}$$

Mit Hilfe dieser recht sicheren Zahlen kann man nun die Gitterenergien der Salze prüfen.

Durch Subtraktion von (475) und (479) hat man nämlich

$$(481) \qquad \mathsf{U}_{MX} = Q_{MX} + \mathsf{U}_{HX} - Q_{HX} + Z_M - Z_H.$$

Wir geben hier die zur Berechnung nötigen Daten[292]):

Tabelle XVI.

Q_{MX}	Na	K	Rb	Q_{HX}
Cl	99	104	105	22
Br	90	97	99	12
J	77	85	87	1
D_M	26	21	20	$D_H = 40$
J_M	117	99	95	$J_H = 310$
Z_M	143	120	115	$Z_H = 350$

290) *P. Knipping*, Ztschr. f. Phys. 7 (1921), p. 328.

291) *Th. Lyman*, Nature 110 (1922), p. 278.

292) Die Bildungswärmen nach *Landolt-Börnstein*. D_{Na} und D_K aus *R. Ladenburg* u. *R. Minkowski*, Ztschr. f. Phys. 8 (1921), p. 137; D_{Rb} aus dem

In der folgenden Tabelle sind die hieraus nach (481) berechneten Werte als $U_{beob.}$ neben die aus den Formeln (473) der Gittertheorie folgenden $U_{ber.}$ gestellt.

Tabelle XVII.

	$U_{beob.}$	$U_{ber.}$		$U_{beob.}$	$U_{ber.}$		$U_{beob.}$	$U_{ber.}$
NaCl	183	182	KCl	165	162	RbCl	161	155
NaBr	170	171	KBr	154	155	RbBr	151	148
NaJ	159	158	KJ	144	144	RbJ	141	138

Die Übereinstimmung ist vorzüglich. Doch hängt sie wesentlich davon ab, ob der Wert $2D_H = 80$ kcal für die Dissoziationswärme des Wasserstoffs richtig ist; ist dieser in Wirklichkeit etwa um 20 kcal größer, wie manche annehmen, so würden die Werte von $U_{beob.}$ sämtlich um 10 kcal zu verkleinern sein. Da aber die Unsicherheit der Sublimationswärmen 1 bis 5 kcal, die der *Knipping*schen U_{HX}-Werte etwa 7 kcal beträgt, so bliebe auch dann noch die Übereinstimmung innerhalb der Fehlergrenzen.

Jedenfalls scheint es sicher zu sein, daß die elektrostatische Kohäsionstheorie den weitaus überwiegenden Teil der chemischen Energie heteropolarer Kristalle richtig erfaßt.

Hier sollen noch die theoretischen Gitterenergien der Calciumsalze und der Zinkblende angegeben werden:

$$(482) \quad \begin{cases} U_{CaF_2} = 609, & U_{CaBr_2} = 452, \\ U_{CaCl_2} = 480, & U_{CaJ_2} = 422, \\ U_{ZnS} = 738. \end{cases}$$

Aus den theoretischen Gitterenergien kann man nach (475) bzw. (476) und (475′) die Elektronenaffinitäten berechnen.[293] Dazu braucht man die Dissoziationswärmen der Halogene; diese sind für Br_2 und J_2 von *Bodenstein*[293a], für Cl_2 neuerdings von *v. Wartenberg* und *Henglein*[293b] gemessen worden, und zwar mit dem Ergebnis:

$$D_{Cl} = 27, \quad D_{Br} = 23, \quad D_J = 17 \text{ kcal}.$$

Siedepunkt geschätzt. Die Ionisierungsenergien sind aus den optischen Daten praktisch fehlerfrei zu entnehmen (s. die in Anm. 288 zitierten Zusammenstellungen). J_H folgt aus der *Bohr*schen Theorie des H-Atoms. Am unsichersten ist D_H; wir benutzen den Wert von *J. Langmuir* [Ztschr. f. Elektrochem. 23 (1917), p. 217], der $2D_H$ zu etwa 80 kcal. angibt.

293) Außer den schon zit. Abhandlungen s. *M. Born* u. *E. Bormann*, Ztschr. f. Phys. 1 (1920), p. 250; *M. Born* u. *W. Gerlach*, Ztschr. f. Phys. 5 (1921), p. 433.

293a) *M. Bodenstein*, Ztschr. f. Elektrochem. 16 (1910), p. 966; 22 (1916), p. 327.

293b) *H. v. Wartenberg* u. *F. A. Henglein*, Ber. d. Deutsch. chem. Ges. 1922, p. 1003; *F. A. Henglein*, Ztschr. f. anorg. Chem. 123 (1922), p. 137.

Daraus erhält man

$$(483) \qquad E_{Cl} = 86, \quad E_{Br} = 86, \quad E_J = 79 \text{ kcal.}$$

J. Franck[294]) hat einen Weg angegeben, um diese Größen direkt spektroskopisch zu bestimmen; dieser führt, angewandt auf Beobachtungen von *Steubing*[295]) (J) und von *Eder* und *Valenta*[296]) (Br) und *v. Angerer*[296a]) (Cl), auf die Werte

$$(483') \quad E_{Cl} = 89{,}3, \quad E_{Br} = 67{,}5, \quad E_J = 59{,}2 \text{ (Spektroskopisch).}$$

Von diesen fällt der erste nahe an den theoretischen Wert; bei den anderen aber ist der Unterschied wohl beträchtlich größer als die Unsicherheit der Einzeldaten. Der Grund dieser Diskrepanzen ist noch nicht aufgeklärt. In ähnlicher Weise haben *Born* und *Gerlach*[293]) die Elektronenaffinität des Schwefelatoms bestimmt, d. h. die Arbeit, die nötig ist, einem *doppelt* geladenen Schwefelion *beide* Elektronen fortzunehmen. Sie finden mit Hilfe der beiden Kristalle Bleiglanz PbS (NaCl-Gittertypus) und Zinkblende ZnS übereinstimmend den Wert $E_S = 45$ kcal. Für Sauerstoff haben analoge Rechnungen noch zu keinem befriedigenden Ergebnis geführt.

Unabhängig von der Frage der Absolutwerte der theoretischen Gitterenergien hat die Zerlegung der Wärmetönung in einfachere Bestandteile einen großen Wert zur Auffindung einfacher Zusammenhänge bei den Energieumsetzungen zwischen den Elementen in Abhängigkeit von ihrer Stellung im periodischen System. Das Material ist von *Grimm*[297]) systematisch bearbeitet worden; es hat sich ergeben, daß die Differenzen der Gitterenergien, die man aus empirischen Daten bestimmen kann, viel einfachere Gesetzmäßigkeiten zeigen als die Wärmetönungen. Auch zeigen sich Beziehungen zu den Radien, Ladungen und Struktureigenschaften der Ionen.[297a])

40. Elektrische Theorien der homöopolaren Bindung. Eine Theorie der homöopolaren Kristallgitter ist nur in den ersten An-

---

294) *J. Franck*, Ztschr. f. Phys. 5 (1921), p. 428.

295) *W. Steubing*, Ann. d. Phys. 64 (1921), p. 673.

296) *Eder* u. *Valenta*, Beiträge zur Photochemie u. Spektralanalyse, p. 358.

296a) *v. Angerer*, Ztschr. f. Phys. 11 (1922), p. 167.

297) *H. G. Grimm*, Ztschr. f. phys. Chem. 102 (1922), p. 113, 141, 504.

297a) Von den zahlreichen mehr qualitativen Betrachtungen, welche an die referierten Arbeiten anknüpfen, seien folgende aus der physikalischen Literatur erwähnt: *A. Reis*, Ztschr. f. Phys. 1 (1920), p. 204, 294; 2 (1920), p. 57; Ztschr. f. Elektrochem. 26 (1920), p. 412; *A. Reis* und *L. Zimmermann*, Ztschr. f. phys. Chem. 102 (1922), p. 298; *W. Kossel*, Ztschr. f. Phys. 1 (1920), p. 395; *K. Fajans* u. *H. Grimm*, Ztschr. f. Phys. 2 (1920), p. 299; *A. v. Weinberg*, Ztschr. f. Phys. 3 (1920), p. 337.

fängen vorhanden. Die Kohäsion der Metalle hat *F. Haber*[298]) dadurch zu erklären versucht, daß er annahm, jedes (einwertige) Metallatom spalte ein Elektron ab, und diese Elektronen bilden zwischen den übrig bleibenden positiven Metallionen ein negatives Elektronengitter; es handelt sich also um eine „pseudopolare" Bindung. *Haber* wendet die Formeln (470), (471) an; er findet entsprechend der großen Kompressibilität der Alkalimetalle sehr kleine Werte von n (bis herab zu $n = 3$). Die so gewonnenen Werte von U bedeuten die Arbeit, die zum Zerlegen des Metalls in unendlich verdünnte positive Ionen und Elektronen nötig ist; es gilt also

$$\mathsf{U} = S + J,$$

wo S die Sublimationswärme, J die Ionisierungsarbeit ist. *Haber* findet diese Relation recht gut bestätigt. Die Annahme, daß die Elektronen in Gleichgewichtslagen zwischen den Atomresten ruhen, will er nur als provisorisch betrachtet wissen; in Wirklichkeit werden die Elektronen sich auf Quantenbahnen bewegen. Er knüpft hieran Betrachtungen über den selektiven lichtelektrischen Effekt, den Mechanismus der elektrischen Leitfähigkeit, des Diamagnetismus usw.

Einige andere Autoren versuchen an dem geometrisch gut bekannten Diamantgitter das Wesen der Kohäsion zwischen *gleichen* (bzw. sehr ähnlichen) Atomen zu verstehen.[298a])

Thirring[299]) hat die Meinung ausgesprochen, daß nur zwei Hypothesen möglich seien:

A) Von den C-Atomen spalten sich einzelne Elektronen ab, die auf Ringen zwischen den übrig bleibenden positiven C-Ionen kreisen und diese dadurch zusammenhalten (pseudopolare Bindung, wie nach *Haber*s Hypothese bei den Metallen).

B) Alle zu einem C-Kern gehörigen Elektronen umgeben diesen innerhalb einer Sphäre, deren Radius klein ist gegen die Gitterkonstante; das Gleichgewicht beruht allein auf den elektrostatischen Kräften, die diese neutralen C-Atome bei geeigneter Lage aufeinander ausüben.

Thirring zeigt zuerst[300]), daß die Annahme B) zu verwerfen ist, da

---

298) *F. Haber,* Berl. Ber. 30 (1919), p. 506, 990.

298a) *A. C. Crehore* [Phil. Mag. (6) 30 (1915), p. 257] hat das Diamantgitter aus dem von ihm angegebenen Modell des Kohlenstoffatoms aufgebaut. S. die Bemerkungen in Anm. 245). Über Konstruktionen von Molekelmodellen siehe *A. C. Crehore,* Phil. Mag. (6) 30 (1915), p. 613.

299) *H. Thirring,* Ztschr. f. Phys. 4 (1921), p. 1.

300) Als mathematisches Hilfsmittel benutzt *Thirring* die von *Rella* (zit. Anm. 269) angegebenen Formeln für die Potentiale symmetrischer Elektronenanordnungen.

selbst dann, wenn man von allen Stabilitätsschwierigkeiten absieht, sich unmögliche Größenverhältnisse für die Elektronensysteme der C-Atome ergeben. Der Annahme A) aber steht die Schwierigkeit entgegen, daß die Röntgenanalyse von *Debye* und *Scherrer*[301]) keine zwischen den Atomen gelegenen Elektronenringe ergeben hat; eine Diskussion hierüber wurde zwischen *Coster*[302]) und *Kolkmeijer*[303]) geführt. *Coster* hält die Annahme der Zwischenringe für verträglich mit den Ergebnissen der Röntgenaufnahmen; hierauf stützt sich *Thirring* und führt unter dieser Voraussetzung eine angenäherte Berechnung des Diamantgitters durch, deren Ergebnisse innerhalb der möglichen Grenzen liegen. *Kolkmeijer* aber verwirft auf Grund einer Neuberechnung der Röntgenaufnahmen des Diamanten die Zwischenringe; damit fällt auch die *Thirring*sche Theorie.

Landé[304]) hat einen Ausweg aus dieser Schwierigkeit gefunden, indem er auf die Möglichkeit einer dritten Hypothese hinwies:

C) Die Elektronen umgeben (wie bei B) den Kern in engen Bahnen; die Bewegung entsprechender Elektronen verschiedener, gleichorientierter Atome ist *gleichphasig*.

Die Annahme des vollständigen Synchronismus, die zunächst recht willkürlich erscheint, läßt sich nach *Born*[305]) auf die Prinzipien der Quantentheorie stützen. Man sieht leicht, daß zwei solche synchrone Atome in größerer Entfernung sich anziehen. *Landé* nimmt an, daß die vier äußeren Elektronen des C-Atoms zweiquantige Ellipsenbahnen beschreiben; er berücksichtigt die Deformation dieser durch die Nachbaratome und gelangt so zu einer Gitterkonstanten, die von dem empirischen Werte nur um weniger als 10% abweicht. Sodann zieht er neue Messungen der Kompressibilität des Diamanten von *Adams*[306]) und Schätzungen der Sublimationswärme von *Cohn*[307]) heran, um mittels der *Grüneisen*schen Formel (287′) bzw. (378) das Produkt der Exponenten des Kraftgesetzes zu bestimmen; er findet mit $\varkappa = 0{,}16 \cdot 10^{-12}$ cm²dyn⁻¹, $U = 168$ kcal/mol den Wert $n \cdot m = 27$, der mit der Berechnung aus dem Atommodell durchaus verträglich ist.[308])

301) *P. Debye* u. *P. Scherrer*, Phys. Ztschr. 19 (1918), p. 474.
302) *D. Coster*, Proc. Amsterdam 22 (1920), No. 6.
303) *N. H. Kolkmeijer*, Proc. Amsterdam 23 (1920), No. 1.
304) *A. Landé*, Ztschr. f. Phys. 4 (1921), p. 410; 6 (1921), p. 10.
305) *M. Born*, Die Naturwissenschaften 10 (1922), p. 677; Anm. auf p. 678; *M. Born* u. *W. Heisenberg*, Ztschr. f. Phys. 14 (1923), p. 44.
306) *L. H. Adams*, J. of Washington Acad. of Sciences 11 (1921), p. 45.
307) *Hedwig Cohn*, Ztschr. f. Phys. 3 (1920), p. 143.
308) Die Benutzung der älteren Kompressibilitätsbestimmung von *Th. W.*

Wir geben diese Theorie hier nicht ausführlich wieder, weil das zugrunde gelegte Modell des C-Atoms nach den neueren Untersuchungen von *Bohr* nicht richtig ist. Manche Züge der *Landé*schen Überlegung werden aber vermutlich bestehen bleiben; so vor allem die Dimensionierung der äußeren Elektronenbahnen der Atome als zweiquantige Ellipsen (entsprechend der „effektiven" Quantenzahl *Bohrs*, s. Nr. 36) und die Gleichphasigkeit entsprechender Elektronen verschiedener Atome. Es scheint danach, daß dieser Versuch zur Deutung der homöopolaren Bindung die richtigen Grundgedanken erfaßt hat.[309])

Außer dieser eigentlichen homöopolaren Anziehung scheint es aber eine andere Art von Kohäsionskräften zwischen gleichartigen Molekeln zu geben, nämlich dann, wenn diese zwar neutral sind, aber als Dipole, Quadrupole usw. aufeinander wirken.[309a]) *Born* und *Kornfeld*[309b]) haben versucht, auf diese Weise die Sublimationswärme der Halogenwasserstoffe mit den Dipolmomenten dieser Molekeln in Beziehung zu setzen und sind dabei zu der richtigen Größenanordnung gelangt. Die Rechnung gründet sich auf die Annahme eines ein-

Richards [Ztschr. f. Phys. Chem. 61 (1907), p. 183] $\varkappa = 0,5 \cdot 10^{-12}$ würde den viel zu kleinen Wert $n \cdot m = 8,75$ ergeben.

309) *W. H. Bragg* [Proc. Phys. Soc. London 34 (1921), p. 33] hat ausführliche Untersuchungen über die Struktur organischer Kristalle angestellt, aus denen wichtige Schlüsse über die Bindungen zwischen den Atomen gezogen werden können.

J. J. Thomson [Phil. Mag. 43 (1922), p. 721; 44 (1922), p. 658] hat auf Grund der von ihm entwickelten Atommodelle eine dynamische Gittertheorie skizziert, offenbar ohne die Literatur zu kennen. So berechnet er z. B. die elektrostatischen Gitterpotentiale durch direkte Summierung und erhält natürlich wegen der schlechten Konvergenz sehr ungenaue Zahlen. *B. M. Sen* [Phil. Mag. (6) 43 (1922), p. 672, 683] versucht die thermischen Eigenschaften der festen Körper durch Anwendung der Begriffe der kinetischen Gastheorie (Atomradius, Zusammenstoß usw.) abzuleiten. Es seien hier noch die Arbeiten erwähnt, die darauf ausgehen, die Wärmetönung homöopolarer Kohlenstoffverbindungen aus einfachen Summanden zusammenzusetzen (analog zu der *Born*schen Zerlegung bei heteropolaren Verbindungen). Diese Bestrebungen gehen auf *Julius Thomsen* [Ztschr. f. phys. Chem. 1 (1887), p. 369] zurück. Neuerdings sind diese Gedanken von *A. v. Weinberg* [Ber. d. Deutsch. Chem. Ges. 52 (1919), p. 928, 1501; 53 (1920), p. 1347, 1519] aufgenommen worden; s. hierzu die kritischen Bemerkungen von *W. Hückel*, Chem. Ber. 55 (1922), p. 2839; ferner *K. Fajans* [Ztschr. f. Phys. 1 (1920), p. 101; Ztschr. f. phys. Chem. 99 (1921), p. 395] u. a.

309a) S. hierzu die Theorien über die *van der Waals*sche Anziehung von *W. H. Keesom* [Phys. Ztschr. 22 (1921), p. 129, 643; 23 (1922), p. 225; dort ist weitere Literatur zitiert] und *P. Debye* [Phys. Ztschr. 21 (1920), p. 178; 22 (1921), p. 302]; *H. Falkenhagen* [Phys. Ztschr. 23 (1922), p. 87].

309b) *M. Born* u. *H. Kornfeld*, Phys. Ztschr. 24 (1923), p. 121.

fachen regulären Dipolgitters, dessen elektrostatische Energie *Korn-feld*[309c]) bestimmt hat.

41. Entwicklung der Lehre von den elektromagnetischen Gitter-potentialen. Die Formeln der elektrostatischen Gittertheorie sind streng .nur für Gleichgewichtszustände und näherungsweise für langsam ver-änderliche Vorgänge anwendbar. Denn bei schnellen Schwingungen kommt die endliche Ausbreitungsgeschwindigkeit der elektromagne-tischen Störungen ins Spiel; diese bewirkt eine Verzögerung der Kräfte zwischen zwei aufeinander wirkenden Partikeln mit wachsender Entfernung.

Bisher wurden alle Gitterkräfte als Fernkräfte angenommen, die zeitlos wirken. Dabei konnte auch die Optik behandelt werden mit Hilfe des Kunstgriffes, daß die für ein Kontinuum gültigen *Maxwell*-schen Gleichungen auf das diskontinuierliche Gitter angewandt wurden (s. Nr. 20—24). Eine strenge Theorie der elektromagnetischen Wellen im Gitter erfordert eine tiefere Begründung der Rechtmäßigkeit dieses Verfahrens; hierzu ist es notwendig, die Lehre von den Gitterpoten-tialen auf zeitlich variable, elektromagnetische Vorgänge zu erweitern. Zuvor soll ein Überblick über die Entwicklung der Wellenoptik bis zu der hier aufgeworfenen Fragestellung gegeben werden.[310])

Zwei Betrachtungsweisen stehen sich bei der theoretischen Be-handlung des Durchgangs elektromagnetischer Wellen durch disper-gierende Körper gegenüber:

Die eine Methode hält sich eng an die von *Maxwell* formulierte Vorstellung eines kontinuierlichen polarisierbaren Mediums; die zur Erklärung der Dispersion notwendige Ergänzung durch molekulare Resonatoren wird an das Schema der Kontinuumsphysik nur locker angeklebt. Das elektrische Moment der Volumeneinheit $\mathfrak{P}$ wird als Summe der zahllosen Einzelmomente $\mathfrak{p}$ der Molekeln aufgefaßt, und nur diese $\mathfrak{p}$ werden zur Darstellung der Resonanzeigenschaften be-sonderen mechanischen Schwingungsgleichungen unterworfen. Mit diesem Verfahren stimmt auch das hier (in Nr. **20, 24**) angewandte überein.

Die zweite Methode macht mit der atomistischen Auffassung Ernst. Das elektromagnetische Feld genügt dann außerhalb und innerhalb der Materie stets denselben *Maxwell*schen Gleichungen für den freien Äther; der Unterschied besteht nur darin, daß innerhalb der Materie

<hr>

309 c) *H. Kornfeld,* Diss. Göttingen 1923.

310) Eine ausführliche historische Darstellung findet man bei *R. Lundblad,* Untersuchungen über die Optik der dispergierenden Medien vom molekular-theoretischen Standpunkt (Upsala 1920).

die in den Atomen sitzenden Resonatoren gleichzeitig mitschwingen; sie senden Kugelwellen aus, und durch Interferenz aller dieser Kugelwellen entsteht ein Vorgang im Äther, der im Mittel der Fortpflanzung einer (etwa ebenen) Lichtwelle von makroskopischen Dimensionen entspricht.

Die letztere Auffassung geht auf eine Arbeit von *Lorentz*[311]) aus dem Jahre 1879 zurück, die noch auf dem Boden der *Helmholtz*schen Fernwirkungstheorie steht; später hat *Lorentz* dieselben Gedanken auch mit der *Maxwell*schen Feldtheorie dargestellt.[312]) Er hat aber meist die zuerst genannte Darstellungsweise vorgezogen, die wegen ihrer Einfachheit in die Lehrbücher der Optik übergegangen ist. Mit der ersten *Lorentz*schen Dispersionstheorie nahe verwandt ist die von *Planck*.[313]) Das betrachtete Medium wird als isotrop vorausgesetzt; die Wechselwirkung der Partikel kann daher nur durch Mittelbildung über die relativen Lagen erfaßt werden. Insofern haben diese Arbeiten eine Mittelstellung zwischen der eigentlichen Kontinuumsphysik und der streng atomistischen Gittertheorie. Das wichtigste Resultat dieser Untersuchungen ist der Satz, daß die von allen Partikeln auf eine ausgeübte elektrische Kraft pro Ladungseinheit nicht gleich der mittleren (optischen) Feldstärke $\mathfrak{E}$, sondern gleich $\mathfrak{E} + \frac{4\pi}{3}\mathfrak{P}$ ist, wo $\mathfrak{P}$ das elektrische Moment der Volumeneinheit bedeutet. Man denkt sich den Aufpunkt von einer Kugel umgeben und nimmt an, daß die innerhalb derselben befindlichen Partikel im Mittel keine Wirkung auf das Zentrum ausüben; die außerhalb befindlichen Partikel aber ersetzt man durch ein Kontinuum vom Moment $\mathfrak{P}$, und es ist leicht zu zeigen, daß dieses auf die im Kugelmittelpunkt befindliche Einheitsladung die Kraft $\frac{4\pi}{3}\mathfrak{P}$ ausübt. Die Ableitung dieser Zusatzkraft mit strengeren Methoden bildet den Hauptinhalt der im folgenden aufgezählten Abhandlungen. Die Gittertheorie liefert für D-Gitter dasselbe Resultat und für beliebige Gitter die richtige Verallgemeinerung.

Auf die Wichtigkeit der zweiten, streng atomistischen Auffassung haben gelegentlich *v. Laue*[314]) und *Voigt*[315]) hingewiesen. Die erste Arbeit, die den alten *Lorentz*schen Gedanken in moderner Form neu

---

311) *H. A. Lorentz*, Verh. d. K. Akad. v. Wet. Amsterdam 18 (1879).

312) *H. A. Lorentz*, Arch. néerland. 25 (1892), p. 363; Wied. Ann. 9 (1880), p. 657; Versuch einer Theorie der elektr. u. opt. Erscheinungen (Leiden 1895); The Theory of Electrons (Leipzig 1916), Chap. IV.

313) *M. Planck*, Berl. Ber. 24 (1902), p. 470.

314) *M. v. Laue*, Ann. d. Phys. 18 (1905), p. 550.

315) *W. Voigt*, Phys. Ztschr. 8 (1907), p. 841.

aufnahm, ist die Dissertation von *Ewald*[316]) vom Jahre 1912, die eine strenge Lösung für rhombische Gitter gibt und auf die wir unten zurückkommen. Von da an setzte ein größeres Interesse für die atomistische Auffassung der Wellenfortpflanzung ein.

Esmarch[317]), *Natanson*[318]), *Bothe*[319]), *Oseen*[320]), *Lundblad* l. c.[310]), *Faxén*[321]) behandeln isotrope Körper, wobei sie besonders den Übergang einer Welle aus dem Vakuum in das dispergierende Medium (Reflexion und Brechung) verfolgen. *Oseen* zeigte, daß die von den Elektronenschwingungen herrührenden Wellen sich so in zwei Teile zerlegen lassen, daß der eine Teil im Innern des Körpers die einfallende Welle gerade aufhebt, während der zweite Teil die reflektierte und die gebrochene Welle erzeugt; zu demselben Resultat kam *Ewald* vom Standpunkt der Gittertheorie aus. (Dieser sog. Auslöschungssatz von *Ewald* und *Oseen* wurde übrigens schon vor *Oseen* von *Bothe* l. c.[319]) ausgesprochen.)

Einen Übergang von diesen Untersuchungen der isotropen Medien zur Gittertheorie der Kristalle bildet eine Arbeit von *Havelock*[322]); dieser nimmt an, daß der kugelförmige Hohlraum der *Lorentz*schen Theorie in einem Kristall durch einen anders geformten, in erster Näherung ein Ellipsoid, zu ersetzen ist, derart, daß die Wirkung der im Innern befindlichen Partikel auf den Aufpunkt sich im Mittel aufhebt. Auf diesem Wege kann er die Doppelbrechung ableiten und durch die Exzentrizität des Ellipsoids ausdrücken, ohne daß es ihm gelingt, diese mit andern physikalischen Eigenschaften des Gitters in Verbindung zu bringen. Letzteres gilt auch von der Theorie der Doppelbrechung von *Langevin*[323]), der diese einfach dadurch gewinnt, daß er jede (isolierte) Molekel als anisotrop annimmt. Das Hauptresultat dieser beiden Arbeiten ist der Nachweis, daß eine gewisse einfache Kombination der Hauptbrechungsindizes eine von der Wellenlänge unabhängige Konstante ist. Die eigentlichen gittertheoretischen Arbeiten verfolgen in erster Linie zwei Ziele: die strenge Begründung

316) *P. P. Ewald*, Diss. München 1912; Intern. Congress of Mathematics, Cambridge 1912.

317) *W. Esmarch*, Ann. d. Phys. 42 (1913), p. 1257.

318) *L. Natanson*, Krak. Anz. (Bull. intern.) A. (1914), p. 1, 335; (1916), p. 221.

319) *W. Bothe*, Diss., Berlin 1914; Ann. d. Phys. 64 (1921), p. 693.

320) *C. W. Oseen*, Ann. d. Phys. 48 (1915), p. 1; Phys. Ztschr. 16 (1915), p. 404.

321) *H. Faxén*, Ztschr. f. Phys. 2 (1920), p. 218.

322) *T. H. Havelock*, Proc. Roy. Soc. London 77 (1906), p. 170.

323) *P. Langevin*, Le Radium 7 (1910).

der *Lorentz*schen Zusatzkraft $\frac{4\pi}{3}\mathfrak{P}$ bzw. ihrer Verallgemeinerung und die Ableitung der Doppelbrechung als Wirkung der Gitterstruktur.

Die älteste dieser Arbeiten ist wohl die von Lord *Rayleigh*[324]), die hauptsächlich das erstgenannte Ziel verfolgt.

Er betrachtet die Fortpflanzung von Wellen in einem Medium, in dem „Hindernisse", d. h. Kugeln oder unendlich lange, parallele Zylinder von abweichenden Eigenschaften, gitterartig verteilt sind. Dabei beschränkt er sich auf unendlich lange Wellen, d. h. auf die Potentialgleichung $\nabla^2\varphi = 0$. An diese Arbeit knüpft eine Abhandlung von *Havelock*[325]), der in formaler Weise eine Dispersionsformel erhält, indem er die für das zusammengesetzte Medium gefundene Dielektrizitätskonstante als Funktion der Wellenlänge gemäß der *Cauchy*schen Formel ansetzt. Die eigentliche Lösung des *Rayleigh*schen Problems für endliche Wellen gelang *Kasterin*[326]); er fand ein Integral der Wellengleichung $\nabla^2\varphi + k^2\varphi = 0$, das die Grenzbedingungen an den Hindernissen erfüllt und eine ebene Welle darstellt.

Im folgenden werden an Stelle der Hindernisse die Partikel des Gitters treten, die wegen ihrer Ladung als Dipole wirken. Der Übergang von den Arbeiten *Rayleighs* und *Kasterins* zu der hier behandelten Gittertheorie wird durch die Bemerkung hergestellt, daß die Beeinflussung einer ebenen Welle durch ein kleines kugelförmiges Hindernis in erster Näherung durch eine von dem Hindernis ausgehende Dipolwelle beschrieben werden kann.

Die schon genannte Arbeit von *Ewald*[316]) behandelt die Fortpflanzung einer ebenen Welle in einem rhombischen Dipolgitter.[326a]) Dabei wird nicht, wie in der gewöhnlichen Dispersionstheorie, zwischen der einfallenden, erregenden Welle und den erzwungenen Schwingungen der Resonatoren unterschieden, sondern der Vorgang des Fortschreitens einer elektromagnetischen Störung, bei der die Dipole gleichphasig mit dem Felde im Vakuum schwingen, wird als Einheit aufgefaßt; es handelt sich nicht um erzwungene, sondern um freie Schwingungen des aus Feld und eingelagerten Dipolen bestehenden Systems. Die Anregung dieser Schwingungen durch eine von außen auf den Kristall

<hr>

324) Lord *Rayleigh*, Phil. Mag. 23 (1892), p. 481; Scient. Pap. (Cambridge 1903), Vol. IV, Nr. **200**, p. 19.

325) *T. H. Havelock*, Proc. Roy. Soc. London 77 (1906), p. 170; 80 (1907), p. 28.

326) *N. Kasterin*, Lorentz-Jubelband u. Amsterdam Proc. 1897/98, p. 460.

326a) *L. Silberstein* [Phil. Mag. (6) 33 (1917), p. 92, 521; 37 (1919), p. 396] hat eine Theorie der Dispersion in Dipolgittern entwickelt, ohne die *Ewald*schen Methoden zu kennen, und hat sie auf das Diamantgitter angewandt.

auffallende Welle führt auf das Problem der Reflexion und Brechung; auch diese hat *Ewald*[327]) vom Standpunkte der Gittertheorie aus entwickelt. Seine Formeln gelten für beliebige Wellenlängen, also auch im Gebiet der Röntgenstrahlen; hierdurch wurde *Ewald*[328]) auf eine Vertiefung der *Laue*schen Theorie der Röntgeninterferenzen geführt. Die hieraus folgenden kleinen Abweichungen vom *Bragg*schen Reflexionsgesetz [s. diese Encykl. V 24 (*M. v. Laue*) V, Nr. **45—57**] scheinen durch die Erfahrung bestätigt zu werden.[329])

Die *Ewald*schen Resultate wurden von *Born*[330]) der allgemeinen Gittertheorie eingeordnet. Der Zusammenhang mit der gewöhnlichen Kristalloptik wird dadurch hergestellt, daß die *Ewald*schen Gitterpotentiale nach $\tau = \dfrac{2\pi}{\lambda}$ entwickelt werden; dann führen die ersten Glieder dieser Entwicklung zu denselben Formeln, welche die *Maxwell*sche Kontinuumstheorie ergibt (s. Nr. **20—22**). Im folgenden werden die wichtigsten Ergebnisse dieser Theorie im Zusammenhange dargestellt; dabei wird wesentlich von der Methode der Thetatransformationsformel Gebrauch gemacht, die *Ewald*[331]) in vollster Allgemeinheit 1921 dargestellt hat.

42. Der Hertzsche Vektor einer ebenen Welle. Die bei schnellen Schwingungen von den geladenen Gitterpartikeln ausgehenden elektromagnetischen Wellen kann man so berechnen, als rührten sie von einem Dipol her. Wird nämlich ·die Ladung e verschoben, so kann man in der Ruhelage eine Ladung $-e$ angebracht denken, die mit ihr zusammen einen Dipol bildet, und diese wieder kann man durch eine ruhende Ladung e kompensieren; das Gitter dieser ruhenden Ladungen trägt nichts zu den bei Schwingungen auftretenden, zeitlich veränderlichen Feldern bei. Das Feld des Dipolgitters läßt sich aus dem *Hertz*schen Vektor $\mathfrak{Z}$ ableiten vermöge der Formeln[332])

---

327) *P. P. Ewald*, Ann. d. Phys. 49 (1916), p. 1, 117.

328) *P. P. Ewald*, Habilitationsschrift München 1917; abgedr. Ann. d. Phys. 54 (1917), p. 519, 557; Phys. Ztschr. 21 (1920), p. 617; Ztschr. f. Phys. 2 (1920), p. 332.

329) *M. Stenström*, Exper. Unters. d. Röntgenspektra (Lund 1919); *E. Hjalmar*, Ztschr. f. Phys. 1 (1920), p. 439; *M. Siegbahn*, Ztschr. f. Phys. 9 (1922), p. 68 und Paris C. R. 174 (1922), p. 745; *Bergen Davis* u. *H. M. Terril*, Proc. Nat. Acad. of Sc. 8 (1922), p. 357.

330) *M. Born*, Dynamik d. Kristallgitter (Leipzig 1915), Teil II.

331) *P. P. Ewald*, Ann. d. Phys. 64 (1921), p. 253.

332) S. etwa *M. Abraham*, Theorie der Elektrizität II, 3. Aufl. (Leipzig 1914), Formeln (48c), (48d), p. 55.

$$(484) \qquad \begin{cases} \mathfrak{E} = \operatorname{grad} \operatorname{div} \mathfrak{Z} - \dfrac{1}{c^2}\,\dfrac{\partial^2 \mathfrak{Z}}{\partial t^2}, \\[2mm] \mathfrak{H} = \dfrac{1}{c}\,\operatorname{rot} \dfrac{\partial \mathfrak{Z}}{\partial t}. \end{cases}$$

$\mathfrak{Z}$ genügt der Wellengleichung

$$(485) \qquad \nabla^2 \mathfrak{Z} - \frac{1}{c^2}\,\frac{\partial^2 \mathfrak{Z}}{\partial t^2} = 0.$$

Bei *Ewald* und den andern zitierten Autoren wird das Feld einer ebenen elektromagnetischen Welle durch Summation der von den einzelnen Dipolen ausgehenden Kugelwellen gewonnen; dabei treten Konvergenzschwierigkeiten auf, ganz ähnlich denen, die in der Theorie der elektrostatischen Gitterpotentiale (s. Nr. 37) zu überwinden waren. *Ewald* umgeht diese, indem er jede einzelne Kugelwelle mit einem Faktor der Form o^{-kr} versieht, der eine (räumliche) Dämpfung bedeutet, und am Schluß zum Limes $k = 0$ übergeht. Man vermeidet diese Schwierigkeiten, indem man nicht von der quellenmäßigen Darstellung des Feldes ausgeht, sondern es durch seine Eigenschaften beschreibt und dazu einen analytischen Ausdruck mit Hilfe der *Fourier*schen Reihen bestimmt; der Übergang zur Darstellung als Summe von Kugelwellen folgt dann leicht mit Hilfe der Thetatransformationsformel.

Eine ebene elektromagnetische Welle im Gitter besteht aus Verrückungen der Gitterpunkte nach Formel (99):

$$(486) \qquad \mathfrak{u}_k^l = \mathfrak{U}_k e^{-i\omega t} e^{i\tau(\mathfrak{Z}\,\mathfrak{r}_k^l)},$$

begleitet von einem elektromagnetischen Felde

$$(486') \qquad \mathfrak{Z} = \mathfrak{S} e^{-i\omega t} e^{i\tau(\mathfrak{Z}\,\mathfrak{r})},$$

wo der Vektor $\mathfrak{S}$ eine Ortsfunktion ist, die offenbar folgende Eigenschaften haben muß:

1. Sie ist überall regulär analytisch außer in den Gitterpunkten $\mathfrak{r}_k^l$, wo sie Pole erster Ordnung mit den Residuen

$$\mathfrak{p}_k = e_k \mathfrak{U}_k$$

hat, d. h. eine Entwicklung der Form[333]

$$\mathfrak{S} = \frac{\mathfrak{p}_k}{|\,\mathfrak{r}_k^l - \mathfrak{r}\,|} + A.F$$

zuläßt;

2. sie ist periodisch im Gitter, d. h. sie nimmt in entsprechenden Punkten der Zellen gleiche Werte an;

---

[333] Das Zeichen *A. F.* bedeutet hier und im folgenden eine in dem betrachteten (für $\mathfrak{S}$ singulären) Punkte und seiner Umgebung regulär analytische Funktion.

3. sie genügt der aus (485) durch die Substitution (486') hervorgehenden Differentialgleichung

$$(487) \qquad \tau^2 \left(\frac{1}{n^2} - 1\right) \mathfrak{S} + 2 i \tau (\mathfrak{s} \nabla) \mathfrak{S} + \nabla^2 \mathfrak{S} = 0,$$

wo

$$(488) \qquad n = \frac{c\tau}{\omega} = \frac{c}{\lambda \nu}$$

der Brechungsindex ist.

Durch diese Bedingung ist $\mathfrak{S}$ eindeutig bestimmt, wie sich aus der im folgenden mitgeteilten Darstellung ergibt (oder sich mit Hilfe der *Green*schen Sätze leicht beweisen läßt).

Man genügt der Forderung 1 dadurch, daß man

$$(489) \qquad \mathfrak{S} = \sum_k \mathfrak{p}_k S(\mathfrak{r} - \mathfrak{r}_k)$$

setzt, wo $S(\mathfrak{r})$ eine skalare Ortsfunktion ist, die

   1. periodisch ist im Gitter,

   2. überall in der Basis analytisch außer im Nullpunkt, wo ihr Verhalten durch die Gleichung

$$S = \frac{1}{r} + A.\,F.$$

      beschrieben wird, d. h. wo sie einen Pol erster Ordnung mit dem Residuum 1 hat,

   3. der Differentialgleichung

$$(490) \qquad \tau^2 \left(\frac{1}{n^2} - 1\right) S + 2 i \tau (\mathfrak{s}, \operatorname{grad} S) + \nabla^2 S = 0$$

      genügt.

Man kann diese Funktion S leicht durch eine *Fourier*sche Reihe darstellen:

$$S = \mathop{\mathrm{S}}_l s^l e^{i(\mathfrak{q}^l\, \mathfrak{r})},$$

wo $\mathfrak{q}^l$ der durch (415) (Nr. 37) definierte Vektor ist. Nach allgemeinen Sätzen[334]) konvergiert diese Reihe überall außer in den Punkten der durch die Gitterpunkte $\mathfrak{r}^l$ gehenden, zu den Zellenkanten parallelen Geraden, da der Pol der Funktion S im Nullpunkt von niederer als zweiter, nämlich erster Ordnung ist.

Die Koeffizienten

$$(490\,\mathrm{a}) \qquad s^l = \frac{1}{\varDelta} \iiint S e^{-i(\mathfrak{q}^l\, \mathfrak{r})}\, dx\, dy\, dz$$

lassen sich mit Hilfe der *Green*schen Formel

$$\iiint (f \nabla^2 g - g \nabla^2 f)\, dx\, dy\, dz = \iint \left(f \frac{\partial g}{\partial \nu} - g \frac{\partial f}{\partial \nu}\right) d\sigma$$

aus der Differentialgleichung (490) berechnen.

334) S. etwa *M. Born*, Dynamik der Kristallgitter, Anhang, p. 114.

Dabei soll das dreifache Integral hier und im folgenden stets über die Zelle erstreckt werden, ausgenommen unendlich kleine Kugeln, durch welche die etwa vorhandenen Singularitäten der Funktionen f und g ausgeschlossen werden. Das Flächenintegral soll über die Begrenzung der Zelle und über die Oberfläche der kleinen Kugeln erstreckt werden; ν bedeutet die äußere Normale.

Man wähle nun

$$f(\mathfrak{r}) = e^{-i(\mathfrak{q}^l \mathfrak{r})}, \quad g(\mathfrak{r}) = S(\mathfrak{r});$$

dann ist f regulär in der Zelle und genügt der Differentialgleichung

$$\nabla^2 f = - |\mathfrak{q}^l|^2 f,$$

während g im Nullpunkt einen Pol hat und der Differentialgleichung (490) genügt. Schließt man nun diesen Pol durch eine kleine Kugel aus und beachtet, daß die Oberflächenintegrale über je zwei gegenüberliegende Grenzflächen der Zelle sich wegen der Periodizität von f und g aufheben, so erhält man

$$\iiint \left\{ -f\left[\tau^2 \left(\frac{1}{n^2} - 1 \right) S + 2i\tau\, (\mathfrak{s}\, \mathrm{grad}\, S) \right] + |\mathfrak{q}^l|^2 fS \right\} dx\, dy\, dz = 4\pi.$$

Das Integral des zweiten Gliedes kann man durch partielle Integration umformen; dabei liefert das Oberflächenintegral über die kleine Kugel keinen Beitrag und das über die Begrenzung der Zelle fällt wegen der Periodizität fort. Man hat also

$$\iiint f(\mathfrak{s}\, \mathrm{grad}\, S)\, dx\, dy\, dz - -\iiint S(\mathfrak{s}\, \mathrm{grad}\, f)\, dx\, dy\, dz$$

$$= i(\mathfrak{s}\mathfrak{q}^l) \iiint Sf\, dx\, dy\, dz.$$

Setzt man das ein, so erhält man schließlich

$$\left\{ |\mathfrak{q}^l|^2 + 2\tau\, (\mathfrak{s}\mathfrak{q}^l) - \tau^2 \left(\frac{1}{n^2} - 1 \right) \right\} \iiint Sf\, dx\, dy\, dz = 4\pi,$$

oder nach (490a)

$$\varDelta s^l = \frac{4\pi}{|\mathfrak{q}^l|^2 + 2\tau\, (\mathfrak{s}\mathfrak{q}^l) + \tau^2 \dfrac{n^2-1}{n^2}} = \frac{4\pi}{(\mathfrak{q}^l + \tau\mathfrak{s})^2 - \dfrac{\tau^2}{n^2}}.$$

Danach wird

$$(491) \qquad S = \frac{4\pi}{\varDelta} \sum_l \frac{e^{i(\mathfrak{q}^l \mathfrak{r})}}{(\mathfrak{q}^l + \tau\mathfrak{s})^2 - \dfrac{\tau^2}{n^2}}.$$

Die weitere Behandlung gliedert sich in zwei verschiedene Fälle, je nachdem, ob die Gitterkonstante δ mit der Wellenlänge λ vergleichbar (bzw. gar größer) oder ob sie sehr viel kleiner als λ ist. Der erstere Fall entspricht den *Röntgenstrahlen*; da $\mathfrak{q}^l$ von der Größenordnung $\frac{1}{\delta}$ und $\lambda = \frac{2\pi}{\tau}$ ist, so kann es vorkommen, daß der Nenner eines der

*Fourier*glieder sehr klein wird. Dann überwiegt das betreffende Glied und man hat wesentlich eine oder eine endliche Zahl einfach periodischer, ebener Wellen. Hierauf beruht die Zerstreuung der Röntgenstrahlen (nach *v. Laue* und *Bragg*); auf die *Ewald*sche Theorie dieses Vorgangs, die an die Formel (491) anknüpft, kommen wir unten kurz zurück (Nr. **44**).

Der zweite Fall entspricht der *Optik des sichtbaren Lichts.* Wenn $\lambda \gg \delta$ ist, wird keiner der Nenner klein, außer dem des konstanten Gliedes $(l = 0)$, das von der Größenordnung $\frac{1}{\tau^2} = \frac{\lambda^2}{4\pi^2}$ wird. Dieses Glied hat also eine überragende Bedeutung und soll daher abgetrennt werden; wir schreiben

$$(492) \qquad S = \frac{4\pi}{\varDelta}\,\frac{n^2}{n^2-1}\,\frac{1}{\tau^2} + S^*, \qquad S^* = \frac{4\pi}{\varDelta}\,\underset{l}{{S}'}\,\frac{e^{i\,(\mathfrak{q}^l\,\mathfrak{r})}}{(\mathfrak{q}^l + \tau\,\mathfrak{s})^2 - \dfrac{\tau^2}{n^2}}.$$

Diese *Fourier*sche Reihe konvergiert überall außer auf den, durch die Gitterpunkte $\mathfrak{r}^l$ gehenden, zu den Zellenkanten parallelen Geraden; die Konvergenz ist aber schlecht und die Reihe läßt sich nicht gliedweise differenzieren. Daher soll sie jetzt in eine von *Ewald* angegebene, rasch konvergente Form gebracht werden, die außerdem einen einfachen Übergang zur quellenmäßigen Darstellung, als Summe von Dipolkugelwellen, erlaubt.

Mit Hilfe der Identität

$$\frac{1}{a} = \int\limits_0^\infty e^{-a\xi}\,d\xi$$

läßt sich S^* so zerlegen:

$$(493) \qquad\qquad S^* = S_1 + S_2,$$

$$(493')\qquad \begin{cases} S_1 = \dfrac{4\pi}{\varDelta}\displaystyle\int\limits_{\eta}^{\infty}\underset{l}{{S}'}\,e^{-\left[(\mathfrak{q}^l + \tau\mathfrak{s})^2 - \frac{\tau^2}{n^2}\right]\xi + i\,(\mathfrak{q}^l\mathfrak{r})}\,d\xi, \\[3ex] S_2 = \dfrac{4\pi}{\varDelta}\displaystyle\int\limits_{0}^{\eta}\underset{l}{{S}'}\,e^{-\left[(\mathfrak{q}^l + \tau\mathfrak{s})^2 - \frac{\tau^2}{n^2}\right]\xi + i\,(\mathfrak{q}^l\mathfrak{r})}\,d\xi. \end{cases}$$

Das erste Integral läßt sich elementar ausführen:

$$S_1 = \frac{4\pi}{\varDelta}\,\underset{l}{{S}'}\,\frac{e^{-\eta\left[(\mathfrak{q}^l + \tau\mathfrak{s})^2 - \frac{\tau^2}{n^2}\right] + i\,(\mathfrak{q}^l\mathfrak{r})}}{(\mathfrak{q}^l + \tau\mathfrak{s})^2 - \dfrac{\tau^2}{n^2}}.$$

Im zweiten läßt sich der Integrand mit Hilfe der Thetatransformationsformel (422) umformen.

Setzt man in dieser

$$\mathfrak{B} = 2\,\tau\,\sqrt{\bar\xi}\,\mathfrak{H}, \qquad \mathfrak{A} = -\frac{\mathfrak{r}}{2\sqrt{\bar\xi}}, \qquad \mathfrak{A}_1 = \frac{a_1}{2\sqrt{\bar\xi}}, \qquad \mathfrak{A}_2 = \frac{a_2}{2\sqrt{\bar\xi}}, \qquad \mathfrak{A}_3 = \frac{a_3}{2\sqrt{\bar\xi}},$$

also

$$\mathfrak{G}_l = \frac{1}{2\sqrt{\bar\xi}}\,(\mathfrak{r}^l - \mathfrak{r}), \qquad \mathfrak{D}_l = \sqrt{\bar\xi}\,\mathfrak{q}^l,$$

so wird

$$\underset{l}{S}\,e^{-\frac{1}{4\xi}(\mathfrak{r}^l - \mathfrak{r})^2 + i\,\tau\,(\mathfrak{r}^l - \mathfrak{r},\,\mathfrak{H})} = \frac{8\,\pi^{\frac{3}{2}}\,\xi^{\frac{3}{2}}}{\varDelta}\,\underset{l}{S}\,e^{-(\mathfrak{q}^l + \tau\,\mathfrak{H})^2\,\xi + i\,(\mathfrak{q}^l\,\mathfrak{r})}.$$

Somit hat man

$$S_2 = -\frac{4\,\pi}{\varDelta}\int_0^\eta e^{-\tau^2\left(1-\frac{1}{n^2}\right)\xi}\,d\xi + \frac{4\,\pi}{\varDelta}\int_0^\eta \underset{l}{S}\,e^{-\left[(\mathfrak{q}^l + \tau\,\mathfrak{H})^2 - \frac{\tau^2}{n^2}\right]\xi + i\,(\mathfrak{q}^l\,\mathfrak{r})}\,d\xi,$$

$$(493'') \qquad S_2 = \frac{4\,\pi}{\varDelta}\,\frac{e^{-\tau^2\left(1-\frac{1}{n^2}\right)\eta} - 1}{\tau^2\left(1-\frac{1}{n^2}\right)}$$

$$+ \frac{1}{2\sqrt{\pi}}\int_0^\eta \underset{l}{S}\,e^{-\frac{1}{4\xi}(\mathfrak{r}^l - \mathfrak{r})^2 + i\,\tau\,(\mathfrak{r}^l - \mathfrak{r},\,\mathfrak{H}) + \frac{\tau^2}{n^2}\xi}\,\frac{d\xi}{\xi^{\frac{3}{2}}}.$$

Es werde nun wieder die durch (426′) eingeführte Funktion

$$G(x) = \frac{2}{\sqrt{\pi}}\int_x^\infty e^{-\alpha^2}\,d\alpha = 1 - F(x)$$

gebraucht, wo $F(x)$ die Fehlerfunktion ist; dann gilt die von *Ewald*[335])
bewiesene Identität:

$$(494) \qquad \frac{2}{\sqrt{\pi}}\int_\varepsilon^\infty e^{-R^2\alpha^2 + \frac{K^2}{4\alpha^2}}\,d\alpha = \frac{1}{2\,R}\left\{ e^{i\,KR}G\left(\varepsilon R + \frac{iK}{2\varepsilon}\right) + e^{-i\,KR}G\left(\varepsilon R - \frac{iK}{2\varepsilon}\right)\right\}.$$

Man kann in dieser zur Grenze $\varepsilon = 0$ übergehen, wenn man den reellen
Integrationsweg der α-Ebene ins Komplexe verzerrt und so führt, daß
er etwa unter dem Winkel $-\frac{\pi}{4}$ vom Null-
punkt in die untere Halbebene einläuft (s.
Fig. 10) und dann sich der reellen Achse
annähert. Dann erhält man die bekannte
Formel

$$(494') \qquad \frac{2}{\sqrt{\pi}}\int_0^\infty e^{-R^2\alpha^2 + \frac{K^2}{4\alpha^2}}\,d\alpha = \frac{e^{i\,KR}}{R},$$

von der nachher Gebrauch gemacht wird.

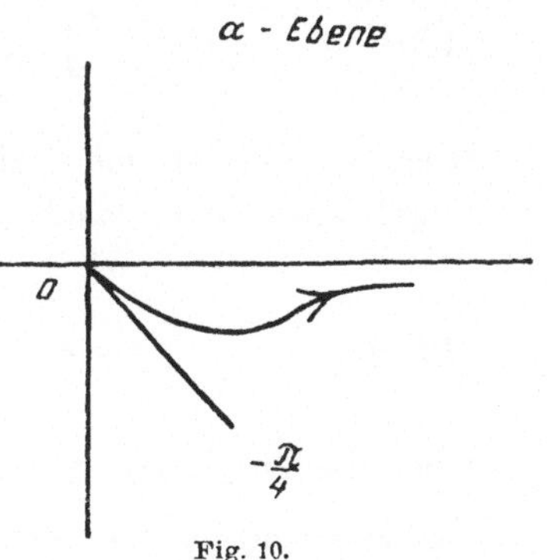

Fig. 10.

Setzt man in S_2

$$\alpha = \frac{1}{2\sqrt{\xi}}, \quad \varepsilon = \frac{1}{2\sqrt{\eta}},$$

so läßt sich das Integral mittelst der Hilfsformel (494) ausrechnen; führt man auch in S_1 die Größe ε statt η ein, so wird schließlich:

$$(495) \quad \begin{cases} S_1 = \dfrac{4\pi}{\varDelta} \underset{l}{\mathbf{S}}' \dfrac{e^{-\frac{1}{4\varepsilon^2}\left[(\mathfrak{q}l + \tau\mathfrak{s})^2 - \frac{\tau^2}{n^2}\right] + i(\mathfrak{q}l\,\mathfrak{r})}}{(\mathfrak{q}l + \tau\mathfrak{s}) - \dfrac{\tau^2}{n^2}} \\[3ex] S_2 = \dfrac{4\pi}{\varDelta}\dfrac{n^2}{n^2 - 1}\dfrac{1}{\tau^2}\left(e^{-\frac{n^2-1}{n^2}\frac{\tau^2}{4\varepsilon^2}} - 1\right) \\[3ex] \qquad + \underset{l}{\mathbf{S}} \dfrac{e^{i\tau(\mathfrak{r}l - \mathfrak{r},\,\mathfrak{s})}}{2\,|\mathfrak{r}l - \mathfrak{r}|}\left\{e^{i\frac{\tau}{n}|\mathfrak{r}l - \mathfrak{r}|}\,G\left(\varepsilon\,|\mathfrak{r}l - \mathfrak{r}| + \dfrac{i\tau}{2\varepsilon n}\right)\right. \\[3ex] \qquad\qquad \left. + e^{-i\frac{\tau}{n}|\mathfrak{r}l - \mathfrak{r}|}\,G\left(\varepsilon\,|\mathfrak{r}l - \mathfrak{r}| - \dfrac{i\tau}{2\varepsilon n}\right)\right\}. \end{cases}$$

Man sieht aus diesen Formeln, daß S_1 und S_2 reguläre Funktionen von τ sind. Die Reihen konvergieren bei geeigneter Wahl von ε beide gut, und zwar S_1 um so besser, je kleiner ε ist, S_2 um so besser, je größer ε ist. Letzteres folgt daraus, daß für große x die asymptotische Näherungsformel

$$G(x) = 1 - F(x) = \frac{1}{\sqrt{\pi}}\frac{e^{-x^2}}{x}$$

gilt.

Die Einführung der Trennungsstelle ε ist, wie bei den elektrostatischen Gitterpotentialen, *Ewalds* Verdienst. Für $\varepsilon = \infty$ verschwindet S_2 und S_1 geht in die ursprüngliche *Fourier*sche Reihe (491) über.

Für $\varepsilon = 0$ muß man die Grenzformel (494′) beachten; man erhält dann $S_1 = 0$ und

$$(496) \quad S = \frac{1}{\tau^2}\frac{4\pi}{\varDelta}\frac{n^2}{n^2 - 1} + S_2 = \underset{l}{\mathbf{S}}\,\frac{e^{i\tau(\mathfrak{r}l - \mathfrak{r},\,\mathfrak{s}) + \frac{i\tau}{n}|\mathfrak{r}l - \mathfrak{r}|}}{|\mathfrak{r}l - \mathfrak{r}|}$$

Hieraus erkennt man die Zusammensetzung des Feldes aus Dipolkugelwellen; denn nach (486′) und (489) wird

$$(496') \quad \mathfrak{F} = e^{-i\omega t}\sum_k \underset{l}{\mathbf{S}}\,\mathfrak{p}_k\,e^{i\tau(\mathfrak{r}_k l\,\mathfrak{s})}\frac{e^{\frac{i\tau}{n}|\mathfrak{r}_k^l - \mathfrak{r}|}}{|\mathfrak{r}_k^l - \mathfrak{r}|}.$$

Die Glieder dieser Summe sind wegen $\dfrac{\tau}{n} = \dfrac{\omega}{c}$ Kugelwellen von der Frequenz ω mit Vakuumlichtgeschwindigkeit c, die von den Dipolen mit den Momenten

$$\mathfrak{p}_k e^{-i\omega t} e^{i\tau(\mathfrak{r}_k^l \mathfrak{s})} = e_k \mathfrak{u}_k^l$$

erregt werden; diese bilden selbst eine ebene Welle, die mit der Geschwindigkeit $\dfrac{\tau}{\omega} = \dfrac{n}{c}$ fortschreitet.

43. Elektromagnetische Wechselwirkungen. Damit eine Welle der beschriebenen Art dynamisch möglich ist, müssen die Kräfte, die das elektromagnetische Feld der Welle auf die einzelnen Partikel ausübt, mit den übrigen Kräften, die die Partikel im Gitterverbande festhalten, im Gleichgewicht stehen. Hierzu ist zu bemerken, daß die Trennung der Kräfte in elektromagnetische und andere nur als vorläufig anzusehen ist; in Wirklichkeit werden alle Kräfte elektromagnetischer Natur sein, durch Quantenbedingungen in ihrer Wirksamkeit eingeschränkt. Solange die Lehre vom Atombau nicht alle Einzelheiten dieser Vorgänge liefert, wird man gut daran tun, für das Studium der optischen Eigenschaften des Gitters das Atom als fertiges Gebilde mit quasielastisch an den Kern gebundenen Elektronen anzusehen und diese Bindungskräfte den elektromagnetischen Wechselwirkungen gegenüber zu stellen.

Das elektromagnetische Feld, das an einer Partikel angreift, ist natürlich nur das der übrigen Partikel; *Ewald* nennt es das „erregende Feld". Die Wirkung der Partikel auf sich selbst ist in die Trägheit seiner Masse einbegriffen. Der *Hertz*sche Vektor des erregenden Feldes für den Punkt $\mathfrak{r}_k^l$ ist nach (496')

$$(497)\qquad \mathfrak{Z}_k^l = e^{-i\omega t}\sum_{k'}\mathfrak{S}'_{l'}\,\mathfrak{p}_{k'}\,\frac{e^{i\tau\left[(\mathfrak{r}_{k'}^{l'}\mathfrak{s}) + \frac{1}{n}\,|\,\mathfrak{r}_{k'}^{l'} - \mathfrak{r}\,|\right]}}{|\,\mathfrak{r}_{k'}^{l'} - \mathfrak{r}\,|},$$

wo der Akzent am Summenzeichen bedeutet, daß die Indexkombination $k' = k$, $l' = l$ wegzulassen ist; durch $\mathfrak{S}$ drückt er sich so aus:

$$\mathfrak{Z}_k^l = e^{-i\omega t}\left\{ e^{i\tau(\mathfrak{r}\mathfrak{s})}\,\mathfrak{S} - \mathfrak{p}_k\,\frac{e^{i\tau\left[(\mathfrak{r}_k^l\mathfrak{s}) + \frac{1}{n}\,|\,\mathfrak{r}_k^l - \mathfrak{r}\,|\right]}}{|\,\mathfrak{r}_k^l - \mathfrak{r}\,|} \right\}$$

$$= e^{-i\omega t}e^{i\tau\left(\mathfrak{r}_k^l\mathfrak{s}\right)}\left\{ e^{-i\tau\left(\mathfrak{r}_k^l - \mathfrak{r},\,\mathfrak{s}\right)}\,\mathfrak{S} - \mathfrak{p}_k\,\frac{e^{i\frac{\tau}{n}|\,\mathfrak{r}_k^l - \mathfrak{r}\,|}}{|\,\mathfrak{r}_k^l - \mathfrak{r}\,|} \right\}.$$

Zerlegt man nun $\mathfrak{S}$ nach (489), so wird

$$\mathfrak{Z}_k^l = e^{-i\omega t}e^{i\tau\left(\mathfrak{r}_k^l\mathfrak{s}\right)}\left\{ \sum_{k'}\mathfrak{p}_{k'}\,e^{-i\tau\left(\mathfrak{r}_{k'}^{l'} - \mathfrak{r},\,\mathfrak{s}\right)}S(\mathfrak{r} - \mathfrak{r}_{k'}) - \mathfrak{p}_k\,\frac{e^{\frac{i\tau}{n}|\,\mathfrak{r}_k^l - \mathfrak{r}\,|}}{|\,\mathfrak{r}_k^l - \mathfrak{r}\,|} \right\}.$$

Hier ist offenbar der Ausdruck in der Klammer periodisch im Gitter;

man kann ihn daher durch seinen Wert für $l = 0$ ersetzen. Führt man also die Funktion

$$(498) \qquad \Psi_{kk'} = e^{-i\tau(\mathfrak{r}_{k'}-\mathfrak{r},\,\mathfrak{s})}\, S(\mathfrak{r} - \mathfrak{r}_{k'}) - \delta_{kk'}\, \frac{e^{\frac{i\tau}{n}|\mathfrak{r}_{k'}-\mathfrak{r}|}}{|\mathfrak{r}_{k'}-\mathfrak{r}|}$$

ein, so wird

$$(497') \qquad \mathfrak{Z}_k^{\,l} = e^{-i\omega t}\, e^{i\tau\left(\mathfrak{r}_k^l\,\mathfrak{s}\right)} \sum_{k'} \Psi_{kk'}\, \mathfrak{p}_{k'}.$$

Endlich trennen wir von S das konstante Glied der *Fourier*schen Reihe (491) ab und setzen entsprechend

$$(498') \qquad \Psi_{kk'} = \frac{1}{\tau^2}\, \frac{4\pi}{\varDelta}\, \frac{n^2}{n^2-1}\, e^{-i\tau(\mathfrak{r}_{k'}-\mathfrak{r},\,\mathfrak{s})} + P_{kk'},$$

wo

$$(499) \qquad P_{kk'} = e^{-i\tau(\mathfrak{r}_{k'}-\mathfrak{r},\,\mathfrak{s})}\, S^*(\mathfrak{r} - \mathfrak{r}_{k'}) - \delta_{kk'}\, \frac{e^{\frac{i\tau}{n}|\mathfrak{r}_{k'}-\mathfrak{r}|}}{|\mathfrak{r}_{k'}-\mathfrak{r}|}$$

ist.

Um nun die auf die Partikel $\mathfrak{r}_k^{\,l}$ wirkende Kraft zu ermitteln, hat man aus $\mathfrak{Z}_k^{\,l}$ nach (484) $\mathfrak{E}$ und $\mathfrak{H}$ zu berechnen, dann den Vektor

$$\mathfrak{F} = e_k \left\{ \mathfrak{E} + \frac{1}{c}\, [\dot{\mathfrak{u}}_k^{\,l}\, \mathfrak{H}] \right\}$$

zu bilden und darin $\mathfrak{r}$ gegen $\mathfrak{r}_k^{\,l}$ konvergieren zu lassen. Da $\mathfrak{Z}_k^{\,l}$ und damit auch $\mathfrak{E}_k^{\,l}$ und $\mathfrak{H}_k^{\,l}$ lineare Funktionen der Verrückungen $\mathfrak{u}_k^{\,l}$ sind, so wird der magnetische Anteil der Kraft quadratisch in den $\mathfrak{u}_k^{\,l}$. Nun haben wir uns überall mit Ausnahme des Kapitels über die Zustandsgleichung (Nr. **29—32**) in den Kräften stets auf die ersten Potenzen der Verrückungen beschränkt; daher lassen wir jetzt konsequenter Weise den magnetischen Anteil der Kraft fort.

Die auf die Partikel $\mathfrak{r}_k^{\,l}$ wirkende elektromagnetische Kraft ist also

$$(500) \qquad \mathfrak{F}_k^{\,l} = [e_k\, \mathfrak{E}]_{\mathfrak{r}_k^{\,l}} = e_k \left[\operatorname{grad} \operatorname{div} \mathfrak{Z}_k^{\,l} + \frac{\tau^2}{n^2}\, \mathfrak{Z}_k^{\,l} \right]_{\mathfrak{r}_k^{\,l}};$$

ihre Komponenten sind:

$$\mathfrak{F}_{kx}^{\,l} = e_k\, e^{-i\omega t}\, e^{i\tau\left(\mathfrak{r}_k^l\,\mathfrak{s}\right)} \sum_{k'} \sum_{y} \left[\frac{\partial^2 \Psi_{kk'}}{\partial x\, \partial y} + \delta_{xy}\, \frac{\tau^2}{n^2}\, \Psi_{kk'} \right]_{\mathfrak{r}_k} \cdot \mathfrak{p}_{k'y}.$$

Setzt man hier für $\Psi_{kk'}$ den Ausdruck (498') ein und ersetzt im zweiten Gliede $\dfrac{\tau}{n}$ durch $\dfrac{\omega}{c}$, so erhält man:

$$(500') \qquad \mathfrak{F}_{kx}^{\,l} = \left\{ \frac{4\pi e_k}{n^2-1}\, (\mathfrak{P}_x + n^2 \mathfrak{s}_x (\mathfrak{s}\,\mathfrak{P})) + \omega^2 \sum_{k'} m_{kk'}\, \mathfrak{u}_{k'x} \right.$$

$$\left. + \sum_{k'} \sum_{y}{}' \begin{bmatrix} k\,k' \\ x\,y \end{bmatrix}^{(e)} \mathfrak{u}_{k'y} \right\} e^{-i\omega t}\, e^{i\tau\left(\mathfrak{r}_k^l\,\mathfrak{s}\right)},$$

wobei folgende Abkürzungen gebraucht sind:

$$(501) \qquad \begin{cases} \mathfrak{P} = \dfrac{1}{\varDelta} \sum_k \mathfrak{p}_k - \dfrac{1}{\varDelta} \sum_k c_k \mathfrak{U}_k, \\[2mm] m_{kk'} = \dfrac{1}{c^2} e_k e_{k'} [P_{kk'}]_{\mathfrak{r}_k}, \\[2mm] \left[\begin{matrix} k\,k' \\ x\,y \end{matrix}\right]^{(e)} = e_k e_{k'} \left[\dfrac{\partial^2 P_{kk'}}{\partial x\, \partial y}\right]_{\mathfrak{r}_k}. \end{cases}$$

Durch die Formel (500′) wird die Kraft, die auf eine Partikel wirkt, in drei völlig verschiedene Teile zerlegt:

Der erste Teil hat die Amplitude

$$(502) \qquad \mathfrak{B}_k = e_k \overline{\mathfrak{E}}, \qquad \overline{\mathfrak{E}} = \frac{4\pi}{n^2 - 1}\left(\mathfrak{P} + n^2 \mathfrak{s}(\mathfrak{s}\,\mathfrak{P})\right);$$

er entsteht aus dem konstanten Gliede der *Fourier*schen Reihe (491) der Funktion S, also aus dem räumlichen Mittelwerte des *Hertz*schen Vektors, und stellt daher die Kraft dar, die von dem mittleren, der Beobachtung zugänglichen Felde $\overline{\mathfrak{E}}$ ausgeübt wird. In der Tat stimmt der Ausdruck von $\mathfrak{B}_k$ genau mit dem überein, der nach (169), (171), (172) (Nr. **20**) von der *Maxwell*schen Kontinuumstheorie geliefert wird. Hierin besteht die Rechtfertigung des früher angewandten Verfahrens.

Der zweite Teil ist dem Quadrat der Frequenz ω proportional; seine Amplitude ist

$$\omega^2 \sum_{k'} m_{kk'} \mathfrak{U}_{k'}.$$

Er stellt also einen Beitrag zur Trägheit dar. Die Größen $m_{kk'}$ sind Komponenten der (tensoriellen) elektromagnetischen Masse der Zelle.[335]

Der dritte Teil hat genau die Form der Glieder in der Schwingungsgleichung (133) (Nr. **17**), welche die Wechselwirkung zwischen den Partikeln des Gitters darstellen.

Um nun die Bedingungen dafür aufzufinden, daß eine Welle von der hier betrachteten Art im Gitter dynamisch möglich ist, hat man auf die Bewegungsgleichungen (130) (Nr. **17**) zurückzugehen. Dort wurde früher für $\mathfrak{F}_k{}^l$ die von einer gegebenen äußeren Lichtwelle erzeugte Kraft gesetzt. Jetzt nehmen wir für $\mathfrak{F}_k{}^l$ den Ausdruck (500′), der die von allen Partikeln des Gitters auf eine ausgeübte Kraft darstellt; dann erhält man:

$$(503) \qquad \omega^2\left(m_k \mathfrak{U}_{kx} + \sum_{k'} m_{kk'} \mathfrak{U}_{k'x}\right) + \sum_{k'}\sum_{y} \left[\begin{matrix} k\,k' \\ x\,y \end{matrix}\right] \mathfrak{U}_{k'y} = -\,\mathfrak{B}_{kx}.$$

Das stimmt mit der früheren Schwingungsgleichung (133) bis auf das

---

335) *M. Born*, Berl. Ber. 1918, p. 712.

Hinzukommen der elektromagnetischen Massen genau überein. Die Klammersymbole bedeuten jetzt die Summen der früher allein betrachteten Atomkräfte (Index a) und der durch (501) definierten elektromagnetischen Wechselwirkungen (Index e):

$$(504) \qquad \begin{bmatrix} k\,k' \\ x\,y \end{bmatrix} = \begin{bmatrix} k\,k' \\ x\,y \end{bmatrix}^{(a)} + \begin{bmatrix} k\,k' \\ x\,y \end{bmatrix}^{(e)}.$$

Da die elektromagnetische Trägheit äußerst klein und wohl immer zu vernachlässigen ist, so ist damit bewiesen, daß die *Ewald*sche Auffassung der Wellenfortpflanzung als „freie" Schwingung genau zu demselben Resultat führt wie die formale Anwendung der *Maxwell*schen Gleichungen, bei der es sich um erzwungene Schwingungen handelt. Die strenge Theorie führt nur insofern weiter, als sie die elektromagnetischen Wechselwirkungen tatsächlich zu berechnen erlaubt.

Hierzu ist die genauere Untersuchung der Funktion $P_{k\,k'}$ nötig; wir schreiben diese nach (499)

$$(505) \qquad \begin{cases} P_{k\,k'} = e^{i\,\tau\,(\mathfrak{r}-\mathfrak{r}_{k'},\,\mathfrak{z})}\, S^{*}(\mathfrak{r}-\mathfrak{r}_{k'}), & (k' \neq k) \\ P_{k\,k} = e^{i\,\tau\,(\mathfrak{r}-\mathfrak{r}_{k},\,\mathfrak{z})}\, \overline{S}\,(\mathfrak{r}-\mathfrak{r}_{k}), & \end{cases}$$

wo

$$(506) \qquad \overline{S}(\mathfrak{r}) = S^{*}(\mathfrak{r}) - \frac{e^{\frac{i\,\tau}{n}|\mathfrak{r}| - i\,\tau(\mathfrak{r},\,\mathfrak{z})}}{|\mathfrak{r}|}$$

gesetzt ist.

In $P_{k\,k'}$ $(k' \neq k)$ lassen sich die zur Bildung des Klammersymbols (501) nötigen Operationen ohne weiteres ausführen, da $S^{*}(\mathfrak{r}_{k} - \mathfrak{r}_{k'})$ endlich ist. In $P_{k\,k}$ aber muß man zuerst das für $\mathfrak{r} = \mathfrak{r}_{k}$ unendlich werdende Glied nach (506) abziehen und kann dann erst das Klammersymbol ausrechnen.

Hierzu teilt man mit *Ewald* die Funktion S^{*} nach (493) in die Teile S_1 und S_2 und gleichzeitig das abzuziehende Glied in derselben Weise:

$$\frac{e^{\frac{i\,\tau}{n}|\mathfrak{r}| - i\,\tau(\mathfrak{r}\,\mathfrak{z})}}{|\mathfrak{r}|} = \frac{2}{\sqrt{\pi}} \int\limits_{(0)}^{\varepsilon} e^{-\mathfrak{r}^2\alpha^2 + \frac{\tau^2}{n^2}\cdot\frac{1}{4\alpha} - i\,\tau(\mathfrak{r}\,\mathfrak{z})}\, d\alpha$$

$$+ \frac{2}{\sqrt{\pi}} \int\limits_{\varepsilon}^{\infty} e^{-\mathfrak{r}^2\alpha^2 + \frac{\tau^2}{n^2}\cdot\frac{1}{4\alpha} - i\,\tau(\mathfrak{r}\,\mathfrak{z})}\, d\alpha;$$

dabei ist der Integrationsweg in der α-Ebene, wie oben (p. 765) so zu führen, daß er vom Nullpunkt etwa unter dem Winkel $-\frac{\pi}{4}$ in die untere Halbebene ausläuft.

In dem zweiten Integral setze man $\alpha = \frac{1}{2\sqrt{\xi}}$, $\varepsilon = \frac{1}{2\sqrt{\eta}}$, und erkennt dann, daß es mit dem Gliede $l = 0$ des entsprechenden Integrals in dem Ausdruck (493″) für S_2 identisch wird. Also entsteht $\bar{S}_2$ aus S_2^* einfach durch Weglassen des Gliedes $l = 0$.

Das erste Integral aber läßt sich mit Hilfe der Fehlerfunktion ausführen; denn aus der *Ewald*schen Identität (494) folgt mit Rücksicht auf (494′):

$$(507)\qquad \frac{2}{\sqrt{\pi}}\int_{(0)}^{\varepsilon} e^{-R^2\alpha^2 + \frac{K^2}{4\alpha^2}}\,d\alpha = i\frac{\sin KR}{R}$$

$$+ \frac{1}{2R}\left\{ e^{iKR}F\left(\varepsilon R + \frac{iK}{2\varepsilon}\right) + e^{-iKR}F\left(\varepsilon R - \frac{iK}{2\varepsilon}\right)\right\};$$

man sieht sogleich, daß dieser Ausdruck für $R = 0$ einen endlichen Grenzwert hat.

Somit erhält man:

$$(508)\quad\begin{cases} S = S_1 + S_2, \\[2ex] \bar{S}_1 = e^{-i\tau(\mathfrak{r}\mathfrak{F})}\left\{ \frac{4\pi}{\varDelta}\underset{l}{S}{}' \frac{e^{-\frac{1}{4\varepsilon^2}\left[(\mathfrak{q}^l + \tau\mathfrak{F})^2 - \frac{\tau^2}{n^2}\right] + i(\mathfrak{q}^l + \tau\mathfrak{F},\,\mathfrak{r})}}{(\mathfrak{q}^l + \tau\mathfrak{F})^2 - \frac{\tau^2}{n^2}} - i\frac{\sin\frac{\tau}{n}r}{r}\right. \\[3ex] \left. \qquad - \frac{1}{2r}\left[e^{i\frac{\tau}{n}r}F'\left(\varepsilon r + \frac{i\tau}{2\varepsilon n}\right) + e^{-i\frac{\tau}{n}r}F'\left(\varepsilon r - \frac{i\tau}{2\varepsilon n}\right)\right]\right\}, \\[3ex] \bar{S}_2 = \frac{4\pi}{\varDelta}\frac{n^2}{n^2 - 1}\frac{1}{\tau^2}\left(e^{-\frac{n^2-1}{n^2}\frac{\tau^2}{4\varepsilon^2}} - 1\right) \\[3ex] \qquad + \underset{l}{S}{}'\frac{e^{i\tau(\mathfrak{r}^l - \mathfrak{r},\,\mathfrak{F})}}{2|\mathfrak{r}^l - \mathfrak{r}|}\left\{ e^{i\frac{\tau}{n}|\mathfrak{r}^l - \mathfrak{r}|}G\left(\varepsilon|\mathfrak{r}^l - \mathfrak{r}| + \frac{i\tau}{2\varepsilon n}\right)\right. \\[3ex] \left. \qquad\qquad + e^{-i\frac{\tau}{n}|\mathfrak{r}^l - \mathfrak{r}|}G\left(\varepsilon|\mathfrak{r}^l - \mathfrak{r}| - \frac{i\tau}{2\varepsilon n}\right)\right\}. \end{cases}$$

Diese Funktionen sind bei $\mathfrak{r} = 0$ regulär analytisch; dasselbe gilt also für P_{kk}; man kann daher die zur Bildung des Klammersymbols $\begin{bmatrix} k\,k \\ x\,y \end{bmatrix}^{(e)}$ nötigen Operationen ausführen. Wenn das mittlere Feld $\mathfrak{E}$ (502) Null ist, so handelt es sich um Vorgänge, die man als rein *mechanisch* bezeichnen wird, obwohl die elektromagnetischen Kräfte dabei keineswegs fortfallen; aber sie spielen dann ausschließlich die Rolle von Wechselwirkungen zwischen den Partikeln. Die Anregung solcher Schwingungen geschieht entweder grob mechanisch oder thermisch; die Frequenz ist dabei immer relativ klein, die Wellenlänge λ also klein gegen die zur selben Frequenz gehörige Vakuum-Wellenlänge $\frac{c}{\nu}$ des Lichtes. Daher kann man in den Wechselwirkungsgliedern $\omega = 0$, also $n = \frac{c\tau}{\omega} = \infty$ setzen. Die für $n = \infty$ aus (495) und

(508) folgenden Ausdrücke für S, $\bar{S}$ erlauben dann die elektrostatischen Anteile der physikalischen Parameter bei solchen quasistatischen Vorgängen zu berechnen. Entwickelt man sie nach Potenzen von τ bis zu den Gliedern mit τ^2, so muß man genau dieselben Ausdrücke bekommen, die auch die formale Anwendung der in Nr. **37, IV** angegebenen Methode zur Berechnung der elektrostatischen Konstanten des Gitters geben würde.

Die elektromagnetische Trägheit des Gitters wird besonders deutlich, wenn man nach dem in Nr. **16** erläuterten Verfahren die gewöhnlichen elastischen Wellengleichungen ableitet. An die Stelle von (125) tritt dann folgende Gleichung:

$$\Omega^{(2)}\left(m + \sum_{k\,k'} m_{k\,k'}\right)\mathfrak{u}_x + \sum_y \mathfrak{u}_y \sum_{k\,k'}\begin{bmatrix}2\\k\,k'\\x\,y\end{bmatrix} - \sum_k \sum_y \mathfrak{u}_{k\,y}^{(1)} \sum_{k'}\begin{bmatrix}1\\k\,k'\\x\,y\end{bmatrix} = 0.$$

Daher ist die gesamte elektromagnetische Masse der Zelle

$$\sum_{k\,k'} m_{k\,k'} = \frac{1}{c^2} \sum_{k\,k'} e_k e_{k'} [P_{k\,k'}]_{\mathfrak{r}_k},$$

wo in $P_{k\,k'}$ $\tau = 0$ zu setzen ist. Aus (427), (430') einerseits, (495), (508) andererseits folgt aber

$$\text{für } \tau = 0: \quad S^* = \psi, \quad \bar{S} = \psi,$$

mithin nach (505) und (435)

$$(509) \qquad \sum_{k\,k'} m_{k\,k'} = \frac{1}{c^2}\left\{\bar{\psi}(0) \sum_k e_k^2 + \sum_{k\,k'}{}' \psi(\mathfrak{r}_{k\,k'}) e_k e_{k'}\right\} = \frac{\varphi_0}{c^2}.$$

Die mit c^2 multiplizierte elektromagnetische Masse pro Zelle ist also gleich der elektrostatischen Energie aller Partikel auf eine Zelle, oder doppelt[336]) so groß wie die elektrostatische Energie des Gitters pro Zelle $\frac{1}{2}\varphi_0$. Dies ist ein instruktives Beispiel für die Trägheit der Energie.

Wenn das mittlere Feld $\mathfrak{E}$ (502) von Null verschieden ist, handelt es sich um optische Wellen. Dann ist der Brechungsindex n als endlich zu betrachten. Die formalen Betrachtungen über Kristalloptik (Nr. **20—22**) bleiben (bei Weglassen der $m_{k\,k'}$) alle gültig. Es genügt hier, bis auf Glieder von höherer als erster Ordnung in τ zu ent-

---

336) Daß nicht die relativistische Formel Masse $= \dfrac{1}{c^2}$ Energie gilt, hat denselben Grund, der in der Theorie des starren Elektrons zu dem Faktor $\frac{4}{3}$ führt $\left(m = \dfrac{4}{3}\dfrac{U}{c^2}\right)$, nämlich die Annahme nicht elektromagnetischer Kräfte. Der hier auftretende Faktor 2 bedeutet, daß die Hälfte der Ruhenergie elektrostatisch, die andere fremder Art ist.

wickeln. Für $\tau = 0$ bekommt man wieder nach (505)

$$P_{kk'} = S^* = \psi \quad (k' \neq k), \qquad P_{kk} = \bar{S} = \bar{\psi},$$

und

$$(510) \quad \begin{cases} \text{a)} \begin{bmatrix} 0 \\ kk \\ xy \end{bmatrix}^{(e)} = e_k^2 \left[\frac{\partial^2 \bar{\psi}}{\partial x \, \partial y} \right]_{\mathfrak{r}_k}, \\[2em] \text{b)} \begin{bmatrix} 0 \\ kk' \\ xy \end{bmatrix}^{(e)} = e_k e_{k'} \left[\frac{\partial^2 \psi}{\partial x \, \partial y} \right]_{\mathfrak{r}_{kk'}}, \end{cases} \qquad (k' \neq k).$$

Die Größen (510 b) stimmen bis auf den Faktor $\frac{1}{\varDelta}$ mit den statischen (433 b) überein, wie es nach der allgemeinen Formel (105), Nr. **14**, sein muß; dagegen sind die dort durch $\sum_{k'} \begin{bmatrix} kk' \\ xy \end{bmatrix} = 0$ definierten Größen $\frac{1}{\varDelta} \begin{bmatrix} kk \\ xy \end{bmatrix}$ von (510a) verschieden. Das liegt natürlich daran, daß die Energie des Dipolgitters bei einer Translation der beweglichen Ladungen (Elektronen) allein, ohne gleichzeitige Translation der ruhenden Ladungen (Kerne), *nicht* invariant ist. Nach den Ergebnissen von Nr. **23** hat man bei ultraroten Schwingungen ein Gitter von Polen, bei ultravioletten ein Gitter von Dipolen anzunehmen. Für erstere hat man die Größen (510a) wegzulassen und sie durch die Definition

$$\begin{bmatrix} 0 \\ kk \\ xy \end{bmatrix}^{(e)} = - \sum_{k'}{}' \begin{bmatrix} 0 \\ kk' \\ xy \end{bmatrix}$$

zu ersetzen; für letztere sind die unabhängigen Größen (510a) zu benutzen. Für solche Punktepaare der Basis regulärer Gitter, welche die Eigenschaft haben, daß bei Anwendung der Tetraederdrehungen um einen Punkt die zugehörigen einfachen Gitter in sich transformiert werden (insbesondere für *alle* Punktepaare der Basis der D-Gitter), ist nach (434)

$$(510') \begin{bmatrix} 0 \\ kk' \\ xx \end{bmatrix}^{(e)} = \begin{bmatrix} 0 \\ kk' \\ yy \end{bmatrix}^{(e)} = \begin{bmatrix} 0 \\ kk' \\ zz \end{bmatrix}^{(e)} = D_{kk'}^{(e)} = \frac{4\pi}{3} \frac{e_k e_{k'}}{\varDelta}, \quad \begin{bmatrix} 0 \\ kk' \\ xy \end{bmatrix}^{(e)} = 0, \; (x \neq y);$$

genau dasselbe gilt nun bei regulären Dipolgittern auch für $k = k'$, da ψ ebenso wie $\bar{\psi}$ der Differentialgleichung $\nabla^2 \psi = \frac{4\pi}{\varDelta}$ genügt, und zwar für jeden Basispunkt. Ein einfaches reguläres Dipolgitter wirkt also bei einer homogenen Erregung aller Punkte außer einem so auf diesen, als wenn das elektrische Feld $\frac{4\pi}{3} \mathfrak{p}_k$ vorhanden wäre. Ist ein regulärer Kristall hinsichtlich seiner optischen Eigenschaften als ein einfaches Dipolgitter aufzufassen, so wird die elektromagnetische Wechselwirkung der Dipole exakt durch die „*Lorentz*sche Kraft" beschrieben. Die Formeln (510) enthalten die Verallgemeinerung auf beliebige Gitter.

Numerische Berechnungen der Größen (510a) hat *Ewald*[337]) für ein einfaches rhombisches Dipolgitter ausgeführt. Er hat die gewonnenen Zahlen in der Weise zur Berechnung der optischen Eigenschaften verwandt, daß er jeden Dipol als zentralsymmetrischen, quasielastischen Oszillator annahm, als Wechselwirkung zwischen den Dipolen aber keine anderen als die elektromagnetischen (510a). Die Berechnung der Doppelbrechung für die Achsenverhältnisse des Kristalls Anhydrit gab Übereinstimmung der Größenordnung; mehr kann bei dem einfachen Modell nicht erwartet werden.

Zur Berechnung der optischen Aktivität sind noch die Koeffizienten 1. Ordnung in τ zu bestimmen; dabei genügt es, für n einen Mittelwert des von der Richtung abhängenden Brechungsindex 1. Ordnung zu nehmen. Diese Rechnung ist von *Hermann*[338]) für die regulären Kristalle Natriumchlorat $NaClO_3$ und Natriumbromat $NaBrO_3$ durchgeführt worden (s. Nr. 22). Die wässrigen Lösungen dieser Substanzen sind optisch inaktiv; daher muß das Drehungsvermögen eine Folge der Gitterstruktur sein. Die Strukturen sind von *Kolkmeijer, Bijvoet* und *Karssen*[339]), von *Dickinson* und *Goodhue*[340]) und von *Vegard*[340a]) röntgenometrisch bestimmt worden und lassen sich in der Tat mit ihrem Spiegelbilde nicht zur Deckung bringen. *Hermann* hat nun das Problem dadurch der Rechnung zugänglich gemacht, daß er an die Stelle der Ionen quasielastisch gebundene, isotrope Oszillatoren setzte; ihre Anzahl und die Eigenfrequenzen bestimmte er aus dem Verlaufe des Brechungsindex als Funktion der Wellenlänge. Sodann konnte er den Verlauf des Drehungsvermögens aus den elektromagnetischen Wechselwirkungen berechnen und fand Übereinstimmung mit den Beobachtungen innerhalb der bei der Roheit des Modells zu erwartenden Grenzen.

44. Reflexion und Brechung. Röntgenstrahlen. Ein Halbgitter von Dipolen sei durch eine Netzebene begrenzt; wir machen diese zur Ebene $z = 0$ und nehmen an, daß für alle Gitterpunkte $z_k^l \geqq 0$ sei. Die Zelle kann dann immer so gewählt werden, daß a_1, a_2 der

---

337) *P. P. Ewald*, Ann. d. Phys. 49 (1916), p. 1; s. § 11, p. 36.

338) *K. Hermann*, Diss. Göttingen 1923; Ztschr. f. Phys. 16 (1923), p. 103.

339) *N. H. Kolkmeijer, J. M. Bijvoet, A. Karssen*, Proc. Amsterdam 23 (1920), p. 644.

340) *R. G. Dickinson* und *Goodhue*, J. of the Amer. Chem. Soc. 43 (1921), p. 2045.

340a) *L. Vegard*, Ztschr. f. Phys. 12 (1922), p. 289.

Grenzebene parallel sind und $\mathfrak{a}_3$ in das Innere des Gitters weist ($\mathfrak{a}_{1z} = \mathfrak{a}_{2z} = 0$, $\mathfrak{a}_{3z} > 0$).

Wir stellen mit *Ewald* die Frage, ob es möglich ist, daß sich eine ebene Dipolwelle unter Begleitung der zugehörigen Feldwelle von der Grenze her in das Gitter fortpflanzt. Das Feld stellen wir durch den *Hertz*schen Vektor $\mathfrak{Z}$ in der quellenmäßigen Form (496') dar; dabei ist aber die Summation über die Dipole auf den oberen Halbraum ($l_3 \geqq 0$) zu beschränken. Führt man dann $\mathfrak{Z}$ vermöge von (486') und (489) auf die skalare Funktion S zurück, so hat man nach (496)

$$(511) \qquad S = \mathop{\text{S}}_{l_3 \geqq 0} \frac{e^{\, i\,\tau\,(\mathfrak{r}^l - \mathfrak{r},\,\mathfrak{s}) + \frac{i\,\tau}{n}\,|\,\mathfrak{r}^l - \mathfrak{r}\,|}}{|\mathfrak{r}^l - \mathfrak{r}|} .$$

Ist nun $\mathfrak{v}$ ein variabler Vektor, $|\mathfrak{v}| = v$, $dv = d\mathfrak{v}_x\, d\mathfrak{v}_y\, d\mathfrak{v}_z$ und K eine komplexe Größe, so gilt die Identität

$$(512) \qquad \frac{e^{i\,Kr}}{r} = \frac{1}{2\,\pi^2} \int e^{-\,i\,(\mathfrak{v}\,\mathfrak{r})}\, \frac{dv}{v^2 - K^2} ,$$

wo die Integration über den ganzen Raum zu erstrecken ist. Man kann, ohne den Wert des Integrales zu ändern, das Vorzeichen jeder Integrationsvariabeln $\mathfrak{v}_x$, $\mathfrak{v}_y$, $\mathfrak{v}_z$ umkehren; ferner kann man den Integrationsweg für jede der drei Variabeln $\mathfrak{v}_x$, $\mathfrak{v}_y$, $\mathfrak{v}_z$ in der betreffenden komplexen Ebene von der reellen Achse weg verschieben, solange nicht $K^2 - v^2 = 0$ wird. Ist insbesondere $K = K_1 + iK_2$, $K_2 > 0$, so darf der Integrationsweg etwas *über* der reellen Achse, zwischen dieser und K, geführt werden.

Um diese Formel anzuwenden, ersetzen wir $\dfrac{\tau}{n}$ durch das komplexe K und gehen am Schluß zum Grenzwert $K_1 = \dfrac{\tau}{n}$, $K_2 = 0$ über. Dann wird:

$$S = \frac{1}{2\,\pi^2} \int \frac{dv}{v^2 - K^2}\, \mathop{\text{S}}_{l_3 \geqq 0} e^{-\,i\,(\mathfrak{r}^l - \mathfrak{r},\,\mathfrak{v} - \tau\,\mathfrak{s})} .$$

Man setze nun

$$(513) \qquad \xi_j = (\mathfrak{a}_j,\, \mathfrak{v} - \tau\,\mathfrak{s}) , \qquad\qquad (j = 1, 2, 3)$$

also

$$(513') \qquad \mathfrak{v} - \tau\,\mathfrak{s} = \xi_1\,\mathfrak{b}_1 + \xi_2\,\mathfrak{b}_2 + \xi_3\,\mathfrak{b}_3$$

und führe die ξ_1, ξ_2, ξ_3 als Integrationsvariable ein; wegen $d\xi_1\, d\xi_2\, d\xi_3 = d\xi = \varDelta\, dv$ wird

$$S = \frac{1}{2\,\pi^2\,\varDelta} \int \frac{d\xi\, e^{\,i\,[\,\xi_1\,(\mathfrak{r}\,\mathfrak{b}_1) + \xi_2\,(\mathfrak{r}\,\mathfrak{b}_2) + \xi_3\,(\mathfrak{r}\,\mathfrak{b}_3)\,]}}{[\,\xi_1\,\mathfrak{b}_1 + \xi_2\,\mathfrak{b}_2 + \xi_3\,\mathfrak{b}_3 + \tau\,\mathfrak{s}\,]^2 - K^2}\, \mathop{\text{S}}_{l_3 \geqq 0} e^{-\,i\,(\xi_1\,l_1 + \xi_2\,l_2 + \xi_3\,l_3)} .$$

Die Summe ist das Produkt dreier geometrischer Reihen; damit diese konvergieren, muß der imaginäre Teil des betreffenden $l_j \xi_j$ negativ sein. Daher muß man zur Erzeugung der Konvergenz den Integrationsweg jeder Variabeln ξ_j in der komplexen ξ_j-Ebene von der reellen Achse fort verschieben, und zwar nach oben oder unten, je nachdem ob $l_j <$ oder > 0 ist. Wir bezeichnen einen dicht unterhalb der reellen Achse in positiver

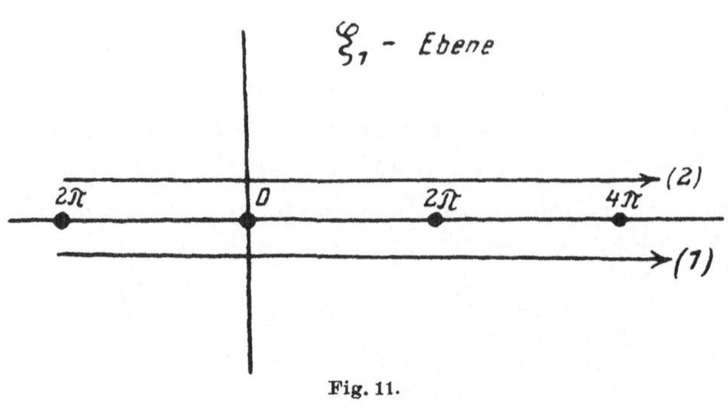

Fig. 11.

Richtung verlaufenden Weg mit $\xrightarrow{\;1\;}$, einen dicht oberhalb laufenden mit $\xrightarrow{\;2\;}$; kehren wir den letzteren um, so schreiben wir $\xleftarrow{\;2\;}$ (siehe Fig. 11). Setzt man

$$f(\xi_1) = \frac{1}{2\pi^2 \varDelta} \iint \frac{d\xi_2\, d\xi_3\, e^{i[\xi_1(\mathfrak{r}\,\mathfrak{b}_1) + \xi_2(\mathfrak{r}\,\mathfrak{b}_2) + \xi_3(\mathfrak{r}\,\mathfrak{b}_3)]}}{[\xi_1\mathfrak{b}_1 + \xi_2\mathfrak{b}_2 + \xi_3\mathfrak{b}_3 + \tau\mathfrak{s}]^2 - K^2} \sum_{l_2 = -\infty}^{+\infty} \sum_{l_3 = 0}^{\infty} e^{-i(l_2\xi_2 - l_3\xi_3)},$$

so wird nach dem über den Integrationsweg gesagten

$$S = \int f(\xi_1)\, d\xi_1 \sum_{l_1 = -\infty}^{+\infty} e^{-i\xi_1 l_1}$$

$$= \int_{\xrightarrow{2}} f\, d\xi_1 \sum_{l_1 = 0}^{\infty} e^{-i\xi_1 l_1} + \int_{\xrightarrow{1}} f\, d\xi_1 \sum_{l_1 = 0}^{\infty} e^{i\xi_1 l_1} - \int f\, d\xi_1 ,$$

wo das letzte Integral auf der reellen Achse genommen werden kann. Nun ist

$$\frac{1}{1 - e^{-i\xi_1}} = \frac{1}{2} - \frac{1}{2}\frac{i\sin\xi_1}{1 - \cos\xi_1}, \qquad \frac{1}{1 - e^{i\xi_1}} = \frac{1}{2} + \frac{1}{2}\frac{i\sin\xi_1}{1 - \cos\xi_1} .$$

Setzt man das ein, so kann man die beiden Anteile der ersten Integrale, die von dem Summanden $\tfrac{1}{2}$ herrühren, auf die reelle Achse verlegen und gegen das letzte Integral fortheben. Sodann kann man im zweiten Integral die Richtung des Weges umkehren und die beiden Wege $\xrightarrow{\;1\;}$ und $\xleftarrow{\;2\;}$ zu einer die reelle Achse umschließenden Schlinge $\circlearrowright$ zusammenfassen:

$$S = -\frac{i}{2} \int_{\circlearrowright} f\, d\xi_1 \frac{\sin\xi_1}{1 - \cos\xi_1} .$$

Setzt man nun voraus, daß es sich nicht um Röntgenstrahlen, sondern um sichtbares oder ultraviolettes Licht handelt, so ist τ, und damit auch $|K|$, klein gegen die $|\mathfrak{b}_1|$, $|\mathfrak{b}_2|$, $|\mathfrak{b}_3|$; daher ist der Nenner m Integral $f(\xi_1)$ nie Null und $f(\xi_1)$ regulär. Die Pole des Integranden von S sind also die Nullstellen von $1 - \cos \xi_1$, d. h. die Punkte der reellen Achse $\xi_1 = 2\pi l_1$ ($l_1 = -\infty \cdots + \infty$). Zieht man jetzt die Schlinge auf die Pole zusammen, so liefert der Residuensatz

$$S = 2\pi \sum_{l_1 = -\infty}^{+\infty} f(2\pi l_1)$$

$$= 2\pi \sum_{l_1 = -\infty}^{+\infty} \int g_{l_1}(\xi_2)\, d\xi_2 \sum_{l_2 = -\infty}^{+\infty} e^{-i\xi_2 l_2},$$

mit

$$g_{l_1}(\xi_2) = \frac{1}{2\pi^2 \varDelta} \int \frac{d\xi_3\, e^{i[2\pi l_1(\mathfrak{r}\mathfrak{b}_1) + \xi_2(\mathfrak{r}\mathfrak{b}_2) + \xi_3(\mathfrak{r}\mathfrak{b}_3)]}}{[2\pi l_1 \mathfrak{b}_1 + \xi_2 \mathfrak{b}_2 + \xi_3 \mathfrak{b}_3 + \tau \mathfrak{s}]^2 - K^2} \sum_{l_3 = 0}^{\infty} e^{-i\xi_3 l_3}$$

Die Wiederholung des Verfahrens liefert

$$S = 4\pi^2 \sum_{\substack{l_1, l_2 \\ -\infty}}^{+\infty} g_{l_1}(2\pi l_2)$$

$$= \frac{2}{\varDelta} \sum_{\substack{l_1 l_2 \\ -\infty}}^{+\infty} e^{2\pi i[l_1(\mathfrak{r}\mathfrak{b}_1) + l_2(\mathfrak{r}\mathfrak{b}_2)]} \int_{\underset{\longrightarrow}{1}} \frac{e^{i\xi_3(\mathfrak{r}\mathfrak{b}_3)}}{[2\pi l_1 \mathfrak{b}_1 + 2\pi l_2 \mathfrak{b}_2 + \xi_3 \mathfrak{b}_3 + \tau \mathfrak{s}]^2 - K^2} \cdot \frac{d\xi_3}{1 - e^{-i\xi_3}}.$$

Die Pole des Integranden sind jetzt zweierlei Art:

1. Die Nullstellen von $1 - e^{-i\xi_3}$, d. h. die reellen Zahlen

(514)
$$\xi_3 = 2\pi l_3, \qquad\qquad (l_3 = -\infty \cdots + \infty);$$

2. Die Wurzeln der quadratischen Gleichung

(515)
$$[2\pi l_1 \mathfrak{b}_1 + 2\pi l_2 \mathfrak{b}_2 + \xi_3 \mathfrak{b}_3 + \tau \mathfrak{s}]^2 - K^2 = 0;$$

diese seien $\xi_3 = \xi_0$ und $\xi_3 = \overline{\xi}_0$. Im Grenzfall, daß K reell ist, sind ξ_0 und $\overline{\xi}_0$ konjugiert komplex. Der Vektor $\mathfrak{b}_3 = \frac{1}{\varDelta}[\mathfrak{a}_1 \mathfrak{a}_2]$ steht auf der Grenzebene senkrecht und zeigt ins Innere des Gitters. Man sieht leicht, daß in dem Falle, wo die Wellenebenen zur Grenze parallel sind ($\mathfrak{s}$ parallel $\mathfrak{b}_3$), ξ_0 nicht reell sein kann, wenn τ klein gegen die $\mathfrak{b}_1$, $\mathfrak{b}_2$, $\mathfrak{b}_3$ ist. Man kann also den Integrationsweg (1) immer zwischen ξ_0 und der reellen Achse führen (Fig. 12).

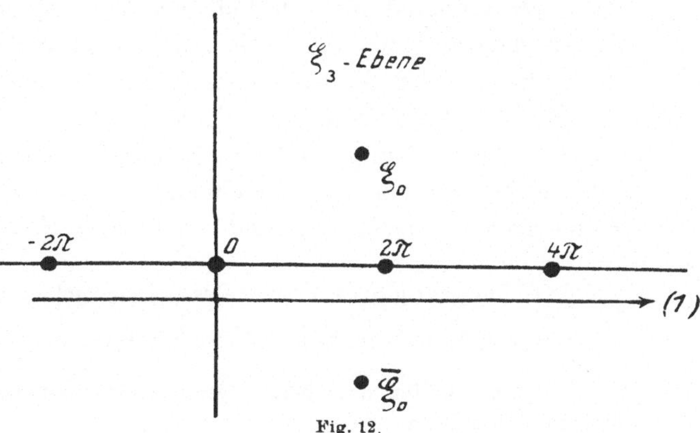

Fig. 12.

Nun ist $(\mathfrak{r}\,\mathfrak{b}_3) > 0$ im Innern, < 0 im Äußern des Halbgitters. Will man den Integrationsweg (1) auf Umläufe um die Pole reduzieren, so muß man, damit der Integrand im Unendlichen verschwindet, ihn im ersten Falle nach oben, im zweiten nach unten ziehen. Daher liefert der Residuensatz zwei verschiedene Darstellungen[341]):

Für *innere Punkte*:

$$(516) \qquad \left\{ \begin{aligned} &S_i = S^{(0)} + S^{(1)} \\[2mm] &S^{(0)} = \frac{4\pi}{\Delta} \, \mathop{S}_{l} \, \frac{e^{i(\mathfrak{q}^l \mathfrak{r})}}{(\mathfrak{q}^l + \tau\,\mathfrak{s})^2 - \dfrac{\tau^2}{n^2}} \,, \\[4mm] &S^{(1)} = \frac{4\pi i}{\Delta} \sum_{\substack{l_1,\,l_2 \\ -\infty}}^{+\infty} \frac{e^{2\pi i\,[l_1(\mathfrak{r}\,\mathfrak{b}_1) + l_2(\mathfrak{r}\,\mathfrak{b}_2)] + i\,\xi_0(\mathfrak{r}\,\mathfrak{b}_3)}}{\mathfrak{b}_3^2(\xi_0 - \bar{\bar{\xi}}_0)(1 - e^{-i\xi_0})} \,; \end{aligned} \right.$$

für *äußere Punkte*:

$$(516') \qquad S_a = S^{(2)} = \frac{4\pi i}{\Delta} \sum_{\substack{l_1,\,l_2 \\ -\infty}}^{+\infty} \frac{e^{2\pi i\,[l_1(\mathfrak{r}\,\mathfrak{b}_1) + l_2(\mathfrak{r}\,\mathfrak{b}_2)] + i\,\bar{\xi}_0(\mathfrak{r}\,\mathfrak{b}_3)}}{\mathfrak{b}_3^2(\xi_0 - \bar{\xi}_0)(1 - e^{-i\bar{\xi}_0})} \,.$$

Aus diesen skalaren Funktionen gewinnt man nun die entsprechenden *Hertz*schen Vektoren nach (486') und (489):

$$(517) \qquad \mathfrak{Z}^{(p)} = e^{-i\omega t}\, e^{i\tau(\mathfrak{r}\,\mathfrak{s})} \sum_k \mathfrak{p}_k S^{(p)}(\mathfrak{r} - \mathfrak{r}_k), \qquad (p = 0, 1, 2).$$

Die Formeln (516), (517) zeigen, daß das Feld im Innern des Gitters sich aus zwei Teilen zusammensetzt, von denen der erste mit dem Felde des unendlichen Gitters identisch ist; der zweite ist ganz ähnlich gebaut wie das äußere Feld.

Setzt man nun in den Formeln $\omega = 0$, $\tau = 0$, so bekommt man das elektrostatische Feld eines Halbgitters; dieses spielt in der Theorie der Oberflächenspannung eine Rolle (s. Nr. **37**, VII). Die Formel für den Außenraum ist für den Fall, daß die zur Grenze parallelen Netzebenen neutral sind, identisch mit der in Nr. **37**, VII angegebenen (436), die mit der *Madelung*schen Methode gewonnen wurde.

Mit der Aufstellung des Feldes ist der erste Teil der optischen Untersuchung erledigt; der zweite besteht darin, das erregende Feld und die an den Dipolen angreifenden Kräfte zu berechnen, die dann in die Schwingungsgleichungen einzusetzen sind. Nun kann man den

---

341) Übrigens gibt es ein schmales Zwischengebiet im Außenraum $(\mathfrak{r}\,\mathfrak{b}_3) > -1$, $-\dfrac{1}{|\mathfrak{b}_3|} < z < 0$, wo der Nenner $1 - e^{i\xi_3}$ stärker unendlich wird als der Zähler $e^{i\xi_3(\mathfrak{r}\,\mathfrak{b}_3)}$; daher gelten dort beide Darstellungen und lassen sich auch direkt ineinander umrechnen.

Inhalt der Optik des unendlichen Gitters (s. Nr. **20, 21, 44**) so aussprechen, daß bei geeigneter Wahl des Brechungsindex n und des Polarisationszustandes (der $\mathfrak{U}_1, \mathfrak{U}_2, \ldots$) für jede Frequenz ω dynamisches Gleichgewicht zwischen den vom erregenden Felde $\mathfrak{Z}^{(0)}$ des unendlichen Gitters ausgeübten Kräften und den quasielastischen Bindungen der Dipole möglich ist. Man gelangt daher zu einer Lösung des dynamischen Problems, indem man dem in (516), (516′) dargestellten Felde ein anderes im ganzen Raume superponiert, das den Anteil $\mathfrak{Z}^{(1)}$ im Innern gerade aufhebt, sofern man nur voraussetzt, daß die quasielastischen Bindungen am Rande dieselben sind wie im Innern. Diese Lösung hat also folgende Form:

Im Innern: $\qquad\qquad \mathfrak{Z}^{(i)} = \mathfrak{Z}^{(0)},$

im Äußern: $\qquad\qquad \mathfrak{Z}^{(a)} = \mathfrak{Z}^{(2)} - \mathfrak{Z}^{(1)}.$

Das Bild der drei Wellenzüge und ihrer Superposition zeigt die Fig. 13;
— $\mathfrak{Z}^{(1)}$ ist die im Außenraum einfallende, $\mathfrak{Z}^{(2)}$ die reflektierte, $\mathfrak{Z}^{(0)}$ im Innenraum die gebrochene Welle. Die einfallende Welle — $\mathfrak{Z}^{(1)}$ wird im Innern gerade durch den zweiten Anteil $\mathfrak{Z}^{(1)}$ der von den Dipolen erregten Welle ausgelöscht.

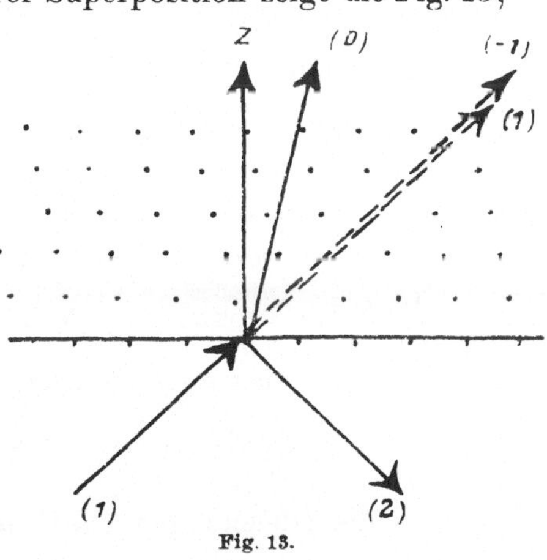

Fig. 13.

Das ist der Inhalt des „Auslöschungssatzes", der von *Oseen* und *Bothe* für isotrope Körper, von *Ewald* für Kristalle abgeleitet worden ist.[342]

Jede der drei Wellen besteht aus einer makroskopischen Dünung mit überlagerten Zacken von atomaren Dimensionen. Läßt man letztere unberücksichtigt, so hat man in (516), (516′) alle *Fourier*glieder außer $l = 0$ zu streichen. Dann wird

$$(518)\quad\begin{cases} S^{(0)} = \dfrac{4\pi}{\Delta}\dfrac{1}{\tau^2}\dfrac{n^2}{n^2-1} \\[2ex] S^{(1)} = \dfrac{4\pi i}{\Delta}\dfrac{e^{i\xi_0(\mathfrak{r}\,\mathfrak{b}_3)}}{\mathfrak{b}_3{}^2(\xi_0-\bar{\xi}_0)(1-e^{-i\xi_0})}, \\[2ex] S^{(2)} = \dfrac{4\pi i}{\Delta}\dfrac{e^{i\bar{\xi}_0(\mathfrak{r}\,\mathfrak{b}_3)}}{\mathfrak{b}_3{}^2(\xi_0-\bar{\xi}_0^-)(1-e^{-i\bar{\xi}_0})}, \end{cases}$$

---

342) l. c. **Anm. 316, 319, 320.**

wo ξ_0, $\bar{\xi}_0$ die Wurzeln der aus (515) entstehenden Gleichung

$$(519) \qquad \left(\frac{1}{\tau}\,\xi_3\,\mathfrak{b}_3 + \mathfrak{s}\right)^2 - \frac{1}{n^2} = 0$$

sind. Die *Hertz*schen Vektoren $\mathfrak{Z}^{(p)}$ haben nun nach (517) die Form

$$(520) \qquad \begin{cases} \mathfrak{Z}^{(0)} = \mathfrak{A}^{(0)}\,e^{-i\omega t}\,e^{i\tau(\mathfrak{r}\mathfrak{s})}, \\[2mm] \mathfrak{Z}^{(1)} = \mathfrak{A}^{(1)}\,e^{-i\omega t}\,e^{i\frac{\tau}{n}(\mathfrak{r}\mathfrak{s}_1)}, \\[2mm] \mathfrak{Z}^{(2)} = \mathfrak{A}^{(2)}\,e^{-i\omega t}\,e^{i\frac{\tau}{n}(\mathfrak{r}\mathfrak{s}_2)}, \end{cases}$$

wo $\mathfrak{A}^{(i)}$ komplexe Amplituden sind und

$$(521) \qquad \frac{1}{n}\,\mathfrak{s}_1 = \mathfrak{s} + \frac{1}{\tau}\,\xi_0\,\mathfrak{b}_3, \qquad \frac{1}{n}\,\mathfrak{s}_2 = \mathfrak{s} + \frac{1}{\tau}\,\bar{\xi}_0\,\mathfrak{b}_3.$$

Da nun ξ_0, $\bar{\xi}_0$ die Lösungen der quadratischen Gleichung (519) sind, so folgt, daß $\mathfrak{s}_1$, $\mathfrak{s}_2$ Einheitsvektoren sind.

Die Formeln (520) zeigen, daß die Wellenlänge der beiden Wellen im Außenraume $\mathfrak{Z}^{(1)}$ und $\mathfrak{Z}^{(2)}$ den Wert $\lambda_0 = n\lambda$ hat, wenn $\lambda = \dfrac{2\pi}{\tau}$ die Wellenlänge der Welle $\mathfrak{Z}^{(0)}$ im Gitter ist. Die beiden Außenwellen laufen also mit Vakuum-Lichtgeschwindigkeit, wie es sein muß.

Es seien α, α_1, α_2 die Winkel der Wellennormalen gegen die Normale der Grenzfläche (Einfallslot), also

$$\frac{1}{|\mathfrak{b}_3|}(\mathfrak{b}_3\,\mathfrak{s}) = \cos\alpha, \qquad \frac{1}{|\mathfrak{b}_3|}(\mathfrak{b}_3\,\mathfrak{s}_1) = \cos\alpha_1, \qquad \frac{1}{|\mathfrak{b}_3|}(\mathfrak{b}_3\,\mathfrak{s}_2) = \cos\alpha_2;$$

dann folgt aus der quadratischen Gleichung (519):

$$\frac{1}{\tau}(\xi_0 + \bar{\xi}_0) = -2\cos\alpha, \qquad \frac{1}{\tau^2}\,\xi_0\,\bar{\xi}_0 = 1 - \frac{1}{n^2},$$

während die Gleichungen (521) durch skalare Multiplikation mit $\dfrac{\mathfrak{b}_3}{\mathfrak{b}_3^2}$ in folgende übergehen:

$$\frac{1}{\tau}\,\xi_0 = \frac{1}{n}\cos\alpha_1 - \cos\alpha, \qquad \frac{1}{\tau}\,\bar{\xi}_0 = \frac{1}{n}\cos\alpha_2 - \cos\alpha.$$

Eliminiert man ξ_0, $\bar{\xi}_0$, so erhält man

$$\cos\alpha_1 = -\cos\alpha_2, \qquad \sin\alpha_1 = \sin\alpha_2 = n\sin\alpha,$$

d. h. das gewöhnliche Reflexions- und Brechungsgesetz für die Wellennormalen.

Für kubische Gitter hat *Ewald* ferner gezeigt, daß aus den Formeln (518) die *Fresnel*schen Gesetze für die Amplituden und Phasen des reflektierten und gebrochenen Strahles folgen. Für beliebige Gitter müssen sich auf dieselbe Weise die entsprechenden Gesetze der Kristalloptik ergeben; doch ist das noch nicht im einzelnen untersucht worden.

Ewald hat diese Überlegungen auch auf Röntgenwellen ausgedehnt. Bei diesen ist nicht mehr $\lambda \gg \delta$, also $\tau \ll |\mathfrak{b}_i|$, sondern umgekehrt; ferner ist der Brechungsindex mit großer Annäherung gleich 1.

Dann kann es vorkommen, daß für gewisse Wellenrichtungen der Nenner eines Gliedes von $S^{(0)}$ verschwindet,

$$(522) \qquad\qquad (\mathfrak{q}' + \tau \mathfrak{s})^2 - \tau^2 = 0,$$

oder wenigstens sehr klein wird; die betreffende ebene Welle tritt dann sehr stark hervor. Die durch (522) dargestellten Richtungen sind genau dieselben, welche durch die *Laue*schen Bedingungen für das Auftreten der Interferenzmaxima geliefert werden.[343]

Die Gleichung (522) bedeutet, daß es reelle Lösungen $\xi_3 = 2\pi l_3$ von (519) gibt; für diese verschwinden aber die Faktoren $(1 - e^{-i\xi_0})$ bzw. $(1 - e^{-i\bar{\xi}_0})$ im Nenner von $S^{(1)}$ und $S^{(2)}$; auch im Außenraume treten also diese Wellen mit beträchtlicher Amplitude auf. Läßt man eine solche Welle von außen auf die Grenzfläche auffallen, so erzeugt sie im Inneren ein Bündel diskreter Wellen, die auch nach hinten als reflektierte Wellen gemäß der *Bragg*schen Konstruktion austreten.

Diese geometrische Betrachtung ist von *Darwin*[344] und *Ewald*[345] wesentlich vertieft worden, indem sie das dynamische Problem in ganz analoger Weise ansetzten wie in der Optik, also die Dispersionstheorie der Röntgenstrahlen entwarfen. *Ewald* hat überdies das Problem des Halbkristalles genau untersucht und das Analogon des optischen Auslöschungssatzes aufgestellt. Er fand dabei, daß kleine Abweichungen von der *Bragg*schen Reflexionsformel zu erwarten sind; denn wenn man die Wechselwirkung der Oszillatoren mit dem Felde genau berücksichtigt, so treten Wellen von merklicher Stärke nicht nur bei monochromatischer Anregung und exakt der *Bragg*schen Formel entsprechendem Einfallswinkel auf, sondern in gewissen kleinen Bereichen. Die durch die Theorie geforderten „Anregungsfehler" sind durch die neuesten Messungen bestätigt worden (s. **Nr. 41**).

---

343) S. diese Enzykl. V 24 (*M. v. Laue*), Nr. **46, 47, 48.**

344) *C. G. Darwin*, Phil. Mag. 27 (1914), p. 315, 675.

345) *P. P. Ewald.* Ann. d. Phys. 54 (1917), p. 519.

Tafel

für das Grundpotential $\Pi(z_1, z_2, z_3)$ des kubischen Einheitsgitters
im Gebiete $0 \leq z_1 \leq \tfrac{1}{2}$, $0 \leq z_2 \leq z_3 \leq \tfrac{1}{2}$.[346]

z_3	$z_1 = 0$	$^1/_{12}$	$^2/_{12}$	$^3/_{12}$	$^4/_{12}$	$^5/_{12}$	$^6/_{12}$
			$z_2 = 0$				
0	$+\infty$	43,012	$+8,674$	$+2,383$	$+0,281$	$-0,547$	$-0,774$
$^1/_{12}$	43,012	20,105	$+6,392$	$+1,881$	$+0,115$	$-0,622$	$-0,830$
$^2/_{12}$	$+8,674$	$+6,392$	$+2,988$	$+0,849$	$-0,277$	$-0,815$	$-0,974$
$^3/_{12}$	$+2,383$	$+1,881$	$+0,849$	$-0,080$	$-0,706$	$-1,049$	$-1,157$
$^4/_{12}$	$+0,281$	$+0,115$	$-0,277$	$-0,706$	$-1,047$	$-1,256$	$-1,325$
$^5/_{12}$	$-0,547$	$-0,622$	$-0,815$	$-1,049$	$-1,256$	$-1,393$	$-1,440$
$^6/_{12}$	$-0,774$	$-0,830$	$-0,974$	$-1,157$	$-1,325$	$-1,440$	$-1,480$
			$z_2 = {}^1/_{12}$				
$^1/_{12}$	20,105	12,477	$+4,875$	$+1,472$	$-0,032$	$-0,692$	$-0,882$
$^2/_{12}$	$+6,392$	$+4,875$	$+2,360$	$+0,603$	$-0,384$	$-0,871$	$-1,018$
$^3/_{12}$	$+1,881$	$+1,472$	$+0,603$	$-0,210$	$-0,772$	$-1,091$	$-1,191$
$^4/_{12}$	$+0,115$	$-0,032$	$-0,384$	$-0,772$	$-1,090$	$-1,286$	$-1,351$
$^5/_{12}$	$-0,622$	$-0,692$	$-0,871$	$-1,091$	$-1,286$	$-1,415$	$-1,461$
$^6/_{12}$	$-0,830$	$-0,882$	$-1,018$	$-1,191$	$-1,351$	$-1,461$	$-1,501$
			$z_2 = {}^2/_{12}$				
$^2/_{12}$	$+2,988$	$+2,360$	$+1,115$	$+0,047$	$-0,646$	$-1,018$	$-1,134$
$^3/_{12}$	$+0,849$	$+0,603$	$+0,047$	$-0,522$	$-0,949$	$-1,200$	$-1,282$
$^4/_{12}$	$-0,277$	$-0,384$	$-0,646$	$-0,949$	$-1,203$	$-1,365$	$-1,420$
$^5/_{12}$	$-0,815$	$-0,871$	$-1,018$	$-1,200$	$-1,365$	$-1,477$	$-1,516$
$^6/_{12}$	$-0,974$	$-1,018$	$-1,134$	$-1,282$	$-1,420$	$-1,516$	$-1,550$
			$z_2 = {}^3/_{12}$				
$^3/_{12}$	$-0,080$	$-0,210$	$-0,522$	$-0,874$	$-1,161$	$-1,340$	$-1,400$
$^4/_{12}$	$-0,706$	$-0,772$	$-0,949$	$-1,161$	$-1,346$	$-1,469$	$-1,512$
$^5/_{12}$	$-1,049$	$-1,091$	$-1,200$	$-1,340$	$-1,469$	$-1,558$	$-1,589$
$^6/_{12}$	$-1,157$	$-1,191$	$-1,282$	$-1,400$	$-1,512$	$-1,589$	$-1,617$
			$z_2 = {}^4/_{12}$				
$^4/_{12}$	$-1,047$	$-1,090$	$-1,203$	$-1,346$	$-1,478$	$-1,567$	$-1,599$
$^5/_{12}$	$-1,256$	$-1,286$	$-1,365$	$-1,469$	$-1,567$	$-1,635$	$-1,661$
$^6/_{12}$	$-1,325$	$-1,351$	$-1,420$	$-1,512$	$-1,599$	$-1,661$	$-1,683$
			$z_2 = {}^5/_{12}$				
$^5/_{12}$	$-1,393$	$-1,415$	$-1,477$	$-1,558$	$-1,635$	$-1,692$	$-1,712$
$^6/_{12}$	$-1,440$	$-1,461$	$-1,516$	$-1,589$	$-1,661$	$-1,712$	$-1,730$
			$z_2 = {}^6/_{12}$				
$^6/_{12}$	$-1,480$	$-1,501$	$-1,550$	$-1,617$	$-1,683$	$-1,730$	$-1,747\ 558$

346) Nach *O. Emersleben,* Phys. Ztschr. 24 (1923), p. 73, 97.

Sachverzeichnis.

Namenverzeichnis.